正誤表

このたびは『江戸の自然誌』をお買い上げいただき、ありがとうございました。次のような誤りがありましたので、謹んでお詫びと訂正を申し上げます。

ページ	行	番号	誤	正
p. 14	1行目		ただしかれども	ただ
p. 21		175	山緑豆	山菉豆
p. 28		402	爵状	爵牀
p. 29		429	日暮里	日暮
p. 39		724	阜螽	蟲螽
p. 106		175	山緑豆	山菉豆
p. 157		402	爵状	爵牀
p. 163		429	日暮里	日暮
p. 164	上段13行目		日暮里	日暮
p. 248	後から2行目		一九八五年	一九九八年
p. 250		724	阜螽	蟲螽
p. 251	上段5行目		阜螽	蟲螽
p. 259	後から1行目		一九八五年	一九九八年

江戸の自然誌 『武江産物志』を読む

野村圭佑

丸善出版

江戸の自然誌◉目次

はじめに

『武江産物志（ぶこうさんぶつし）』を初めて手にした時、私は、その著名さに比べて、序文を含めわずか三六ページの小冊子に過ぎないことに驚いた。ところがそこには、江戸の周辺の農産物から、今では貴重となった野生の動植物までもが、市街地でさえも見られたことが書かれていた。また、季節ごとにさまざまな花見（遊観（ゆうかん））に出かけ、江戸湾の魚介類や、江戸前の名の起こりとなったウナギを賞味した人々の生活の様子もうかがうことができた。一〇〇万人が暮らした江戸という都市とその周辺の自然や、その自然と人々の生活との関わりを振り返るのも楽しく、また、現在まで残る江戸から続く自然を各地に探す楽しみも生まれ、あちこちと訪ねて歩いた。

しかし、さらに読み進むと、日本の自然の未来を予見した本草（ほんぞう）学者からの重要なメッセージが隠されているのではないかとさえ思えてきた。この『武江産物志』から、その地域の歴史を背景とした人と自然との関わり方を考え、東京に代表される都市の自然の在り方や、都市の自然環境を改善するための手掛かりを得ることができるのではないかと思うようになった。

最近、各地で自然が失われ、「自然回復」、「自然復元」が叫ばれ、さらには「自然再生事業」が話題となっている。今や日本ばかりではなく、人と自然との関係が希薄になり、地球の環境全体の安定性が失われ、人類の生存基盤そのものが危うくなることすら懸念されるまでになったからである。

しかし、東京のような都市で、自然回復を行おうとするとき、求める自然はとなると、行政も市民団体も一定のイメージをもっていない場合が多く、東京に生まれ育ったものとしては、おおいに不満を感じていた。そこで、回復したい自然のモデルを江戸時代に求めたいと考えた。

なぜ今、江戸時代に手掛かりを求めるのか。その理由は、その回復したい自然とは、明治以来、時代や環境の変化はあってもその基本的な構成には大きな変化はなく、江戸時代からつい昨日まで、つまり高度経済成長期の前まで続いてきたものだからなのである。

それは、多くは適度に人手の加わった農地や雑木林(二次林)、採草地や用水路から成り立っていたが、そこでは多くの野生の動植物をはぐくんでいた。またそれぞれ各地域にふさわしい自然が維持されてきた。現在流行のビオトープづくりなどでは、外国の「設計図(ものまね)」によって行われる例もしばしば見られる。今求める自然は外国やよその地域の借り物の自然ではなく、その地域のかつての自然、原風景でなければならないことを忘れてはいないか。

東京とその周辺の原風景を求めるには、『武江産物志』は格好の本であり、今、あらためて検証してみる必要があるだろうと考えた。本書が「都市の自然」を考えるきっかけとなれば幸いである。

各項目ごとに注釈らしきものを加えたが、私の浅薄さゆえに、誤りも少なくないかもしれない。読者の皆様のご海容(かいよう)とご教示をお願いする次第である。

パート・1

武江産物志　全

武江産物志序
夫武陽之盛也六十餘
州之方物及至蠻夷之
寶貨齎来猶衆星拱之
今雖多風土之書然少
載物産者予屢記山海
物産之處在有季於茲
矣今僅於近郊之中盡

武江産物志序

それ武陽〈ぶよう〉の盛なるや、六十余
州の方物、及び蛮夷〈ばんい〉の
宝貨に至るまで、もたらし来ること、なお衆星〈しゅうせい〉のこれを
拱〈きょう〉するがごとし。
今風土の書多しといえども、しかれども
物産を載するもの少なし。予しばしば山海の
物産の在るところを記すことここに有季〈ゆうき〉なり。
今僅かに近郊の中にありて、

悉探薬之秘處以擧有
用之類矣加之菜果飛
動及観遊之草木以誌
以為小冊目之謂武江
産物志也別添於縮圖
略記地名其所圖凡以
一寸為一里名之謂武
江略圖也庶幾為採薬

ことごとく採薬の秘処を探り、以て
有用の類を挙ぐ。これに加うるに菜果、
飛動〈ひどう〉及び観遊〈かんゆう〉の草木をもってし、
すなわち誌して以て小冊と為し、これを目して
武江産物志というなり。別に縮図に添えて
地名を略記す。その図く所は、
およそ一寸を以て一里となす。これに名づけて
武江略図というなり。こいねがわくば採薬

遊観之一助唯恐多粗
陋謬誤而已
旹文政甲申孟春於又
玄堂書之岩崎常正

遊観の一助と為さんことを。ただしかれども
粗陋謬誤〈そろうびゅうご〉多きを恐るるのみ。
旹〈時〉は文政甲申〈きのえさる〉孟春〈もうしゅん〉
又玄堂〈ゆうげんどう〉に於いてこれを書す。岩崎常正

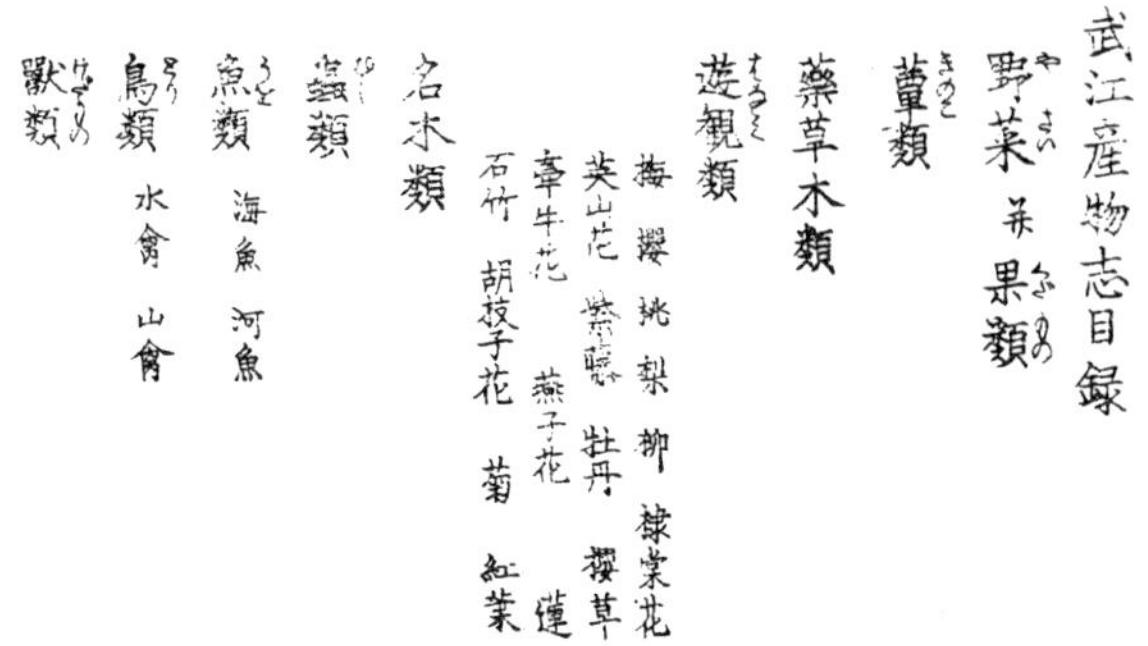

武江産物志目録

野菜并果類

蕈類

薬草木類

遊観類

梅　櫻　桃　梨　柳　棣棠花

英山花　紫藤　牡丹　櫻草

牽牛花　燕子花　蓮

石竹　胡枝子花　菊　紅葉

名木類

蟲類

魚類　海魚　河魚

鳥類　水禽　山禽

獣類

武江産物志目録

野菜（やさい）并〈ならびに〉果類（くだもの）

蕈（きのこ）類

薬草木類

遊観類（はなみ）

梅　櫻　桃　梨　柳　棣棠花〈ていとうか〉

英山花〈えいざんか〉　紫藤〈ふじ〉　牡丹〈ぼたん〉　桜草

牽牛花〈けんぎゅうか〉　燕子花〈えんしか〉　蓮〈はす〉

石竹〈せきちく〉　胡枝子花〈こししか〉　菊　紅葉

名木類

蟲（むし）類

魚（うを）類　海魚　河魚

鳥（とり）類　水禽　山禽

獣（けだもの）類

武江産物志

東都　岩崎常正著

野菜并果類

1 粳（うるち）　二合半領
2 糯（もちごめ）　越ヶ谷
3 大麦（おほむぎ）　王子辺
4 小麦（こむぎ）
5 行徳乾温淘（ぎやうとくほしうんどん）
6 川越索麪（かわごへそうめん）
7 黍（きび）
8 蜀黍（もろこし）
9 玉蜀黍（とうもろこし）
10 粱（おほあハ）
11 粟（あハ）
12 稗（ひえ）
13 罌子粟（けし）
14 蕎麦（そバ）　深大寺
15 胡麻（ごま）
16 大麻（あさのミ）
17 大豆
18 赤小豆（あづき）
19 緑豆（やへなり）
20 豇豆（ささげ）
21 いんげんささげ
22 刀豆（なたまめ）
23 黎　豆（おしやらくまめ）
24 眉児豆（ふじまめ）　葛西領
25 蚕豆（そらまめ）　中川向
26 豌豆（えんどう）　千住
27 春菜（うぐひすな）

28 秋菜（ふゆな）　小松川
29 箭幹菜（つけな）　三河島
30 水菜（けうな）　千住
31 白芥（ゑどからし）
32 蘿蔔（だいこん）　練馬　あか大根　清水なつ大根　あざミ大根　ハだな大根
33 胡蘿蔔（にんじん）　練馬
34 牛房（ごぼう）　岩ツキ
35 紫芋（とうのいも）　葛西
36 九面芋（やつがしら）
37 青芋（どだり）　葛西
38 赤山ずいき
39 薯蕷（ながいも）　代野
40 江戸萆薢（ところ）
41 佛掌藷（つくいも）
42 甘薯（さつまいも）　八幡
43 黄獨（か志う）　赤山
44 蒟蒻（こんにやく）　下総中山
45 茄（なす）　駒込　千住
46 番椒（とうがらし）　内藤宿
47 水芹（せり）　千住
48 ミつば芹（せり）　千住
49 巻丹（ゆり）
50 甘露児（ちょろぎ）
51 紫蘇（しそ）　千住
52 同蒿（しゅんぎく）　千住
53 菠薐（ほうれんそう）
54 津るな
55 款冬（ふき）
56 楤木一種（うど）　練馬
57 生薑（せうが）　谷中　赤山
58 蘘荷（ミやうが）　早稲田
59 蓼（たで）　千住
60 甜瓜（まくハうり）　ナルコ村　府中
61 西瓜（すいくハ）　大丸　北サハ　スナ村　羽田
62 越瓜（しろうり）　タバタ　ハナマル

63 醤瓜（まるづけ）　葛西
64 胡瓜（きうり）　砂村
65 冬瓜（とうぐハ）
66 番南瓜（とうなす）　八塚
67 絲瓜（へちま）　中山
68 苦瓜（れいし）
69 葱（ねぎ）　岩ツキ　大井　ワケギ　アサ　ツキアリ
70 韮（にら）
71 薤（らつけう）
72 山蒜（のびる）
73 蕨（わらび）　下総
74 薇（ぜんまい）
75 藕（はすのね）　千住　不忍池
76 慈姑（くわい）　千住
77 烏芋（くろくわい）
78 浅草紫菜（のり）
79 品川生紫菜（なまのり）
80 葛西紫菜（かさいのり）
81 頭髪菜（おごのり）　品川
82 行徳塩（ぎやうとくしほ）　川崎行徳等の塩田に朴消又凝水石あり
83 梅（むめ）　杉戸　ブンゴ　小梅
84 杏（あんず）
85 桃（もも）　ナツモモ　アキモモ
86 李（すもも）
87 牛心李（あめんどう）
88 梨（なし）　川サキ　下総八幡
89 林檎（りんご）　下谷　本所
90 榠樝（くハりん）　草加　下谷
91 榲桲（まるめろ）
92 柿（かき）　草加赤山しぶの名産也　きざハし　せんじ　ご志ょ　はちや　津るのこ　まめが記等色々あり
93 枇杷（びハ）　岩ツキ　川ゴへ
94 柚（ゆづ）
95 無花果（いちぢく）

胡桃　柯樹　銀杏
棗　枳椇　蜀椒
葡萄

蕈類

青頭菌　板バシ　玉蕈　四ツ谷　子ヅミシメジ
紫蕈　黄蕈　胭脂菰
アイタケ　千本シメジ　エノキタケ
サヽコ　池袋　掃箒菰　天花蕈
萑菌　石耳　秩父　木耳
麥蕈　スナ村　霊芝　馬勃
鬼筆　猢猻眼　ウドンゲ

薬艸類

---

96 胡桃（くるミ）
97 柯樹（しいのミ）
98 銀杏（ぎんあん）
99 棗（なつめ）
100 枳椇（けんぽなし）
101 蜀椒（あさくらさんしょ）
102 葡萄（ぶどう）

蕈類

103 青頭菌（はつだけ）　板バシ
104 玉蕈（しろしめじ）　四ツ谷
105 子ヅミシメジ
106 紫蕈（むらさきしめじ）
107 黄蕈（きしめじ）
108 胭脂菰（べにたけ）
109 アイタケ
110 千本シメジ
111 エノキタケ
112 ササコ　池袋
113 掃箒菰（ねずみたけ）
114 天花蕈（ひらたけ）
115 萑菌（よしたけ）
116 石耳（いハたけ）　秩父
117 木耳（きくらげ）
118 麦蕈（しやうろ）　スナ村
119 霊芝（さいわいたけ）
120 馬勃（きつねふぐり）
121 鬼筆（きつねのえかきふで）
122 猢猻眼（さるのこしかけ）
123 ウドンゲ

薬草類

道灌山ノ産

124 山小菜（ほたるふくろ） 王子ヘン

125 玄参 中里

126 蒼朮（をけら） 落合ニモアリ

127 延胡索（つぶて） 井ノカシラニモアリ

128 山慈姑（あまな）

129 石蒜（志びとばな） 王子ヘン千住

130 鉄色箭（きつねのかみそり）

131 龍膽（りんどう） タキノ川ヲチ合ニモ

132 鬼督郵一種（かしはのはくさ） アスカ山大箕谷ニモアリ

133 升麻（あわぼ） 王子アスカ山下

134 黄精（なるこゆり）

135 キンラン 大ミヤ目クロニモ

136 及已（ふたり志つか）

137 ルリサウ カキガラ山

138 雞腿児（きじむしろ）

139 龍芽菜（だいこんさう）

140 除州夏枯草（うつぼくさ）

141 白花敗醤（をとこめし）

142 南紫胡（ほたるさう） 中里

143 前胡（たにせり）

144 同白花 平塚中里

145 土當帰（はなうど） アスカ山下芝増上寺

146 ダケゼリ

147 ヤブ藁本

148 竹菜（わうれんだまし）

149 野菊（かもめる） 落合村ニモアリ

150 薄苛（めくさ）

151 排草香（かハミどり） 中里

152 ムラタチサウ

153 ホカケサウ

154 香薷（いぬゑ）

155 百合（ささゆり）

156 蕎麦葉貝母（うバゆり） 大ミヤニモアリ

157 子コハギ

158 絲喬々(いとはぎ)

159 白茅(津ばな)

160 地楊梅(すずめのやり)

161 剪夏羅(がんひ)　アスカ山

162 瞿麦(のなでしこ)　井ノカシラニモアリ

163 王不留行(すずくさ)　今ハナシ

164 陰地蕨(ひかげわらび)

165 懸鈎子(もみぢいちご)

166 蒔田藨(なハしろいちご)

167 山扁豆(きつねのびんささら)　中里 玉川ニモ

168 タヌキマメ　アスカ山

169 鼠尾草(たむらさう)

170 牡蒿(をとこよもぎ)

171 百蕊草(かなびきさう)

172 劉寄奴草(あわだちさう)

173 蘩蔞一種(うしはこべ)

174 山芹菜(やまみつば)

175 山緑豆(かんざうだまし)

176 獐牙菜(あけぼのさう)

177 川午膝　練馬ニモ

178 泥胡菜(きつねあざみ)

179 海金砂(つるしのぶ)　日暮里 落合ニモ

180 メシタ

181 油點草(ほととぎす)　落合ニモ

182 鹿蹄草(きっかうさう)　大ミヤニモ

183 雀翹(うなぎづる)

184 和尚菜(のふき)

185 ミツゲンゲ

186 ノカラマツ

187 星宿菜(ぬまとらのを)

188 龍葵(うしほうづき)

189 龍珠(はだかほうづき)

190 萱草(わすれくさ)

191 一リン草(さう)

192 二リン草(さう)　青山ヘンニモアリ

193 石芥（やまぶきさう）
194 麦門冬（やぶらん） 小葉中葉ノモノアリ 大葉ハ目黒ニアリ
195 天名精（やぶたばこ）
196 小連翹（おとぎりさう） 志村ニモ
197 豨薟（めなもみ）
198 鬼針草（おにばり）
199 苦蕎麦（うしのひたひ）
200 山黧豆（かまきりさう）
201 歪頭菜（たにわたし） 子ズミ山ニモ
202 燈心草（ゐくさ）
203 苦草（せき志やうも）
204 龍舌草（ミづおほばこ） 圓葉ハタウカモリ
205 虎掌（うらしまさう） 大クボヘンニモ
206 甘遂一種（はるとうだい）
207 大戟（たかとうだい） 井ノ頭ニモ
208 烏頭（かぶとぎく） アスカ山
209 博落廻（志やきくさ）
210 坐拏草（よこぐもさう）
211 紫萼（ぎぼうし） 志村ニモ
212 茜根（あかね）
213 山薬（志ねんぜう）
214 羊乳根（つるにんじん）
215 萆薢（ところ）
216 葎草（かなむぐら）
217 木防已（津づらふじ）
218 山黒豆（ぬすびとはぎ）
219 赤小豆一種（つるあづき）
220 木通（あけびかづら）
221 葛（くず） 神田明神ガケアタラシ橋ニモ
222 ツルムメモドキ
223 牛尾菜（しほで）
224 女萎（わくのて）
225 白英（ひよどりじやうご）
226 絞股藍（つるあまちや）
227 蛇葡萄（のぶどう） 志村ニモ

山胡椒　辛夷　莢蒾
老葉児樹　常山　中里　王子　海州常山
鹽麩子　大ミヤ　ニモ　齊墩果　ホリノ内ニモ　楤木　平塚
イヌガヤ　平塚　野櫻桃　ゴンズイ
紫珠　白瑞香　中里
堀ノ内大箕谷邉ノ産　フクワウサウ
ヤハヅアキアザミ　石龍膽　サジクサ
車前葉山慈姑　八幡山中　ナガサキ村ニモ　叡山ハグマ　赤山　ニモ
兎児傘　委甤　東高野　野新田ニモ　荷苞委甤
チゴユリ　ホウチヤクサウ　山芍薬
紫草　小金　ニモ　夏枯草　道カン　山ニモ　淫羊藿　道カン　山ニモ
風輪菜　紫金牛　東高　野ニモ　コシホガマ　落合　ニモ

228 山胡椒（志やうぶのき）
229 辛夷（こぶし）
230 莢蒾（よそぞめ）
231 老葉児樹（うしころし）
232 常山（こくさぎ）　中里　王子
233 海州常山（くさぎ）
234 鹽麩子（ぬるで）　大ミヤ　ニモ
235 齊墩果（ちしやのき）　ホリノ内ニモ
236 楤木（たらのき）　平塚
237 イヌガヤ　平塚
238 野櫻桃（あきぐみ）
239 ゴンズイ
240 紫珠（やぶむらさき）
241 白瑞香（おにしばり）　中里

堀ノ内大箕谷邉ノ産

242 フクワウサウ
243 ヤハヅアキアザミ
244 石龍膽（つるりんどう）
245 サジクサ
246 車前葉山慈姑（かたくり）　八幡山中　ナガサキ村ニモ
247 叡山ハグマ　赤山　ニモ
248 兎児傘（やぶれがさ）
249 委甤（からすゆり）　東高野　野新田ニモ
250 荷苞委甤
251 チゴユリ
252 ホウチヤクサウ
253 山芍薬（やましやくやく）
254 紫草（むらさき）　小金　ニモ
255 夏枯草（じうにひとへ）　道カン　山ニモ
256 淫羊藿　道カン　山ニモ
257 風輪菜（さくらがわさう）
258 紫金牛（やぶかうじ）　東高　野ニモ
259 コシホガマ　落合　ニモ

260 大山ハコベ

261 報春先（ほくろ） 道灌ニモ

262 ハンシヤウヅル

263 絡石（ていかかつら）

264 烏樟（くろもじ）

265 赤楊一種（やしやぶし） カウノダイニモ

266 柞木（津げ）

267 刺楸（はりきり） 赤山ニモ

268 玉鈴花（はくうんぼく）

269 クマノミヅキ 堀ノ内

270 ウハミヅ櫻

井ノ頭邉ノ産

271 石防風（いぶきぼうふう）

272 狗舌草（くさぎく） 仙川村

273 馬芫蒿（志ほがまぎく） 広尾ニモ

274 タカサゴサウ 仙川村アスカ山ニモ

275 アヅマ菊 仙川村

276 睡蓮（ひつじぐさ） 井ノ頭池木下川ニモ

277 ミヅハコベ 同所真間ニモ

278 菱（ひし） 同所不忍池小梅ニモ

279 鉤吻一種（どくうつぎ） 金井道大毒アリ

多摩川邉ノ産

280 ウグイスサウ

281 大葉委陵菜（かはらさいこ）

282 鐵桿蒿（はまよめな）

283 龍脳菊（りうのうぎく） 一ノ山駒場ニモ

284 芩一種（つるよし）

285 ハマハタザヲ 尾久ニモ

286 艾（よもぎ） 向ケ岡

287 茵蔯（はまよもぎ） 志村ニモ

288 蕭（かはらははこ）

289 竹栢 矢口新田

目黒邊ノ産

290 コケリンダウ　コマバ　アスカ山ニモ

291 白花猩々袴　上北沢

292 射干（ひおふぎ）

293 蕘花一種（こがんひ）　コマバ

294 ナンバンキセル

295 白芷（よろいぐさ）

廣尾ノ産

296 山ハッカ

297 兎児尾苗　目黒ミチ

品川邊ノ産

298 遏藍菜（ぐんばいなづな）

299 白薇（おほふなはら）　木原

300 鹹蓬（はまゝつな）　大師河原

301 冬葵（かんあふひ）　スズガ森

302 蓴（ぬなハ）　木原

303 野豌豆（はまえんどう）　大師カハラ

304 ハマヒルガホ　同所

上野邊ノ産

305 綿棗児（つるぼ）　道灌ニモ

306 紫背龍芽（大葉だいこんさう）

307 金瘡小草（ぢごくのかまのふた）

308 積雪草（かきどうし）

309 涼蒿菜（ぼろぎく）　谷中

310 巻耳（ミミなくさ）

311 半辺蓮（あぜむしろ）　谷中

312 雞腸草（たびらこ）

313 菫々菜（つぼすみれ）

314 鬪牛児苗（げんのせうこ）

315 元寶草（ほとけのざ）　ザウシガヤニモ

316 桃朱術（やぶけまん）　谷中

317 菫牛草（やぶめうが）

318 金雞脚（ミつでうらぼし）　谷中

319 千年竹（のきしのぶ） 樹皮ニ生ス
320 黒三稜（がバ） 不忍池
321 芹葉鉤吻（ももちどり） 下寺
322 何首烏（つるどくだミ） 谷中イモ坂 麻フ 大久保
323 天竺桂（だも）
324 楠（いぬくす）
325 楸（あづさ） 谷中
326 加條寄生（ゑのきのやどりぎ） 池ノハタ駒込 駒バニモ
327 水馬歯（ミづはこべ） 根岸辺

駒込邉ノ産

328 紫雲菜（るりてうさう） 氷川下
329 ホテイサウ メウガ谷 目クロニモ
330 薇蘅（はんくわいさう） 染井
331 ムカゴ蕁麻 スガモ
332 ニリンサウ センダギ

志村邉ノ産

333 白花地楡（しろのわれもかう）
334 旋覆（をぐるま）
335 雞項草（さわあざミ）
336 武者（むしゃ）リンダウ
337 亜麻一種（まつばなでしこ） 徳丸原 池袋ニモ
338 地瓜児（しろね） 尾久 ニモ
339 青舎子條（くまやなぎ） 落合 ニモ
340 蘡薁（くろぶとう） 練馬 ニモ
341 鼠李（くろむめもとき）
342 志村人参 野新田ニモ
343 ムカゴ人参 同上

早稲田邉

344 馬兜鈴 大葉ハ中里ニアリ
345 覆盆子 関口 本所ニモ
346 菟絲子（ねなしかつら）
347 狗筋蔓（つるせんのう） 目白下 玉川ニモ
348 甘遂（さハうるし） 目白下 ヤシン田ニモ

落合邉

349 ヒメヒゴタイ 藤ノ森
350 敗醤（をミなめし） 同上

351 小葉キヌガササウ
352 穀精草（ほしさう）　目白下ニモ
353 括樓（くそうり）

354 牛皮消（いけま）
355 コマハギ　スガタミノハシ

鼠山ノ産

356 遠志　道灌志村ニモアリ
357 白頭翁（ちごばな）　仙川村ニモ

358 漏盧（ひきよもぎ）
359 除長卿（ふなはら）　アスカ山ニモ
360 地楡（われもかう）　道灌ニモ

361 委陵菜（かはらさいこ）　駒場ニモ
362 柴胡（かまくらさいこ）　同上
363 ムカゴニンジン　下田

364 百脈根（ゑぼしさう）　アスカ山ニモ
365 蓬虆（つるいちご）　シイナ町板バシ
366 南芥菜（はたざを）　ザウシガヤ

367 アリノトウクサ
368 田麻（のごま）
369 セイタカフウロ

370 山蘿蔔（たづまぎく）　アスカ山ニモ
371 紫羅襴（あやめ）
372 山薤（やまにら）

373 王瓜（からすうり）　ザウシガヤ下谷ニモ
374 黄環（ひめくづ）　アスカヤマ千住ニモ
375 菝葜（さんきらいばら）　コマバニモ

376 白楊（やまならし）
377 大蓼（せんにんさう）　王子ニモ歯ノ毒也
378 蟿菜（きせわた）　長サキ村

池袋下田ノ原

379 石薄荷（ひめはつか）
380 水生龍膽（りんどう）

381 澤瀉一種（さじおもだか）
382 穀精草（ほしさう）
383 亜麻一種（まつばにんじん）

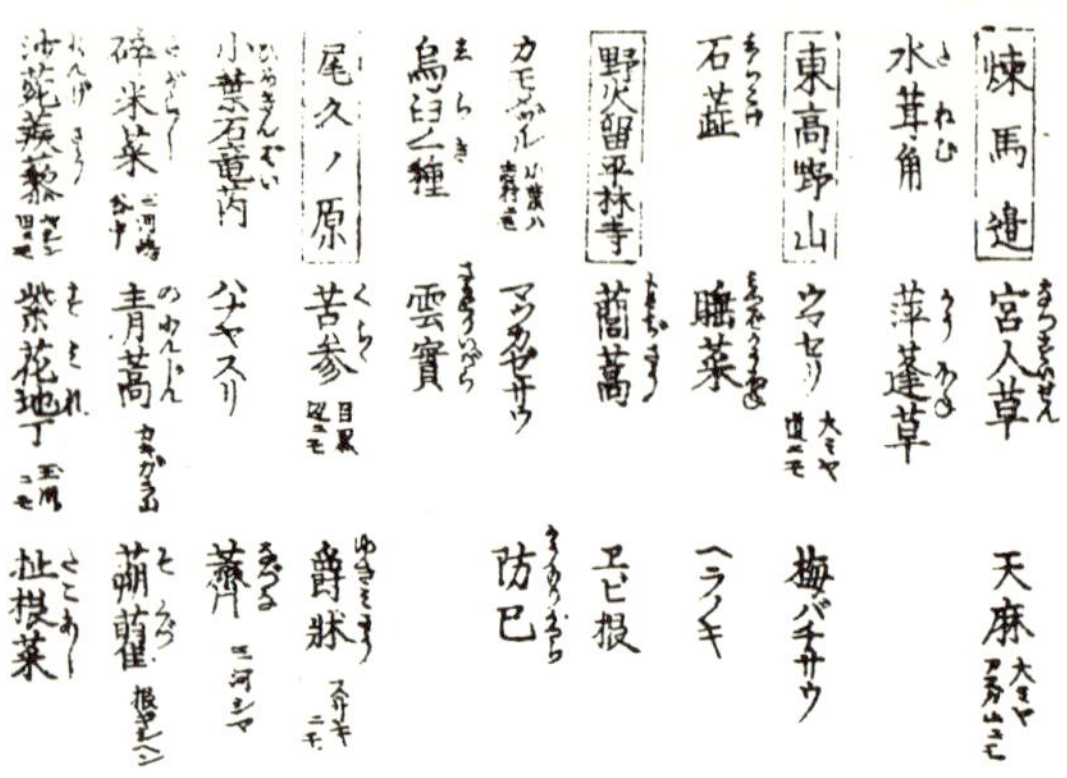

384 タカサゴサウ
385 宮人草（なつすいせん）
386 天麻　大ミヤ　アスカ山ニモ

練馬邉

387 水茸角（たねむ）
388 萍蓬草（かうほね）

東高野山

389 ウマセリ　大ミヤ　道ニモ
390 梅バチサウ
391 石蕊（しらこけ）
392 睡菜（みつばかうほね）
393 ヘラノキ

野火留平林寺

394 蔄蒿（もみぢさう）
395 エビ根
396 カモメヅル　小葉ハ　志村ニモ
397 マツカゼサウ
398 防已（かうもりかつら）
399 烏臼ノ一種（志らき）
400 雲實（さるとりいばら）

尾久ノ原

401 苦参（くらら）　目黒　辺ニモ
402 爵状（ゆきみさう）　スサキ　ニモ
403 小葉石竜芮（ひめきんばい）
404 ハナヤスリ
405 薺（なづな）　三河シマ
406 砕米菜（たがらし）　三河島　谷中
407 青蒿（のにんじん）　カキガラ山
408 蒴藋（そくづ）　根ギシヘン
409 沙苑蒺藜（れんげさう）　ヤシン　田ニモ
410 紫花地丁（すみれ）　玉川　ニモ
411 扯根菜（たこあし）

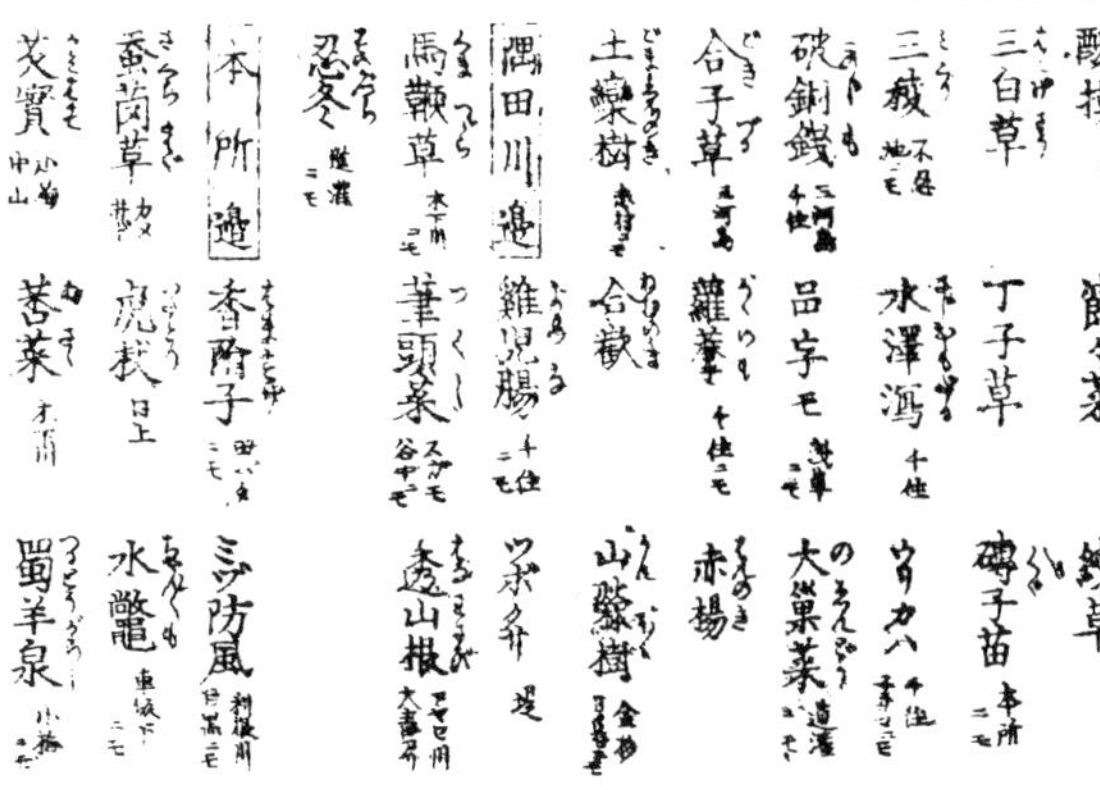

412 酸模（すかんぽ）　麻布ニモ
413 節々菜（かはらとくさ）
414 綟草（もじずり）
415 三白草（はんげさう）
416 丁子草
417 磚子苗（くぐ）　本所ニモ
418 三稜（みくり）　不忍池ニモ
419 水澤瀉（さじおもだか）　千住
420 ウリカハ　千住ネリマニモ
421 破銅銭（たのじも）　三河島千住
422 品字モ　浅草ニモ
423 大巣菜（のゑんどう）　道灌ニモ
424 合子草（ごきづる）　三河島
425 蘿藦（ががいも）　千住ニモ
426 赤楊（はんのき）
427 土欒樹（ごましほのき）　志村ニモ
428 合歓（ねむのき）
429 山榮樹（かんぼく）　金杉日暮里ニモ

隅田川邉

430 雞児腸（よめな）　千住ニモ
431 ツボクサ　堤
432 馬鞭草（くまつづら）　木下川ニモ
433 筆頭菜（つくし）　スガモ谷中ニモ
434 透山根（はなわさび）　アヤセ川大毒アリ
435 忍冬（すいかづら）　道灌ニモ
436 香附子（はますげ）　田バタニモ
437 ミヅ防風　利根川目黒ニモ

本所邉

438 蚕繭草（さくらたで）　カメ井ド
439 虎杖（いたどり）　同上
440 水鼈（ちゃんちゃんも）　車坂下ニモ
441 芡實（かみはす）　小梅中山
442 莕菜（あさざ）　木下川
443 蜀羊泉（つるとうがらし）　小梅ニモ

444 藤長苗（おほひるがほ）
445 杜板帰（いしみかハ）

洲崎
446 蛇床子（はまにんじん）
447 苦菜（はまにがな）

448 濱アカザ　元八幡
449 秦（たごのき）　フカ川　スナ村
450 槲楡（あきにれ）

國分臺
451 ヤマドリシダ
452 草零陵香（はぎくさ）　中山ニモ

453 水ウイキヤウ　中山　玉川ニモ
454 ヤシャブシ

行徳邉
455 ハマムラサキ　ハマべ
456 蓍（のこぎりさう）

457 茺蔚（めはじき）　品川ニモ
458 黄花日々草　中山

御府近邉
459 蔞斗菜一種（とんぼさう）　和田倉　半藏　小石川内

460 葶藶（犬なつな）　牛ガフチ　スサキニモ
461 苜蓿（まごやし）　護持院原　スサキニモ
462 カノコサウ　竹橋内

463 蒼耳（をなもミ）　市ヶ谷　本郷円山
464 苧麻（からむし）　御茶ノ水

随地有之類
465 沙参（つりがねさう）　山野皆アリ
466 地楊梅（はなひりくさ）

467 雞眼草（やはづくさ）
468 剪刀股（じしばり）
469 鱧腸（いちやくさ）

470 車前（おほバこ）
471 続断（おどりこさう）
472 羊蹄（ぎしぎし）
473 萹蓄（にハやなぎ）
474 蒲公英（たんぽ）
475 眼子菜（ひるも）
476 浮萍（うきくさ）
477 半夏（へぼそ）　白花多シ　紫花ハ目黒辺ニアリ
478 澤漆（すずふりばな）
479 毛茛（こまのあしがた）
480 石龍芮（どぶたがらし）
481 烏蘞苺（やぶからし）
482 扶芳藤（まさきのかつら）
483 常春藤（ふゆづた）
484 地錦（なつづた）
485 柳（しだれやなぎ）
486 水楊（かハやなぎ）
487 桃葉衛矛（まゆミ）
488 営実（のいばら）
489 旋花（ひるがほ）
490 櫨子（しどミ）
491 梓（ひさぎ）

遊観類

梅

492 本所梅屋敷　亀戸寺島　立春より三十四五日目ニ開ク
493 臥龍梅　亀戸　同時
494 杉田の梅　神奈川　立春より〇〇日頃開
495 蒲田梅　大森　立春より三十日位
496 亀戸天神境内
497 難波梅　浅草　自性院
498 箙の梅　はしバ　法源寺
499 鴬宿梅　高田　南蔵院

500 御殿址の梅 高田 南藏院
501 茅野の梅 増上寺 山内
502 栄の梅 牛込 宗参寺

櫻

503 上野山王社前 ひとへのひがん桜 立春より六十五日ころよりひらく
504 同清水観音堂後
505 同山門の前
506 同大仏堂前
507 同慈眼堂
508 同寒松院
509 同護国院 ひがん志だれ
510 同 谷中門清水門内寺院ひがん志だれ
511 同車坂 ひとへ
512 糸桜 増上寺
513 伝通院大黒社内
514 谷中善照寺 ひがん志だれ
515 根岸西藏院 ひがん志だれ
516 根津権現
517 養福寺 日暮里
518 谷中七面境内 ひがん志だれ
519 乗圓寺 鳴子村 ひがん志だれ
520 長谷寺 麻布
521 光林寺 麻布
522 麻布広尾 木下屋敷
523 右衛門桜 大久保柏木村
524 雲井桜 伝通院寮舎
525 駒込神明前 ひとへひがん
526 文箱桜 市ヶ谷火ノばん丁
527 芳野桜 上野
528 犬桜 上野
529 秋色桜 清水御供所
530 感応寺 谷中
531 瑞林寺 谷中
532 飛鳥山 八重 立春より七十日頃
533 隅田川 同上
534 王子権現

535 根津権現

536 御殿山　品川

537 小金井　玉川上水辺　立春より六十日余

538 廣福寺　玉川

539 千手院　千だがや

540 深川元八幡

541 大井の桜　品川来復寺常蓮寺ニあり立春より七十七八日頃

542 塩竈　高田明神

543 金王桜　青山教覚院

544 兼平桜　小日向

545 延命桜　品川来福寺

546 泰山府君　三田

547 千本桜　浅草

548 浅黄桜　感応寺長命寺

549 歌仙桜　深川八幡

550 百枝桜　谷中妙林寺

551 九品桜　田ばた六阿ミだ

552 母衣（ほろ）桜　西ヶ原

553 八重垣　神田明神

554 十月桜　王子権現

桃

555 桃園　四ッ谷　中野　中里　立春より七十日頃

556 大師河原　立春より六十日余

557 隅田川堤

558 築比地　葛飾郡

梨

559 隅田村

560 下総八幡　市川向

561 生麦村　川崎

柳

562 印の柳（志るしのやなぎ）　隅田川

563 颸灑柳（うなりやなぎ）　麻布善福寺

564 夫婦柳　両国の南

565 見帰り柳　吉原

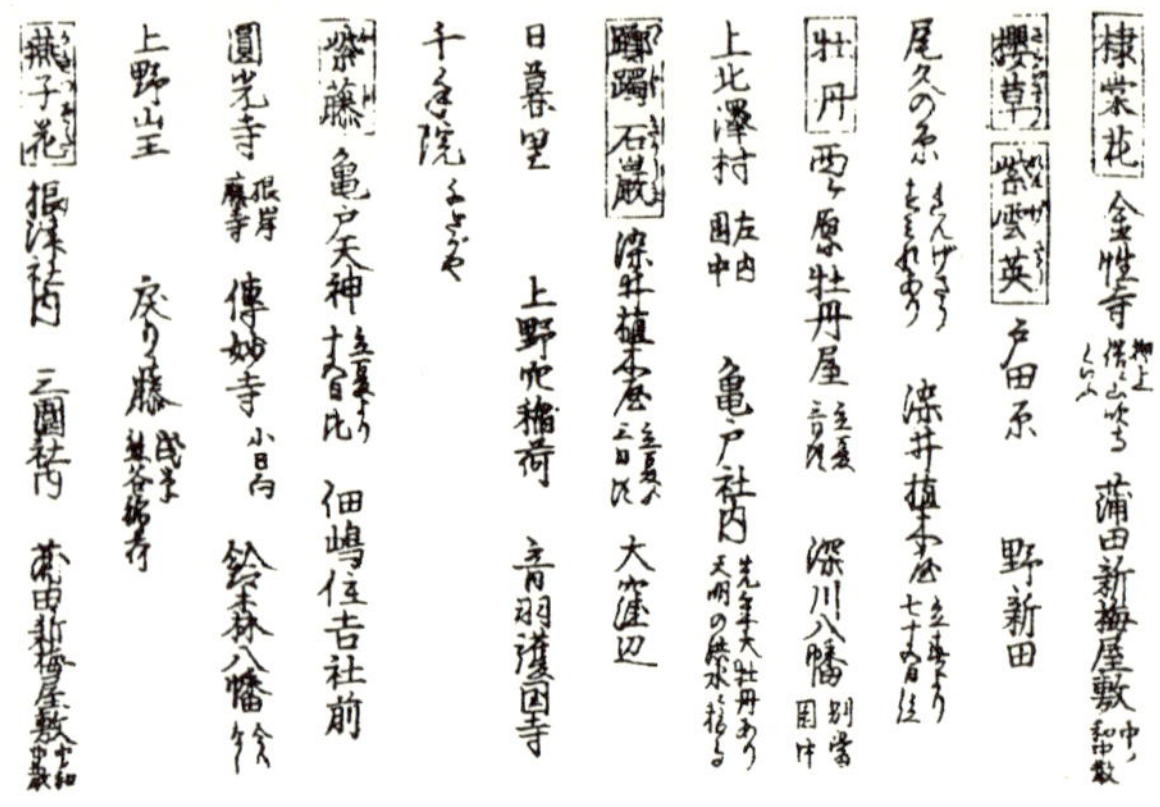

棣棠花
566 金性寺 押上 俗に山吹寺といふ
567 蒲田新梅屋敷 中ノ和中散

桜草（さくらさう） 紫雲英（れんげさう）
568 戸田原
569 野新田

570 尾久の原 れんげさう すみれあり
571 染井植木屋 立春より七十五日位

牡丹
572 西ヶ原牡丹屋（敷） 立夏三日位
573 深川八幡 別当園中

574 上北沢村 左内園中
575 亀戸社内 先年大牡丹あり天明の洪水ニ枯る

躑躅石巌（つつじきりしま）
576 染井植木屋 立夏より三日位
577 大窪辺

578 日暮里
579 上野穴稲荷
580 音羽護国寺

581 千手院 千だがや

紫藤（ふじ）
582 亀戸天神 立夏より十五日頃
583 佃嶋住吉社前

584 圓光寺 根岸藤寺
585 傳妙寺 小日向
586 鈴森八幡 今はなし

587 上野山王
588 戻り藤 浅草熊谷稲荷

燕子花（かきつばた）
589 根津社内
590 三囲社内
591 蒲田新梅屋敷 中ノ和中散

592 木下川薬師 立夏二十日頃　593 牛嶋　594 駒込千駄木 坂植木屋 数数多し

石竹（せきちく）　595 本所植木屋

牽牛花（あさがほ）　596 下谷本所 花形の変りハ 孔雀 乱獅子 梅咲 桔梗咲

ちぢみ　茶屋　采咲　八重孔雀　薄黄　牡丹咲

龍胆咲　吹切咲　糸咲　風折　剣咲　いぎりす

眉間咲　巻絹　葉形の変りハ 孔雀　龍の眉

薩摩紺　絞り類　龍田川　葵葉

黄葉　松島　柳葉　唐糸　鳳凰葉　柿葉

宇津川　いさはき　南天葉　七福神　芙蓉葉

金剛獅子　銀龍　鼠葉　円葉　紅葉ば　通玄仙

破レ柳　薯葉　山鳥　石花　木立

卯の花　597 野口　小金井　目黒　九品仏の辺

蓮　598 不忍池 六月中より　599 赤坂溜池　600 池の妙恩寺 下谷

601 向嶋白鳥の池　602 増上寺赤羽橋内

胡枝子花（はぎ） 八月節より　603 柳眼寺 柳島 萩寺ト云　604 清水寺 浅草

605 正燈寺 浅草　606 観音奥山 浅草　607 三囲稲荷

菊
608 染井植木屋　609 巣鴨植木屋　610 駒込千駄木 坂植木屋
611 御駕篭町　612 麻布目黒青山辺　613 本所 寺島 小菊もあり

紅葉（もみじ）
614 海安寺 品川　615 東海寺 品川　616 正灯寺 浅草
617 日暮里青雲寺　618 上野山中　619 根津権現山
620 瀧の川弁天　621 夕日山紅葉 目黒 明王院　622 真間の紅葉 真間 弘法寺
623 高尾の紅葉 山谷土手の西方寺　624 高田穴八幡　625 隅田川 秋葉

名木類
626 百歌仙 駒込千駄木 坂植木屋

松（まつ）
627 御言葉の松 大久保　628 上意の松 亀戸 普門院
629 相生の松 上野　630 亀子松 上野　631 頭巾松 御城内ニあるよし
632 首尾の松 浅草　633 船松 浅草　634 霞の松 橋場
635 斑女が衣懸松 向ヶ岡　636 道灌船繋松
637 鏡の松 根岸 円光寺　638 五石松 駒込　639 船繋松 小石川

640 千年松　筑土八幡 高田
641 大友の松　牛込
642 光り松　高田
643 鈴掛松　千駄ヶ谷
644 遊女松　同上
645 鎮座の松　渋谷
646 鞍懸松　代々木
647 一本松　麻布
648 笠松　千駄ヶ谷 千手院
649 光明松　増上寺
650 銭掛松　麻布
651 道玄物見の松　渋谷
652 御傘松　多摩郡大倉村 永安寺
653 円座松　増上寺
654 朝日松　芝
655 袈裟掛松　芝
656 火除の松　芝
657 綱駒繋松（つながこまつなぎ）　三田
658 三鈷の松　二本榎
659 鷹居松　匂ひ松 又腰掛松 トモ云目黒
660 千本松　池上 峰村
661 辨慶松　半蔵御門外
662 鐘鋳（かねい）の松　御殿山
663 荒磯の松　鈴ヶ森
664 震（ゆるぎ）の松　品川
665 妙寛松　王子
666 梶原松　品川
667 鎧掛松　池上
668 五本松　小名木川
669 ばらばらの松　中川
670 来迎の松　亀戸
671 龍燈の松　亀戸 木下川
672 神水の松　請地村
673 千貫松　葛西領
674 大松　駒場

675 朝鮮松　上野 車坂
676 御行の松　金杉
677 二本杉　上野
678 争の杉　西ヶ原
679 楊枝杉　麻布 善福寺
680 千歳杉　品川 東海寺
681 四ッ谷丸太　材木也
682 三本榧　浅草
683 金松（かうやまき）　笄橋 長谷寺
684 山茶（つばき）山の山茶　牛込
685 三股の山茶　牛込 宗参寺
686 杖銀杏　麻布 善福寺
687 古川薬師銀杏
688 化（ばけ）銀杏　牛込 若松丁
689 銀杏八幡　浅草 福井丁
690 影向の槐　浅草 一ノ権現
691 相生の樟（くす）　小村井 吾妻森
692 臂掛榎　上野
693 装束榎　王子村
694 印（志るし）の榎　溜池
695 袈裟掛榎　目白 不動
696 姉尾駒繋榎　渋谷
697 神木榎　高田 牛込
698 縁切榎　板橋
699 太平榎　亀戸
700 道灌手栽榎　国分 台
701 観音の榎　浅 草
702 片葉の蘆　浅草慶印寺 馬道 浅茅ヶ原
703 鎧摺の笹　須田村
704 袖摺の笹　亀戸
705 葭竹　足立郡 神田村
706 三股の竹　足立郡芝村にあり 官用ニ献上ストいふ
707 業平竹　中の郷
708 影向竹　上野 中堂
709 箭竹（やたけ）　砂村

710 豊後笹

711 寒竹　下谷

712 孟宗竹　目黒 戸越村

713 義竹　矢口新田

虫類

714 金鏡児（すずむし）　外桜田 あすか山 おそない村

715 金琵琶（まつむし）　流山辺 道灌山

716 狗蝿黄（くさひばり）

717 やまとすず　上野

718 促織（こうろぎ）　古云 きりぎりす

719 竈馬（志つこうろぎ）

720 聒々児（くつわむし）　巣鴨 根岸 御茶の水下

721 むまおいむし

722 きちきちむし

723 螽斯（はたをり）　今いふ きりぎりす　今云きりぎりす　道灌山

724 阜螽（いなご）

725 蟿螽（せうれうばった）

726 螻蛄（けら）

727 叩頭蟲（こめつきむし）

728 螢火（ほたる）　半夏頃より 王子　高田 落合 石神井川 三崎 蛍沢 関口　すがたミはし

729 蟳母（はるぜミ）

730 蟪蛄（志いじいせミ）

731 蛁蟟（ミんミん）

732 茅蜩（ひぐらし）　道灌

733 馬蜩（志ねしね）　本所

734 蚱蜩（あぶらせミ）

735 寒蟬（つくつくぼうし）

736 蜻蛉（とんぼ）　やんま むぎわら あかとんぼ こうやとんぼ かとんぼあり

737 蠅（はい）
738 蛺蝶（てふてふ）
739 蚊（か）
740 白露蟲（ぶよ）
741 吉丁蟲（たまむし）
742 金亀子（こがねむし）
743 金蟲（ぢんがさむし）
744 斑蝥（はんめう）　すがたミ橋
745 芫青（あをはんめう）
746 地膽（つちはんめう）　道灌
747 飛生蟲（かぶとむし）
748 行夜（へひりむし）
749 蜚蠊（あぶらむし）
750 蜈蚣（むかで）
751 馬陸（やすで）
752 蚰蜒（げじげじ）
753 蚯蚓（ミミず）
754 沙蚕（ごかい）
755 水蛭（ひる）
756 蜘蛛（くも）　志やうろくも　ひらくも　あしたかくも　つちぐも
757 鼠婦（はねむし）
758 蛞蝓（なめくじ）
759 蝸牛（まいまいつぶら）
760 蜂（はち）　蜜はち　くまはち　馬尾蜂　つちはち　志がはち
761 木虻（あぶ）
762 蟻（あり）　あかあり　やまあり　ハあり
763 蠷（はさみむし）
764 蠐螬（ねきりむし）
765 毛蟲（けむし）
766 屈伸蟲（志やくとりむし）
767 結草蟲（ほとゝぎすのたまづさ）
768 蟷螂
769 水爬蟲（かっパむし）
770 龍虱（げんごろう）

771 鼓蟲（ミづすまし）
772 水蠆（やまめ）
773 水黽（あめんぼう）
774 たいこむし
775 孑孒（ぼうふりむし）　かぼうふり　あかぼうふり　あかっこ
776 蟾蜍（ひきがへる）
777 蝦蟇（かハず）
778 山蛤（あかがへる）
779 鼃（あまがへる）
780 あをだいせう
781 白蛇　柳島　妙見
782 黄頷蛇（なめら）
783 むぎわらへび
784 赤楝蛇（やまかがし）
785 蚖（ぢもぐり）
786 蝮蛇（まむし）　橋場　道灌
787 石龍子（とかげ）　やまとかげ
788 守宮（やもり）
789 蝶螈（いもり）

海魚類

790 烏頰魚（くろだい）　小なるをかいずといふささみよ佃島にて釣えさハ蝦或ハじゃこ又蛤むきミ小キ蟹などよし
791 ぎす　志まだいともいふ
792 比目魚（かれい）　丸よし大師河原新根中川永代近辺にて釣
793 牛尾魚（こち）　丸よし新根神奈川根
794 鯔魚（ぼら）　東西河洲いなの大なる也なよしともいふ
795 撥尾魚（すバしり）　小なるをおぼことといふ五月中よりごかい又みみづをえさにしてつる

796 めなだ(めなだ) 御浜前 小なるをこづりといふ

797 鱸(すずき) 小なるをせいごといふ 中なるをふっこといふ

798 鱀魚(せいご) 七月より八月まで中川 永代川にてごかいにて釣

799 海鯳(いなだ) 羽田沖

800 うみたなご

801 あいなめ 羽田沖 神奈川根

802 もいを 大師河原新根 神奈川根

803 石首魚(いしもち) 神奈川下

804 雞魚(いさき) 同所

805 竹筴魚(あじ) 釣魚大全に文化十一年六七月ごろ一汐に二三束も釣たるよし云りあじを切てえさとす

806 鬼頭魚(おこぜ)

807 がら 大全に又黒がらあり 神奈川にて釣る

808 青花魚(さバ) 魚猟大全に文化三年の夏江戸にてはじめてともえさにて釣ると云う

809 江鰶魚(こはだ) 芝

810 鰶魚(このしろ) 芝

811 鰮魚(いわし) 出洲の外回り

812 蝦虎魚(はぜ) 八九月ごろささみよてっぽうす輪の内などにて釣るごかい又えびを切てえさとす

813 白鱚魚(きす) 三まい洲 鎌

814 鱵魚(さより) 又おきさよりあり 品川沖

815 火筩魚(だつ) 品川沖

816 鱠残魚(しらうを) 佃島 隅田川 尾久

817 ざこ 品川沖

818 河豚魚(ふぐ) 品川ふぐ 志ほさい ふぐあり

819 はも 品川沖

820 あなご 品川八九月ごろ 闇夜に釣る

821 黄魟(あかえい) 六月の節夜縄にて捕又春ひがんごろより五月末まで水の浅き処を歩行てやすにて突て捕なり

822 章魚(たこ) 大師河原新根

823 柔魚(するめいか) するめの子を井といふ 三四月釣

824 水母（くらげ）　羽田沖

825 沙噀（なまこ）　羽田沖

826 白蝦（志バえび）　天王洲

827 蝦姑（志やこ）　羽田沖

828 糠蝦（あミ）　芝沖

829 海和尚（せうがくぼう）　三枚洲

830 蝤蛑（うミかに）　品川

河魚類

831 鰻鱺魚（うなぎ）　輪の内築地両国川にて釣ものを江戸前と云其外本所川千住高輪前にても捕夏の中よしミミづをえさとす

832 鰌魚（どじやう）　千住

833 鯰魚（なまず）　五月より九月ごろまで千住本所木場の辺夜分蝦蟇を糸にてしばり竹へゆひ付川のへりをたたけバなまず下より出てかへるにくひつくを釣り上ぐなり

834 鯉（こい）　利根川江戸川浅草川の紫鯉ありしんこのだんごにて釣る

835 鯽魚（ふな）　千住　綾瀬

836 鰷魚（はや）　荒川

837 鱮魚（たなご）　荒川　うどんにて釣

838 麦魚（めだか）　三河島

839 鱒魚（ます）　玉川　荒川

840 まるた　同所

841 さい　玉川　利根川

842 香魚（あゆ）　玉川

843 蟛蜞（どろがに）

844 草蝦（てながえび）　千住浅草牛込橋場川五月節に釣

845 鼈（すつぽん）　不忍池

846 亀（かめ）　虎の御門外御堀　不忍池　千住天王前池

847 緑毛亀（ミのかめ）　不忍池

介類

潮干（しほひ）ハ三月より四月迄大しほの日よし
品川深川佃島の辺よし

848 蜆（しじみ） 御蔵前 業平

849 文蛤（はまぐり） 深川

850 蛤蜊（あさり） 行徳

851 ばか

852 いたやがい

853 淡茱（いかい）

854 朗光（さるぼう） 行徳

855 蚌（たがい） あやせ

856 紅螺（あかにし）

857 小甲香（ばい）

858 牡蠣 古き牡蠣殻ハ道灌山 かきがら塚に多し

859 田螺（たにし） 千住

水鳥類

860 鶴（つる） 本所 千住 品川

861 鸛（かう） 葛西

862 紅鶴（とき） 千住

863 鷺（さぎ） あをさぎ ごいさぎ行徳 へらさぎ

864 鸕鷀（う） 王子辺 荒川

865 信鳥（ちどり） をきのかもめともいふ 佃島 洲崎 中川辺

866 鷗（かもめ） 隅田川 みやこ鳥也

867 鸂鶒（おしどり） おしどり ざハ

868 雁（がん） 白雁あり 千住 浅草

869 鴻（ひしくひ） 須田

870 鴨（かも） まがも あをくび あいさ 千住 隅田川

871 鸊鷉（にを） かひつむり也 本所丸池

872 鶩（あひる）

873 鵠（はくてう） はくてうの池 溜池

874 田雞（ばん） 本所 ばんバ

875 秧雞(くひな) 本所十間川より 吾妻ノ森辺

876 鷸(志ぎ) 不忍の池

877 鶺鴒(せきれい) 御堀端辺

878 剖葦(よしきり) 小よしハ 大野辺 浅草たんボ

879 魚狗(かハせミ) やませうびん 王子道灌山

880 鶚(みさご) 佃沖 松の棒杭辺

山鳥類

881 茅鴟(まくそたか) のすりといふ 砂村

882 鴟(とんび)

883 鴞(ふくろ) 上野

884 猫頭鳥(ミみづく) 上野

885 蚊母鳥(かくひどり)

886 伯労(もず) 千住 綾瀬辺

887 鳩(はと) 浅草

888 鳲鳩(かっこうどり) 竹塚

889 杜鵑(ほととぎす) 高田の里 谷中 小石川初音の里 八ッ山 芝幸いなり 駿河台

890 鶉(うづら) 西ヶ原 駒場

891 告天子(ひばり) 広尾

892 鵯(ひよどり) 本所

893 あかはら 千住 砂村辺

894 鶫(つぐミ) 千住

895 山胡(むくどり) 小石川辺

896 むしくい 千住 竹の塚

897 かけす 上野 芝

898 桑鳸(まめまハし) 目黒 中野

899 夏鳸(しめ) 同上

900 啄木鳥(きつつき) けら也 千住 川口辺

901 かしらたか 又せんにう(せっか)等有 砂村 大野

902 をながどり 本所 雨の前に鳴

903 山鵲(さんくわうてう) 上野 千住

904 燕(つばめ) 小石川御門外 をにつばめもあり

905 柴鶺鴒(うぐひす) 根岸 三崎

906 蒿雀（あをじ） 高田 穴八幡

907 ほうじろ 千住 榎戸辺

908 のじこ 山の手辺

909 白頬鳥（志じうから） こがら ひがら有 上野

910 五十から 稀なり

911 あんじんから 同

912 えなが 綾瀬辺

913 まじこ 目黒辺

914 うそ 四ッ谷辺

915 交喙（いすか） べにいすか あをいすか 四ッ谷

916 鸊（ひハ） ぬかひハ べにひハ かわらひハ等有 四ッ谷辺

917 繍眼児（めじろ） 白山辺

918 びんずい たひばり ともいふ 王子へん

919 ひたき 白山辺きひたき るりひたき 上ひたき等有

920 きくいただき 高田 辺

921 巧婦鳥（ミそさざい） 本所 竪川辺

922 雀（すずめ） 市ヶ谷御門外 浅草御蔵

923 雉（きじ） 王子駒場 地震の前ニ鳴

924 雞（にハとり） ちゃぼとうまる等有 しゃもは下谷坂本に 闘雞の会あり

925 慈烏（からす） 御蔵に多し さとがらす山からすあり

獣類

926 馬 小金 鎌ヶ谷

927 牛 車うし

928 狗（いぬ） かり犬 とうけん 等あり

929 狐（きつね） 道灌山

930 狸（たぬき） 中野

931 貉（むじな）

932 猫（ねこ） 三毛 あり

933 水獺（かハうそ） 本所 げんもり辺 綾瀬

934 鼬鼠（いたち） 深川 わぐら

935 兎（うさぎ） 道灌山

936 鼠（ねづミ） なんきん 白等あり

937 鼷鼠（のねづミ）

栗鼠（りす）上野
鼹鼠（むぐら）
伏翼（かうもり）あづま橋　両国橋下

武江産物志　終

938 栗鼠（りす）　上野

939 鼹鼠（むぐら）

940 伏翼（かうもり）　あづま橋　両国橋下

武江産物志　終

パート・2

武江産物志を読む

序章　序

【武陽〈ぶよう〉（武江に同じ。武蔵国江戸。陽は山の南の意味）は、隆盛を極め、六十余州（日本全国）の各地の産物はもちろん、蛮異〈ばんい〉の宝貨（外国の宝物）にいたるまで集まって来る。その様子は、多くの星が北極星をとりまきめぐるごとくである。

現在、風土の書（地誌、観光ガイドブックの類）は多いが、その産物を記載したものは少ない。私は、長年にわたりしばしば山海の産物と産地とを記録してきた。今、ほんの江戸の近くだけだが、採薬の秘処（薬草採集の穴場）をことごとく探して、有用の類（役に立つ植物）を調べ上げた。これに、野菜や果物、飛動〈ひどう〉（昆虫その他の小動物など）、および観遊〈かんゆう〉（花見や行楽）の草木をも加えて小冊子をつくり、これを武江産物志〈ぶこうさんぶつし〉と名づけた。別に地名を記した縮図をつくった。その図は、およそ一寸（約三センチ）をもって一里（約四キロメートル）とした。これを武江略図という。薬草採集や花見や行楽のときにどうかご利用いただきたく、お願いする次第である。

ただ恐れることは、この本が大雑把すぎて抜け落ちていることが多く、また誤りが多いかも知れないことである。

時は、甲申〈きのえさる〉年（一八二四年）、孟春〈もうしゅん〉（旧暦一月）、又玄堂〈ゆうげんどう〉においてこれを書き記す。岩崎常正】

著者のこと

『武江産物志』の著者、岩崎常正（一七八六～一八四二）は、号を灌園といい、江戸の下町に生まれ育った幕臣である。常正は、若くして本草学を学び、後には本草会をつくり、本草学を講授した。当時日本最大の植物図鑑である『本草図譜』をはじめ、数々の著書を著している。ちなみに、今や絶滅が心配される植物の一つとされるカンエンガヤツリ（カヤツリグサ科）は、常正が『本草図譜』に挿絵と文を残したことから、後に「灌園」の名がつけられた植物である。

本草学とは、本草すなわち植物を主としそれに動物、鉱物をも含めて、医療に用いる薬物を研究する中国に起こった学問である。平安時代に日本に伝わるが、江戸時代がもっとも盛んで、幕末には西洋の影響も受けることとなる。『武江産物志』は、小冊子ではあるが、そうした学問の知識をもつ著者による記録である。

江戸の自然と生活の記録

『武江産物志』は、江戸とその周囲、日本橋から二〇キロメートル程度の範囲を対象として、そこに産する産物、すなわち農産物、薬草木類を主とし、魚介類、昆虫、爬虫類、両生類、哺乳類なども加えて書き上げ、さらには行楽のガイドブックをも兼ねている。

これらの産物の記録は、多くの場合、産地名が添えられている。その産地は、山奥などではなく、人々が日常生活する身近な場所であり、江戸の自然環境を知る上で、数少ない大切な資料の一つなのである。なぜならば、この他には、徳川将軍家の狩猟の記録や、外国人が垣間見た江戸の記録などもあるが、江戸の自然の記録そのものはそう多くはないからである。

さらには、常正が意図したわけではないであろうが、これらの記録から、江戸の

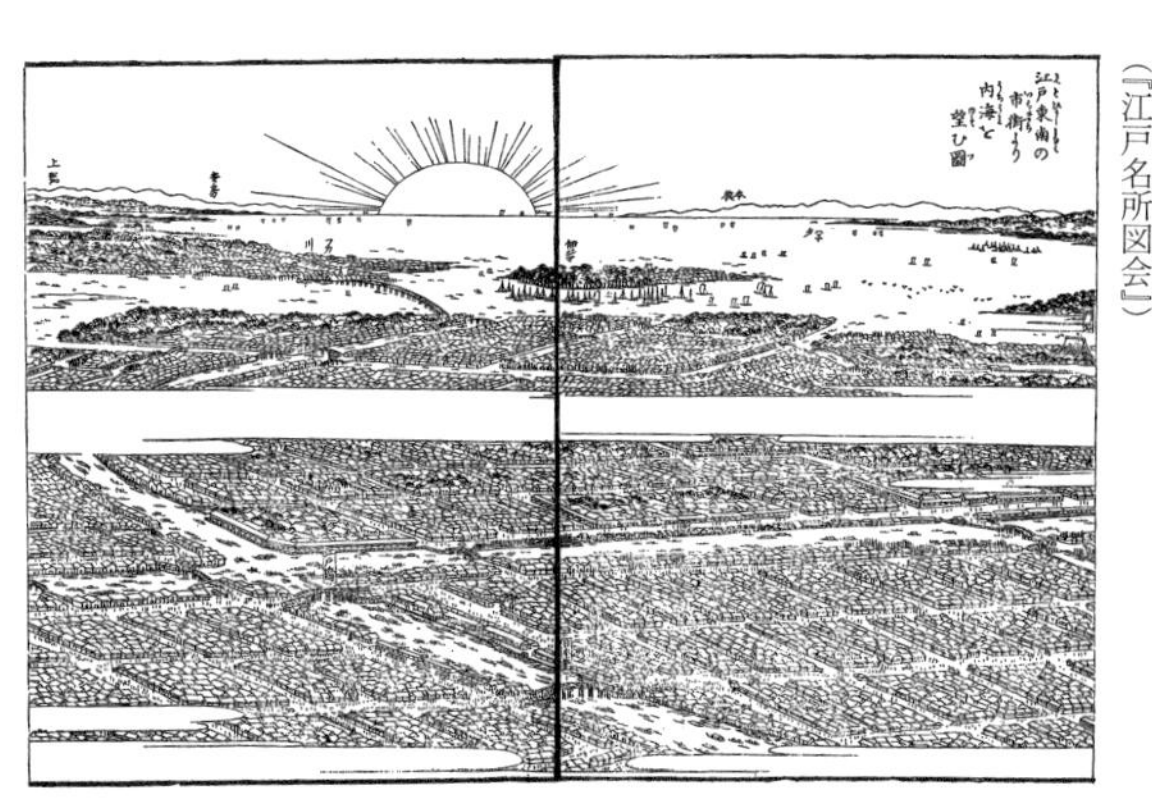

江戸東南の市街より内海を望む図。日本橋から江戸湾を見た鳥瞰図（ちょうかんず）。隙間なく軒を連ねた町並みの向こうに海が広がり、その先に左から上総（かずさ）、安房（あわ）、さらに朝日の手前中央に佃島、右に本牧、羽田が見える。海上には帆掛け船が多く行き交う。（『江戸名所図会』）

人々が、自然環境とどのように関わりながら生活していたのかを知る手掛かりを見つけることができる。このような意味からも、貴重な記録であるといえよう。

動植物名と地名について

『武江産物志』では、動植物の名は、文字だけで挿絵は一切ない。動植物名の多くは、漢名(中国での呼び名)で書かれ、和名(日本での呼び名、または江戸の方言名)も添えられている。しかし、今では使われない名もあり、それが現代で言う何を指すのか、見当をつけることさえなかなか難しいものもある。

『武江産物志』の動植物名には、産地名が書き添えられている。その動植物名と地名とを、現代の和名と地名に書き替えることができれば、それらに必要な自然環境を想像することで、江戸のなかのその地域の自然を「復元」できる。また、そうした環境に暮らしていた人々の様子もより一層よく分かるであろう。

そこで、『武江産物志』のすべての動植物名を現代の和名に書き替え、当時の地名も現代の地名に直すことを試みた。植物について『本草図譜』に記載があるものは、『本草図譜』を参考とした(実際には『本草図譜』の『本草図譜総合解説』を使用)。『本草図譜』には挿絵があり、それには多くの場合、漢名と当時の呼び名、方言、時にはオランダ語名などが添えられている。しかし、『武江産物志』の植物には、『本草図譜』に記載のないものも少なくない。また『日本産物志』(伊藤圭介著)その他も参考とした。それでもなお、不確実なものもあり、今後もさらに継続して調べる必要がある。

字体と表記方法

原文の表記は、例えば、あざミ大根、か志(し)う、津(つ)げ、堀ノ之内大箕谷邉(堀之内大宮辺)、あを(お)だいせう、釣る、釣、津る、つる、云(いう)、云う、云り（いえり）など、ひらがな、カタカナ、変体仮名が混じり、字体やかなづかいも現代と異なる。パート・2の各項目の見出しは、志（し）、津（つ）などの変体仮名や濁点の有無、誤記も可能な限り原文のまま記した。

分類方法

系統的な類縁関係によって分類する自然分類法に慣れた現代の我々には、『武江産物志』の各項目の配列順序には戸惑う。しかし、それは『本草図譜』の分類方法と同じく中国の分類方法にしたがった形跡がある。それは、穀類、菜類、果物など植物の利用別に、またその生育環境（山草、湿草、水草など）、薬効（芳草、毒草など）、全体の形態（つる草、高木、低木など）による分類の人為分類法である。

通し番号と引用図書

1［粳（うるち）］から940［伏翼（かうもり）］まで、各項目について通し番号を付した。他の項目を引用する場合は、それぞれその番号を記した。各項目の解説にしばしば引用する書物の一覧を左にあげておく。なお、詳しくはパート・3の解題および参考文献一覧をご覧いただければ幸いである。


『本草図譜』　岩崎常正、天保元（一八三〇）年配本開始。大正一一年全巻刊行。

『本草図譜総合解説』（一～四巻）　北村四郎ほか、一九八八年。

『農業全書』　宮崎安貞、元禄一〇（一六九七）年。

『新編武蔵風土記稿』　昌平坂学問所編　文政一一（一八二八）年。

『日本産物志』　伊藤圭介、明治六（一八七三）年。

『江戸名所花暦』　岡山鳥、文政一〇（一八二七）年。

『江戸名所図会』　斎藤幸雄、幸孝、幸成（月岑（げっしん））、天保七（一八三六）年。

『江戸砂子』　菊岡沾凉、享保一七（一七三二）年。

『続江戸砂子』　菊岡沾涼、享保二〇(一七三五)年。
『大日本地名辞書』　吉田東伍、明治三六(一九〇三)年。
『迅速測図』　帝国陸軍測量(日本地図センター復刻版)。
明治一〇年代に作成された関東地方各地の縮尺二万分の一のフランス式地図。彩色され、畑、田、松、杉、楢(なら)、草、葦(あし)(芦)などの文字が書き込まれている。しかし、当時はこの地図は発行されず、これにかわりドイツ式の単色の地図が発行された。『迅速測図』は、一九九一年に復刻出版されたことにより、現在利用できるようになった。この地図に見られるものの多くは、江戸時代から続く土地利用の姿である。
『日本の絶滅のおそれがある野生生物―レッドデータブック』　環境庁編(脊椎動物レッドリスト、無脊椎動物レッドリスト、植物レッドリスト)。
『武江産物志』に記載された動植物が、現在日本全国においてどのような状況にあるのかを知るために、本書を参照した。本書によるレッドデータの基本概念は以下である。
絶滅(わが国ではすでに絶滅したと考えられる種)
野生絶滅(飼育・栽培下でのみ存続している種)
絶滅危惧
絶滅危惧Ⅰ類(絶滅の危機に瀕している種)
絶滅危惧ⅠA類(ごく近い将来において野生での絶滅の危険性が高いもの)
絶滅危惧ⅠB類(ⅠA類ほどではないが、近い将来における野生での絶滅の危険性が高いもの)

絶滅危惧II類（絶滅の危険が増大している種）
準絶滅危惧（存続基盤が脆弱な種）
『東京都の保護上重要な野生生物種』東京都環境保全局　一九九九年。
略して『都重要種』と記した。

第一章　江戸の野菜や果物

［野菜并果類〈やさいならびにくだもの〉］は、「五穀」と呼ぶ米、麦、粟、稗、豆にはじまり、野菜、海苔や塩をも含み、果物に及ぶ。低地では米作や青物・蔬菜の栽培が多く、水の乏しい武蔵野台地では、ムギ、ソバ、アワ、ヒエなどの雑穀や、根が地中に長く伸びる大根やニンジンなどがつくられた。新鮮さが大切な青物は、江戸の市街地の隣接地か舟運の便がよいところで栽培された。当時の農業は、水利や土壌、気温などの条件に大きく左右されたが、逆にそれを利用することで、土地の名を冠した特産品も生まれた。多くは「旬」の野菜や果物が供給される一方で、ゴミや堆肥の発酵熱利用の野菜の早出しも工夫された。季節の変化とほとんど無縁の現代人の食生活に比べ、他地域からの商品としての農産物も加わり、江戸の人々は、近隣でとれた新鮮な旬の野菜や「水菓子」と呼んだ果物を味わい、花見や紅葉狩りだけでなく、移り変わる季節を味覚からも楽しんだことであろう。当時の野菜や果物の品種は、明治以降の外国の品種の導入、交配により多くは変化し、または絶滅したが、現在まで続くものもある。

野菜并果類

1 【粳(うるち)　二合半領】

イネ。イネ科。うるち。もち米のような粘り気をもたない普通の米。粳稲。粳米。［二合半領］は、二郷半領のことで、埼玉県の古利根川と江戸川の間の地域、およそ現在の埼玉県吉川町、三郷市付近に相当する八一ヶ村が属した。この地域は、土地が低く台風のために水害をこうむりやすいので、米は主として早稲をつくり、早場米の産地として知られていた。『万葉集』の「鳰鳥の葛飾早稲を饗すとも其の愛しきを外に立てめやも」との東歌の舞台は、いにしえの下総国葛飾のうち、近世に分けられた武蔵国北葛飾郡のことで、二郷半領はここに属した(『大日本地名辞書』吉田東伍著、一九〇三年)。なお、「領」とは、郷、荘などとおなじく、中世からの広域地名の一つで、江戸時代にも習慣的に使用。郷、荘は、単なる広域地名としてしか意味はなくなるが、領は、生活共同体や行政組合へと移行した。

2 【糯(もちごめ)　越ヶ谷】

モチイネ。イネ科。もちやおこわにする米。うるち(粳)ともちごめ(糯)とは胚乳デンプンの成分が違う。うるちは一五〜三〇％のアミロースと七〇〜八五％のアミロペクチンとからなるが、もちごめはほぼ一〇〇％がアミロペクチンで粘りが強い(『牧野新日本植物図鑑』)。［越ヶ谷］は、埼玉県越谷市。

3 【大麦(おほむぎ)　王子辺】

オオムギ。イネ科。醤油・味噌・ビール・飴の材料とする。また、蒸した大麦を圧搾・乾燥し「押し麦」として米に混ぜて食べる。江戸ではムギ飯にトロロ汁をかけた「麦とろ」は人気があり、盛り場の東両国や浅草、上野の池

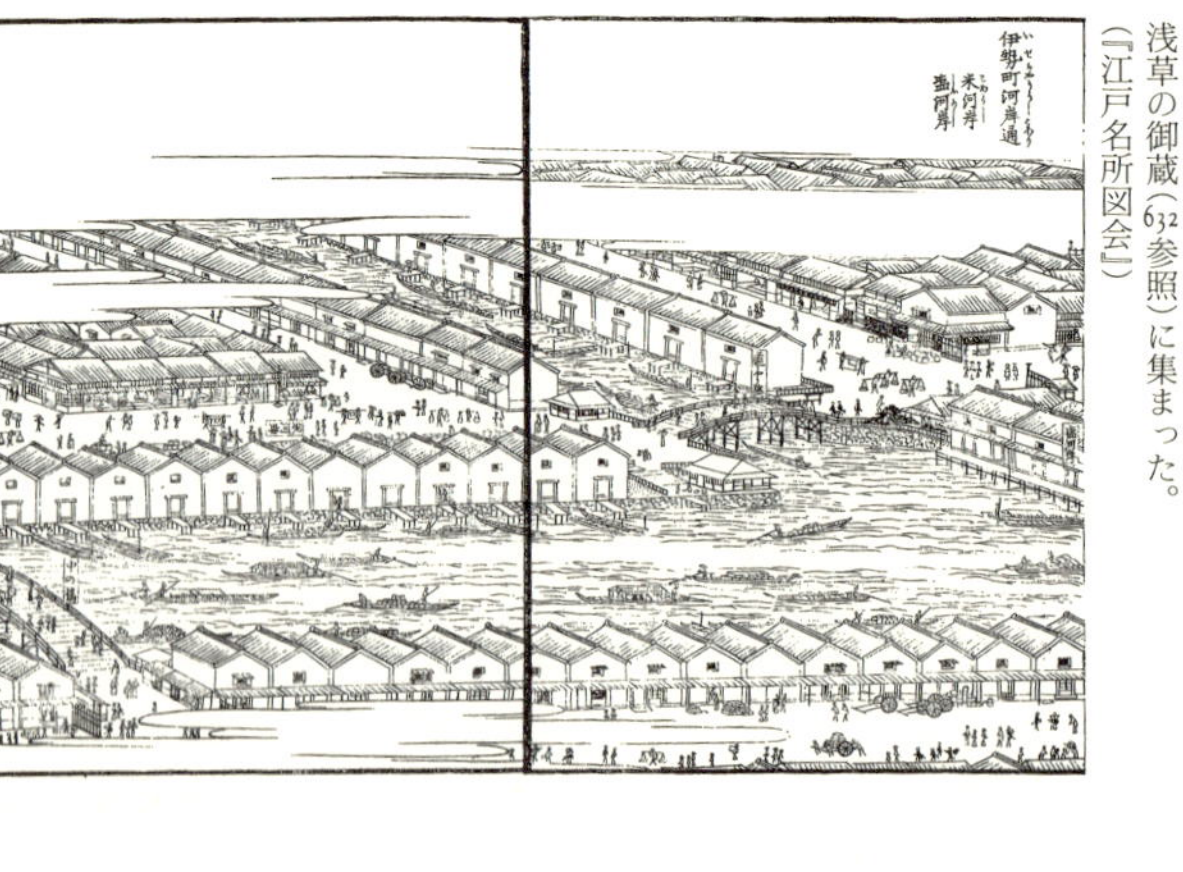

伊勢町河岸通　米河岸、塩河岸。現在の日本橋本町二丁目辺。道浄橋のかかる西堀留川の両側に倉が立ち並ぶ。諸国から集まる米と塩を扱った。当時は堀や河岸は運送の重要施設。今は堀は埋められ橋もない。なお、幕府の米は、浅草の御蔵(632参照)に集まった。(『江戸名所図会』)

之端などに麦飯屋が多かった。茎(稈)は、帽子その他の細工物に用いる。麦藁細工は、大森村(大田区)の名産で、『江戸名所図会』にも記載がある。[王子辺]とは、東京都北区、JR王子駅辺。王子稲荷(693)や音無川(石神井川)、料理屋もあって当時は郊外の行楽地として知られたところ。桜で有名な飛鳥山は石神井川の対岸。明治一三年測量の『迅速測図』によると、王子村には武蔵野台地と荒川へ向かう低地があり、高台は畑、低地は田となっている。

4 【小麦(こむぎ)】

コムギ。イネ科。マムギともいい、コムギを製粉したものが「小麦粉」(メリケン粉)であり、小麦グルテン(たんぱく質)から麸がつくられる。なお、大麦や小麦は水利の悪い高台でも栽培でき、また毎年水害に襲われる低地でも、台風シーズンが終わってから種子をまくことができた。弥生時代、十分に陸化していない低地で、イネより早くからムギはつくられていたとの説がある。

5 【行徳乾温飩(ぎゃうとくほしうんどん)】

うんどん(饂飩)とは、うどんのこと。切麵。ほしうどんは、ほして保存するもの。行徳のほしうどんは有名で、土産にする人が多かったという(『遊歴雑記』十方庵敬順著)。[行徳]は、千葉県市川市行徳。82[行徳塩]及び74ページ薬草類[行徳辺]参照。

6 【川越索麪(かわごへそうめん)】

そうめんとは、索麪の音便(麪は麵の本字)。小麦粉に水と塩とを加えてこね、胡麻油をつけて引き伸ばし、索(なわ)のごとく極めて細く伸ばした麵の意味。[川越〈かわごえ〉]は、埼玉県川越市。サツマイモの生産地としても有名。87ページ余話6「さつまいもの話」参照。埼玉県の小麦生産高は、一九六〇年に日本一。今でもうどんは有名。

7 【黍(きび)】

キビ。イネ科。ウルチキビ、モチキビ、アカキビ、クロキビなどの品種がある。インド原産で上古時代に渡来し、広く畑でつくられていた。キビの名は、実が黄色なことから古来「キミ」と呼ばれたことによる。キビ団子は、このモチキビの粉を団子にしたもの。現在でも東京の下町では「キビ団子」の行商が見られ、くしに刺した団子にきな粉をまぶして売る。なお、岡山名産の吉備団子の材料は、求肥(蒸した白玉粉と砂糖と水飴を練ったもの)である。本来はキビの粉で製し、旧国名の吉備にちなんだもので、安政年間創製。

8 【蜀黍(もろこし)】

モロコシ。イネ科。モロコシキビ、トウキビ、コウリャン(高粱)ともいう。天正高粱は、中国東北部での呼び名。天正年間(一五七三〜一五九二年)渡来、畑で栽培されている。

9 【玉蜀黍(とうもろこし)】

トウモロコシ。イネ科。トウキビ。熱帯アメリカの原産。一六世紀末にポルトガル人がもたらす。種子を火で煎(い)ってはぜさせて食べるか、粉にして食べた。未熟な状態で食べるスイートコーンは、明治以降に輸入されたもので、戦後に本格的に普及した。

10 【粱(おほあハ)】

アワ。イネ科。古くから日本に渡来し栽培されている。オオキビ、オオアワとは、次項の粟(あわ)に比べて大きいから。

11 【粟(あハ)】

コアワ。イネ科。アワと同様、畑に栽培される。粟は普通アワとして使われる字だが、正確にはコアワのことで、エノコアワ(狗子(えのこ)あわ)とも呼ばれる。東日本には、「粟穂(あわぼ)・稗穂(ひえぼ)」というヌルデの木を使った小正月飾りをつくる習慣がある。これは、縄文中期の照葉樹林焼畑農耕文化に属するという(234「ヌルデ」参照)。なお、埼玉県秩父郡大滝村には、「私は大滝だよ　あわ　ひえ育ち　米のなる木は　まだしらぬ」という大滝節がある。アワ、ヒエはとくに山間部では重要な食料であった。

12 【稗(ひえ)】

ヒエ。イネ科。畑につくるものをハタビエ、水田種をタビエという。『農業全書』に、「稗は下品な穀だが、稲に適さぬ場所でも作れ、水旱(すいかん)(水害や日照り)にもさして損耗(そんもう)せず、干拓したての潮水がもれ来る田でも塩気に負けない。まず稗の苗を植え、後に稲をつくれ」という意味の文章がある。かつてはアワとともにヒエは、気候不順に強く、凶作に備える救荒(きゅうこう)作物として大切な食料とされたが、現在では鳥の飼料にされる。

13 【罌子粟(けし)】

ケシ。ケシ科。地中海沿岸地方の原産。種子は良質な脂肪油を含み食用。若い苗も食用とした(『農業全書』では食用としての栽培を勧めている)。種子は七色唐辛子(とうがらし)に用いる。白花種の未熟な実に傷をつけ、分泌する液を乾燥して阿片(あへん)とする。現在は「あへん法」(一九五四年制定)により栽培、採取、所持、輸出入、売買禁止。ケシの種子にはアヘンアルカロイドは含まれない。しかし、種子が発芽して地上部が成長するとアヘンアルカロイドが植物体に生合成される。種子は発芽すると「あへん法」の適用を受ける。栽培してもよいヒナゲシ(虞美人草(ぐびじんそう))は全体に毛があることで区別。

14 【蕎麦(そバ)　深大寺】

ソバ。タデ科。中央アジア原産で、日本では縄文時代から栽培されていた。

深大寺蕎麦。
深大寺の蕎麦は有名。
しかし、深大寺産の蕎麦の収穫量には限界があり、
近くの村から産する蕎麦をも
「深大寺蕎麦」と称するが、
「佳ならず」という。
『江戸名所花暦』は、深大寺をホタルの名所として
紹介している。
（『江戸名所図会』）

実から蕎麦粉をつくり、「そば切り」、「そばがき」とする。［深大寺〈じんだいじ〉］は、東京都調布市にあり、山号は浮岳山（ふがくざん）、天台宗の寺。『江戸名所図会』には「深大寺蕎麦〈じんだいじそば〉当寺の名産とす。これを産する地、裏門の少しく高き畑にて、わずか八反〈たん〉一畝〈せ〉（約〇・八ヘクタール）の程のよし。都下に称して佳品とす。しかれども真〈しん〉とするもの甚だ少し。今近隣の村里より産するもの、おしなべてこの名を冠〈こうむ〉らしむといえども佳ならず」とある。日本では、古くはソバは、粉をダンゴにするか、実をかゆにして食べた。「そば切り」と呼ばれる現在のソバの食べ方は、単身者が多い江戸で、簡単に食べられるものとして広まったという。

15 【胡麻（ごま）】

ゴマ。ゴマ科。インドまたはエジプト原産ともいう。古くから栽培される。クロゴマ、シロゴマ、キンゴマなど品種がある。種子を食用とし、また油を絞る。「ごまかす」とは、文化文政年間に胡麻胴乱（どうらん）という菓子が、外見はうまそうだが実はまずかったことから、胡麻菓子が動詞化されたもので、また「ごまをする」とは、ゴマをすり鉢でする と、周囲にまんべんなくつくので、人にへつらう意味となった。なお、エゴマ（シソ科）の実も、炒（い）ってゴマの代用とし、絞って「荏（え）の油」として灯油に使われたが、ゴマとは別物。

16 【大麻（あさのみ）】

アサ。クワ科。雌雄（しゆう）異株。実は食用（七色唐辛子（とうがらし）に用いる）。油は灯油にし、茎の皮の繊維を衣類、あさ糸とする。民間では利尿、通経に効ありとされた。戦後日本に持ち込まれたインドアサ（印度大麻）は、樹脂成分に麻酔作用がある。アサと形態的に区別できない。現在はアサは無許可栽培、所持、吸煙は麻薬取締法で禁止。＊「あさ」という言葉……アサ（クワ科）のほかに、苧麻（ちょま）（からむし・イラクサ科・464参照）、黄麻（おうま）（ツナソ・シナノキ科・繊維はジュート）、亜麻（アマ・アマ科・337、383参照）、マニラアサ（バショウ科）などの総称として使われ、またこれらの原料から製した繊維をいうので、「あさ」という言葉の使用には注意が必要である。

17 【大豆】

ダイズ。マメ科。中国原産。味噌、醤油、豆腐、油などの原料。五穀（米、麦、粟（あわ）、稗（ひえ）、大豆）の一つ。豆腐の料理方法は『豆腐百珍』（天明二・一七八二年刊）と『続豆腐百珍』（天明三年刊）とにあわせて二三八品目が書かれている。枝豆は、ダイズの未熟な豆を食べる。東京の地名がつく枝豆用の品種に「三河島（みかわしま）」と「西新井大莢（にしあらいおおさや）」がある。三河島とは荒川区荒川、西新井は足立区西新井のことで、ともにかつては江戸の近郊農村。枝豆は、収穫後に時間が経つと急速に味が落ちるので、生産地は消費地に近いほど有利であったことを、この品種名が物語っている。現在では大豆の生産は外国に頼り、二〇〇〇年の自給率は五パーセント。

18 【赤小豆（あづき）】

アズキ。マメ科。中国から渡来の栽培植物。品種により種子の色が違う。日本では、小豆は菓子のあん、その他に用いる重要な作物の一つであるが、欧米ではほとんど栽培されていない。アズキの薬効については、219「ヤブツルアズキ」参照。

19 【緑豆（やへなり）】

リョクトウ。マメ科。種子はアズキに似るが、その色は暗緑色。八重生（やえなり）、ブンドウ。『農業全書』には、「緑豆〈ろくず〉」、またの名を「まさめ」とあり、「四月に蒔〈ま〉きて六月に収〈おさ〉む。そのたねを蒔き八月に収む。これゆえ農人これを二〈ふた〉なりともいう」とある。緑豆は、現在でもハルサメの原料であり、大豆、ソバ、ゴマ、ダイコンなどとともに、モヤシの主な原料でもある。モヤシには、種子の時にはほとんどないビタミンCやカロチンが多く含まれる。

20 【豇豆（ささげ）】

ササゲ。マメ科。アフリカ原産という。古くから日本に渡来。十六ササゲ、ハタササゲ、ヤッコササゲなどの種類がある。さやおよび種子を食べる。

21 【いんげんささげ】

ゴガツササゲ。マメ科。真のインゲンマメよりも後から渡来し、今では日本で広く栽培されているゴガツササゲのことを一般に誤ってインゲンマメという。南米からコロンブス以来ヨーロッパに輸入されアジアを経て日本にもたらされた。世界では、大豆、落花生に次ぐ生産高である。種子や若いさやを食用とする。なお、真のインゲンマメは江戸時代前期の僧隠元がもたらしたといわれるもので、フジマメ（24参照）のこと。

22
【刀豆（なたまめ）】

ナタマメ。マメ科。熱帯アジア原産で広く栽培される。日本では、現在では若いさや（豆果）を福神漬に切っていれる以外は、あまり利用されていない。さやは長さ三〇センチ、幅五センチになる。名は、さやの形が剣（または鉈）の形に似ていることから。＊福神漬……大根、れん根、ショウガ、シロウリ（またはキュウリ）、ナス、シソの実、ナタマメを細かく刻み、塩水で漬けたのち、味醂、醤油で煮つめた食品。明治一八（一八八五）年に発売されるが、そのころはナタマメが一般的な野菜であったので使われたと思われる。

23
【黎豆（おしゃらくまめ）】

ハッショウマメ。マメ科。熊爪豆、虎豆、八升豆、八州豆、八丈豆ともいう。熱帯アジア原産で、日本では元禄八（一六九五）年ごろから知られ、主に西南暖地でつくられた。敗戦後の食料不足時代には栽培されたが、最近ではほとんど見られないらしい。

24
【眉児豆（ふじまめ）　葛西領】

フジマメ。マメ科。初夏から秋にかけてフジに似た花を開き、若いさやは食用。千石豆、味豆ともいう。いわゆるインゲンマメ（21参照）とは別種で、本来のインゲンマメとはこれのこと。鉢植えを行灯仕立てにして花を観賞することがある。［葛西領〈かさいりょう〉］とは、隅田川の東側で江戸川の西の地域。現在の江戸川区、葛飾区、それに江東区と墨田区の各一部。明治以降の南葛飾郡。

25
【蚕豆（そらまめ）　中川向】

ソラマメ。マメ科。豆さやの形が蚕に似るから蚕豆（『農業全書』）、空を向いてつくので空豆とも。秋に種子をまき、初夏に若い種子を食用とする。熟した種子も煎って食用とする。『農業全書』には、「百穀に先き立ちて熟し、青き時莢〈さや〉ながら煮て菓子にもなり、また麦より先にできるゆへ、飢饉の年取り分き助けとなる物なり……江戸豆とて、ふとくひらめなるは味よからず、……そら豆は大坂に多し、種子を求むべし」とあるが、元禄時代には、江戸のそら豆は、まだ改良が進んでいなかったようである。［中川向］とは、旧中川の東側、現在の葛飾区の一部と江戸川区。

26
【豌豆（えんどう）　千住】

エンドウ。マメ科。地中海沿岸東部原産。アカエンドウ、シロエンドウ、アオエンドウ(グリーンピース)、サヤエンドウなど品種がある。[千住〈せんじゅ〉]とは、日光街道の第一番目の宿で、隅田川(当時の名は荒川)にかかる千住大橋の両側に伸びた、現在の東京都足立区(北千住地域)と荒川区南千住とにまたがる宿場町。品川、新宿、板橋とともに江戸四宿の一つ。足立区千住河原町には、永禄(一五五八〜七〇)または天正(一五七三〜九二)のころから「やっちゃ場(野菜市場)」が昭和一六年まであり、神田須田町、駒込とともに「江戸三大やっちゃ場」の一つであった。河原稲荷(いなり)に明治三九年建立の「千住青物市場創立三百三十年記念碑」がある。また魚市場も古くからあった。農産物の場合に「千住」とあるのは、直接の産地名ではなく、「千住の周辺の地域」の意味か、またはやっちゃ場の名を書いたと思われる。キョウナ、セリ、シソ、ネギやクワイなどの項目の「千住」の地名も、同様と考えられる。129[ヒガンバナ]参照。

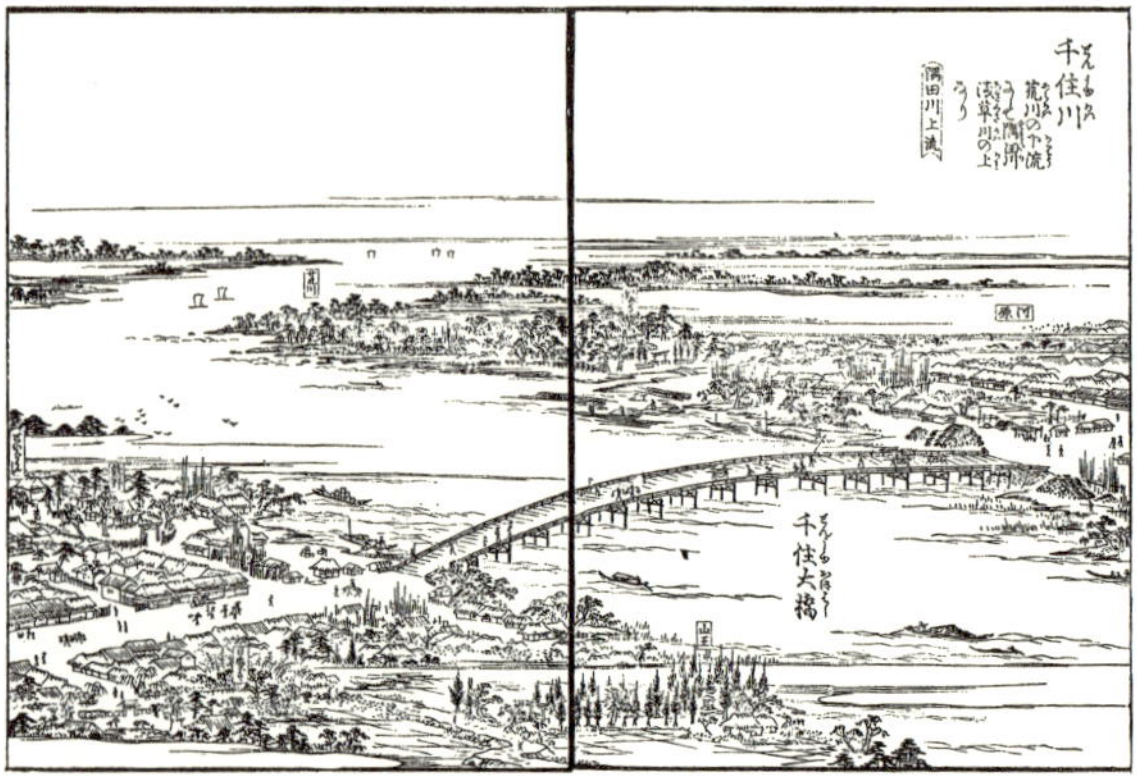

千住川。

千住は江戸の北の玄関口。

橋の両側に、荒川・入間川上流からの筏(いかだ)や積まれた材木が見られ、材木屋、まき屋も多かった。

千住大橋は、文禄三(一五九四)年、隅田川に初めてかけられた橋。

足立区側に、やっちゃ場と魚市場があった。

(『江戸名所図会』)

27

【春菜(うぐひすな)】

コマツナ。アブラナ科。うぐいす菜とは、①水菜の小さいもの。②小松菜のことをさす(『広辞苑』)。次項の[秋菜(ふゆな)]参照。

28

【秋菜(ふゆな) 小松川】

コマツナ。アブラナ科。今でいう小松菜のこと(またはその祖先のはたけな。葛西菜ともいう)。春に出荷されるものを「うぐひす菜」、冬に出すものが「ふゆ菜」と呼ばれた。「はたけな、葛西菜、白葵菜〈はくきさい〉、秋菜〈しゅうさい〉、ふゆなの類にて形同じくして葉の色淡緑〈うすみどり〉色なり、江戸小松川の産味わい良し」(『本草図譜』)。[小松川]は、東京都江戸川区にその名が残る。また「小松菜ゆかりの里」の碑が、江戸川区中央四丁目香取神社境内にある。

29 【箭幹菜（つけな）　三河島】

トウナ。アブラナ科。のちの「三河島菜」の祖先。江戸中期に伝来。箭幹とは矢の柄のことで、葉柄の形状からいう。三河島では、将軍の「鶴御成り（鷹狩り）」（860「ツル」参照）に際して菜を献上したが、それは後世の改良された「三河島菜」ではない。三河島の漬け菜は、固定した一品種ではなく複数の品種があり、時代によっても変化している。明治一〇年の記録に「三河島ケンサキ菜」「三河島丸葉漬菜」「早生〈わせ〉三河島菜」の名が見られ、同四〇年代には「イカリ菜」とも呼ばれた。『本草図譜』では「菘〈すう〉（本来は唐菜のこと。日本では葉を漬物にする菜の意味）。とうな　いんげんな　しろな　箭幹菜〈せんかんさい〉……、江戸三河嶋の産肥大にて、上品なり。秋月実を栽ゆ（種子をまく）。形ふゆな（冬菜）に似て葉立て高さ二尺余（六〇センチ余り）、茎白色葉円し。やや粉色なり……冬月塩蔵す（塩漬けとする）」と記し、菜の挿絵がある。また、『日本産物志』にも、同様な文と挿絵がある。この二つの絵と、後の『三田育種場物産帖』（一八八九・明治二二年）の「三河島菘」の絵や東京都農業試験場に残る「三河島菜」の絵（昭和初期？）とを比べると、後世のものは、明治以降に輸入の外国の菜との交配淘汰が考えられる。なお、三田育種場（港区芝）では明治一〇年より農作物の改良を行った。「三河島」は、東京都荒川区荒川。荒川の右岸で、水害を受けやすかった。水防林と思われる荒川沿岸のはんのき山（426「ハンノキ」参照）や、『江戸名所花暦』のスミレで有名な荒木田の原（町屋八丁目付近）（410「スミレ」参照）もあった。冬の将軍の「鶴御成り」に備えて、秋から餌をまいてツルを呼び寄せた。市街地に近く野菜栽培も盛んだったが、植木職なども多かった地域である。82ページ余話3「菜と大名」、223ページ余話3「園芸と植木屋のこと」参照。

30 【水菜（けうな）　千住】

ミズナ。アブラナ科。別名京菜。アブラナから突然変異で生じたものとされる。現在は、葉の切れ込む「ミズナ」と、葉の切れ込まない「ミブナ」（マルハ）と、葉が切れ込まないで細い九条早生がある。ミブナのミブは、京の壬生の意である。ミズナは京都近郊で畦のあいだに水を貯え、そこで育てたので「水入菜」といったのが、水菜に変わったという説がある。関東で栽培されたものは、葉の切れ込みが浅く、京菜と呼んだ（『本草図譜総合解説』）。「千住」は、26「豌豆（えんどう）」参照。

31 【白芥（ゐどからし）】

カラシナ。アブラナ科。カラシナの種子の漢名を芥子という。芥子と書いて「からし」（辛し）と呼び、粉末として香辛料、薬用とする。クロカラシは、種子の色が芥子よりも暗褐色だが、成分、用途は同じ。

32
【蘿蔔(だいこん)　練馬　あか大根　あざミ大根　清水なつ大根　ハだな大根】

ダイコン。アブラナ科。だいこんは、古称「おおね」の漢字表記の音読み。漢名は蘿蔔。［練馬］は、練馬区。大根の産地として有名で、五代将軍綱吉が尾張の宮重大根の種子をまかせたのが始まりという。練馬で栽培された品種はいろいろあるが、とくに練馬大長大根は有名で、主としてたくあん用の品種。［あか大根］の図は、『本草図譜』にあるが、現在ではこの品種は見られない。［あざミ大根］は、葉の形状がアザミに似る。別名すいか大根。［清水なつ大根］は、板橋区志村の清水薬師のあたりで産し、暑い夏に収穫できた「みの早生大根」のことで、「清水種〈しみずだね〉とて世に賞しはべり」と『江戸名所図会』にある。［ハだな大根］は、名古屋を中心に栽培される守口大根と同じで、大阪では宮の前大根という。その他、多くの種類があった。

33
【胡羅蔔(にんじん)　練馬】

ニンジン。セリ科。地中海沿岸原産。［練馬］は練馬区。ほかに北区滝野川の「滝野川ニンジン」が有名。根の長さは一メートルにもなり、享保年間(一七一六～一七三六年)より昭和二〇年代まで約二〇〇年間栽培されたが、今では品種が途絶えた。練馬、滝野川はともに武蔵野台地上に位置する。

34
【牛房(ごぼう)　岩ツキ】

ゴボウ。キク科。ヨーロッパ～ヒマラヤ、中国に分布する。中国では、ゴボウの果実を牛房子、悪実と称し消炎、解毒、解熱薬として用いる。ヨーロッパでも根と果実を同様に用いたが、根は食用にはしなかった。根を食用として改良したのは日本だけである。太平洋戦争中に長野県の捕虜収容所の警備員が、捕虜にゴボウを食べさせたとして、戦後にBC級戦犯を裁く横浜裁判で捕虜虐待の罪に問われ、終身刑の判決を受けたことがあった(まもなく釈放)。［岩ツキ］とは、埼玉県岩槻市。

35
【紫芋(とうのいも)　葛西】

トウノイモ。サトイモ科。サトイモの一品種。アカイモともいう。葉柄は長大で紫色をおび、親芋の塊茎は大、それにつく小芋は小。食用。［葛西］は、24［眉児豆(ふじまめ)］参照。

36
【九面芋(やつがしら)】

ヤツガシラ。サトイモ科。サトイモの一品種。その塊茎の様子から八つ頭という。秋、降霜期以降に収穫。九面芋とは中国での名で、日本でもその名のまま栽培してきた。毎年一一月の酉の日に、台東区千束三丁目の鷲神社はじめ各地の酉の市(おとり様)には、縁起ものの熊手とともにこのヤツガシラも、「頭になる(一群の人の長になる)」との縁起をかついで売られた。43［カシュウイモ］参照。

37【青芋(どだり) 葛西】

エグイモ。サトイモ科。アオカラ、土垂ともいう。サトイモの一品種。親芋は丸く、子芋は長形になる。親芋はえぐ味をもつが、翌年まで貯蔵すればえぐ味はなくなる。耐乾性、耐寒性に優れている。サトイモは、インド東部〜インドシナ半島の原産。日本には古代に伝来。日本では花は咲くが実はならない。根茎によってのみ殖やして来たので、古い品種が残っている。［葛西］は、24参照。

38【赤山ずいき】

種名不明。サトイモ科。ずいきは里芋の葉柄。葉柄を食用とする種で、肥後ずいき(ミガシキ)、ハスイモなどが有名。［赤山］は、埼玉県川口市赤山。江戸時代には、関東郡代伊奈氏の赤山陣屋のあったところ。伊奈氏は、利根川、荒川など諸川の付け替え工事や新田開発などで功績があり、三六七〇石の旗本にもかかわらず、大名並みの家臣を抱えていた。43［カシュウイモ］、57［ショウガ］、92［渋柿］などの産地。

39【薯蕷(ながいも) 代野】

ナガイモ。ヤマノイモ科。薯蕷とは、ナガイモ(中国原産)のことで栽培するもの。これに対してジネンジョウ・自然生＝ヤマノイモは、山に生えるもので、染色体の数も違う。ナガイモ、ヤマノイモはともに肥大した根を食べるほか、「山薬」と呼び、古来、滋養強壮、鎮咳(せき止め)などの目的で「八味地黄丸」、「薯蕷湯」など多くの漢方剤に配合される。［代野］は埼玉県与野市であろう。ただし与野市は、二〇〇一年合併により「さいたま市」となる。

40【江戸萆薢(ところ)】

エドトコロ。ヤマノイモ科。エドトコロ(ヒメトコロ)は、関東以西、四国、九州、中国中部に分布。山城の名産。あまところ、もちところともいう。味は甘く、少しえぐ味がある。

41【佛掌藷(つくいも)】

ツクネイモ。ヤマノイモ科。捏ねいも、ナガイモの一品種。イチョウイモともいう。掌状(手のひらのような形)、扇状、バチ状など偏平な形のものが関東で多くつくられる。

42【甘薯(さつまいも) 八幡】

サツマイモ。ヒルガオ科。甘薯または甘藷とも書く。熱帯アメリカ原産の多年草で、コロンブス以来、ヨーロッパを経て東洋に輸入され、広東から慶長一〇(一六〇五)年に琉球に伝わり(一六〇五年平戸説もあり)、さらに九州へ広まる。唐薯(中国から琉球へ)、リュウキュウイモ(琉球から薩摩へ)、サツマイモ(薩摩から関東その他諸国へ)などの名がその伝来の過程を物語る。まず暖かい地方に普及した。江戸近辺で栽培可能となったのは、享保二〇(一七三五)年、小石川御薬園での青木昆陽(甘藷先生)のサツマイモ試作成功の後である。『本草図譜』に、「はちり(八里=味が九里、すなわち栗に近いという洒落)は、上総〈かずさ〉、下総〈しもうさ〉、銚子にて多く作る。味わい良し。近年武州川越〈かわごえ〉(埼玉県川越市)にて多く作るものは、皮すこぶる淡紅色を帯びて、形状肥大なり。味ひやや劣る」とある。川越から新河岸川の舟運で、大量に江戸へ運ばれたのに、『武江産物志』に、サツマイモの代表的産地として、川越ではなく、下総の[八幡〈やわた〉](千葉県市川市八幡)を記載した理由がうかがえる。87ページ余話6「さつまいもの話」参照。

43

【黄獨(か志う) 赤山】

カシュウイモ。ヤマノイモ科。中国原産の多年生草本。塊茎は煮て食用。その名は、塊茎の形が何首烏(強壮剤とするツルドクダミ)の根茎に似ていることから。カシュウイモは、ヤツガシラとともに酉の市で売られたことは、文化年間(一八〇四〜一八一八年)の十方庵敬順の『遊歴雑記』(東洋文庫五〇四・平凡社版)に見られる(36[ヤツガシラ]参照)。322[ツルドクダミ]参照。[赤山]は、38[赤山ずいき]参照。

44

【蒟蒻(こんにゃく) 下総中山】

コンニャク。サトイモ科。インドシナ原産。畑に栽培し、球茎(コンニャク玉)からコンニャクをつくり、食用にする。中山蒟蒻は、楕円形で紅、白、黒などに染める。[下総〈しもうさ〉中山]は、千葉県市川市と船橋市にまたがる地域。市川市に正中山本妙法華経寺があることで有名。中山競馬場は船橋市。

45

【茄(なす) 駒込 千住】

ナス。ナス科。インド原産。[駒込]は、上駒込村(豊島区駒込)。『新編武蔵風土記稿』の上駒込村に「この辺は薄土なれば樹木に宜しく穀物に宜しからず、ただ茄子〈なす〉土地に宜しきを以て世にも駒込茄子と称す」とある。140ページ[駒込辺ノ産]参照。[千住]とは、千住の近くの本木(足立区本木)のことであろう。同書に「本木村、江戸よりの行程前村(梅田村のこと)に同じ……。土人専ら芹〈せり〉茄子を作りて江戸に出す。茄子は其形〈そのかたち〉尤大〈ゆうだい〉(とくにおおきい)にして種少し、世に賞して本木茄子と言〈いう〉」とある。47[セリ]参照。なお[千住]は、26[豌豆(えんどう)]参照。

46【番椒（とうがらし）　内藤宿】

トウガラシ。ナス科。南米原産。一四九三年にコロンブスによりスペインへ。日本へは天文一一（一五四二）年渡来説や、慶長年間にタバコとともに来て、日本を経て朝鮮に渡るとする説、後に朝鮮で改良され薬種として天明二（一七八二）年に来た（浅草の医師荒川楽記の話）などの交流がみられる（向坂道治著『植物渡来考』早大文庫・昭和二八年）。「七色唐辛子」の成分は、地域により異なるが、いずれもケシの実、アサの実が入る（13、16参照）。［内藤宿］とは、新宿区新宿付近。その名は信州高遠の内藤家の屋敷（現在新宿御苑）があったことによる。元禄のころ甲州街道の宿駅となるが、周囲は農村地帯であった。

47【水芹（せり）　千住】

セリ。セリ科。湿地や溝にはえる多年草。古くから食用とされた。『新編武蔵風土記稿』の本木村（足立区本木）の項に、茄子と芹の記述がある。45［茄（なす）］参照。本木のセリは、栽培方法に特徴があった。秋にセリ田に苗を植え、苗の芽が伸びたら水位を上げ茎を長く伸ばして、白く柔らかな茎をつくる。収穫は一一月から翌年の四月まで。履き桶という長靴がわりの木の桶をはいて、水の深い田に入り収穫した。昭和三〇年代に栽培農家は減少、昭和末期では一軒残るのみ。足立区役所によると、現状は不明とのこと。［千住］は、26［豌豆（えんどう）］参照。

四ッ谷　内藤新宿。甲州街道の宿駅で江戸の西の玄関口。四ッ谷から高井戸までは四里（一六km）あり、その間に元禄のころ新しく開かれた宿場で新宿といった。成子のマクワウリ、早稲田のミョウガなど周辺地域からの農産物の集散地でもあった。（『江戸名所図会』）

48【ミつば芹（せり）　千住】

ミツバ。セリ科。ミツバゼリともいう。山の木陰にはえる多年草で、しばしば野菜として畑に栽培し、新苗を食用にする。『農業全書』でもセリと同じく栽培を勧めている。［千住］は、26［豌豆（えんどう）］参照。

49【巻丹（ゆり）】

オニユリ。ユリ科。巻丹(けんたん)はオニユリの漢名。いろいろな種類のユリの根を食べる。コオニユリは苦みが少ない。料理ユリ（エイザンユリ）と呼ぶものは、ヤマユリ（155［百合（ささゆり）］参照）のことで、やはり食用とされる（『日本産物志』）。

50【甘露児（ちょろぎ）】

チョロギ。シソ科。中国原産の多年生草本。元禄のころ（一六八八〜一七〇四年）渡来し現在も栽培する。秋、地下茎に巻き貝に似た塊茎(かいけい)ができ、それを梅酢で赤く染めて、正月料理に用いる。草石蚕(そうせきさん)、地瓜児(じかじ)とも書き、元禄一〇（一六九七）年の『農業全書』に「てうろぎ（ちょろぎ）」の名で記述されている。

51【紫蘓（しそ）　千住】

シソ。シソ科。中国原産。古くから栽培する。のらえ、ちりめんしそ（『本草図譜』）。蘓は蘇に同じ。漢方では、「蘇葉(そよう)」として、薬剤の処方、品質について標準を与える「日本薬局方」（厚生労働省告示）にも収載。精神不安を静め、発汗、鎮咳(ちんがい)、鎮静、鎮痛薬とする要薬。その種子、紫蘇子(しそし)も薬用とする。［千住］は、26［豌豆（えんどう）］参照。

52【同蒿（しゅんぎく）　千住】

シュンギク。キク科。地中海沿岸原産。春菊(しゅんぎく)の名は、春に若芽を食用とするから。『農業全書』には、「倭俗〈わぞく〉（日本の俗名の意味）こうらい菊という、また春菊ともいう」とある。［千住］は、26［豌豆（えんどう）］参照。

53【菠薐（ほうれんそう）】

ホウレンソウ。アカザ科。西アジア原産。江戸初期に中国から渡来。ホウレンソウとは、アジア西域の国名「菠薐(はりょう)（稜）」（ペルシャの意味）の唐音(とうおん)よみ。中国では、波斯草(ぼうすう)と書く。波斯とはペルシャのこと。現在では、従来の葉の尖(とが)った東洋種はほとんど市場には出荷されず、西洋種が大半を占める。

54【津るな】

ツルナ。ツルナ科。海岸の砂浜に自生し、時には栽培する。全体に多肉質で毛がない。茎はまばらに分かれ、ややつる状となる。新芽、葉を食用とする。一名ハマジシャ。

55【款冬（ふき）】

フキ。キク科。各地に自生、また栽培する。若い花茎(かけい)をフキノトウといい食用とする。葉柄(ようへい)も食べる。フキは「款冬〈かんとう〉」のほか蕗、苳、菜蕗なども書く。フキの漢名とされる款冬は、江戸時代初期からすでに「日本のフキにあたるかどうか」の論争があったが、事実、日本には分布していない植物の漢名である。

56 【楤木(うど)一種　練馬】

ウド。ウコギ科。若い苗を食用にする。ウドの苗を四月に畑に植え、一一月に掘りあげ、幅、深さともに六〇センチの溝へ並べて土をかける。光をあてず、軟化栽培して茎を長く伸ばす。この方法は、文化年間に武蔵野市吉祥寺で始まった。現在の穴蔵軟化方法は、武蔵野市で戦後まもなく開発された。これにより、土がつかず、真っ直ぐに伸びたウドが収穫される。［楤木〈そうぼく〉一種］とは、タラノキの仲間の一種という意味か。楤木とは、タラノキ(ウコギ科)の漢名。ウドの漢名は、土當帰(145参照)とされるが、また独活とも書く。［練馬］は、32［蘿蔔(だいこん)］参照。

57 【生薑(せうが)　谷中　赤山】

ショウガ。ショウガ科。熱帯アジア原産の多年草。わが国では古来から栽培。古名クレノハジカミ(呉の山椒)は、呉(中国)からの伝来を伝える。［谷中］とは、高台の谷中(谷中墓地がある台東区谷中)ではなく、その下の荒川区東・西日暮里の一部にあたる低地の谷中本村である。その隣の新堀村でも産した。谷中本村では毎年、［赤山］(埼玉県川口市赤山、38［赤山ずいき］参照)からたね生姜を買って、それを軟化栽培して「芽生姜」、「葉生姜」を生産した。「ヤナカ」は、今でも「やっちゃば」(青果市場)や料理屋で「芽生姜」、「葉生姜」の意味として通用する。「芽」をもぎとった残りは、ひね生姜として使う。これを「めっかち生姜」ともいい、芝大神宮(港区)の九月の祭礼で売った。179［カニクサ　日暮里］、309［サワギク］、530［感応寺　谷中］参照。

58 【蘘荷(みやうが)　早稲田】

ミョウガ。ショウガ科。熱帯アジア原産。人家の周囲に栽培される。ミョウガタケ(若い茎)と、ミョウガの子(花穂)を食べる。［早稲田］とは、新宿区早稲田。早稲田の神田川をはさんだ向いに、茗荷谷(文京区)の地名がある(329［クマガイソウ］参照)。ミョウガはメカ(芽香)の転という(『広辞苑』)。

59 【蓼(たで)　千住】

ヤナギタデとその変種。タデ科。アザブタデ(エドタデ)、イトタデ、ムラサキタデ、ヒロハムラサキタデ、アイタデなど食用とするものは、ヤナギタデから出た変種である。ヤナギタデは河川のほとりや湿地、水辺に普通な一年草。タデの仲間で辛みのあるのはこの仲間だけで、ヤナギタデのことをホンタデ、マタデという。これに対して、イヌタデ、ボントクタデ(ポントク=ポンツク……愚鈍者)などは、ヤナギタデに似るが辛みがなく、役に立たないタデという意味でそう呼ばれる。［千住］は、26［豌豆(えんどう)］参照。

60 **【甜瓜(まくハうり)　ナルコ村　府中】**

マクワウリ。ウリ科。インド原産。古くから栽培され、関東〜九州の弥生遺跡からマクワウリの種子が出土。ほぼ二〇〇〇年前に朝鮮半島や中国から渡来したと思われる。マクワウリの名は美濃国本巣郡真桑村(岐阜県真正町)の名産であったから。元和年間（一六一五〜二五年）に、幕府は美濃の真桑から農民を呼び、成子村(新宿区西新宿七、八丁目付近)と、府中の是政村(東京都府中市是政)に御用畑をつくった(『江戸・東京ゆかりの野菜と花』JA東京中央会発行)。「ナルコ村」および「府中」とは、この成子村と府中の是政村のこと。なお、「甜」とは甘い、うまいという意味。

61 **【西瓜(すいくハ)　大丸　北サハ　スナ村　羽田】**

スイカ。ウリ科。アフリカ原産の一年草。『農業全書』によれば「西瓜は昔日本にはなし、寛永の末初めてその種子来りて、その後ようよう諸州にひろまる」と。僧隠元がもたらしたとも。スイカとは「西域の瓜」の音(唐音)から転嫁したもの。「大丸〈おおまる〉」は、東京都稲城市大丸。「北サハ」＝北沢。単に北沢とは、下北沢村(世田谷区北沢)のことであろう。『江戸名所図会』の「北沢淡島〈あわしま〉神社北沢村八幡山森巌寺〈しんがんじ〉」(世田谷区北沢二丁目)のところに「この辺り西瓜を産す、上品とす。世田ケ谷　大丸の辺り同じ　西と称せり」とある。江戸時代には下北沢村と上北沢村(世田谷区上北沢)があり、互いに約三キロ離れていた。「スナ村(砂村)」は、江東区北砂、南砂など小名木川以南(大島以南)で、新砂より北の地域。江戸時代の正保〜万治(一七世紀半ば)のころに開拓された新田。明治以降に他の村と合併してその名の地域が広がる。449「トネリコ」参照。「羽田」は、大田区本羽田、羽田の多摩川沿いの地域。

62 **【越瓜(しろうり)　タバタ　ハナマル】**

シロウリ。ウリ科。マクワウリの変種で、芳香や甘みはなく、漬物(奈良漬け)や料理用とする。『本草図譜』に「あさうり、しろうり……武州田畑村にて培養する物、長さ二尺余、囲り一尺四五寸に至るものあり」とある。「タバタ(田畑村)」は、北区田端、東田端、田端新町にあたり、道灌山のつづきの台地の上とその下の低地とを含む。シロウリに「田畑」という品種がある(『ふるさと江戸東京の野菜栽培起源攷』福井功著、私家版一九八九年)。「ハナマル」とはシロウリの品種名。番付『花競賛二編』(都立中央図書館蔵)に「たで入花丸の印籠づけ」が洒落た食物として記されている。

63 **【醬瓜(まるづけ)　葛西】**

シロウリ。ウリ科。「まるづけ」はシロ

ウリの園芸品種。漬物用の瓜。菜瓜(つけうり)の名がある(『本草図譜』)。[葛西]は、24[眉児豆(ふじまめ)]参照。

64【胡瓜(きうり)　砂村】

キュウリ。ウリ科。インド原産。[砂村]は、東京都江東区内。61[スイカ]参照。江戸では、砂村で古くから「砂村青節成(あおふしなり)」という品種がつくられていた。明治以降にそれが、品川区大井、品川方面へ伝えられ、さらに大田区の南北馬込地域に広がり、明治三三年、早出キュウリの「馬込半白節成(はんしろふしなり)キュウリ」がつくられると、高知県や神奈川県平塚へもたらされて全国に広まった(『江戸・東京ゆかりの野菜と花』)。

65【冬瓜(とうぐハ)】

トウガン。ウリ科。ジャワ原産。果実は普通、煮て食べる。「干瓢〈かんぴょう〉のようにしてもユウガオにおとらず」という(『農業全書』)。「トウガ」ともいう。トウガンはトウガの音便。

66【番南瓜(とうなす)　八塚】

トウナス。ウリ科。サイキョウカボチャ、シシガタニという。果実はひょうたん型。シシガタニとは京都の鹿(しし)が谷(たに)で主につくられたから。これに対して、先に渡来していたものに、果実は平たく、たてに溝があって菊座型のボウブラ(キクザカボチャ)がある。現在ではこのほかに、セイヨウカボチャ(明治年間に渡来)、キントウガ(金冬瓜、セイヨウカボチャの変種)、クリカボチャ(栗南瓜)などがある。[八塚]は谷塚(やつか)(埼玉県草加市谷塚)と思われる。

67【絲瓜(へちま)　中山】

ヘチマ。ウリ科。熱帯アジア原産。若い果実は料理して食べる。熟すれば繊維を利用して物を洗い、浴用に使う。茎を切ってあふれる液を集めて化粧水とする。ヘチマを昔はトウリと呼んだ。漢名の絲瓜(しか)=イトウリから転嫁したもの。「ト」は、イロハのへとチの間にあることから、へとチのあいだ、へチ間(ま)となったのが和名の起こりという(『諸国方言物類呼称』越谷吾山著・安永四年)。[中山]は、44[コンニャク]参照。

68【苦瓜(れいし)】

ニガウリ。ウリ科。ツルレイシともいう。熱帯アジア原産で、日本には中国から渡来。若い果実を食用とするが皮に苦みがある。沖縄ではゴーヤーという。

69【葱(ねぎ)　岩ツキ　大井　ワケギ　アサツキアリ】

ネギ。ユリ科。ネブカ(根深)ともいう。ネギは古くは葱(き)と呼び、宮中の女房(にょうぼう)詞(ことば)では、ヒトモジといった。[ワケギ(分け葱)]は、ネギの変種。株分けで増やすのでその名がある。[アサツキ]は、「浅つ葱」の意。ネギとは別種で鱗(りん)茎(けい)はラッキョウの形に似て、山の草地に自生し、栽培される。アサギ色とは浅葱色（浅黄色）で、薄い青色、水色、薄いあい色を指す。日本のネギは加賀、九条、千住の三品種群に分けられる。加賀は寒さに強い太ネギ。九条は年間とれる葉ネギ。千住は秋冬に多く出荷される根深ネギ。その生産は、愛知県を境に東日本では、葉のさやの白い部分（俗に白根）を食べる根深ネギ、西日本では九条に代表される緑の部分を使う葉ネギに二分される。［岩ツキ］は、埼玉県岩槻市。［大井］は、品川区大井辺。なお、江戸時代、大阪では中央区道頓堀以南、浪速区の北部の難波（なんば）にネギ畑が多く、ネギを「なんば」と呼び、鴨肉にネギをそえたウドンやソバを「鴨なんば」と呼んだ。これが江戸の日本橋馬喰（ばくろちょう）町に伝わり「鴨南蛮」と名が変わった。

70 【韮（にら）】

ニラ。ユリ科。東アジア原産。中国から渡来、古くから栽培。強い臭気があり、葉を食用とする。ニラは、仮名で二文字なので、女房詞（にょうぼうことば）でフタモジといった。

71 【薤（らっけう）】

ラッキョウ。ユリ科。中国原産。五〜七世紀ごろ、日本に入る。［薤〈かい〉］とは、にら、らっきょうの意味。ラッキョウの名は、辛（から）いニラの意味である「辣韮」の音読み「らっきゅう」から。ラッキョウの有名な産地の鳥取には、江戸時代に伝わった。

72 【山蒜（のびる）】

ノビル。ユリ科。山野に自生する多年生の野草。大昔から採集され食べられていた。ニンニクのおほひるに対してこひるともいう。ヒルとは、ネギやニンニクなどの総称。ノビルとは、野にはえるヒルの意味。汁の実、ぬた、甘酢漬け、薬味などに利用。

73 【蕨（わらび）　下総】

ワラビ。イノモトソウ科。シダ植物。若い芽を塩漬けして保存し利用する。根茎（こんけい）はつき砕き、五〇回ほど水を変えてさらし、水中ででんぷんを沈殿させ、さらに乾燥して「わらび粉」をとり食用とする（現在一般に「ワラビ粉」とされるものは、サツマイモからのでんぷん）。［下総〈しもうさ〉］とは、千葉県北部および茨城県の一部の旧国名。南（なん）総（そう）（上総（かずさ））に対し北総（ほくそう）ともいう。

74 【薇（ぜんまい）】

ゼンマイ。ゼンマイ科。シダ植物。山野に自生する。渦巻状の若い葉を採り、ゆでて乾燥し保存し食用とする。

75 【藕（はすのね）　千住　不忍池】

ハス。スイレン科。［藕〈ぐう〉］とはハスの根（レンコン）、またハスの意味。一方、蓮（れん）は、ハスの意味のほか、ハス

不忍池 蓮見。
徳川氏は、上野の山を比叡山に、不忍池を琵琶湖に見立て、東の比叡山として東叡山寛永寺を建立、江戸城の鎮護の地とした。不忍池には朝早く、ハスの花が開く音を聞こうと人々が多数集まったという。また、出会茶屋も多かった。（『江戸名所図会』）

の実の意味がある。ハスは、古くに中国から渡来。一五〇〇年前（二〇〇〇年前とも）千葉県検見川の遺跡から発見された大賀ハスは有名。現在の日本の食用ハスは、鎌倉時代僧道元が中国からもたらしたという食用ハス以降の種類。その後も江戸時代に上総蓮、加賀種、愛知種、また明治初期に支那種がそれぞれ中国から渡来。ほかにも多くの品種がある。ハスの実は蓮実といい、その皮を除いた蓮肉、蓮子は滋養強壮、下痢止めに用いる。新鮮な蓮子を「はす飯」に利用。［千住］は、26［豌豆（えんどう）］参照。［不忍池］は、台東区上野公園内。江戸時代に、不忍池のほとりの茶屋では、ハスの若葉をきざんで塩味の飯にあえた「はす飯」を売っていたという。また、『江戸名所花暦』に、ハスの花に茶をそそぎ、置いたのち、その茶を別に薄くいれた茶にそそいで飲む「蓮茶」の作り方がある。ハスの花の名所は、214～215ページ「遊観類　蓮」参照。

76【慈姑（くわい）千住】

クワイ。オモダカ科。中国から渡来し、古くから栽培され食用とする。『武江産物志』には、クワイの産地は［千住］としかないが、『日本産物志』には、「慈姑　千住在、バラ島、這松〈はえまつ〉、尾久の辺味最佳」とある。バラ島は不明、這松は埼玉県川口市榛松、尾久は荒川区東・西尾久。クワイが正月料理として珍重されるのは、レンコンは「見通しがよい」、数の子は「子孫繁栄」、昆布は「よろこぶ」とならび、クワイは「芽が出る」（幸運にめぐりあう）のに通じるとされるから。このためクワイは、芽が欠けると商品価値がなくなる。［千住］は、26［豌豆（えんどう）］参照。

77【烏芋（くろくわい）】

クロクワイ。カヤツリグサ科。クワイ

とあってもオモダカ科ではない。池や沢の水中に群生する多年草。塊茎（かいけい）は食べられる。食用として栽培するものは、江戸末期に中国から渡来したシナクログワイという品種で、「烏芋（うう）」、一名「馬蹄（ばてい）」。塊茎は径約二～四・五センチ。

78

【浅草紫菜（のり）】

アサクサノリ。紅色植物　紅藻綱（こうそう）　ウシケノリ目　ウシケノリ科。文化文政のころには大森、品川の海で採れたが、浅草海苔の名で江戸の名産として知られていた。浅草海苔の名は、もと浅草あたりの海で採れたからとも、浅草紙と同じ製法ですいて干し海苔としたからともいわれている。最近は、養殖海苔には、ウシケノリ科のスサビノリが八〇～九〇パーセント使われている。

79

【品川生紫菜（なまのり）】

ノリを「干し海苔」とせず、生のままでも出荷した。［品川］とは、品川区。品川から大田区大森にかけての沖合は、江戸時代からノリの養殖場であったが、東京港の拡張工事で昭和三八（一九六三）年、漁業権が全面放棄されノリの養殖は終わった。ノリ養殖の様子は、品川区立品川歴史館、太田区立郷土博物館に展示されている。

80

【葛西紫菜（かさいのり）】

［葛西〈かさい〉］は、隅田川の東側で江戸川までの地域（明治以降の南葛飾郡）であるが、そのうち江東区、江戸川区の海岸に接する地域で海苔の栽培が行われていた。

81

【頭髪菜（おごのり）　品川】

オゴノリ。紅藻綱（こうそう）　スギノリ目　オゴノリ科。オゴノリは海髪とも書き、ウゴともいう海草で、刺身のつまとして使う。寒天製造の際に混ぜ草として使われ、またオゴノリだけのオゴノリ寒天も製造されている。

82

【行徳塩（ぎやうとくしほ）　川崎行徳等の塩田に朴消又凝水石あり】

［川崎］とは、神奈川県川崎市。塩浜の名が残っている。［行徳〈ぎょうとく〉］（千葉県市川市行徳）の塩田は、幕府の保護下に経営され、元禄以前は江戸の消費を満たしたが、その後は赤穂（兵庫県）などの他の塩田におされた。昭和二四年に廃止。行徳の塩を江戸に運ぶために、隅田川と旧中川を結ぶ小名木川（おなぎがわ）が掘られた。171ページ薬草類［行徳辺］、668［五本松］参照。［朴消〈ぼくしょう〉又凝水石〈ぎょうすいせき〉］とは、『字源』（簡野道明著、大正一二年）によれば、「朴硝……状（その状態は）食塩に似、水を以て煎練〈せんれん〉して（煮つめて）結晶体をなす、色は淡黄にして形粗、消化剤とし、兼ねて牛馬の革を柔らかにするに用う」とある。にがり（苦汁、主成分は塩化マグネシウム）のことであろう。

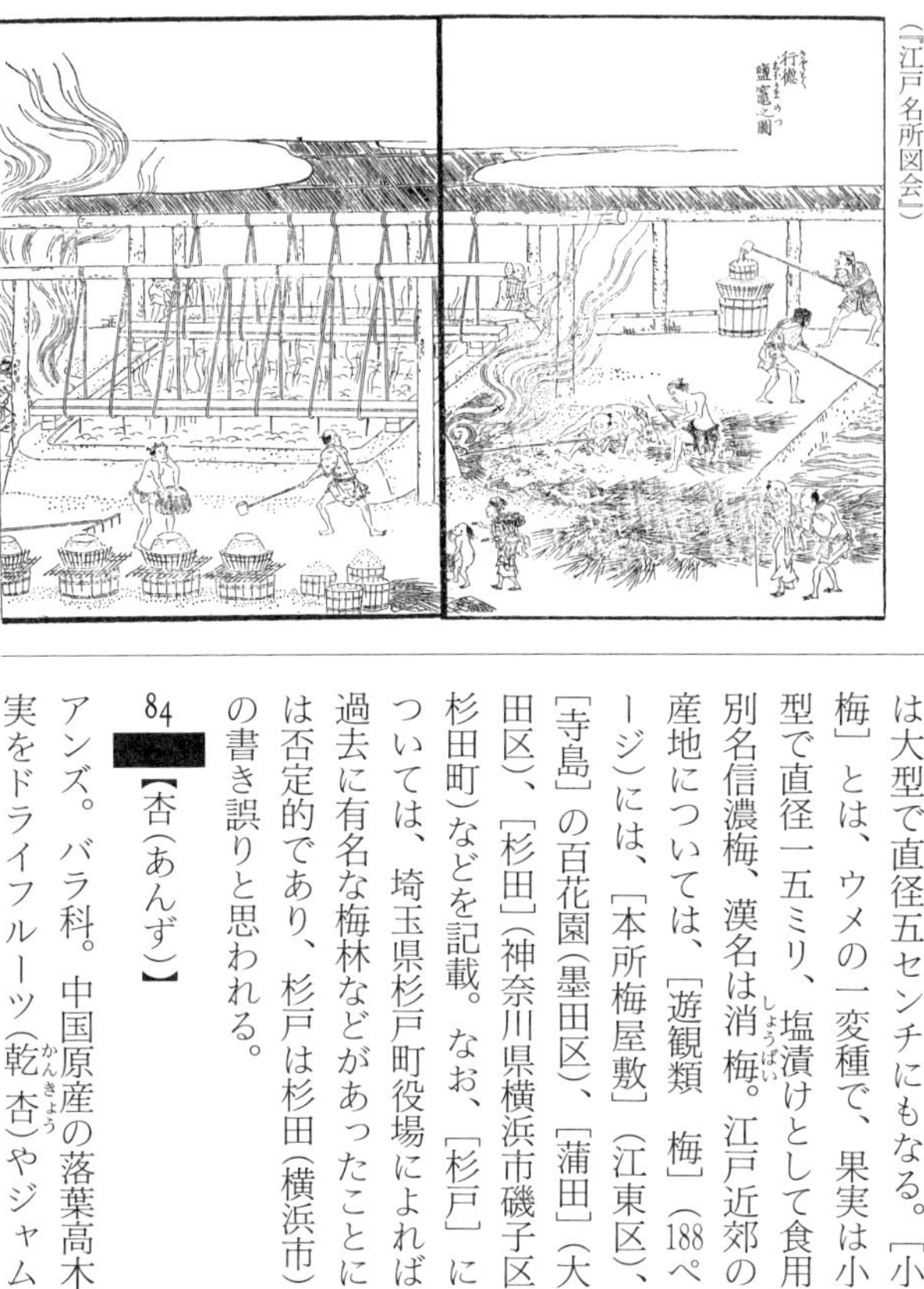

行徳　塩竈之図(しおがまのず)。
海水を煮つめて塩をつくる。
燃料に使われていたのは
付近にはえるヨシか。
海水を煮つめたものを
俵に入れて何年もねかす。
その間にマグネシウム類が溶け出したものが
「にがり」(朴消、凝水石)である。
(『江戸名所図会』)

83
【梅(むめ)　杉戸　ブンゴ　小梅】

ウメ。バラ科。中国原産の落葉高木で古代に渡来。［ブンゴ(豊後)］はウメの一変種、ウメとアンズとの雑種で、実は大型で直径五センチにもなる。［小梅］とは、ウメの一変種で、果実は小型で直径一五ミリ、塩漬けとして食用。別名信濃梅、漢名は消梅(しょうばい)。江戸近郊の産地については、［遊観類　梅］(188ページ)には、［本所梅屋敷］(江東区)、［蒲田］(大田区)、［寺島］の百花園(墨田区)、［杉田］(神奈川県横浜市磯子区杉田町)などを記載。なお、［杉戸］については、埼玉県杉戸町役場によれば、過去に有名な梅林などがあったことには否定的であり、杉戸は杉田(横浜市)の書き誤りと思われる。

84
【杏(あんず)】

アンズ。バラ科。中国原産の落葉高木。実をドライフルーツ(乾杏(かんきょう))やジャムとし、種子を杏仁(きょうにん)と称し、古来よりせき止め、便秘、気管支喘息(ぜんそく)などに用いる。杏仁豆腐(あんにんどうふ)は、アンズの種子から種皮を取り去ったなかみである、仁(じん)を主材料にしてつくる。「あんにん」の「あん」は唐音。

85
【桃(もも)　ナツモモ　アキモモ】

モモ。バラ科。中国原産。太古に渡来し栽培されてきた。［遊観類　桃］の項(203ページ)では、産地は［四ッ谷］(新宿区)、［中野］(中野区)、［中里］(北区)、［大師河原］(川崎市)、［隅田川堤］(墨田区)、［築比地〈ついひじ〉］(北葛飾郡松伏町)をあげている。［ナツモモ］とは、六〜七月に収穫できる早生(わせ)のもの、［アキモモ］は八月に収穫する晩生(ばんせい)のものを指したと思われる。天津桃、上海水蜜桃などは明治八年清国より渡来(『植物渡来考』向坂道治著)。現在の主な品種は、明治以降のもの。なお、モモには邪気を払う力があるとされ、宮中の年中行事で、大晦日に行われる追儺の時には、桃の木でつくった「桃の弓」が鬼を射るのに用いられる。葉は煎じて、あせも、湿疹に用いられ、種子は、桃仁といって、鎮痛、消炎、緩下剤とする。

86 【李（すもも）】

スモモ。バラ科。中国原産の落葉高木。日本には古くに渡来し栽培されてきた。ボタンキョウ（牡丹杏）、ハタンキョウ（巴旦杏）は変種。いわゆるプラムは西洋スモモのこと。

87 【牛心李（あめんどう）】

アーモンド。バラ科。西アジア原産。「あめんどう」とはポルトガル語で、アーモンドのこと。二種あり、一つはスイートアーモンド（甘扁桃）と呼び種子の仁を菓子とする。ビターアーモンド（苦扁桃）は、種子の仁を蒸留して汁液をとり杏仁水と呼び薬用（鎮咳剤＝せきどめ）等とする。

88 【梨（なし）　川サキ　下総八幡】

ナシ。バラ科。ヤマナシから改良されたもので、古くから栽培され、『日本書紀』の持統天皇七年に梨の記事がある。品種も多く、文化、文政、天保時代には、一五〇種類にも及んだ（『本草図譜総合解説』）。［遊観類　梨］（204ページ）では、産地は［隅田村］（東京都墨田区）、［下総八幡〈しもうさやわた〉］（千葉県市川市）、［生麦村　川崎］（神奈川県川崎市鶴見区）をあげている。現在の優れた主な品種は明治以降のもの。「長十郎」は明治二八（一八九五）年ごろ神奈川県橘樹郡（現川崎市・川崎河口水門付近）で発見されたもの。「二十世紀」は、千葉県松戸市大橋で偶然にでた実生苗から見つかり、明治三一（一八九八）年に命名された。「新高」は大正一一（一九二二）年に東京府立園芸学校玉川果樹園で結実した品種。「幸水」は昭和二二（一九四七）年に静岡県興津町でつくり出された。

89 【林檎（りんご）　下谷　本所】

ワリンゴ。バラ科。平安時代に中国から渡来。江戸時代に栽培されていたリンゴは、ワリンゴで、現代のリンゴの西洋リンゴではない。西洋リンゴは明治維新直前のころ輸入された。［下谷〈したや〉］は、台東区のうち、もともとは上野の丘を上野といい、その下の平坦地を下谷といった。とくに湯島台、本郷台、上野台の下の地域を指した（現在のJR上野駅～御徒町駅付近）。しかし、明治二一年に下谷区、浅草区ができるに及び、上野台の地域も含むこととなって、下谷の概念が変わった。［本所］は、墨田区の西南部にあり、隅田川のすぐ東岸の地域。

90 【榠樝（くハりん）　草加　下谷】

カリン。バラ科。中国原産。果実は黄

色に熟すと芳香ある。生のままではたべられないが、焼酎づけなどとし薬用とする。せき、水腫、脚気に用いる。榠樝。産地とされている[草加]は、埼玉県草加市、[下谷]は、東京都台東区内。89[林檎(りんご)]参照。

91

【榲桲(まるめろ)】

マルメロ。バラ科。中央アジア原産。果実は香気があり、普通、生のまま砂糖づけとして食べる。マルメロはポルトガル語。『牧野新日本植物図鑑』によれば、寛永一一年(一六三四)渡来。漢名は榲桲。

92

【柿(かき)　草加赤山しぶの名産也　きざハし　せんじ　ご志ょ　はちや　津るのこ　まめが記等色々あり】

カキ。カキノキ科。カキは日本、中国、朝鮮半島に分布。日本での一〇〇〇種類前後に加え、合わせて一二〇〇近い品種がある。[草加赤山しぶの名産也]の埼玉県草加市、埼玉県川口市赤山は、柿渋の産地。柿渋は、防水塗料として利用。渋柿をわざわざ栽培して未熟果から柿渋を取った。柿の材は、堅く緻密で家具などに利用し、黒色の材は黒柿と呼ばれ、黒檀の代用とした。[きざハし]はきざわし。木についたまま甘くなる。きざがき、きざらし、がんざん。[せんじ]は禅寺丸。約八〇〇年前からの品種。[ご志ょ]は御所柿。その名は、もと奈良県南葛城郡御所町から産したことによる。[はちや]は蜂屋柿。渋柿。岐阜県美濃加茂市蜂屋町上・中・下蜂屋の原産。[津〈つ〉るのこ]は鶴の子。果実は甘柿、卵形で小さい。[まめが記〈き〉]は別名シナノガキ、ブドウガキ。柿渋をとるため栽培。なお、柿のへたは、柿蒂といい、古来からしゃっくり症状に著しい効果があることが知られるが、最近は、癌の末期症状の連続したしゃっくり症状に用いられる(『本草図譜総合解説』)。

93

【枇杷(びハ)　岩ツキ　川ゴへ】

ビワ。バラ科。暖地性の植物で中国から古代に渡来、西南日本に古く野生化。埼玉県岩槻市、埼玉県川越市が当時の主な産地。在来のものは果実が小さいが、幕末のころに中国から大きな実のビワが輸入された。江戸時代には、乾燥したビワの葉に肉桂、甘茶などをまぜて煎じ「枇杷葉湯」と称し、暑気払いの飲料とした。180ページ余話1「江戸時代の薬」参照。

94

【柚(ゆづ)】

ユズ。ミカン科。中国原産。果実は、果皮が香りよく、果肉は酸味が強く、調味料に使う。和名のユズは、柚酸の意味で、柚(ユズの木の漢名)の果実の酸っぱい味による。

95

【無花果(いちぢく)】

イチジク。クワ科。西アジアの原産。

渡来は寛永年間。長崎に植えられたイチジクは南蛮船がもたらした。明治以降は別の種類のイチジクがもたらされた。イチジクの語源は、ペルシャ地方のインジクとするもの、漢名の映日果の転化とも、イヌビワの古名イチジクを借りたとの説もある。

96【胡桃（くるみ）】

クルミ。クルミ科。［胡桃〈ことう〉］とは、四世紀に中国に伝わった栽培種で、さらに日本に伝わりテウチグルミといわれるもの。山野に自生する日本在来のオニグルミ（山胡桃）も、種子は縄文時代から食用として重要であった。明治以降ペルシャ系その他の系統が導入された。

97【柯樹（しいのみ）】

スダジイ。ブナ科。スダジイとツブラジイの二種類をシイという。どちらも果実は食べられる。スダジイ（イタジイ、ナガジイ）は福島県、新潟県佐渡以南の地にはえる。果実は細い卵形で、樹皮には縦の割れ目がある。上野から日暮里、田端の台地には、古いスダジイが多い。荒川区西日暮里三丁目の延命院には東京都指定天然記念物のスダジイがある。ツブラジイは関東以西から西南暖地の山中にはえる。

98【銀杏（ぎんあん）】

イチョウ。イチョウ科。中国原産の落葉大高木。イチョウは、鴨脚（ヤーチャオ）の中国宋代音からの転訛という。イチョウの種子をギンナンといい食用とする。［名木類］の項（241〜242ページ）に、686［麻布善福寺の杖銀杏〈つえいちょう〉］、687［古川薬師銀杏］、688［牛込の化銀杏〈ばけいちょう〉］、689［浅草の銀杏八幡］が記載されている。

99【棗（なつめ）】

ナツメ。クロウメモドキ科。ヨーロッパ南部、アジア西南部原産。果実を食用、薬用とする。煎じ薬のほとんどに配合され、強壮の効がある。漢名は大棗。

100【枳椇（けんぽなし）】

ケンポナシ。クロウメモドキ科。果実は手の指のような形で、甘く食用となる。その名は玄圃梨からとの説がある。玄圃とは、中国古代に西方にあると考えられた崑崙山にある仙人のいるところ。しかし、語源は手棒梨説が有力とされる（『牧野新日本植物図鑑』）。

101【蜀椒（あさくらさんしょ）】

アサクラサンショウ。ミカン科。「朝倉山椒」は、サンショウの変種。刺のない品種を接ぎ木により繁殖したもので、葉、実ともに普通のものより大きい。兵庫県養父郡高柳村朝倉から多く産出。サンショウの古名はハジカミ。

102 【葡萄（ぶどう）】
ブドウ。ブドウ科。アジア西部地方の原産。唐から日本に伝えられた。葡萄の字は、西域の土語（どご）の音訳字の蒲桃に由来するという。南向きの傾斜地で水はけよく、土壌の含水量が少ないところを好む。山梨県勝沼地方は、産地として古くから知られる。

◉余話1　江戸の主食

江戸には、日本全国からさまざまな品々が集まった。とくに上方（京都・大阪方面）からの品物は、下（くだ）り物と呼ばれ、下り酒、下り醬油のように呼んで珍重された。近隣の地域で生産されたものは、地廻（じまわ）り物と呼ばれ、下り物よりも一段低く見られた。「下らぬもの」、「くだらねえ」という言葉はそれに由来する。

主食の米も全国から江戸へ集められた。江戸は毎年約一〇〇万石の米が必要で、それは、幕府の直轄地の天領などからの幕府米と、各藩からの藩米とを合わせて全体の約半分、残りの半分は、商人米といわれた商人が買い集めたもので、上方から来る下り米と、周辺地域からの地廻米とによってまかなわれていた。なお、当時の江戸市中の人口は、時期により変動はあるが、およそ一〇〇万人といわれる。それは、人口統計のない江戸時代、年間一人当たり米一石（一八〇リットル）必要として、米の消費量からの推定である。

徳川幕府は、米などの物資輸送を重視し、舟による運送を強化するため、江戸湾に流れていた利根川の流れを東へ移して銚子へ向かわせた。また、利根川の支流の荒川を入間川につなぎ、西へ移す工事を行う（316ページ「台地と低地と川の流れ」参照）。河川改修の結果、新田開発も進められたが、荒川を小さな入間川につないだため、荒川の中・下流地域ではしばしば洪水が起こり、水田の被害が増大した。天明三（一七八三）年の浅間山噴火により、火山泥流が利根川に流れ込み川底が高くなると、利根川はよく氾濫した。洪水は、その昔利根川が江戸湾に流れていたことを忘れてはいなかったかのように江戸へ向かって押し寄せた。江戸の近くでは、荒川の氾濫よりもこちらの方を恐れた。洪水が早い時期ならば、苗は植え換える。イネの花が咲くころに洪水がぶつかれば、その年の収穫はゼロである。イネが多少でも実っていれば、刈る時期には早くても、また腰まで水に漬かってでも刈る。そのままでは、もみは穂のまま発芽してしまうからである。やっと収穫しても、水をかぶった「水漬き米」、「悪米」は、品質が悪く年貢に受け取ってもらえないこともあった。それを粉にして作ったのが、草加煎餅（そうかせんべい）の始まりとの説がある。

水の乏しい武蔵野台地の百姓は、アワやヒエ、ソバ、ムギ、サツマイモなどを栽培した。この地域では新田開発といっても水田ではなく、畑の開墾を意味した。一世帯ごとの短冊状の土地には、道路沿いに住まい（むら）を配置し、畑（のら）、雑木林（やま）とが配置された（125ページ『迅速測図』参照）。こうした開墾当時そのままの配置は、現在、埼玉県三芳町と所沢市にまたがる三富新田（さんとめしんでん）に残っている。江戸とその周辺の人々がすべて米を十分に食べられたわけではない。アワ、ヒエなどの雑穀も重要な主食であった。

◉余話2　江戸わずらい

比較的めぐまれた江戸の都市生活者に特有な病気があった。地方から江戸へ出てくると、この病気にかかる。だから江戸特有の病気と思われて、「江戸煩い（わずらい）」、「江戸やまい」と呼ばれた。それは脚気（かっけ）であった。

各地から江戸へ送られてくる米は玄米である。それを「搗米屋（つきごめや）」で白米に精米し

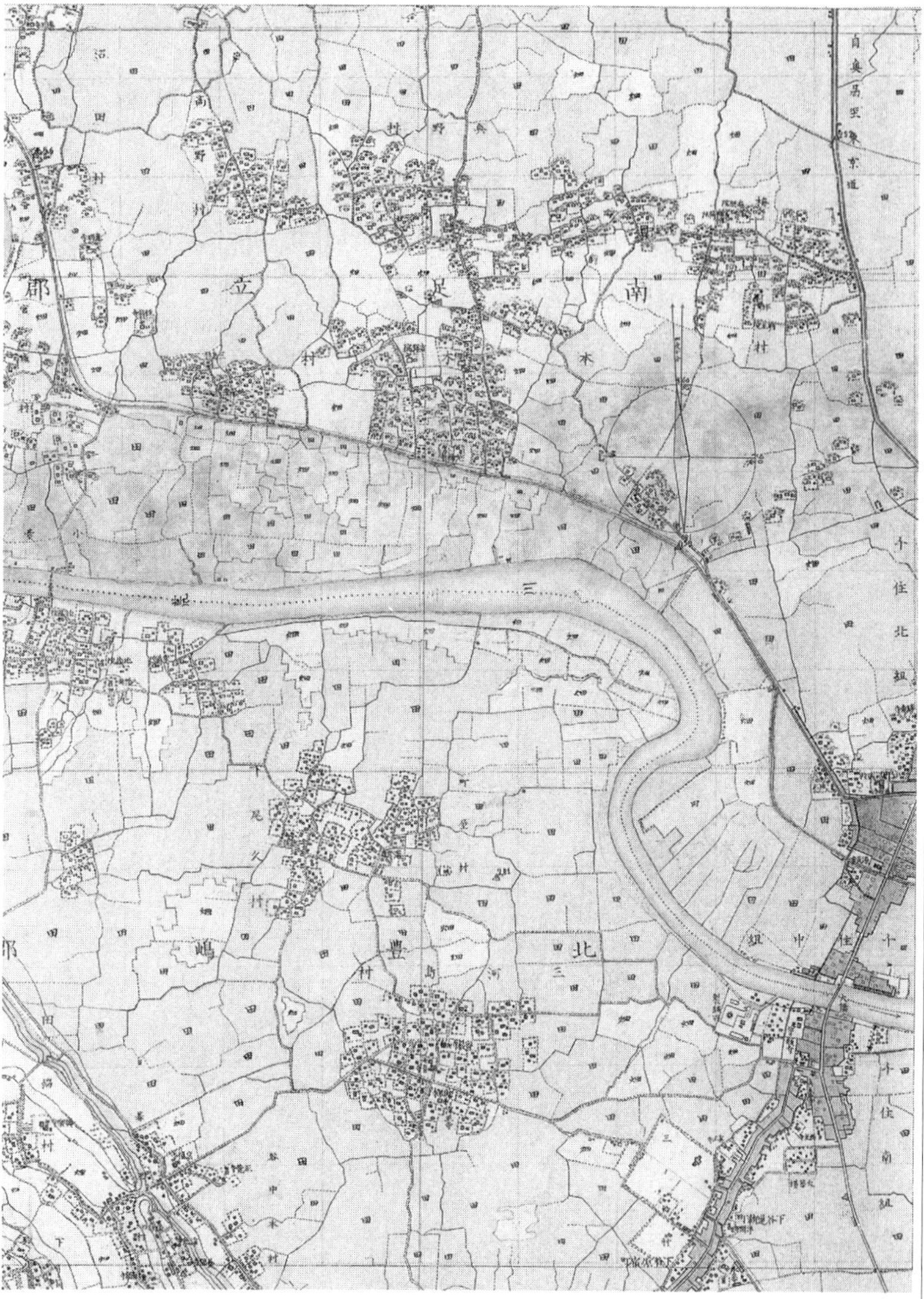

迅速測図　南足立郡本木村及北豊島郡三河島村ノ図。
中央に荒川が流れ、荒川の北は現在の足立区、その南の中央左から上、下尾久村、三河島村（荒川区）、荒川の右下（下流）に千住大橋が見られ、橋の両側が千住宿、そこに至る道の町が下谷通新町。図の左下では等高線が細かくなり、一連の高台が南から諏訪台、道灌山、田端へと続く。

て小売りする。白米はじつにうまいし、もっとも滋養のあるものと思われていた。その白米を食べているのに病気になる。原因は不明。脚気の原因は、明治になって軍隊で脚気が流行し大問題となった。海軍軍医高木兼寛の食物原因説に対し、陸軍軍医森林太郎（鷗外）は細菌説を唱えた。その原因がぬかに含まれるビタミンB_1の不足であることが一般に知られるのは、明治四三（一九一〇）年に鈴木梅太郎がオリザニン（ビタミンB_1）の抽出に成功してからである。

やまいの原因も治療法も分からない時には、信仰に頼るしかない。この病気に特別の御利益があるとされ、広く江戸中から信仰を集めていたのが、三河島村の総鎮守（その地域を鎮護する神）の宮地稲荷（荒川区荒川三の六五）であった。成就した際には草鞋を奉納したという。江戸に多いものは「伊勢屋稲荷に犬のくそ」といわれるが、あまた稲荷のあるなかで、なぜこの稲荷が脚気に御利益ありとされたのかは分からない。

三河島は、江戸の神田あたりからは直線で約五キロメートルほどの距離だが、郊外だった。歩行も不自由な脚気の病人がこの稲荷に参詣すると、昼になる。近くの茶店で昼飯に粗末な田舎料理を食べる。それは、完全に精米していない五分づき米に麦を混ぜた飯や、ぬか漬けの漬物などだが、ビタミンB_1などの栄養素に富む。何日か通うと脚気は治る。なぜ治ったのかは分からないが、それこそ稲荷の御利益として、いつしか世に広まった……と、こんなことは想像できないだろうか。204「ミズオオバコ」参照。309ページ余話1「キツネと稲荷」参照。

◉余話3　菜と大名

白菜や山東菜（白菜の一種）が、本格的に普及したのは大正、昭和になってからである。それらのまだない時代、とくに江戸、東京では、三河島の菜は冬の間に食べる漬け菜として大変に貴重なものであった。

　この三河島の菜が、昭和三〇年代までは、落語の本題の前に演じるごく短い笑い話の「まくら」によく登場した。

「これはせんだって食した香の物とおなじであるか」と、大名が家来に問う。

「はっ」

「おなじ品でありながら、今日のはちと味が悪いようにこころえるが、いかがいたしたものじゃ」

「おそれながら、先日召し上がりましたる品は、三河島から取り寄せましてござりまする」

「なんじゃ、三河島というのは」

「これは地名にございまして、菜の本場といたしておりますところ、下肥をかけましたるゆえ、葉も柔らかく、味わいもよろしうございますが、今日のはお下屋敷で製しましたる品で、肥料に干鰯をかけましたものにて、ちと味がおとるかと存じられまする」

「うんうんさようか、しからば、菜というものは下肥をかけると味わいがよろしくなるものか」

「御意にござります」

「うん、くるしうない。少々これへかけてまいれ」

　ここでみんなどっと笑った。下肥は人の屎尿からつくった肥やしで、菜を育てる時に畑で使うもの。そんなものを、食膳の香の物にかける馬鹿はいない。子供でも知っていることを知らない大名の世間知らずが面白かったからである。

総後架（そうこうか）。長屋の共同便所は屋外にあり、下肥となる屎尿は大家の大切な収入源。（『北斎漫画』）

時代が変わり、三河島の漬け菜は白菜などにとってかわられ、「まぼろしの菜」となり、三河島の地名もなくなった。落語家は困り、菜の産地名を変えるなど努力していた。

しかし、聞き手の側でも、「下肥」と聞いても何のことかすぐにはぴんとは来ない時代になった。かりに説明されて理解はできても、トイレが水洗の時代では、「田舎の香水」と呼ばれた下肥の臭気さえもイメージできず、おかしさも半減であろう。

もはや、この三河島の漬け菜や下肥を題材とした「まくら」も、三河島の菜と同様に「まぼろしのまくら」となったようである（29［箭幹菜（つけな）］、90ページ余話8「肥料のこと」参照）。

◉余話4　菜っ葉のおかげで助かった

『荒川区郷土史年表』の天保七（一八三六）年の項に「この年四月から連日雨降り、五月に入っても霖雨〈りんう〉（なが雨）のやむ時なく、蔬菜〈そさい〉も成育せず人々が困窮した。当時〝通新町〈とおりしんまち〉乞食町、菜っ葉のおかげで助かった〟という俚謡〈りよう〉（里歌）がはやったという」とある。

通新町とは、菜の産地として知られた三河島村のとなりで、現在の台東区三ノ輪から荒川区南千住の千住大橋に至る、今の日光街道（国道四号線）の道筋にそった町であった。周囲は田畑で、千住の火葬寺への葬列目当ての物乞いが多いことから「乞食町」と呼ばれたのであろう。「菜っ葉のおかげで助かった」という意味は、米を食えない貧乏人が、菜っ葉を食って飢えをしのいだとも解釈できる。しかし、別の意味は考えられないだろうか。

江戸独自の文化が花開く文化・文政のすぐ後の天保年間（一八三〇～一八四四年）は、飢饉により毎年のように米の値段が上がり、騒動が各地で起こった。天保八年二月には、大阪で大塩平八郎が乱を起こす。その原因となる前年の天保七年も米が値上がりし、さらに天候不順に加えて、七、八月（現在の八、九、一〇月）には、洪水が江戸を襲った。幕府は、七月から窮民に米や銭を支給し、翌年四月まで続けた。一〇月には神田佐久間町河岸に御救小屋がつくられている。

凶作で米の値段が上がれば庶民は大変に困る。が、その一方で米の値が上がることで巨利を得て笑いが止まらない者もいた。

武士の俸給の米を代理で受け取り金に換えたり、その米を担保に金融を行う業者である札差らのなかには、身分不相応なぜいたくをして、廃業させられる者がでたり、また物見遊山や普請（建築）を自粛せよとのお触れが出されてもいる。礼差は、貧乏旗本、後家人の禄米を前もってお張紙値段（公定価格）で買い取っているから、米相場が高騰すればするだけ利を得る。まさに米中心の経済の仕組みの矛盾を見ることができる。

想像だが、長雨や洪水で根や実を食べる野菜は不作だが、通新町近くの三河島では菜はよく育ったとは考えられないか。とすると、新鮮な菜を江戸の市中に運べば、法外な高値でも買うものも少なくなかったであろう。「菜っ葉のおかげで助かった」の意味は、米の値が上がって困った通新町の貧乏人は、「前栽売り」（天秤棒をかついだ行商の八百屋）となり、高値の菜っ葉を江戸市中に売り歩き、米価の高騰であぶく銭をもうけた金持ちに三河島の菜っ葉を高く売りつけて、思わぬ収入を手にすることができて助かった。そんな民衆のエネルギーがこの俚謡をはやらせたのではなかろうか。

29 ［箭幹菜（つけな）］参照。

棒手振（ぼてふり）。天秤棒で荷を下げて売り歩く小売商を「棒手振り」という。江戸では、鮮魚を盤台（ばんだい）にいれて天秤でかついで売り歩くのをとくに「ぼて」といった。かつぎ売りの八百屋は「前栽（せんざい）売り」ともいった。（『江戸名所図会』）

◉余話5　土地にあった野菜づくり

江戸時代の農業は、その土地の自然条件に大きく制限されたが、逆にそれを利用して品種改良し、特産品、名産品をつくりあげた。例えば、練馬のたくあん漬用の大長(おおなが)大根は、武蔵野の成増台(なりますだい)の柔らかな土によって育った。江戸時代に朝鮮国王への贈り物とされた練馬の大根の種子には、八〇人でかつぐほどの練馬の土が添えられていたという。

台地の柔らかな土に育つ滝野川ニンジン、滝野川ゴボウ（北区）は、ともに根が長さ一メートルにもなった。ゴボウの産地は、台地の岩槻(いわつき)、赤山も有名であった。農村なのに正月料理用のゴボウやニンジンを、岩槻、赤山から買っていたところもある。関東郡代伊奈氏（38［赤山ずいき］参照）の赤山陣屋（川口市赤山）から江戸への道筋にあった舎人(とねり)（足立区舎人）は、年末、ゴボウ市でにぎわった。舎人は、荒川の氾濫によってもたらされた荒木田土と呼ぶ粘質土の低地で、そのため地中深く根が伸びる野菜は育たなかったからである。

低地の川や海辺の気候も巧みに利用した。たとえば汐入（荒川区南千住）は、荒川が屈曲する凸部にあたり、沖積砂質壌土(ちゅうせきさしつじょうど)で湿り気に富む。川の近くは冬でも比較的暖かいので、汐入大根（二年子大根）は秋に種子をまき、春に出荷した。海に近い亀戸（江東区）の亀戸大根も同様に栽培された。また、海に近い砂村（江東区）では、ゴミや堆肥(たいひ)の発酵熱をも利用し野菜の早出しが行われた。

収穫後すぐに鮮度が落ちるものは、市街地に隣接した農村が有利であった。［野菜并果類］には、三河島（荒川区荒川）の漬け菜や、谷中本村（荒川区日暮里）の葉ショウガをはじめ、料理屋で使う「つまもの」のシソやタデ、セリ、ミツバなどに千住の地名が見られる。舟が使える葛西方面も野菜の栽培が盛んであった。

京都には「三里四方のものを食べろ」という古いことわざがある。仏教用語にも、身近なところでとれたものを食べていれば健康であるとの意味の「身土不二（しんどふに）」という言葉がある。江戸でもまさにそうした近隣からのとりたての野菜を食べていたのである。

これに比べると、最近の野菜は品種がかたより、なによりも季節感が感じられない。トマトの品種は「桃太郎」が全国で八五パーセント（一九九九年）。キュウリも、スーパーで売るのに日持ちがするとの理由で品種がきめられている。青首（あおくび）大根は、二〇〇〇年には全国の生産の九〇パーセントを占める。この大根の流行の理由は、地下部が二〇センチ（地上部が一〇センチ）なので、稲作目的の耕耘機（こううんき）の耕せる土の深さの二〇センチと一致してどこでも栽培でき、小型で核家族向きで、同一面積に多くの本数が栽培できるからだという。最近では、野菜の生産地そのものが、安い生産コスト、輸送技術（航空機、エチレンの利用、温度調節）の進歩などにより、中国初め諸外国へと移りつつある。

◉余話6　さつまいもの話

享保一七（一七三二）年、山陽、西海、南海、畿内地方にバッタの害により大飢饉が起きた。その時、伊予（いよ）（愛媛県）ではサツマイモが民衆を救った。このことから、青木昆陽（こんよう）（一六九八〜一七六九年）のサツマイモの利点を説いた『蕃藷考〈ばんしょこう〉』が、吉宗に評価されることとなる。昆陽は、幕府の許可のもと、享保二〇（一七三五）年に小石川御薬園（おやくえん）（文京区の小石川植物園）で、サツマイモの試作に成功した。この成功により、江戸近郊でも栽培可能になり普及することとなった。

　それまでは、サツマイモは暖かい土地でしか栽培できず、江戸へは、現在のバナナのように商品としてもたらされるだけであった。なお、昆陽のこの功績をたたえた「甘藷〈かんしょ〉先生甘藷試作場跡記念碑」が、大正一〇（一九二一）年、小石川植物園に建てられた。

　『武江産物志』、『本草図譜』の出版は、その試作の成功からすでに一〇〇年近く後のことだが、サツマイモは、江戸では大変に人気があった食べ物で、「八里」とも「八里半」また「一三里」とも呼んだ。八里また八里半は、味が「九里（栗）に近い」から。一三里は「九里四里（栗より）うまい」との洒落である。「一三里」は、一説には、江戸から川越への陸路の距離とをかけているという。

　川越のサツマイモが江戸へ大量にもたらされたのには、川越付近では、短冊状の敷地に配置された「やま（雑木林）」の落ち葉を集めてサツマイモ栽培の堆肥として使うことができ、「川越夜舟」と呼ばれた新河岸川の舟運を利用することで、重いサツマイモを大量に江戸へ運ぶことができたからである。サツマイモは、関西では、薄く切ってゴマ塩をふり蒸し焼きにした「西京焼き」と、「〇焼き」（丸焼き）という看板で皮のまま焼いて売る店があったが、江戸では夏は団扇を製造し、冬には丸ごと焼く焼き芋、ふかし芋を売る店が多かったという。

◉余話7　ノリ養殖

　ノリの養殖は、江戸では延宝・天和（一六七三～一六八四年）のころから始められた。品川沖の干潟で、ノリを着生させるために、粗朶（主にケヤキの枝）や枝付の竹や網を立てる「ひび立て」が試みられ、貞享・元禄（一六八四～一七〇四年）ごろに盛んになった。しかし、ノリの生活史が不明のため、「ひび立て」は長いあいだ経験と運に頼っていた。そのためノリは「運草」ともいわれた。

英国人女性キャサリン・ドリュー（一九〇一～五七）は、「ノリの種（果胞子）は、貝殻にもぐって糸状体で夏を過ごし、その糸状体にできる胞子がノリ葉の幼芽となる」というノリの生態を、チシマクロノリを使い解明し「ネイチャー」に一九四九年に発表した。

熊本県水産試験場鏡分場の太田扶桑男技師は、一九五三年の秋、ドリュー学説にもとづき人工種つけに成功、翌年「アサクサノリの人工採種試験」と題して学会に発表した。これにより、それまで経験と運に頼っていた種つけが科学的となり、ノリの養殖は飛躍的に広まった。このドリューの功績をたたえ、熊本県宇土市の住吉神社にドリューの記念碑が建てられている。なお、太田扶桑男氏は、平成一三（二〇〇一）年の有明海の海苔の不作は、諫早湾の締切りで調節池から出る汚水がプランクトンを異常発生させ、それが赤潮となり海苔養殖場を襲ったことが原因と主張したことでも知られている。

ついでながら、浅草海苔の名は、もと浅草付近でとれたからとも、浅草紙をすくのと同じ方法ですくからともいわれるが、その語源の一つとされる浅草紙とは、古紙をつき砕いてすいた再生紙で、トイレ用に使われた。浅草周辺で製造されていたことにより、その名がある。今も台東区今戸の山谷堀（現在は暗渠）に「紙洗い橋」があり、再生紙原料の古紙を水に漬けて置いたことから橋の名となった。また、古紙を水に漬けておくことを「冷やかす」といったが、その間、職人が吉原の店を見て歩いたことから、買う気がないのに店をのぞいて歩くことを「冷やかし」というようになった。ちなみに、海苔干し用の簾は、また簀ともいうが、江戸川河口の葛西で、夏に青いヨシを刈り取って編まれた。

浅草海苔。海苔は寒中にとるが、なまで出荷するほか、これを浅草紙と同じ方法ですいて乾燥し保存することで、一年中利用できるようになった。浅草海苔は、江戸から全国各地へ送り出され、「これを産業とする者おびただしく、実に江戸の名産なり」とある。（『江戸名所図会』）

葭〈よし〉選るや梅雨の編笠かたむけて　　石田波郷(『江東歳時記』一九六六年)

◉余話8　肥料のこと

都市から離れた自給自足的な地域では、肥料として、初夏に雑木林の若芽を枝ごと刈り取り水田に投入する「刈り敷き」(「かっちき」「柴」ともいう)や、刈った草や落ち葉からつくる堆肥(たいひ)が主に使われた。刈り敷きの採取には、水田の数倍の広い面積の雑木林が必要であり、また多くの労働力を必要とした。

それに比べて、都市の周辺の農村では、都市が必要とする野菜などを生産すれば、金に換えることができた。その金で、必要な肥料を買えばよい。それを金肥(きんぴ)というが、金肥にもいろいろあった。

台所のかまどの灰も、専門に買い取りをして歩く灰買い人がいた。それらの灰買い人が集めた灰は問屋に集められた。灰は肥料にされるばかりか、酒造り、製紙、染色、陶器づくりなどにも使われた。魚の市場から出る「あら」と呼ばれる魚の頭や「わた」(はらわた。内臓)などの食べられない部分もまた肥料とされた。イワシやニシンの干鰯(ほしか)や、菜種(なたね)油を絞ったかすの油粕(あぶらかす)もあった。

都市の周辺では、もっとも大量に使われた金肥は、比較的たやすく入手できた下肥(しもごえ)、すなわち屎尿(しにょう)である。灰その他の廃棄物に加えて屎尿、つまり江戸の住民が排出したものが、その住民が消費する大量の野菜の栽培を可能にしていたのである。

小松川(秋菜)、葛西領(ふじまめ)、中川向(そらまめ)などの地名は、現在の江戸川区、葛飾区などにあたる。江戸の市街地からはかなり遠いが、野菜の栽培が盛んであった。それは、舟による輸送が容易であったからである。専門の業者が、江戸市中から集めた屎尿を舟でそれら各地へ運んだ。それと逆に新鮮な野菜も舟で江戸市中へ運ばれた。長屋の共同トイレの屎尿は、管理人である大家のよい収入源であった。そのため江戸時代を通じて、屎尿のくみ取りの権利や値段をめぐってしばしば争いが起きた。寛政元(一七八九)年、武蔵、下総(しもうさ)の農村一〇一六ヶ村は、大同団結して江戸の下肥価格を五〇年前のレベルにまで引き下げるよう運動を開始し、それを実現した。そのほかにも、天保一四(一八四三)年、慶応三(一八六七)年などにも同様な動きが見られる。

しかし、東京に人口が集中する大正時代になると、屎尿は逆に金銭を支払ってくみ取ってもらうようになる。戦後は化学肥料の普及で下肥の使用が減り、あまった屎尿は船で海洋投棄された。下水道の普及でくみ取りは減るが、それでも海洋投棄は続き、一九九九年三月末に、海洋投棄船の第一大東丸が廃船となって、その歴史が終わった。

第二章　きのこ

江戸でも、キノコがとれた。『江戸名所図会』の挿絵に、きのこ狩りの帰りの百姓の母と子に道を尋ねる旅人の様子が描かれ(常磐橋=現在世田谷区三軒茶屋付近)、また、『江戸近郊道しるべ』(村尾嘉陵著)の中に、文化一二(一八一五)年九月、東(ひがし)高野山長命寺(こうやさんちょうめいじ)(練馬区高野台(たかのだい))方面を散策した時の文の「谷原〈やはら〉村長命寺道くさ」に、「この山の北の方林あり、はつ茸を生ずといえども、公の人の外とる事をゆるさず(略)、貫井〈ぬくい〉、谷原とも、林木の間しめじ茸を生ずといえども、このころ雨ふる事たへてなれば、なべて茸類生ぜず(略)」とある。
キノコの保存や輸送には、乾燥したり塩漬けとした。ちなみに、江戸の産物ではないが、シイタケは乾燥し、駿河(静岡県中央部)から、またマツタケも塩漬けや乾燥して遠江(静岡県西部)や丹波(京都府など)から出荷された。

菌類は複雑で、「蕈〈きのこ〉類」に書かれた名を簡単には現代の和名に当てられない。『本草図譜』の挿絵も参考に試みた。ただし、116「石耳(いわたけ)」と123「ウドンゲ」は、キノコ(菌類)ではない。なお、蕈と菌は本来キノコを表す字だが、茸(しげる)は日本語でのみ「キノコ・たけ」を表す字である。

蕈類

103 【青頭菌(はつだけ)　板バシ】

ハツタケ。ベニタケ科。初茸。食用。アカマツ、クロマツなどの林内地上にはえる。貧栄養なところを好む。アカマツ林では、燃料として枯れ枝などが集められ、よく掃除されていた。「板バシ」は、東京都板橋区。中仙道の第一番目の宿場町で、千住、新宿、品川とともに江戸四宿の一つ。現在の板橋区本町が板橋上宿、同仲宿が板橋中宿でその間を石神井川が横切る。板橋の名の起こりは、この石神井川にかかる橋の名からという。日本橋から二里(八キロメートル)あまり。142ページ「志村辺ノ産」参照。

104 【玉蕈(しろしめじ)　四ッ谷】

種は不明。「四ッ谷」は、甲州街道の出入り口の要地で、東京都新宿区四谷。しかし、『江戸名所図会』に、「四谷御門の外より西の方、内藤新宿のあたりまでの惣名〈そうみょう〉(総称)なり」とあり、現在の四谷よりも街道沿いに伸びた広い範囲を指した。ちなみに、杉並区高井戸地域を中心に生産された杉丸太を「四ッ谷丸太」(681参照)と呼んでいた。

キノコ狩り。かごの中と、子供が持つ草に刺したキノコが見える。(『江戸名所図会』)

105 【子ヅミシメジ】

ネズミシメジ。不明。なお、子の字は十二支の一番目で「ね」を表す。

106 【紫蕈（むらさきしめじ）】

ムラサキシメジ。キシメジ科。秋に林内あるいは、竹やぶ内の地上に群生する。食用。

107 【黄蕈（きしめじ）】

キシメジ。キシメジ科。秋に針葉樹林または、コナラ、ミズナラなどの広葉樹林に生じ、食用。

108 【胭脂菰（べにたけ）】

不明。

109 【アイタケ】

①アイタケ。ベニタケ科。夏から秋。やや酸性の林地、ことにブナ科の樹下に発生し、食用。②ハツタケの別名。

110 【千本シメジ】

シャカシメジ。キシメジ科。広葉樹林あるいはマツとの混生林に、秋、ホンシメジより七〜十日早く発生する。食用。センボンシメジ、サカシメジ、イボコゴリ、イボククリ、センボンカンコなど多くの方言がある。

111 【エノキタケ】

エノキタケ。キシメジ科。晩秋から春にかけて、エノキ、カキ、イチジク、ポプラなど種々の広葉樹の枯れ幹、切り株上に発生。広く栽培される。食用。

112 【ササコ　池袋】

不明。［池袋］は、豊島区。池袋および池袋本町が昔の池袋本村にほぼ相当。152ページ［池袋下田ノ原］参照。

113 【掃箒菰（ねずみたけ）】

ホウキタケ。ホウキタケ科。白い茎は太く上の方はくりかえし枝分かれする。枝の先は淡紅色〜淡紫色。広葉樹林内の地上にはえる。ネズミタケと呼ぶのは、枝の先端がネズミの足指の形に似ているから。食用（美味）。

114 【天花蕈（ひらたけ）】

ヒラタケ。キシメジ科。春から晩秋にかけて、林内の広葉樹の枯れ木などに多数重なって発生。現在、人工栽培され、シメジと称して八百屋で売られる。食用。

115 【萑菌（よしたけ）】

不明。

116 【石耳（いハたけ）　秩父】

イワタケ。イワタケ科。キノコの類ではなく、葉状地衣類。深山の岩面に生じ、古くから食用とされてきた。表面は乾けば褐色、湿った時には暗緑色、裏面は黒色、中央に臍状体（へそ）があり、岩に着生し、他の部分は岩から離れている。年間に五ミリ程度成長。本州、四国、九州、北海道、朝鮮半島に分布。花こう岩、または古生層に属する岩石上に生ずる。イワタケの食べ方は、水でよくもみ、熱湯をかけて、天ぷらや酢のものにする。『日本産物志』（信濃下）には、「イワゴケ　イハタケ　石茸……其〈その〉産地危険ナルヲ以テ舊〈むかし〉之〈これ〉ヲ採ルヲ禁ゼリト云フ」とある。［秩父］は、埼玉県秩父郡。現在でも大滝村、両神村でイワタケを産し、民宿で食べさせる。

117 **【木耳（きくらげ）】**

キクラゲ。キクラゲ科。各種の広葉樹の枯れ木に、夏秋のころ群生。食用。中華料理にはよく使われる。

118 **【麦蕈（しやうろ）　スナ村】**

ショウロ。ショウロ科。春または秋ごろ、海浜の松林中に生ずるが、地下生で地上からは見えない。食用、高尚なものとして珍重される。［スナ村］は、江東区北砂、南砂。61［西瓜（すいか）］参照。

119 **【霊芝（さいわいたけ）】**

マンネンタケ。サルノコシカケ科。かさも茎もウルシを塗ったような光沢がある。広葉樹の材の腐朽菌（ふきゅうきん）で、立ち木の根元や切り株からはえる。めでたいキノコとして珍重し、床飾りとする。

120 **【馬勃（きつねふぐり）】**

オニフスベ。ホコリタケ科。直径一五～二〇センチ、まれに四〇センチのボール状。止血薬とし傷口にふりかけ、吐血、喀血に内服する。

121 **【鬼筆（きつねのえかきふで）】**

キツネノエフデ。スッポンタケ科。夏から秋に、林中、畑、庭などの落ち葉の多い地上に生ずる。頭部と茎との境が明らかでない。

122 **【猢猻眼（さるのこしかけ）】**

不明。サルノコシカケ科の仲間は多く、樹木に寄生し、木材を腐朽（ふきゅう）させる。樹幹に半円形またはイボ状で棚状にはえ、コフキサルノコシカケ、ツリガネタケなど多年生のものは年々成長し、木質でかたく、細工物にもされる。マンネンタケやマゴジャクシの奇形（鹿角芝（ろっかくし））

イワタケ取り。
イワタケは人を寄せつけない垂直の崖に生える。
これを採るのは命がけ。
『北斎漫画』

は珍重された。食用として珍重されるマイタケ(多くミズナラやクリの根元に群生する)もこの仲間なのはおもしろい。この科と外見が似たものに、キコブタケ科がある。

123 【ウドンゲ】クサカゲロウの卵が草木の枝や古材などについたもの。吉兆、または凶兆とする。クサカゲロウの卵はもちろんキノコの類ではない。ウドンゲとは、もともとインドの想像上の植物で、三〇〇〇年に一度開花するといわれる。それから転じて、極めてまれなことの例えに使う。

第三章　江戸で見られた薬草木類

［薬草類］は樹木も含み、正確には「薬草木類」である。記載された数は、重複を除き一〇三科、三五九種に及ぶ。それは、岩崎常正が薬草または有用と考えたもので、その地に自生する植物をすべて記載したわけではないが、記載された植物名から当時のその地の土地利用や環境をある程度推測することができる。低地や低い丘に、本来は山地にはえるものが見られるのは、約五〇〇〇年前ごろから陸化した場所へ、川の上流から洪水などで種子や根茎などが運ばれたからと想像できる。また放置すれば常緑照葉樹林へ変わるはずの江戸近辺で、落葉樹林下でしか生きられないカタクリ(246)などが見られるのは、最終氷期が約一万年前に終わった後も、人による二次林(雑木林)の連綿とした維持が考えられるなど、これらの植物の目録から、多くのことが推理できる。常正は、［薬草類］を［随地有之類〈ずいちゆうのるい〉］(どこにでもあるもの)を除き、産地ごとに二四ヶ所に分けた。その範囲は、［道灌山〈どうかんやま〉ノ産］に始まり、下総の［国分台〈こくぶだい〉］・［行徳〈ぎょうとく〉］を含み、日本橋から約二〇キロメートルの範囲

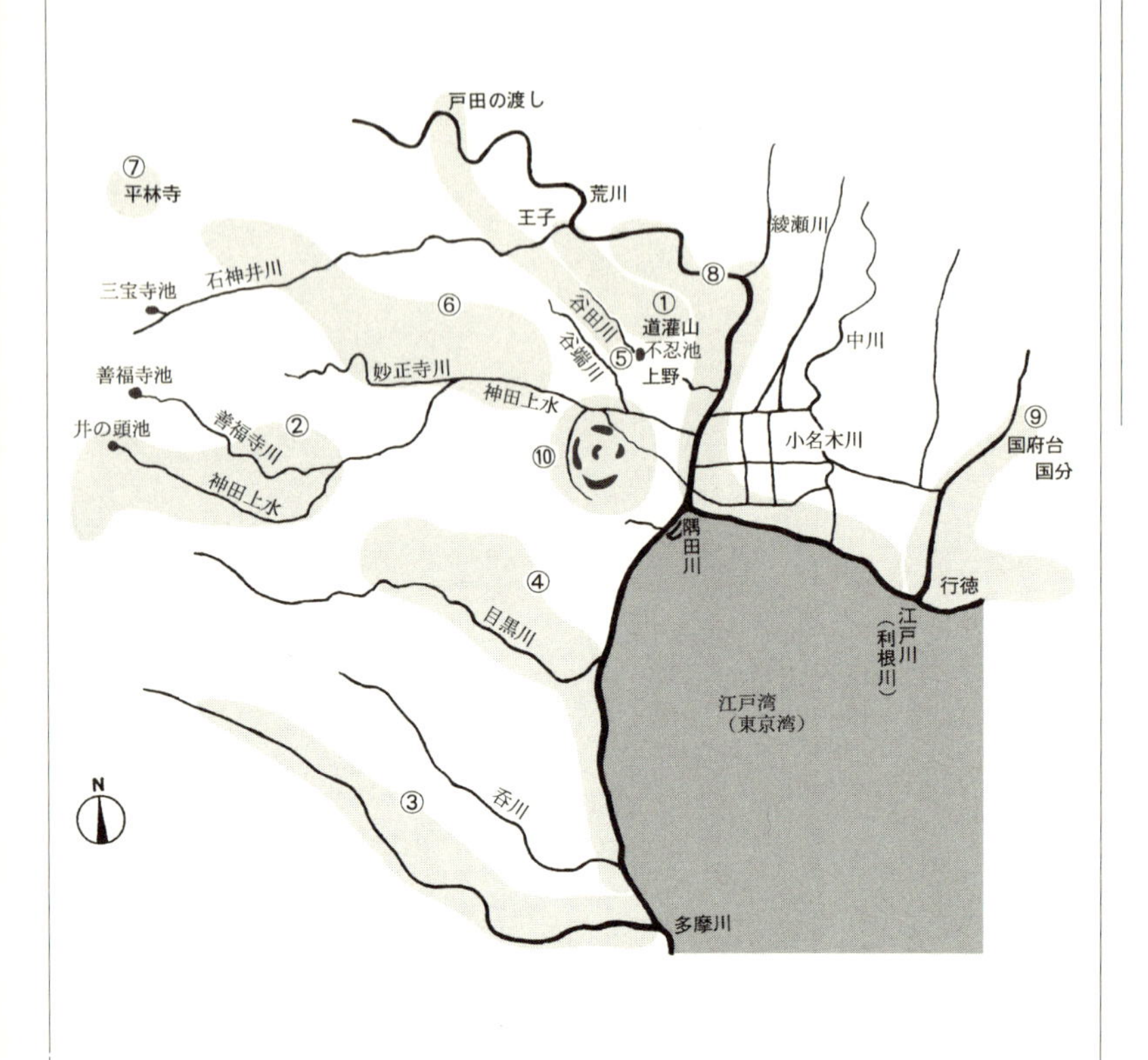

常正が、薬草木類の「採薬の秘処」として記載した場所は、随地有之類を除き二四ヶ所になる。その配列は、互いに一見つながりがないように思えるが、グループごとにまとめると、各地の相互の関連が分かる。（作図著者）

①道灌山（荒川区）および北区の田端、平塚（上中里）、飛鳥山、王子に至る地域
②堀ノ内大箕谷辺（杉並区）、井ノ頭辺（三鷹市および武蔵野市）
③多摩川辺（稲城市大丸から向ヶ丘、矢口新田、河口に至る多摩川流域の地域）
④目黒辺（目黒区）、広尾（渋谷区、港区）、品川辺（品川区、大田区、川崎市大師河原）
⑤上野辺（台東区）、駒込辺（文京区、豊島区）、志村辺（板橋区：中仙道の道筋）
⑥早稲田辺（新宿区）、落合辺（新宿区）、鼠山（豊島区）、池袋下田ノ原（豊島区）、練馬辺（練馬区）、東高野山（練馬区）
⑦野火留平林寺（埼玉県新座市）
⑧尾久ノ原（荒川区）、隅田川辺（墨田区、足立区、葛飾区など隅田川流域）、本所辺（墨田区）、洲崎（江東区）
⑨国分台（千葉県市川市）、行徳辺（千葉県市川市）
⑩御府近辺（江戸城の周辺）

に及ぶ。これらの産地の配列は、常正自身が調査で歩いた道順か、また「採薬」を行う際の都合を考えたのか、道にそってグループとして配列したと思われる。

薬草類

道灌山ノ産

［道灌山〈どうかんやま〉ノ産］の植物の数は、他の場所の併記を含めると［薬草類］の約四割弱を占める。道灌山とは、荒川区西日暮里（にしにっぽり）四丁目の海抜約二三メートルの高台で、JR東北線に沿った台東区の上野公園から北区の飛鳥山（あすかやま）へと連なる一連の台地のなかで、一段と高いところである。当時そこは、大部分が秋田藩主佐竹氏の屋敷であった。この項の記録範囲は、道灌山に限らず、現在の北区田端、中里、平塚（上中里）、飛鳥山、王子に及ぶ。植物名からは、全体に明るい雑木林で台地や斜面、湧水や崖下の湿地など変化に富んだ地形が読み取れる。虫聴きの名所でもあり、［水鳥類］には879［カワセミ、ヤマセミ］、［獣類］には929［キツネ］、935［ノウサギ］が記録されている。81ページ迅速測図参照。

124 ■【山小菜（ほたるふくろ）　王子ヘン】

ホタルブクロ。キキョウ科。山野にはえる多年草。若葉は食用となる。［王子辺］とは、北区、JR王子駅のあたり。3［大麦］参照。［王子辺］と付記した意味は、道灌山（どうかんやま）の続きの地域ではあるが、本来の道灌山の範囲からは外れる時にその地名を書いたもの。126［蒼朮（をけら）　落合ニモアリ］と比較。

125 ■【玄参　中里】

ゴマノハグサ。ゴマノハグサ科。湿り気のある草地にはえる多年草。漢名は、玄参（げんじん）。根を乾かし煎（せん）じて解熱剤、うがい薬とする。玄参のほか、人参（にんじん）＝チョウセンニンジン、丹参（たんじん）＝タツナミソウ、

道灌山（どうかんやま）。道灌山の多くは、秋田藩の抱屋敷（かかえやしき）内だが、海抜約二三メートル余りの高台の約五〇〇〇坪（一六五〇〇㎡）は立ち入り自由であり、四季折々に、人々が訪れた。北～東は下総台地まで続く低地で、荒川岸の「はんのき山」（426参照）、遠方には、筑波山が見える。（『江戸百景』安藤広重画）

沙参=ツリガネニンジン(俗にトトキ465)、苦参=クララ(401)を合わせて五参という。[中里]は、北区中里。道灌山から田端を越えた北西の地域。＊都重要種。

126 【蒼朮(をけら)　落合ニモアリ】

オケラ。キク科。雑木林の下や林のふちにはえる多年草。漢名は蒼朮。「山でうまいはオケラにトトキ(ツリガネニンジン)」と言われ、山菜としても有名。利尿、健胃剤、いぶして蚊やり、防かび効果がある。蒼朮は、屠蘇散に配合される。屠蘇散は、酒に浸して年始に飲む薬。山椒、防風(中国原産のセリ科の薬草で発汗、解熱、せき止めに効く)、桔梗、陳皮(みかんの皮)、肉桂皮、赤小豆その他を調合したもので、紅色の絹の三角形の袋に入れて多くは味醂に浸す。元旦に飲めば一年の邪気を払い齢を延ばすという。[落合]は、146ページ[落合辺]参照。[落合ニモアリ」とは、「道灌山にあり、また落合(新宿区内)にもある」という意味で、遠く離れた地域にもある場合に「〜ニモアリ」、「〜ニモ」と書く。

127 【延胡索(つぶて)　井ノカシラニモアリ】

ヤマエンゴサク。ケシ科。山野にはえる多年草。漢方の延胡索は、中国、朝鮮からの輸入品で塊根を割ると黄色。鎮痛剤として腹痛、胃痛、腰痛、打撲などに用いる。ヤマエンゴサクも、薬効は同じという。[井ノカシラ]は、三鷹市と武蔵野市にまたがる都立井の頭公園付近。124ページ[井ノ頭辺ノ産]参照。

128 【山慈姑(あまな)】

アマナ。ユリ科。川の近くの湿った草原などにはえる多年草。葉はニラに似て、三月に、六弁の白花を開く。鱗茎は食べられる(滋養、強壮剤)。＊都重要種。

129 【石蒜(志びとばな)　王子ヘン】

ヒガンバナ。ヒガンバナ科。田の畦などにはえる多年草。根部(鱗茎)には、猛毒のリコリンなどのアルカロイドを含み、中国では去痰、催吐薬とするという。民間で腫れ物、疥癬、白禿瘡に塗布する。有毒だが、飢饉の時には、水にさらして食用とした。[志〈し〉びとばな」(死人花)のほかに、マンジュシャゲ(梵語で赤い花)、ジャンボンバナ(ジャンボンは葬式)、カミソリバナ、シタマガリ、ソウレイバナ(葬礼花)、チョウチンバナ、ドクバナ、ホゼバナ(法事花?・)など方言は多い。『日本植物方言集』(日本植物友の会編、八坂書房)には約四二〇も記載がある。[王子ヘン」は、3[大麦]参照。[千住]は、日光街道第一番目の宿場で、荒川にかかる千住大橋の南北に伸び、荒川区南千住(小塚原町、中村町)から足立区の北千住駅付近の地域。ただし、846

[亀(かめ)　千住天王前池](荒川区南千住六丁目素盞雄神社)のように特定できる場合のほかは、足立区側か荒川区側のいずれかは断定できない。野菜の場合(26 [豌豆(えんどう)] 参照)は、千住の近くの地域を指す場合と、やっちゃば(市場)の意味とがあるが、薬草類の場合には、千住宿だけでなくその周辺地域も含むと考える。

130 【鉄色箭(きつねのかみそり)】

キツネノカミソリ。ヒガンバナ科。林の中やふちにはえる多年草。八月に花を開く。有毒だが、薬用にするかどうかは不明。

131 【龍膽(りんどう)　タキノ川　ヲチ合ニモ】

リンドウ。リンドウ科。草原や明るい林にはえる多年草。普通に栽培される。根を、竜胆といい、苦味健胃剤、解熱剤、利尿剤とする。[タキノ川]は、北区滝野川。渓谷状の石神井川の南の滝野川は、紅葉や飛鳥山の桜で、北岸の王子とともに四季の行楽地として有名なところであった。滝野川は、中仙道の道筋で種苗商が多く、旅人は野菜の種子を買い求め国もとへ持ち帰った。[ヲチ合ニモ]とは、落合(新宿区内)にもあるという意味、146ページ[落合辺]参照。

132 【鬼督郵一種(かしはのはくさ)　アスカ山　大箕谷ニモアリ】

カシワバハグマ。キク科。林の中にはえる多年草。この仲間にはハグマの名がつく種類が多い。ハグマとは、動物のヤクの尻尾の毛で、槍や兜の飾りとした白熊(黒いのを黒熊、赤いのを赤熊といった)に、頭花の形が似ていることからか。原文のふりがな[かしはのはくさ]は「はくま」の書き誤りか。[アスカ山]は、北区王子一丁目都立飛鳥山公園。532[飛鳥山]参照。[大箕谷〈おおみや〉]は、杉並区大宮二丁目大宮八幡、大宮公園のあたり。118ページ[堀ノ内大箕谷辺ノ産]参照。

133 【升麻(あわぼ)　王子　アスカ山下】

サラシナショウマ。キンポウゲ科。山地の樹下、山中草地などにはえる大形の多年草。サラシナとは、「晒菜」で、若葉を煮てあくを抜き、味付けをして食べられる。中国産の升麻は、発汗、解熱、解毒に用いる(『本草図譜総合解説』)。[王子]は、3[大麦]参照。[アスカ山下]は、北区王子一丁目都立飛鳥山公園の下。532[飛鳥山]参照。＊都重要種。

134 【黄精(なるこゆり)】

ナルコユリ。ユリ科。雑木林の中にはえる多年草。アマドコロに似る(249参照)。東北地方では飢饉の時には食用とした。八月に根を掘り、陰干しして蓄え、根をきざみ煎じて病後の快復期の滋養強壮の薬とする。漢名は黄精。昔は黄精飴があった。古名笑草(『言海』)。なお、えみぐさの名は、224［ボタンヅル］、249［アマドコロ］にも使われる。

135 【キンラン　大ミヤ　目クロニモ】

キンラン。ラン科。雑木林の中にはえる多年草。薬効は不明。絶滅危惧II類(絶滅の危険が増大している種)に指定。［大ミヤ］は、118ページ［堀ノ内大箕谷辺ノ産］参照。［目黒］は目黒区内。130ページ［目黒辺ノ産］参照。

136 【及已(ふたり志つか)】

フタリシズカ。センリョウ科。雑木林の中にはえる多年草。及已(きゅうい)はヒトリシズカの漢名。中国ではフタリシズカの全草を打撲、足腰の痛み、毒蛇にかまれた時に砕いて患部に塗布するという(『本草図譜総合解説』)。

137 【ルリソウ　カキガラ山】

ホタルカズラ。ムラサキ科。別名ルリソウ。日当りのよい山野の乾燥地や、林のふちなどにはえる多年草。初夏、紫色の花を開く。＊都重要種。現代の和名のルリソウ(ムラサキ科)とも考えられるが、ルリソウは、山の木陰にはえることやカキガラ山の環境からも判断した。280［ウグイスサウ］をルリソウと考えたからでもある。［カキガラ山］とは、北区の中里貝塚と思われる。中里貝塚は、道灌山(どうかんやま)から飛鳥山(あすかやま)の台地のすそに長く伸びる。確認された規模は、長さ一キロメートル、幅七〇〜一〇〇メートル。明治一六(一八八三)年の調査では、高さ平均二メートル程度で連なっていたという。江戸時代に多くは畑に変わったので、もとは五倍の規模はあったとする説もある。この縄文時代の貝塚は、台地上の「ムラ貝塚」ではなく水産物加工工場の「ハマ貝塚」といわれる。この地域には貝塚に関する旧字名が多く、「牡蠣殻山(かきがらやま)」、「牡蠣殻塚」の地名もあった(『中里貝塚2』北区、二〇〇〇年)。858［牡蠣］参照。

138 【雞腿児(きじむしろ)】

キジムシロ。バラ科。日当りのよい山や草地にはえる多年草。今の日本では薬用とはしないが、中国ではその乾燥したものを、民間で月経出血過多、子宮筋腫出血の止血に用いるという(『本草図譜総合解説』)。

139 【龍芽菜(だいこんさう)】

キンミズヒキ。バラ科。雑木林のふちなどにはえる多年草。開花期の全草を龍芽菜(りゅうがさい)と呼び、多量のタンニンを含み、漢方では止瀉薬(ししゃやく)(下痢止め)とした(今は使わない)。下痢、腹痛の民間薬。同じバラ科のダイコンソウは「紫背(しはい)龍芽」と呼ぶ。306［ダイコンソウ］参照。

140 【除州夏枯草(うつぼくさ)】

ウツボグサ。シソ科。草原や明るい林にはえる多年草。ウツボグサの漢名は、除州夏枯草は誤りで、たんに夏枯草(かこそう)が正しい。消炎、利尿薬とする。ウツボグサの開花期のものを採集乾燥し、煎じて内服する。255［ジュウニヒトエ］参照。

141【白花敗醤（をとこめし）】

オトコエシ。オミナエシ科。草原や明るい林にはえる多年草。オトコメシともいう。敗醤とは一般にオミナエシ（俗に女郎花と書く）の漢名。オミナエシは秋の七草の一つ（350参照）。根に悪臭あり、煎じた汁で眼を洗う。漢方では膿汁を出す効がある故に、盲腸炎や婦人病の時にこれを他の薬と混合して使用。オトコエシはわが国では薬用としないが、中国では両方用いるという。飢饉には葉を食べた。

治療。診察する医者と患者。診察後、医者は生薬（しょうやく）を調合して患者にわたす。（『北斎漫画』）

142【南紫胡（ほたるさう）　中里】

ホタルサイコ。セリ科。草原や明るい雑木林にはえる多年草。サイコとは柴胡。紫胡は柴の誤り。ホタルサイコは一名南柴胡。中国のサイコ（柴胡）はミシマサイコのことで、一名北柴胡。ともに根を煎じて解熱剤とする。362［ミシマサイコ］参照。［中里］は、125［ゴマノハグサ］参照。＊都重要種。

143【前胡（たにせり）】

ノダケ。セリ科。丘や山林内に普通な多年草。花は通常、暗紫色。時に白色のものもある。根に芳香があり、前胡といい、解熱、鎮痛、去痰、駆風剤（腸内にたまったガスを排出するための薬剤）とする。肺熱感冒などの薬に配合する。

144【同白花　平塚　中里】

ノダケの白花種。［平塚］とは、北区上中里。平塚神社の周辺。［中里］は、125［ゴマノハグサ］参照。

145【土當帰（はなうど）　アスカ山下　芝増上寺】

ハナウド。セリ科。河川の氾濫原など湿ったところにはえることが多い。白花は美しい。若い芽は食用、また風邪薬となる。ハナウドは、また増上寺白芷ともいう（芝増上寺境内にはえていたことから）。295［ヨロイグサ］（白芷）参照。［アスカ山下］は、北区王子一丁目都立飛鳥山公園の下。532参照。［芝増上寺］は、港区芝公園四丁目、徳川家の菩提寺。512［糸桜］、602［蓮］参照。なお、土當帰という漢名は、56［ウド］

の通俗漢名でもある。

146 【ダケゼリ】

カノツメソウ。セリ科。山の木陰にはえる多年草で、ダケゼリ(嶽芹の意味か?)はカノツメソウの別名。

147 【ヤブ藁本】

ヤブニンジン(ナガジラミ)か? セリ科。山の木陰、竹やぶなどにはえる多年草。

148 【竹菜(わうれんだまし)】

セントウソウ。セリ科。(一名オウレンダマシ)。雑木林の中にはえる多年草。漢名は竹菜。オウレンはキンポウゲ科のオウレン属で健胃薬とする。セントウソウは、外見がオウレンに似ているが、別物なので「だまし」がついた。

149 【野菊(かもめる)　落合村ニモアリ】

アワコガネギク(キクタニギク)。キク科。やや乾いた山麓や土手にはえる多年草。『本草図譜』に「おらんだのきく」とされる挿絵は、後の植物学者により、アワコガネギクの育ちの悪いものと判断された。『草木図説』(飯沼慾斎著)の『草部』(安政三~文久二・一八五六~六二年刊)に「カモメギク」があり、これはアワコガネギクとされる。また、『日本産物志』の道灌山の薬草木類の目録に、「かもめぎく」の名がある。『武江産物志』の［野菊］のふりがなの［かもめる］を［かもめ菊］と判読したのであろう。しかし、このふりがなは、「かもめ」は明らかだが、次の文字を「る」と読むならば、［野菊(かもめる)］は、ハーブのカミツレの可能性はないか。常正は、道灌山に咲いていたその野菊は、「オランダの野菊」、つまりカモミール、カミルレと考えて、［野菊］の漢字に［かもめる］と仮名を振ったのではないのか。あるいは、道灌山の薬草園(佐竹藩)で栽培されていたものを指した可能性はないだろうかと、私は考えるがいかがであろう。カミルレ(キク科)は、カモメイル、カミツレとも呼ばれ、ヨーロッパ原産の薬用植物で、花は健胃、興奮剤として有名。カモミール・ティーとして飲む。［落合村］は、146ページ［落合辺］参照。*アワコガネギクは、都重要種。

150 【薄荷(めくさ)】

ハッカ。シソ科。やや湿ったところにはえる多年草。漢名は薄荷。自生もあるが、ハッカ油をとるために古くから栽培することが多い。ハッカ油からハッカ脳(メントール)を採る。食欲昂進、清涼、胃もたれに効く。ハッカのほかに、セイヨウハッカ(ペパーミント)、オランダハッカ(スペアミント)が栽培され、時に野生化している。

151 【排草香(かハミどり)　中里】

カワミドリ。シソ科。山地にはえる多

年草で強い香りがある。漢方では排草香と呼び、草を乾かしきざんで陳皮(みかんの皮)を少し混ぜて飲むと、夏の暑気あたり、嘔吐と下痢によい。［中里］は、125「ゴマノハグサ」参照。

152 【ムラタチサウ】
ヒキオコシ。シソ科。山野にはえる多年草。ヒキオコシ(引き起こし)とは、葉が苦く起死回生の効力があるといわれその名がある。延命草ともいう。腹痛、急性腸カタルなどに用いる。＊都重要種。

153 【ホカケサウ】
カリガネソウ。クマツヅラ科。山地の植物で強い臭気がある。利尿剤とし、皮膚病にも使うという。＊都重要種。

154 【香薷(いぬゑ)】
ナギナタコウジュ。シソ科。山地や河原などにはえる一年草。漢名の香薷は、漢方ではナギナタコウジュ(シソ科)のことで、全草は解熱、利尿剤、香薷散は暑気あたりの薬として使われる。［香薷(いぬゑ)］として、『本草図譜』に挿絵がある。

155 【百合(ささゆり)】
ヤマユリ。ユリ科。ヤマユリは自生するほか栽培もされる多年草。鱗茎を食用にする。別名エイザンユリ(比叡山にちなむ)、ヨシノユリ(吉野山にちなむ)、料理ユリ(食用とされるから)。［百合］のふりがなは［ささゆり］とあるが、関西に普通で静岡県、新潟県、四国、九州に分布するササユリではない。『本草図譜』には、「ささゆり、ひかりくさ、さく、総て百合の惣名〈そうみょう〉(総称)なり」とある。漢方で「百合」とは、ヤマユリ、ササユリ、テッポウユリ、古く中国から渡来したオニユリ(巻丹)などの鱗茎を指す。49［巻丹］参照。

156 【蕎麦葉貝母(うバゆり) 大ミヤニモアリ】
ウバユリ。ユリ科。やぶの中や林の中にはえる多年草。花の咲く時、葉が枯れていることが多いので、「葉がない」「歯がない」とかけて、姥(老女のこと)ユリというとの俗説がある。しかし、開花時には葉はある。またウバとは大きいという意味とする説もある。鱗茎は食用。蕎麦葉貝母は、和製の漢名。ウバユリの葉の形が蕎麦の葉の形に似ているから。貝母とは、中国原産のアミガサユリのことで、球茎を薬用とする。［大ミヤ］は、118ページ［堀ノ内大箕谷辺ノ産］参照。

157 【子コハギ】
ネコハギ。マメ科。漢名は鐵馬鞭。日当りのよい草地や道端にはえる多年草。猫萩とは、茎は地面をはい、全株に毛が多いことから。薬効など不明。

158【絲喬々(いとはぎ)】
マキエハギ。マメ科か?

159【白茅(津ばな)】
チガヤ。イネ科。河原などにはえる多年草。漢名は白茅、白茅根、茅根という。根茎を採りわらで磨いて外皮を取り、三、四日の間、日にさらして乾かし白色とする。利尿、止血の効があり、婦人病などに煎じて飲む。チガヤの新しい花穂をツバナと言い、昔から食べたことは万葉集の歌でも知られている。「戯奴〈わけ〉がため吾手もすまに春の野に抜ける茅花(つばな)を食〈め〉して肥えませ(紀女朗)」、「吾が君に戯奴〈わけ〉は恋ふらし給〈たば〉りたる茅花〈つばな〉を喫〈は〉めどいや痩せにやす(大伴家持)」。

160【地楊梅(すずめのやり)】
スズメノヤリ。イグサ科。山野の道ばた、草地に普通。民間で全草薬用(下痢止め)とする(『草木名彙辞典』)。地楊梅とは、花のかたまりの感じがヤマモモ(楊梅)の果実に似ていることから名づけられた。

161【剪夏羅(がんぴ)　アスカ山】
フシグロセンノウ。ナデシコ科。雑木林の中にはえる多年草。フシグロセンノウは、一般には節黒仙翁、節、節黒、逢坂草とは書くが、剪春羅、剪夏羅とは書かない。剪春羅、剪夏羅は、ガンピの漢名。中国原産で栽培されるガンピ(ナデシコ科)の可能性も否定はできない。「アスカ山」は、北区王子一丁目都立飛鳥山公園。532「飛鳥山」参照。
*都重要種。

162【瞿麦(のなでしこ)　井ノカシラニモアリ】
カワラナデシコ。ナデシコ科。河原などにはえる多年草。カワラナデシコはノナデシコとも呼ばれる。ヤマトナデシコ(大和撫子)は、中国から来たカラナデシコ(唐撫子)=セキチクに対する名。漢名瞿麦。カワラナデシコの種子(瞿麦子)は利尿、通経にも用いる。瞿麦子の偽物として、ネギの種子を用いるという。「井ノカシラ」は、124ページ「井ノ頭辺ノ産」参照。

163【王不留行(すずくさ)　今ハナシ】
ドウカンソウ。ナデシコ科。江戸時代に渡来したヨーロッパ原産の越年草または一年草。『本草図譜』に、「古〈いにしえ〉江戸道灌山に薬園ありて此種〈たね〉たまたま生ずることあり　因って道灌草と名づく　今は絶えてなし」とあり、その名は道灌山の薬草園で栽培されていたことにちなむという。『日本産物志』は、ドウカンソウの挿絵を載せている。今は、ときに港湾付近などに帰化している。薬効は止血、鎮痛、催乳(種子を用いる)。

164 【陰地蕨(ひかげわらび)】

フユノハナワラビ。ハナヤスリ科。山や原野の草地にはえるシダの仲間。地上部は九月から三月まであり、夏は枯れる。胞子葉は栄養葉とは別に出て、花を思わせる。日本では薬用にしないが、中国では頭痛、百日咳、気管支炎、喘息に用いる。

165 【懸鉤子(もミぢいちご)】

モミジイチゴ。バラ科。漢名は懸鉤子。本州中部以北の山野に普通な落葉低木。公園などに植えられることも多い。花は白、果実は橙黄色で食べられる。

166 【蒔田藨(なハしろいちご)】

ナワシロイチゴ。バラ科。漢名は蒔田藨。山野に普通な落葉低木。花は淡紅紫色、果実は六月ごろ赤く熟し食べられる。165［モミジイチゴ］、345［クサイチゴ］、365［フユイチゴ］参照。

167 【山扁豆(きつねのびんささら)　中里　玉川ニモ】

カワラケツメイ。マメ科。河原など湿り気の多い土地にはえる一年草。乾かして茶の代用とする。コウボウチャ、ハマ茶、マメ茶といい販売される。美味。利尿効果がある。若葉は味噌汁に入れる。水気(むくみのこと)、脚気の薬、種子は健胃剤。クサネムも同様な効果がある(クサネムは茎が中空なので識別できる)。［中里］は、125［ゴマノハグサ］参照。［玉川］は、127ページ［多摩川辺ノ産］参照。

168 【タヌキマメ　アスカ山】

タヌキマメ。マメ科。原野にはえる一年草。夏から秋に茎の頂に穂を出して、多数のあざやかな紫色の蝶形花を開く。狸豆の名は、豆果を覆っている褐色の毛が多い「がく」(萼＝うてな)に由来すると思われる。薬効など不明。［アスカ山］は、北区王子一丁目都立飛鳥山公園。532［飛鳥山］参照。

169 【鼠尾草(たむらさう)】

アキノタムラソウ。シソ科。山地や野原に普通な多年草。鼠尾草は通俗漢名、正しくは紫参という。民間で、全草を乾燥し、収れん剤(止血、鎮痛、消炎などの効果がある)とし、嘔吐と下痢に用いる。

170 【牡蒿(をとこよもぎ)】

オトコヨモギ。キク科。日当りのよい山地、丘陵などに多い多年草。種子が小さいので、種子はないと思われ、オスのヨモギと思い、オトコヨモギの名がついた。

171 【百蕊草(かなびきさう)】

カナビキソウ。ビャクダン科。日当りのよい芝地などにはえる、半寄生の無毛の草本で、自身でも栄養をつくるが、イネ科などの植物の根に寄生する。漢名は百蕊草。わが国では薬用とはしないが、中国では感冒の発熱、扁桃腺炎などの解熱、解毒に用いる。

172【劉寄奴草（あわだちさう）】

アキノキリンソウ。キク科。日当りのよい土地にはえる多年草。晩夏から秋にかけて、穂状に黄色の花を多数つける。泡立草とは、花の様子を酒をかもした時の泡に見立てた。薬効は利尿。

173【蘩蔞一種（うしはこべ）】

ウシハコベ。ナデシコ科。道ばたなどに普通な越年草または多年草。蘩蔞はハコベの漢名。ウシハコベは、ハコベとは別種で全体に大型だが、ミドリハコベも含めて、民間ではハコベと同様に扱う。産後の乳の出ない婦人は茎や葉を浸し物にし、あるいは煮て食べるとよい。利尿薬ともする。乾燥した葉の粉末を塩と混ぜ、昔から「はこべ塩」という歯磨としてきた。塩漬けしたハコベの葉を歯痛の時かむと鎮痛効果があるという。全草を塩でもみ、腫れ物につける。

174【山芹菜（やまみつば）】

ウマノミツバ（オニミツバ）。セリ科。山林の日陰にはえる多年草。食用とするミツバに似ているが、食用とはならないのでウマがつく。漢名は山芹菜。

175【山緑豆（かんざうだまし）】

フジカンゾウ。マメ科。山地の林下にはえる多年草。藤甘草。花がフジの花に似ており、葉を甘草になぞらえた。甘草に似て非なるものという意味で「ダマシ」がつく。カンゾウ（漢名は甘草）とは、中国アジア中部の原産のマメ科の植物で、根を干して、ほとんどの薬に混ぜて用いる。強肝剤。

176【獐牙菜（あけぼのさう）】

アケボノソウ。リンドウ科。山の谷間の湿地にはえる二年草。夏から秋にかけて、白色の星形の花を開く。花に黒紫色の細点がある。花の色をあけぼのの空に、その細点を星と見立てたことからアケボノソウの名がある。獐牙菜の獐とは、のろじか（シカ科）。小型で腹部にあるジャコウ腺からジャコウがとれる。＊都重要種

177【川午膝　練馬ニモ】

イノコズチ。ヒユ科。空き地や道ばたに普通な多年草。漢名は牛膝。茎の節が牛の膝のようにふくれている様から。よく似たものに日なたを好むヒナタイノコズチがある。山の木陰にはえるヤナギイノコズチも牛膝という。漢方で用いるものは、川牛膝と呼ぶ。原本の［川午膝］の午は牛の誤り。根、地下茎を乾燥し、煎じて用いる。利尿、強壮などに効あり。［練馬］とは、現在の練馬区辺、153ページ［練馬辺］参照。

薬種店。
薬種店とは、生薬(きぐすり)を売る店。
きぐすり屋ともいう。
また砂糖も扱った。
この店の左すみに見える「薬種」の看板の形は
薬の袋を表している。
その他の看板に
いろいろな薬の名が見える。
(『江戸名所図会』)

178 **【泥胡菜(きつねあざみ)】**

キツネアザミ。キク科。道ばたや田畑に普通な越年草。春から初夏のころ、紅紫色の頭花を咲かせる。漢名の泥胡菜は慣用名、正しくは野苦麻。アザミに似るが別属。薬効は不明。

179 **【海金砂(つるしのぶ)　日暮里　落合ニモ】**

カニクサ。フサシダ科。シダの仲間で、山野に普通にはえる多年草。別名、ツルシノブ。シャミセンヅル、スナクサ(『本草図譜』)。根茎は地下を横走し、つる状の地上部は全部が葉である。胞子を海金砂また海金沙といい、腎臓炎や膀胱結石、血尿の止血、淋病など泌尿器の病気に服用。［日暮里〈にっぽり〉］とは、新堀村(現在の荒川区西日暮里の一部)のこと。とくに諏訪台(西日暮里三丁目)の寺々は庭園の美を競い、台地からの眺めの美しさは日の暮れるのも忘れて見とれる里であるとして、「日暮らしの里」と呼び、新堀に日暮里の文字を当てた。日光東照宮の陽明門を日暮門と呼ぶことにならったもの。道灌山も新堀村のうち。578［キリシマツツジ　日暮里］参照。［落合ニモ］は、146ページ［落合辺］参照。

180 **【メシダ】**

イヌワラビ。オシダ科。落葉性の多年草。犬蕨とは、役に立たないワラビの意味。イヌワラビとしたのは、牧野富太郎『江戸時代武蔵道灌山の植物』(牧野植物混混録　第九号、昭和二三年、鎌倉書房)による。ついでながら、この付近のその他のシダについては、明治年間に道灌山で初めて採集されたタニヘゴ(オシダ科、小種名にトウキョウの名がつく)と、飛鳥山で初めて採られ、「飛鳥山」の名にちなむアスカイノデ(ともにオシダ科)が有名である。

181 【油點草(ほととぎす) 落合ニモ】

ホトトギス。ユリ科。山地にはえる多年草。花は一〇月ごろ。花びらの内面に紫色の斑点(はんてん)があり、それをホトトギスの胸の斑点に見立てた。薬効は不明。[落合ニモ]とは、146ページ[落合辺]参照。

182 【鹿蹄草(きつかうさう) 大ミヤニモ】

イチヤクソウ。イチヤクソウ科。林の下にはえる多年草。キッコウソウとは、江戸の古語でイチヤクソウのこと。昔から鹿蹄草(ろていそう)と呼び、生の葉をもんで切り傷につけ、鎮痛、止血に用い、毒虫、ヘビにかまれた時にすり込む。乾燥したものを煎(せん)じて、脚気(かっけ)、ろく膜の薬(利尿薬)とする。[大ミヤ]は、118ページ[堀ノ内大箕谷辺ノ産]参照。

183 【雀翹(うなぎづる)】

アキノウナギツカミ。タデ科。湿地、水辺にはえる一年草。中国ではむくみ、解毒、鎮痛、かゆみ止めなどに民間で用いるという。ただし、雀翹(じゃくぎょう)という漢方薬はない(『本草図譜総合解説』)。

184 【和尚菜(のふき)】

ノブキ。キク科。山地の木陰にはえる多年草。葉はフキに似る。分布は日本全土、薬効不明。

185 【ミツゲンゲ】

ネコノメソウ。ユキノシタ科。山やふもとの湿ったところにはえる多年草。三~四月ごろ、高さ五~二〇センチの茎の頂上に、うす黄色の小花が咲く。＊都重要種。

186 【ノカラマツ】

ノカラマツ。キンポウゲ科。草原にはえる多年草。七月ごろ、淡黄色の小花が多数咲く。根も葉も苦みがあり、下痢止め、腹痛薬とする。打撲傷には葉を塗布する。＊絶滅危惧II類(絶滅の危険が増大している種)。＊都重要種。

187 【星宿菜(ぬまとらのを)】

ヌマトラノオ。サクラソウ科。湿地や流れのほとりにはえる多年草。薬効などは不明。その名は、花の穂が虎の尾に似て、沼地や湿地にはえるから。

188 【龍葵(うしほうづき)】

イヌホオズキ。ナス科。畑の周辺などに普通な一年草。漢名は龍葵(りゅうき)。球形の実は熟すと黒くなる。葉や茎を煎じて、たむしに塗布。解熱、せき止めにもなる。乾燥した根は煎(せん)じて精力剤となるという。

189 【龍珠(はだかほうづき)】

ハダカホオズキ。ナス科。山や原野にはえる多年草で有毒。実は赤色。漢方では龍珠(りゅうしゅ)という。できものの腫れに果実の汁を塗ることあり。

190【萱草(わすれくさ)】

ヤブカンゾウ。ユリ科。やぶの近くや道ばたにはえる多年草。中国から伝来し、野生化したもの。漢名は萱草。昔、中国では、この花を見ると憂いを忘れる(食べると憂いを忘れるとする説もあり)といわれた。根を乾かして煎じ、淋病の時に内服する。ヤブカンゾウの花は八重咲き、一重の花のノカンゾウも、ともに若い苗は食べられる。

191【一リン草(さう)】

イチリンソウ。キンポウゲ科。林の中の沢筋や山すそなどにはえる多年草。

192【二リン草(さう)　青山ヘンニモアリ】

ニリンソウ。キンポウゲ科。林の中の沢筋や、山すそなどにはえる多年草。「ふくべら」ともいう(『本草図譜』)。うまい山菜として有名だが、ニリンソウと間違えてトリカブトの新芽を摘んで食べ、中毒事故を起こすことがある。［青山ヘン］とは、港区西部から渋谷区東部にわたる地域。昔、青山氏の屋敷があったことが地名となった。青山墓地がある。ニリンソウは、［駒込辺］にも記載あり(332参照)。

193【石芥(やまぶきさう)】

ヤマブキソウ。ケシ科。山の木陰にはえる多年草。四～五月ごろ、あざやかな黄色の四弁の花を開く。別名クサヤマブキ。その名は、花の色や形がヤマブキ(バラ科)に似るから。＊都重要種。

194【麦門冬(やぶらん)　小葉中葉ノモノアリ　大葉ハ目黒ニアリ】

①ヤブラン。ユリ科。②ジャノヒゲ。ユリ科。ともに林の中にはえる多年草。麦門冬とは、正しくはジャノヒゲ(リュウノヒゲ)のことなのだが、『本草図譜』によると常正は、ヤブランを麦門冬とした。しかし、ここに［小葉中葉ノモノ］とあるのが、ジャノヒゲ(ユリ科)であろう。ジャノヒゲの実(種子)は青色。［大葉］とは、常正が麦門冬(大葉)と考えたヤブランであろう。実は黒色。別の植物なのに、ともに根のふくれた部分を乾燥して使う。薬効は、鎮咳、去痰、強心、心臓衰弱、滋養強壮薬。［目黒］は、目黒区内。130ページ［目黒辺］参照。

195【天名精(やぶたばこ)】

ヤブタバコ。キク科。雑木林の中やふちにはえる越年草。漢名は葉を天名精といい、種子を鶴虱という。種子は回虫や条虫の駆虫薬。葉や茎をもんで毒虫に刺された時に用いる。絞り汁は腫れ物、打撲傷に塗る。

196【小連翹(おとぎりさう)　志村ニモ】

オトギリソウ。オトギリソウ科。草原や明るい林にはえる多年草。生の葉、茎の汁が切り傷によい。全草を煎じて、リュウマチ、神経痛、解熱、火傷によい。漢名は小連翹。トモエソウ（オトギリソウ科）の正しい漢名連翹に対して、形が小さいのでいう。漢名の連翹は、レンギョウ（モクセイ科）のことではない。［志村］は、142ページ［志村辺ノ産］参照。

197
【豨薟（めなもみ）】

メナモミ。キク科。河原などの湿ったところにはえる多年草。漢名豨薟。生葉は毒虫に刺された時にもんで汁をつける。乾燥して頭痛、神経痛、中風、風邪熱、蓄濃症に用いる。＊きれん丸……両国米沢町松本屋彦四郎および虎屋伊兵衛方より製剤発売の中風薬。『江戸買物独案内』に記載あり（『江戸東京生業物価事典』三好一光編、青蛙房）。

198
【鬼針草（おにばり）】

センダングサ。キク科。野原、路傍などに普通な一年草。漢名は鬼鍼（針）草。オニハリは、播州（兵庫県南西部）などでの古語。果実は他物によく付着する。解熱、風邪に飲む。草の絞り汁は虫刺されにつける。

199
【苦蕎麦（うしのひたひ）】

ミゾソバ。タデ科。水辺にはえる一年草。漢名は苦蕎麦。［うしのひたひ（い）］という名は、江戸その他広い範囲で使われた。リュウマチに服用する。

200
【山黧豆（かまきりさう）】

レンリソウ。マメ科。川岸などの草地にはえる多年草。腎臓病、ネフローゼに効く。糖尿病にも効くという。＊都重要種。

201
【歪頭菜（たにわたし）　子ズミ山ニモ】

フタバハギ。マメ科。ナンテンハギともいう。林のふちなどにはえる。漢名は歪頭菜。岐阜県高山あたりでは、葉を食用にするため、栽培している。［子〈ネ〉ズミ山］は、147ページ［鼠山ノ産］参照。

202
【燈心草（ゐくさ）】

イ。イグサ科。野生種は湿地に普通な多年草。漢名は燈心草。昔はイの茎のずいをとって燈（灯）心（皿に入れた油に浸して火をともすための芯）とした。また、イは畳表とするために栽培する。愛媛の内子の和ろうそくの作り方では、和紙のこよりに燈心草を数本まとめて巻きつけ、最後に真綿をうすく巻いて、ろうそくの芯とする。イは、煎じて利尿剤とする。

203
【苦草（せき志やうも）】

セキショウモ。トチカガミ科。淡水中にはえる多年草。沈水植物で代表的な水媒花。苦草の名は、全体にタンニンを含む細胞があることから。日本では薬としないが、中国では産後の血の道の薬とするという。

204 【龍舌草（ミづおほばこ）　圓葉ハタウカモリ】

ミズオオバコ。トチカガミ科。田や池に生ずる一年草。成育環境により、葉の形などが異なる。普通、葉はオオバコの葉に似た形だが、ときに丸い葉のものがある。［圓葉〈まるば〉ハタウカモリ］とは、なぞのような文だが、『本草図譜』のミズオオバコに「武州三河島村稲荷森　水田中に円葉（丸い葉）のものあり」との記述がある。タウカ（とうか）は「稲荷」の音読みで、［タウカモリ］（稲荷森）とは、この三河島村の総鎮守の宮地稲荷（荒川区荒川三の六五）の森のことであった。多くの江戸大絵図に、三河島村に「いなり」の文字と鳥居が書かれている。明治一三（一八八〇）年の『迅速測図』（東京府武蔵国足立郡本木村及北豊島郡三河島村ノ図）の欄外にも、「三河島村字宮地稲荷社ノ図」がある。現在ではまったく想像しにくいが、当時は森に囲まれていた。この稲荷の森は、かなり目立ったランドマークであったらしい。今では、樹齢六五〇年のケヤキの切り株が残るだけである。この稲荷は、脚気に効験ありとして、ひろく江戸中の信仰を集め、有名であったらしい。ミズオオバコは、中国では龍舌草といい、喘息、水腫、湯火傷などに用いるという。80ページ余話2「江戸わずらい」参照。

＊都重要種。

205 【虎掌（うらしまさう）　大クボヘンニモ】

ウラシマソウ。サトイモ科。雑木林の下やふちにはえる多年草。別名おほほそみ、てんぐのはね。ウラシマソウの名は、花のついている茎の先（花序付属体という）が細長く伸びているのを、浦島太郎の釣竿と糸とに見立てたことによる。マムシグサ、マイズルテンナンショウなどの仲間を天南星といい、民間で根茎を肩の凝り、去痰、鎮痛に用いる。［大クボヘン］は、東京都新宿区大久保辺、百人町などを含む。523［右衛門桜］、577［キリシマツツジ］参照。

206 【甘遂一種（はるとうだい）】

ナツトウダイ。トウダイグサ科。山道や林のふちにはえる多年草。『本草図譜』に、「甘遂〈かんずい〉なつとうだい　武州道灌山に自生多し」とある。ナツトウダイは、有毒植物で、207［タカトウダイ］とともに利尿薬とされた。なお、348［ノウルシ＝甘遂（さわうるし）］参照。科名のトウダイグサとは、灯台草の意味で、草の姿を、昔の室内の照明器具の灯明を支えた台の高灯台に見立てたもの。

207 【大戟（たかとうだい）　井ノ頭ニモ】

タカトウダイ。トウダイグサ科。林のふちなどにはえる多年草。通俗漢名は大戟。イブキタイゲキともいう。根を利尿剤に使用した。［井ノ頭］は、124ページ［井ノ頭辺ノ産］参照。

208 **【烏頭（かぶとぎく）　アスカ山】**

ヤマトリカブト。キンポウゲ科。低い山や林縁にはえる多年草。ふりがなの「かぶとぎく」とは、徳川時代に中国から伝来、栽培されるトリカブト（カブトバナ）のことで、よく知られた猛毒の有毒植物。トリカブトの仲間は、いずれも猛毒のアコニチンというアルカロイドを含み、トリカブトの名は、それらを総称することもある。根塊を乾かしたものを烏頭という。附子（ぶし・ぶす）ともいう。神経痛、リュウマチの鎮痛薬。狂言の附子は、主人が留守の間に召使に砂糖を食べさせまいとして、それを附子という猛毒だと偽って外出。太郎冠者、次郎冠者は、主人の留守にそれを食い尽くす。帰った主人に対して、主人の大切なものを壊したので、死のうとして附子を食べたが死ねないと言い訳する、という筋書き。「アスカ山」は、北区王子一丁目、都立飛鳥山公園。532「飛鳥山　八重」参照。

209 **【博落廻（志しやきくさ）】**

タケニグサ。ケシ科。空き地や崖崩れの跡、樹木が伐採された所など、日当りのよいところにはえる多年草。その名は、茎が中空で竹に似るので竹似草とも、また竹細工をする際に、これと竹を煮ると竹が柔らかくなるので竹煮草というとの説もある。別名チャンパギクとは、昔ベトナム中部にあった国の名、チャンパ（占婆、占城・924「ちゃぼ」参照）によるが、これが自生するのは、日本と中国だけ。熟れた実の音から、ササヤキクサ（埼玉）、ササヤケ（神奈川、武州の古語）ともいった。「志しやきくさ〈シシヤキクサ〉」とはその転嫁。漢名の博落廻は、昔の中国の子供が吹いて遊んだおもちゃの名。茎や葉の汁をタムシにつけ、害虫駆除に煎汁を用いる。なお、昔、夜店でこの苗を外国産の新種のボタンと偽って売ったという。

210 **【坐拏草（よこぐもさう）】**

ツリフネソウ。ツリフネソウ科。坐拏草という。山麓の湿った谷川のほとりなどにはえる一年草。近縁にホウセンカがある。薬効などは不明。＊都重要種。

211 **【紫萼（ぎぼうし）　志村ニモ】**

ギボウシの一種。ユリ科。ギボウシの種類は特定できない。ギボウシ類の葉は食べられる。山の湿地に多くはえるコバギボウシ、山の草原に多いオオバギボウシなど。ちなみに、中国では、ギボウシの仲間の日本のタマノカンザシの近縁種の玉簪（マルバタマノカンザシ）を好んで栽培し、その花（玉簪花）を咽喉腫痛、利尿に用いる。「志村ニモ」は、142ページ「志村辺ノ産」参照。

212 **【茜根（あかね）】**

アカネ。アカネ科。林のふちなどには

える多年草。茜草という。根は、有名な染料であり、また、茜根といい、止血、解熱、強壮剤とする。

213 【山薬(志ねんぜう)】

ヤマノイモ。ヤマノイモ科。雑木林などに普通な多年草。「志ねんぜう」は、ジネンジョウ(自然生・自然薯)のこと。食用にする。漢名は山薬、野山薬ともいう。ちなみに、ナガイモ(薯蕷)は家山薬という。根を乾燥し粉末として、滋養強壮、下痢、せき、喉の渇きを止めるなどの目的で、栽培するナガイモとともに「薯蕷」と呼ばれて、用いられた。井原西鶴の『好色一代男』の世之介が、好色丸で女護島へむけて出帆する時に、卵、地黄丸にこの薯蕷を積んでいったという筋書きからも、代表的な強精剤の一つと考えられていた(184ページ余話2「強精強壮薬」参照)。しかし、実際は強精剤というよりも、滋養に富んだ食品である。文化文政時代に諏訪台(荒川区西日暮里三丁目の台地)の茶屋で「自然薯でんがく」を売っていた。谷中の台地から、根岸の正岡子規の旧居にも近い東日暮里五丁目の善性寺前へ下る「芋坂」の名も、自然薯が採れたからという(芋坂は322「ツルドクダミ」参照)。

214 【羊乳根(つるにんじん)】

ツルニンジン。キキョウ科。林内にはえる多年草。漢名は羊乳。根は朝鮮人参に似る。葉や茎の切り口から白い乳液を出す。葉を切ってその乳液を絞り、切り傷や腫れ物につけるとよいという。

215 【萆薢(ところ)】

オニドコロ。ヤマノイモ科。雑木林の内などにはえる多年草。漢名は萆薢。漢方で単にトコロとはオニドコロを指す。武蔵の名産とされた。オニドコロの根茎(肥厚した地下茎)は苦いが、古くは食用とされ、ひげ根を老人のひげに見立てて長寿を願う正月の飾りに使われた。エビを「海老」と書くのに対してトコロを「野老」と書いた。「真っ黒な小刀つかう野老売り」と川柳にある。野老を売る棒手振り(天秤棒をかついだ行商人)が使う小刀は、トコロの「あく」で黒くなる。埼玉県の所沢の「ところ」は、このトコロの意味で、昔は「野老沢」とも書いた。

216 【葎草(かなむぐら)】

カナムグラ。クワ科。空き地や荒れ地などにはえる一年草。漢名は葎草。古くは八重葎とも言った。茎や葉を乾かして、民間で健胃薬とし、また淋病、膀胱病などに煎じて飲んだ。茎の繊維をとり、糸として麻の代用ともした。

217 【木防已(津づらふじ)】

アオツヅラフジ。ツヅラフジ科。山野にはえる落葉性のつる。漢名は木防已。一名カミエビ。木部または根部を乾かし、煎じて鎮痛、利尿剤とする。漢方剤「木防已湯」がある。なお、ツヅラフジ(オオツヅラフジのこと・ツヅラフジ科)は、漢防已といい、消炎、鎮痛、利尿剤とする。398「コウモリカズラ」参照。

218【山黒豆(ぬすびとはぎ)】

ヌスビトハギ。マメ科。林のふちなどにはえる多年草。薬効などは不明。ヌスビトハギ(盗人萩)の名は、豆のさやの形が、盗人が家屋に侵入する時に、足音のしないように足の裏の外側を使って歩くその足跡に似ているからとも、また豆のさやは表面にかぎがあり、知らぬ間によく衣服などにつくことからともいう。

219【赤小豆(つるあづき)一種】

ヤブツルアズキ。マメ科。草原などにはえる一年草。漢名の小豆は大豆に対する語で、アズキ以外のものも含む。赤いものを特に赤小豆と称して薬用に供されたという。朝鮮では、小豆を食用にするほか、脚気の薬とし、豆をとったあとの果皮(さや)を煎じて糖尿病の薬とした。中国では、「赤小豆」と称してアズキの種子を水腫、脚気、黄疸、下痢などに服用する(『本草図譜総合解説』)。なお、アズキは、日本、中国に野生するヤブツルアズキから栽培化されたものと考えられている。

220【木通(あけびかづら)】

アケビ。アケビ科。雑木林内やふちにはえるつる性の木。つると茎は乾かし煎じて利尿剤とする。若いつるはゆでて食べられる。実は食用、実の皮は天ぷら、油炒め、水にさらして砂糖煮とする。種子の油は天ぷらによい。ミツバアケビも同じ薬効がある。

221【葛(くず)　神田明神ガケ　アタラシ橋ニモ】

クズ。マメ科。山野に普通なつる性草

神田明神祭礼。神田明神の祭りは、現在は五月だが、江戸時代には九月に行われ、練物(ねりもの)や車楽(だんじり)が名物。もとは平将門を祭っていたが、明治になり、将門は逆賊のため大己貴命(おおなむちのみこと)(大国主命)と改めたという。(『江戸名所図会』)

本。秋の七草の一つ。漢名は葛。根を葛根といい、発汗解熱の効果がある。根を砕いて水でさらし、でんぷん（葛粉）を採る。花は煎じて飲むと、酒毒（二日酔い）によい。葉は牛馬の飼料。つるで籐行李を、また、つるの繊維から葛布（くずふ・かっぷ）を織り、水に耐える雨衣とし、袴とし、また衾（夜具の意味）などに張る。遠州掛川の辺の産が有名であった。［神田明神ガケ］とは、千代田区外神田にある神田神社。平将門も祭る。このあたりは高台で、地下室を使った糀作りと甘酒が名物。［アタラシ橋（新し橋）］とは、千代田区東神田二丁目の神田川にかかる美倉橋のこと。

222 【ツルムメモドキ】

ツルウメモドキ。ニシキギ科。山野に普通なつる性の落葉低木。観賞用に栽培もする。切り花として使われる。つるの繊維は強いのでものを縛るのに利用された。わが国では薬用とはしないが、中国ではその茎を「南蛇藤」といい、筋肉の痛み、歯痛などに用いる。

223 【牛尾菜（しほで）】

シオデ。ユリ科。原野や林のへりにはえるつる性の多年草。若い芽は食用、美味。サルトリイバラの仲間。方言では、ヒデコ（秋田、山形）、ソデコ（青森、岩手、秋田南）、ショーデ（山形、長野）などがある。

224 【女萎（わくのて）】

ボタンヅル。キンポウゲ科。林のふちや野原などにはえる木質のつる植物。夏に乳白色の小さな花を多数つける。センニンソウ（377参照）の花に似るが、やや小型。花びらはなく、十字の花びらに見えるのはがく。有毒。［わくのて］という名は、神奈川県足柄、仙台（古語）にもあり、また別名「えみぐさ（笑草）」。なお、134［ナルコユリ］、249［アマドコロ］も「えみぐさ」という。

225 【白英（ひよどりしやうご）】

ヒヨドリジョウゴ。ナス科。林のふちや崖などにはえる多年草。民間で、根を煎じて神経痛に用いる（鎮痛・解熱薬）。全草の乾燥品を煎じ、皮膚病の洗浄剤とする。漢名は、白英のほかに、蜀羊泉とする説もある。443［オオマルバノホシロ］参照。

226 【絞股藍（つるあまちゃ）】

アマチャヅル。ウリ科。林のふちなどに多い多年生のつる草。葉に甘みがある。アマチャ（ユキノシタ科の落葉低木）の葉から、四月八日の灌仏会の甘茶がつくられるが、アマチャヅルも同様に使われることもあるという。

227 【蛇葡萄（のぶどう）　志村ニモ】

ノブドウ。ブドウ科。各地に普通な落葉つる性植物。実は普通は丸いが、多く虫えい(虫こぶ)となり、ゆがむ。色は、白、紫、青色に変わり、食べられない。[志村]は、142ページ[志村辺ノ産]参照。

228【山胡椒(志やうぶのき)】

ヤマコウバシ。クスノキ科。山香ばし。落葉低木。枝を折るとショウブ(サトイモ科)に似た香気がある。葉は粘り気があり、粉末として穀粉に混ぜて食用、実は黒くて辛(から)みがある。材は小細工物用。別名ショウブノキ、ショウガノキ(『広辞苑』)。

229【辛夷(こぶし)】

コブシ。モクレン科。高さ八メートルになる落葉高木。若い蕾(つぼみ)を乾燥したものを、辛夷(しんい)といい、頭痛、鼻炎などに用いる。材は器具、建築用。花は香水の原料、樹皮と枝葉からはコブシ油を採る。別名コブシハジカミ、ヤマアララギ(『広辞苑』)。

230【莢蒾(よそぞめ)】

ガマズミ。スイカズラ科。丘陵地などにはえる落葉低木。[よそぞめ]は、ヨウゾメでガマズミの方言、よく染まるからとも。ガマズミとは、漢名の莢蒾の音「ケフメイ」がカメとなり、これがすっぱい実、ズミ(酸実)と結びつき、その後カメズモ、カマズミ、ガマズミと変わったという説(『植物和名の語源』深津正著)や、また実をかむと酸っぱいので「かむ酸実」、材を鎌の柄(え)にするので「鎌酸実」などの説がある。

231【老葉児樹(うしころし)】

ウシコロシ。バラ科。落葉低木。若葉は食用とする。材はかたく、鎌の柄(え)などとする。カマツカ、ウシノハナギ(『広辞苑』)。「うしころし」の名は、ガマズミ(丹波で牛の鼻に通すのにガマズミを用いる)また、クロツバラ(クロウメモドキ科)にも使う(『本草図譜』)。

232【常山(こくさぎ) 中里 王子】

コクサギ。ミカン科。落葉低木。葉、茎、根ともにきざんで煎(せん)じ、その汁で家畜の蚤(のみ)を除く。また、葉を煎(せん)じてマラリアの薬に配合し、内服する。雌雄(しゆう)異株。[中里]は、125[ゴマノハグサ]参照。[王子]は、124[ホタルブクロ]参照。

233【海州常山(くさぎ)】

クサギ。クマツヅラ科。落葉低木。高さ約三メートル程度。茎、葉に一種の臭気がある。果実は古くから染料とし、若葉は食用(若葉を湯がいて、大豆などと煮て食べる)とするので、「クサギ菜」ともいう。花は八〜九月、花には芳香がある。広島県東城町では、現在でもクサギの若葉を五月ごろに摘み、湯通しの後、乾燥して保存、必要に応じて戻して使う(冬の保存食)。重曹(じゅうそう)を加えるとふっくらとなり、クサギ菜モチ、クサギ菜飯とする。

234 【鹽麩子(ぬるで)　大ミヤニモ】

ヌルデ。ウルシ科。落葉低木。一名「フシノキ」。ヌルデノフシムシ(アブラムシ科の昆虫)がこの木の葉に産卵してできたこぶ状の虫えいを五倍子、付子という。これがタンニンの工業用原料となり、インキ、染料に使われる。慢性下痢に煎じて飲む。昔は、婦人がおはぐろに用いた。またシオカラ、シオノミ、ショッパなど「塩の木」に関する方言が多い。ヌルデの果実は、熟すと表面に白粉を吹いて塩味がする(カリ塩を含む)ことから、縄文時代には塩の入手がむずかしい山間部では、塩の代用として特別扱いした。現在でも、東日本では小正月の飾りのアワやヒエの穂をかたどった「粟穂・稗穂」をヌルデの木でつくるのは、雑穀を耕作していた稲作以前の照葉樹林焼畑農耕文化の名残りであるという説がある(『自然を守るとはどういうことか』守山弘著)。11「アワ」、12「ヒエ」参照。「大ミヤ」は、118ページ「堀ノ内大箕谷辺ノ産」参照。

235 【齊墩果(ちしゃのき)　ホリノ内ニモ】

エゴノキ。エゴノキ科。原野にはえる落葉低木。高さ三~五メートル。五~六月に白花を開く。生の実をつぶし、洗濯に使い、また川に流して魚をまひさせ捕る。材を昔、傘のろくろとしたので、ろくろぎともいう。「ホリノ内」は118ページ「堀ノ内大箕谷辺ノ産」参照。

236 【楤木(たらのき)　平塚】

タラノキ。ウコギ科。落葉低木。幹は直立し、葉とともに大小の鋭いとげがある。若葉(芽)を食用とする。漢方では樹皮と根を煎じて、胃腸カタル、糖尿病にも用いたという。「平塚」は、144「同白花(ノダケ)」参照。

237 【イヌガヤ　平塚】

イヌガヤ。イヌガヤ科。常緑高木。種子の核から油をしぼり、灯油、器械油とする。灯油としてのイヌガヤ油は、光の強いこと、冬季にも凍らないことで他の植物油に類を見ない優れたもの。古来、屋外点灯には欠かせなかった。材はかたく、細工物用。縄文時代前期(六〇〇〇~五〇〇〇年前)には、カシ類、ムラサキシキブ類、ニシキギ科のほかに、イヌガヤの丸木弓が主に使われ、イヌガヤの分布していない北海道や東北地方北部にも、弓材として供給された。弥生時代になると、戦闘用は丸木弓ではなく、太い木を削り出してつくる「真弓」や、カバノキ科カバノキ属からの「梓弓」や、タケ製のものへと変わった。アズサについては、325「アカメガシワ」、491「キササゲ」参照。「平塚」は、144「同白花(ノダケ)」参照。

238【野櫻桃（あきぐミ）】

アキグミ。グミ科。山野にはえる落葉低木。秋に丸い実を結ぶ。赤く熟すと実は生食できる。ナツグミ（通俗漢名は木半夏（もくはんげ））は、夏に実が赤く熟して食べられる。このほかトウグミ、ナワシログミは人家によく植えられる種類である。

239【ゴンズイ】

ゴンズイ。ミツバウツギ科。落葉高木。葉は対生（たいせい）、羽状（うじょう）複葉。一つの実に三個の袋があって熟すと赤くなり、果皮が裂けて一〜二個の黒い種子をあらわす。関東以南の雑木林にはえる。枝や葉には強い臭気があるが、若芽は食用となる。イヌノクソ（愛媛）、ネコノクソノキ（長崎）、ツミクソノキ（大阪）、イワシヤカズ（山口）などの方言がある。

240【紫珠（やぶむらさき）】

ムラサキシキブ。クマツヅラ科。落葉低木。夏、淡紫色の小花をつけ、果実は球形で約三ミリ。紫色。［紫珠〈ししゅ〉］は、ムラサキシキブの漢名。

241【白瑞香（おにしバり） 中里】

オニシバリ。ジンチョウゲ科。落葉低木。高さ一メートル、葉は秋生じ夏落ちるので「ナツボウズ」という。早春に黄緑色の小花を開く。ミツマタと同じ仲間で、樹皮が非常に強く「鬼縛り」という。和紙の原料とする。有毒。樹皮を煮つめ腫れ物の吸い出しに、樹皮をアルコールチンキとし、リュウマチに塗布。［中里］は、125［ゴマノハグサ］参照。

《付記》他の場所で［道灌山ニモアリ］などと明らかに［道灌山ノ産］の地域にもあることが併記されたもの。［堀ノ内大箕谷辺ノ産］の項では、255ジュウニヒトエ、256イカリソウ、261シュンラン。［井ノ頭辺ノ産］の項では274タカサゴソウ（飛鳥山）。［目黒辺ノ産］の項では、290コケリンドウ（飛鳥山）。［上野辺ノ産］の項では、305ツルボ。［早稲田辺］の項では、344オオバノウマノスズクサ（中里）。［鼠山ノ産］の項では、356ヒメハギ、359スズサイコ（飛鳥山）、360ワレモコウ、364ミヤコグサ（飛鳥山）、370マツムシソウ（飛鳥山）、374ノアズキ（飛鳥山）、377センニンソウ（王子）。［練馬辺］の項では、386オニノヤガラ（飛鳥山）。［尾久ノ原］の項では、407カワラニンジン（カキガラ山）、423カラスノエンドウ。［隅田川辺］の項では、435スイカズラ。

堀ノ内大箕谷邊（へん）ノ産

［堀ノ内〈ほりのうち〉］とは、現在の杉並区堀之内。［大箕谷〈おおみや〉］とは、大宮公園、大宮八幡宮の森（海抜約四四メートル）のあたりで、善福寺池（ぜんぷくじいけ）から流れ出る善福寺川を挟んで堀之内に接する。この付近は、明治一三（一八八

〇)年の『迅速測図』を見ると、水田は低地の善福寺川に沿ってわずかに見られる程度である。畑のほかには、茶、杉の文字も多いが、とくに楢(なら)の字が多く、薪(たきぎ)や木炭にするための薪炭林(しんたんりん)としてのコナラの林が多かったことが分かる。

*大箕谷邉の邉(へん)の字は、正しくは邊(へん)(辺)だが、以後も原文通りとする。

242
【フクワウサウ】
フクオウソウ。キク科。山地にはえる多年草。『本草図譜』には、「武州河越(川越)山中及び野州(栃木県)日光諸山にあり……春宿根より生ず……陽光の地にあり」とあるが、薬効等は不明。花は秋。森林生態学の指標植物(フクオウソウ—ミズナラ群落)とされる。

243
【ヤハヅアキアザミ】
セイタカトウヒレン。キク科。トウヒレンは唐飛廉と書く。花は暗紫色で秋に咲く。『本草図譜』には「武州堀ノ内大箕谷八幡山中にあり」と記されている。飛廉とは、中国の想像上の鳥の名、また風をつかさどる神の名であるが、この植物との関連の有無は不明。

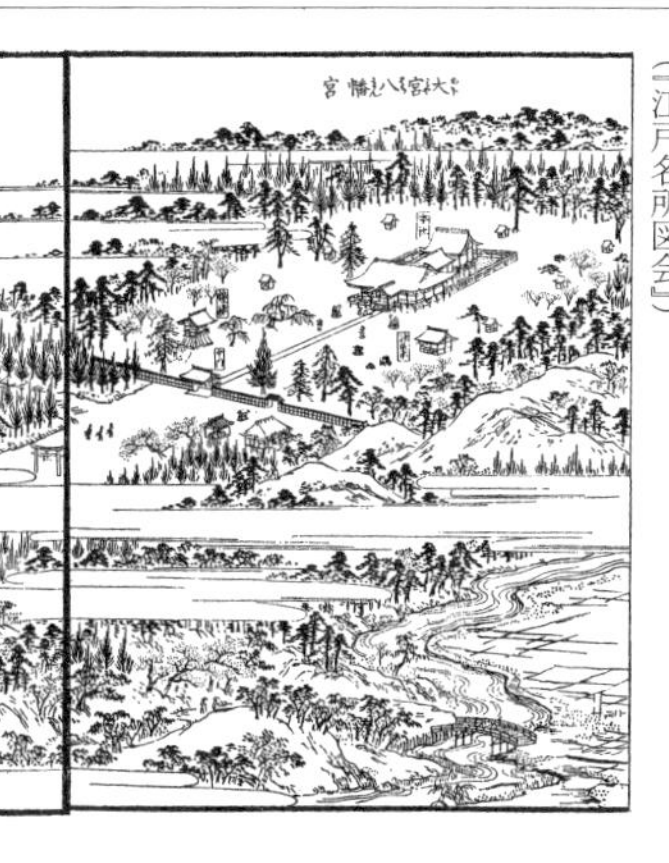

堀之内大宮風景。
大宮八幡宮(杉並区大宮二丁目)の前の通りは昔の鎌倉街道。
右下の流れは善福寺川。
川岸に山が描かれているが、246の「カタクリ 八幡山中」とあるのは、この山のことであろう。
(『江戸名所図会』)

244
【石龍膽(つるりんどう)】
ツルリンドウ。リンドウ科。山地の木陰にはえるつる性の多年草。『本草図譜』に「茎蔓のごとく、葉潤〈ひろ〉く、三縦道(三つのたてすじ)ありて、冬凋〈しぼ〉まず、花は龍膽〈りんどう〉に似て白色、後、紅色の実を結ぶ……」とあるが、薬効などは記載がない。*都重要種。

245
【サジクサ】
キッコウハグマ。キク科。山地の木陰に多い小型の多年草。その名は、葉の形が亀甲状なのにちなむ。『本草図譜』に挿絵がある。

246 【車前葉山慈姑（かたくり）　八幡山中　ナガサキ村ニモ】

カタクリ。ユリ科。別名カタカゴ（万葉集）。春先には日光が差し込み、夏は日陰になるコナラやクヌギの雑木林の下にはえる典型的な春植物。氷河期には、関東南部のカタクリは、落葉広葉樹林の下で生きていた。気候が温暖化し最終氷期が約一万年前に終わり海面が上昇、海が内陸まで進む。約五〇〇〇年前には、この地方では落葉広葉樹林は常緑照葉樹林に変わっていたはず。すべての森がそうなれば、カタクリは暗い林の下では生き残れない。現在カタクリが千葉県の北総（ほくそう）台地や東京近郊に残るのは、温暖化後も人間が雑木林を維持してきたか、縄文時代に常緑照葉樹林を伐採し雑木林としたので、その下でカタクリが生き続けられたからと考えられる。カタクリは、カンアオイ類（301参照）と同様に移動速度が遅く、約五〇〇〇年前の推定海岸線より低い区域には分布していない。現在、東京付近では練馬区土支田二丁目、清瀬市中里緑地、埼玉県和光市白子などに自生地がある。［八幡山中］は、杉並区大宮の大宮八幡宮。［ナガサキ村］とは、現在の豊島区長崎、南長崎のあたりで、『迅速測図』を見ると、海抜三〇〜三五メートルで、畑が多く、雑木林が点在、池袋村との間の海抜二〇メートル程度の谷端川（やばたがわ）の谷沿いでは、水田が多い（147ページ［鼠山ノ産］。152ページ［池袋下田ノ原］参照）。＊都重要種。

247 【叡山ハグマ　赤山ニモ】

オクモミジハグマ（エイザンハグマ）。キク科。山地の林下にはえる多年草。［叡山〈えいざん〉］は、比叡山の意味。『本草図譜』に「葉は木芙蓉（アオイ科のフヨウのこと）に似て小さく、茎紫色、花穂痩〈や〉せて小さし」とある。［赤山］は、埼玉県川口市赤山（38［赤山ずいき］参照）。ハグマの意味は、132［カシワバハグマ］参照。

248 【兎児傘（やぶれがさ）】

ヤブレガサ。キク科。山の木陰にはえる多年草。その名は、芽出しの様子が、破れた傘（かさ）をすぼめたような形であることから。山菜として利用される。

249 【委蕤（からすゆり）　東高野　野新田ニモ】

アマドコロ。ユリ科。漢名は萎蕤（いずい）。原文の委蕤は誤字。山の草原や原野にはえる多年草。ナルコユリ（134）に似るが、アマドコロは茎に稜（りょう）があり、花は二つずつならぶ。地下茎を乾かして粉末とし、うどん粉に混ぜて練り、酢を加えて打ち身に貼る。飲むと強壮剤。食用にもなる。古名えみぐさ（同名異種あり。134、224参照）。［東高野］は、154ページ［東高野山〈ひがしこうやさん〉］参照。［野新田〈やしんでん〉］は、東京都足立区新田の地域。野新田（569参照）は、サクラソウで有名なところ。

250【荷苞委甤】

ワニグチソウ。ユリ科。委甤は萎蕤が正しい。ワニグチソウは、中国では小玉竹といい、黄精（カギクルマバナルコユリ）と同様に滋養強壮薬に使用。ワニグチソウの名は、この花を寺社の堂前につるす鰐口に見立てたから。

251【チゴユリ】

チゴユリ。ユリ科。山地の林中に普通な多年草。花は、四月ごろ茎の先に一〜二個つく。高さ一五〜三〇センチ。可憐な姿から稚児百合の名がある。薬効は不明。

252【ホウチヤクサウ】

ホウチャクソウ。ユリ科。原野などの陰地に普通な多年草。花が宝鐸に似ることから。宝鐸とは、仏堂の四方の軒につるして飾りとする大型の風鈴のことである。

253【山芍薬（やましやくやく）】

ヤマシャクヤク。ボタン科。山の木陰にはえる多年草。全体にシャクヤクより小型である。初夏のころ白色の美しい花を咲かせる。シャクヤクは、中国原産の多年草で、栽培されるが、根を鎮痛薬とする。ヤマシャクヤクは、シャクヤクと同様に使えるのかは不明。＊絶滅危惧II類（絶滅の危険が増大している種）。＊都重要種。

254【紫草（むらさき）　小金ニモ】

ムラサキ。ムラサキ科。やや乾燥した草原にはえる多年草。根は太く乾くと濃紫色となる。根を染料に使う。古来より武蔵の国の名産とされた。多くは昔から栽培された。『万葉集』の「あかねさす紫野ゆき標野〈しめの〉ゆき野守〈のもり〉は見ずや君が袖振る」（額田王）との歌の「紫野」とは、紫草を栽培している野のこと。ムラサキは、油で煮だして膏薬として、切り傷、できもの、とくに火傷、痔疾、脱肛などの痛みの激しいときに用いる。「紫雲膏」として昔から市販され、華岡青洲著と伝えられる『春林軒膏方〈しゅんりんけんこうほう〉』に出てくる（『薬草教室』竹本常松、近藤嘉和共著）。［小金］は、現在の小金井市のことと思われる（537［小金井　玉川上水］参照）。＊絶滅危惧ＩＢ類（近い将来における野生での絶滅の危険が高いもの）。＊都重要種。

255【夏枯草（じうにひとへ）　道カン山ニモ】

ジュウニヒトエ。シソ科。丘陵地にはえる多年草。薬効は不明。常正は、ウツボグサ（140）を［徐州夏枯草］と記したが、ウツボグサの正しい漢名は夏枯草である。ジュウニヒトエは、日本の特産種で中国にはないのに、［夏枯草］としたのは、誤った漢名を当てた例。［道カン山］は、97ページ［道灌山ノ産］

参照。

256【淫羊藿　道カン山ニモ】

イカリソウ。メギ科。山の木陰の多年草で、イカリ型の美花をつけ、しばしば栽培される。中国の本草書『本草綱目』に、この草を食った羊が一日に百回も交わったので、淫羊藿と名がついたとあるという。葉は精力剤、根は強心剤として有名だが、中国産の淫羊藿にあたる植物は、日本産のものとは異なる。しかし、同じ属の日本のイカリソウは、同様に強壮、強精、陰萎、神経衰弱その他に効果があるとされている。「道カン山」は、97ページ「道灌山ノ産」参照。＊都重要種。

257【風輪菜（さくらがわさう）】

クルマバナ。シソ科。日当りのよい山野の道ばたに多い多年草。全草を煎じてあせもを洗うと、かゆみがとれるという。

258【紫金牛（やぶかうじ）　東高野ニモ】

ヤブコウジ。ヤブコウジ科。木陰にはえる常緑小低木。別名あかだまのき、やまたちばな（『万葉集』の「山橘」は、ヤブコウジの意味）、深見草。中国ではその全草を「紫金牛」と呼び、民間で、せき、血痰、慢性気管支炎、打撲症に煎じて飲む（『本草図譜解説』）。「東高野〈ひがしこうや〉」は、154ページ「東高野山」参照。

259【コシホガマ　落合ニモ】

コシオガマ。ゴマノハグサ科。日当りのよい山地にはえる半寄生の一年草。「落合」は、146ページ「落合辺」参照。

260【大山ハコベ】

オオヤマハコベ。ナデシコ科。山地の木陰にはえる多年草。ハコベの仲間にしては大きくなり、高さ六〇〜一二〇センチくらいになる。

261【報春先（ほくろ）　道灌ニモ】

シュンラン。ラン科。乾いた林下にはえる多年草で、観賞用にしばしば栽培される。花は塩漬けとして吸い物、茶に入れて使うことがある。ホクロ、ジジババともいう。「道灌ニモ」とは、道灌山のこと。97ページ「道灌山ノ産」参照。

262【ハンシヤウヅル】

ハンショウヅル。キンポウゲ科。山林にはえる落葉の木質のつる植物。花は五〜七月。その名は、花の形が、小型の釣り鐘である「半鐘」のつり下がる様子に似ていることから。

263【絡石（ていかかつら）】

テイカカズラ。キョウチクトウ科。常緑のつる植物。初夏に芳香ある小花をつけ、しばしば観賞用として栽培する。茎と葉を絡石と称し解熱、強壮剤とするという(『広辞苑』初版)。別名チョウジカズラ、古くはマサキカズラといった。定家葛とは、藤原定家の恋人の式子内親王の死後、その墓にまつわりついたかずらの名を、定家葛と呼んだという伝説から。

264 【烏樟(くろもじ)】

クロモジ。クスノキ科。山地に多くはえる落葉低木。材は芳香あり、楊子や箸をつくる。つまようじの別名を「くろもじ」というのは、クロモジでつくることが多いから。小枝や葉を蒸留した油(鉤樟油)は香水、石鹸、化粧品などの香料に用いる。

265 【赤楊一種(やしゃぶし)　カウノダイニモ】

ヤシャブシ。カバノキ科。落葉高木。材は細工に、果実は褐色の染料となる。荒れ地にも耐え、砂防工事に使われる。ヤシャブシは、夜叉五倍子と書く。五倍子は、ヌルデの葉の虫こぶのことで、そこからタンニンをとるが、この木の実にもタンニンが多いことからいう。一名「ミネバリ」は、峰(山)にはえるハリの木という意味。454にも記載あり。［赤楊〈せきよう〉］とはハンノキのこと(426参照)。［カウノダイ］は、千葉県市川市の国府台のこと。170ページ［国分台］参照。

266 【柞木(津げ)】

イヌツゲ。モチノキ科。全国の山地および湿地にはえ、庭に植えられる常緑の低木または小高木。ツゲに似るが、葉はツゲが対生なのに対してイヌツゲは互生。版木や細工材とする。［柞木］に「つげ」のふりがながあるが、『本草図譜』に「柞木〈さくもく〉いぬつげ」とあるので、ツゲではないと考える。ツゲの漢名は黄楊。ツゲ(ツゲ科)は、常緑小高木。材は極めて緻密で、印鑑やくし、将棋の駒などをつくる。黄楊木。

267 【刺楸(はりきり)　赤山ニモ】

ハリギリ。ウコギ科。落葉高木。高さ二五メートルにもなる。材は下駄、船具、器具用。樹皮は去痰薬となる。［赤山］は、埼玉県川口市赤山。38［赤山ずいき］参照。

268 【玉鈴花(はくうんぼく)】

ハクウンボク。エゴノキ科。別名オオバヂシャ。落葉高木で、高さ六〜九メートルに達する。白雲木は白花が咲いた様子から。花と実は、エゴノキ(235参照)のそれらに似る。種子から油をとりローソクをつくる。材は挽物細工や薪、炭とする。本来は山地の木だが、庭園木にもする。『本草図譜』に、「今、花家〈うえきや〉多く育す」とあり、この木を接ぐ砧木にはエゴノキを使うこと、また、『草木育種〈そうもくそだてぐさ〉』(常正著)には盆栽とするとある。

269 【クマノミヅキ　堀ノ内】

クマノミズキ。ミズキ科。山地にはえる落葉高木。約十メートルにもなる。葉は対生（ミズキは互生）。［堀ノ内］118ページ［堀ノ内大箕谷辺ノ産］参照。

270 【ウハミヅ櫻】

ウワミズザクラ。バラ科。山野にはえる落葉高木。高さ一〇メートル。一名コンゴウザクラ。春に白色の小さい花を密生して開く。未熟の実を塩漬けにして食用にする。イヌザクラ（528［犬桜］参照）に似るが、ウワミズザクラは花序（花をつけた茎）のもとに葉があり、樹皮が褐紫色（イヌザクラは暗灰色）などで異なる。

《付記》その他の場所で［堀ノ内］、［大箕谷］にもありとして併記されているもの。［道灌山ノ産］の項では、132カシワバハグマ、135キンラン、156ウバユリ、182イチヤクソウ、234ヌルデ、235エゴノキ。［練馬辺］の項では、386オニノヤガラ。［東高野山］の項では、389トウキ。

井ノ頭邊ノ産

井の頭池の付近は、現在三鷹市と武蔵野市吉祥寺にまたがる「都立井の頭公園」。堀之内、大宮からは西に位置する。井の頭池は、善福寺池（杉並区善福寺）、妙正寺池（杉並区清水）とともに江戸の人々の喉をうるおした神田上水の水源である。それらの池の海抜は、約五〇メートル。『迅速測図』では、吉祥寺村の土地は整然と短冊型に区画され、道路の両側に一軒ごとに、住宅（むら）、その奥に畑（のら）、雑木林（やま）が、順に配置されている。林には、楢（コナラ）が多い。なお、「上水」とは、飲み水に使う川のことをいう。神田上水は、昭和四一（一九六六）年に神田川と改称。

271 【石防風（いぶきぼうふう）】

イブキボウフウ。セリ科。山野の草地にはえる多年草。他の薬とともに頭痛薬、風邪薬、中風薬とするという。なお、ボウフウ（防風）とは、中国原産のセリ科の薬草で、発汗、解熱、せき止めに使用、また屠蘇散に配合する。126、437、447参照。

272 【狗舌草（くさぎく）　仙川村】

サワオグルマ。キク科。日当りのよい山間の湿地にはえる多年草。茎を乾燥して粉末とし、水で練って皮膚病のかいせんに塗る。［仙川村］とは、調布市仙川町にその名が残る。井の頭からは南に位置し、明治になって深大寺村、三鷹村の大字となる。『迅速測図』を見ると、中仙川村は甲州街道に沿う。畑が多く田は少なく、楢（コナラ）の雑木林が多い。＊都重要種。

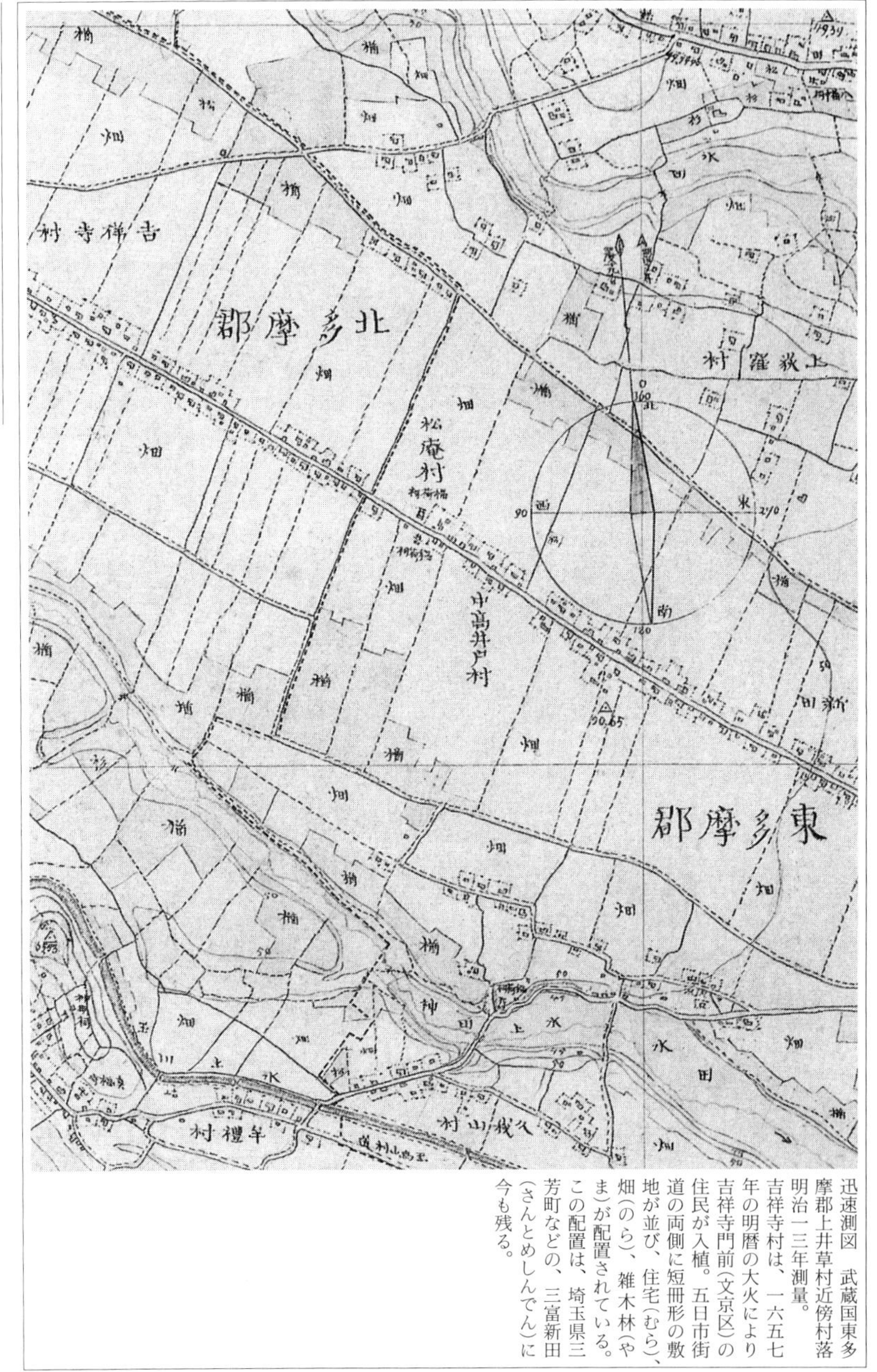

迅速測図　武蔵国東多摩郡上井草村近傍村落　明治一三年測量。吉祥寺村は、一六五七年の明暦の大火により吉祥寺門前(文京区)の住民が入植。五日市街道の両側に短冊形の敷地が並び、住宅(むら)、畑(のら)、雑木林(やま)が配置されている。この配置は、埼玉県三芳町などの、三富新田(さんとめしんでん)に今も残る。

273 【馬先蒿(志ほがまきく) 広尾ニモ】
シオガマギク。ゴマノハグサ科。山の日当りのよい草地にはえる多年草。[広尾]は、131ページ[広尾ノ産]参照。ススキの茂る原っぱが多かったところ。*都重要種。

274 【タカサゴサウ 仙川村 アスカ山ニモ】
タカサゴソウ。キク科。日当りのよい野原や山麓にはえる多年草で、四〜六月に淡紫色の花を開く。[池袋下田ノ原]にも記載がある(384参照)。[仙川村]は、272[サワオグルマ]参照。[アスカ山]は、532[飛鳥山]参照。*絶滅危惧II類(絶滅の危険が増大している種)。*都重要種。

275 【アズマ菊 仙川村】
アズマギク。キク科。乾いた草原にはえる多年草で、初夏に、淡紅紫色の花(中心は黄色)を咲かせる。[仙川村]は、272[サワオグルマ]参照。*都重要種。

276 【睡蓮(ひつじくさ) 井ノ頭池 木下川ニモ】
ヒツジグサ。スイレン科。池にはえる多年草。日本の在来種のスイレン。花の色は白色で、花弁は八〜一五枚、外来の園芸種のスイレンに比べて葉も花も小さい(花の直径は五センチ程度)。花は昼ごろ完全に開花し、夕方閉じる。和名は、ひつじ(未)の刻(午後二時ごろ)に開花するから。[木下川〈きねがわ〉]は、葛飾区東四つ木の一部。古くは木毛川とも書いた。592[カキツバタ]参照。*都重要種。

277 【ミヅハコベ 同所 真間ニモ】
ミズハコベ。アワゴケ科。水中または湿地にはえる多年草。葉の形がハコベに似て、水にはえるのでその名がある。[同所]は、井の頭池(いかしらいけ)のこと。[真間〈まま〉]は、千葉県市川市。真間村は、国府台の台地の南の端に位置し、海抜約二〇メートル。弘法寺(ぐほうじ)や、万葉集で有名な伝説上の美女である真間手古奈(まてこな)の霊堂がある。170ページ[国分台]参照。327(上野辺ノ産)にも記載あり。*都重要種。

278 【菱(ひし) 同所 小梅 不忍池ニモ】
ヒシ。ヒシ科。池にはえる一年草。種子を食用とする。[同所]は、井の頭池(いかしらいけ)のこと。[小梅]は、墨田区向島。隅田川の東岸の村、三囲稲荷(みめぐりいなり)(590参照)がある。[不忍池〈しのばずのいけ〉]は、台東区上野公園の池。134ページ[上野辺ノ産]、75[ハス]、320[ミクリ]、598[ハス]、876[シギ]参照。

279 【鉤吻一種(どくうつぎ) 金井道 大毒アリ】
ドクウツギ。ドクウツギ科。落葉低木。漢名は木本黄葉鉤吻(もくほんおうようこうふん)。俗にイチロベゴロシという。果実、根の根瘤(こんりゅう)、葉も猛毒。たんに黄葉鉤吻とは、毒草として有名なナベワリ（ビャクブ科）のこと。「金井道」は、小金井への道という意味か。井の頭池の南にあり上高井戸から下連雀、上連雀を通って小金井へ行く道と思われる。なお、五日市街道は、井の頭池の北を通って小金井へ行く。

280 【ウグイスサウ】

ルリソウ。ムラサキ科。山野の木陰にはえる多年草。初夏、るり色（紫色をおびた紺色）の花を開く。別名ウグイスソウ（『広辞苑』）。白花のものを玻璃草という。玻璃とは水晶またはガラスのこと。137「ルリソウ」参照。＊都重要種。

《付記》その他の場所で併記されているもの。「道灌山ノ産」の項では、127ヤマエンゴサク、162カワラナデシコ、207タカトウダイ。

多摩川邉ノ産

「多摩川辺ノ産」は、多摩川の河原とその付近に見られたものを記録したと思われる。カワラノギク、カワラヨモギ、カワラハハコなど、急流でしばしば出水することでできる、丸石のごろごろした河原を好む植物を書き上げたことで、多摩川の環境の特徴を表しているかに思える。多摩川の河口から約三〇キロメートル上流の「二ノ山」、同じく約二五キロメートルの「向ヶ岡」、一〇キロメートルの「矢口新田」などの地名が見られる。多摩川河口で右岸（上流から見て右側）の「大師河原」は、「品川辺ノ産」に記されている。

281 【大葉委陵菜（かハらさいこ）】

ヒロハノカワラサイコ。バラ科。カワラサイコ（委陵菜）は、河原や海岸の砂地に普通な多年草。根は解熱剤、全草は通経薬。大葉とあるので、大型のヒロハノカワラサイコのこと。361「カワラサイコ」参照。

多摩川風景。手前の町が、甲州街道の府中宿。対岸の大丸村は、スイカで有名（61参照）。水際まで迫る山を一之山～四之山と呼んだ。このあたりは、河口から三〇キロメートル余りの地点。是政村の対岸に長沼村の名が見える。（『調布玉川惣画図』長谷川雪堤画、多摩市立図書館所蔵資料。『多摩川絵図』けやき出版より）

282 【鐵桿蒿（はまよめな）】

カワラノギク。キク科。関東、東海地方の川岸にはえる。花が咲かないまま何年かを過ごし、株が花をつける大きさになると花を咲かせ、実を結ぶとその株は枯れる（一回結実型の多年草という）。種子は翌春に一斉に発芽する。発芽した場所が、洪水による石がごろごろしたところで、なおかつ開花・結実するまでの期間は洪水で流されないことが成育条件である。しかし、長いあいだ洪水がなく、ススキなどが繁茂するとカワラノギクは成育できなくなる。保護には人工洪水や裸地化などの対策が必要という。急流である多摩川を象徴する植物と言える。別名ヤマヂノキク（『日本産物志』）。なお、鐵（鉄）桿蒿とは、茎がかたく真っ直ぐに伸び、なよなよしない様子から名づけられたものか。＊絶滅危惧ＩＢ類（近い将来における野生での絶滅の危険性が高いもの）。＊都重要種。

283 【龍脳菊（りうのうきく）　一ノ山駒場ニモ】

リュウノウギク。キク科。日当りのよい浅山にはえる多年草。このキクに、薫香、防虫剤とするリュウノウ（龍脳）に似た香りがあることから名づけられた。［一ノ山］は、稲城市大丸の多摩川右岸（南側）の山の名。「大丸……府中駅と河水（多摩川のこと）を隔て、正南半里（二キロメートル）に在り。河岸の連邦を一之山、乃至〈ないし〉四之山と唱〈とな〉へ、東西に羅列して、水南を屏障〈へいしょう〉（へだてること）す」（『大日本地名辞書』）。［駒場］は、目黒区駒場。「駒場野、道玄坂より乾〈いぬい〉（北西）の方、十四五町（一・五〜一・六キロメートル）ばかりをへだてたり、代々木野に続きたる広野にして、上目黒村に属す、雲雀〈ひばり〉、鶉〈うずら〉、野雉〈きじ〉、兎〈うさぎ〉の類多く、御遊猟の地（将軍の狩り場）なり」（『江戸名所図会』）。

284 【苳一種（つるよし）】

ツルヨシ。イネ科。河川の清流の岸に群生し、砂や石ころのあるところを好む多年草。別名、ジシバリ、ヤマヨシ。花穂はヨシに似ているが、長い地上茎（ランナー）を伸ばして増える。この仲間は、それぞれ河川環境の異なった場所にはえる。①ツルヨシは、ヨシと違って根に酸素を送ることができず、礫や砂の堆積した地下水が動いて酸素が根に供給される場所にしか成育できない。②ヨシは水辺の泥にはえるが、中空の地下茎をとおして根に酸素を送ることができるので、酸素の少ない水辺の泥土にも成育できる。③オギは、ヨシやツルヨシよりも水分の少ないところを好むが、ススキよりは水辺により近いところを好む。④ススキは増水してもめったに水に漬からない乾燥したところを好み、地下茎は短く、株となる。なお、芩はツルヨシとは別の植物の名。

285【ハマハタザヲ　尾久ニモ】

ハマハタザオ。アブラナ科。海岸の砂地にはえる越年草。［尾久〈おぐ〉］は、荒川区東・西尾久。157ページ［尾久ノ原］参照。

286【艾（よもぎ）　向ヶ岡】

ヨモギ。キク科。極く普通な多年草。漢名は艾。新葉をもちに入れ、葉を乾燥してついて綿のようにして（葉の裏の毛から）モグサをつくり、灸に用いる。葉を煎じた液は、腹痛、月経痛に効あり、また保温止血剤となる。もっとも広く使われる薬草で、中国では医草ともいう。［向ヶ岡（丘）］は、神奈川県川崎市多摩区生田、長尾にまたがる地域。桝形山、妙楽寺などあり、昔から向ヶ丘は武蔵野の名所とされた。向ヶ丘遊園がある。

287【茵蔯（はまよもぎ）　志村ニモ】

カワラヨモギ。キク科。川岸や海岸の砂地にはえる多年草。解熱利尿剤。黄疸の妙薬とされる。［志村］は、東京都板橋区志村、東坂下、坂下の地域。カワラヨモギが見られたのは、荒川（現在の新河岸川）の岸辺であろう。［茵蔯］すなわち茵蔯蒿は、カワラヨモギの漢名である。ところで、ふりがなの「はまよもぎ」とは、塩性植物のフクド（キク科）の別名でもある。しかし、フクドは近畿以西に分布し、［志村ニモ］とあるのでフクドの可能性は否定される。志村は、現在の荒川の河口から約二五キロメートル上流であり、当時は今の条件とはやや異なるが、フクドの成育条件は当てはまらない。

288【蕭（かはらハハこ）】

カワラハハコ。キク科。河原の砂地に多い多年草。夏に茎の上部が房状に分かれ、その先に白い総苞に包まれた多数の黄色の頭花を咲かせる。利用については不明。＊都重要種。

289【竹栢　矢口新田】

ナギ。マキ科。暖地に自生する常緑高木。漢名は竹栢。俗に梛とも書く。葉は楕円形で平行脈があり、ちぎれにくいので、昔は婚姻の時に、鏡の後ろに入れる習慣があった。また、ナギは凪に通じ、海上安全のお守りとされた。熊野地方では神木とした。材は床柱、家具とし、樹皮は染料、革のなめしに使った。［矢口新田］は、大田区矢口の辺。

《付記》その他の場所で併記されているもの。［道灌山ノ産］の項では、167カワラケツメイ。［早稲田辺］の項では、347ナンバンハコベ。［尾久ノ原］の項では、410スミレ。［国分台］の項では、453ミズワラビ。

目黒風景。
目黒は、目黒不動、大鳥神社、金比羅があり、台地からの富士の眺めに優れた風光明媚な地で、行楽地として栄えた。不動の門前町は茶屋、菓子屋、土産物屋が軒を連ねた。周辺の農村では野菜を産し、特にタケノコは有名で、目黒不動の門前でたけのこ飯を売った。
(『江戸名所図会』)

目黒邊ノ産

目黒は、東京都目黒区。地名は、江戸の五色不動の一つの目黒不動(659参照)によるとする説、その他「馬黒」説もある。［目黒辺ノ産］に続いて、［広尾ノ産］、［品川辺ノ産］が記載されたのは、渋谷から広尾を経て目黒に出て、目黒川を下れば河口は品川であるから。目黒川を利用して重いタケノコなどの野菜を舟で運び、帰りに下肥とする屎尿や鮮魚などを運んだ。海から遠く離れ、一見場違いな「目黒のさんま」がうまかったとする落語にも、ちゃんと理由があった。712［孟宗竹］参照。

290
【コケリンダウ　コマバ　アスカ山ニモ】
コケリンドウ。リンドウ科。日当りのよい野原にはえる越年草。［コマバ(駒場)］は、283［リュウノウギク］参照。［アスカ山(飛鳥山)］は、532［飛鳥山］参照。

291
【白花猩々袴　上北沢】
シロバナショウジョウバカマ。ユリ科。沢や川筋に沿った林の中、山の少し湿ったところにはえる多年草。花は白で後に緑色を帯びる。分布は本州千葉県以西。普通のショウジョウバカマの花は、花時は紅紫色、後に緑色。［上北沢］は、世田谷区上北沢。『新編武蔵風土記稿』に「上北沢村は江戸より四里(約一六キロメートル)の行程なり、家数七十軒……地形当村と下北沢とはその間隔たりて他村もはさまれり」とあり、下北沢村(現在の世田谷区北沢)とは約三キロ離れている。61［西瓜］参照。
＊都重要種。

292
【射干(ひおふぎ)】
ヒオウギ。アヤメ科。漢名は射干。海岸や山の草地にはえる多年草。観賞用として栽培され、黒い種子をぬば玉という。根を煎じて、せきの薬、実を乾燥し粉末としてせき、痰の薬とする。

293
【蕘花一種（こがんひ）　コマバ】

コガンピ。ジンチョウゲ科。関東から西の山野にはえる落葉草状小低木。『本草図譜』に「武州にては駒場の原に生ず……夏日に小白花散開す。形蕘花〈ぎょうか〉（がんぴのこと）に似たり、この二種紙にすきたるをがんぴ紙という」とあるが、コガンピは繊維が弱く紙の原料にはならないので、イヌガンピの名もある。［駒場］は、283［リュウノウギク］参照。

《付記》その他の場所で併記されているもの。［道灌山ノ産］の項では、135キンラン、194ヤブラン。［広尾ノ産］の項では、297兎児尾苗（種不明）。［駒込辺ノ産］の項では、329クマガイソウ。［尾久ノ原］の項では、401クララ。［本所辺］の項では、437ミズワラビ。［随地有之類］の項では、477カラスビシャク。

廣尾ノ産

広尾は、東京都港区南麻布五丁目（旧麻布区広尾町）から渋谷区広尾三、四丁目、同恵比寿二丁目あたりを指し、そのなかで特に「広尾の原」と呼ばれたのは、聖心女子大などがあるあたり一帯（渋谷区広尾四丁目）とする説がある。『江戸名所図会』の挿絵には、ススキや秋の草花が咲く原が広がり、馬を引く農夫や野に遊ぶ人々が描かれている。［山鳥類］に、891［ヒバリ］が記されていることも、広々としたその環境を象徴している。

294
【ナンバンキセル】

ナンバンギセル。ハマウツボ科。ススキ、ミョウガなどに寄生する一年草。別名オモイグサ（思草）。わが国では民間でナンバンギセルを強壮、強精薬にするというが、中毒を起こすことは知られていない。中国薬典によれば、野菰（ナンバンギセル）の中毒にホラシノブが効があるという（『本草図譜総合解説』）。

295
【白芷（よろいぐさ）】

ヨロイグサ。セリ科。別名オオシシウド。漢名は白芷。分布は本州、九州ほか。各地の薬草園で栽培される。頭痛、めまいに用いる。鎮痛剤となり、また興奮作用もある。俗に血の道の薬。145［ハナウド］参照。

296
【山ハッカ】

ヤマハッカ。シソ科。林のふちや山道に普通な多年草。秋に長い花穂を出し、紫色の小さな花を数個ずつ何段もつける。山薄荷というが、ハッカのにおいはしない。

297
【兎児尾苗　目黒ミチ】

不明。［闘牛児苗（ゲンノショウコ・上野辺ノ産）］または［兎児傘（ヤブレガ

広尾風景。広い野原にススキやハギ、ノギクなどが風になびき、行楽の人々の姿も見える。野から草を刈り取り、屋根の材料や牛馬の飼料、堆肥、燃料として使ったことで、こうした野原は維持された。遠くに草を積んだ馬の姿が描かれている。(『江戸名所図会』)

サ・堀ノ内大箕谷辺ノ産)」の書き誤りか? [目黒ミチ]とは、江戸から目黒への道と考えると、JR目黒駅を通る現在の目黒通りの道筋ではなかろうか。目黒は、行人坂、権之助坂、太鼓橋、目黒不動、大鳥神社、金比羅もあり、風光明媚で、信仰や行楽の地として有名であった。

《付記》その他の場所で併記されているもの。[井ノ頭辺ノ産]の項では、273 シオガマギク。

品川邉ノ産

広尾、目黒から目黒川を下れば、河口は品川である。[品川辺ノ産]には、ハマヒルガオなどの海浜植物や池のジュンサイ、林の下のタマノカンアオイが見られる。多摩川河口の大師河原(現・川崎市)や大田区の木原など広い範囲を含み、そこには、高台や低地、海岸など多様な環境があった。有名な大森貝塚は、品川区立大森遺跡庭園のあたりで、貝塚がつくられた縄文時代後期から晩期には、このあたりは武蔵野台地が東京湾に接する海辺であった。

298

【遏藍菜(ぐんばいなづな)】

グンバイナズナ。アブラナ科。越年草。ヨーロッパ原産の帰化植物。その渡来年代は古いという。人里近い河原などにはえるが、最近は少なくなっている(『原色日本帰化植物図鑑』)。北米原産で明治二五年ごろ渡来したマメグンバイナズナは、果実がずっと小さい。

299

【白薇(おほふなハら) 木原】

フナバラソウ。ガガイモ科。草地にはえる、まれな多年草。和名は舟腹草で、果実の形が舟の胴体に似るから。古名「くろべんけい」(『本草図譜』)。根茎は「白薇(はくび)」といい、解熱、利尿に用いる(『草木名彙辞典』)。[木原]は、大田区山王四丁目の、標高約二〇メートルの高台。

300
【鹹蓬(はままつな)　大師河原】

ハママツナ。アカザ科。暖地の海岸にはえる高さ二〇～六〇センチの一年草。茎に棒のような葉がたくさんつき秋に真っ赤に紅葉する。塩性植物で、ヨシよりも塩の多い水を好む。満潮の時に真っ先に水に漬かるような低い場所にはえる。「大師河原」は、多摩川河口近くの右岸側で川崎市になるが、「品川辺ノ産」に含めている。大師とは、川崎大師。金剛山平間寺(へいけんじ)といい、真言宗。

301
【冬葵(かんあふひ)　スズガ森】

タマノカンアオイ。ウマノスズクサ科。多摩川付近の丘陵に特産する多年草。なお、カンアオイは、本州中部の山地の樹下にはえる常緑の多年草。漢名は杜衡(とこう)、薬店で土細辛(どさいしん)という。気管支カタル、喘息(ぜんそく)に用いる。カンアオイの仲間は、移動の速度が非常に遅く、カタクリと同様に古い地層の上に成育し、

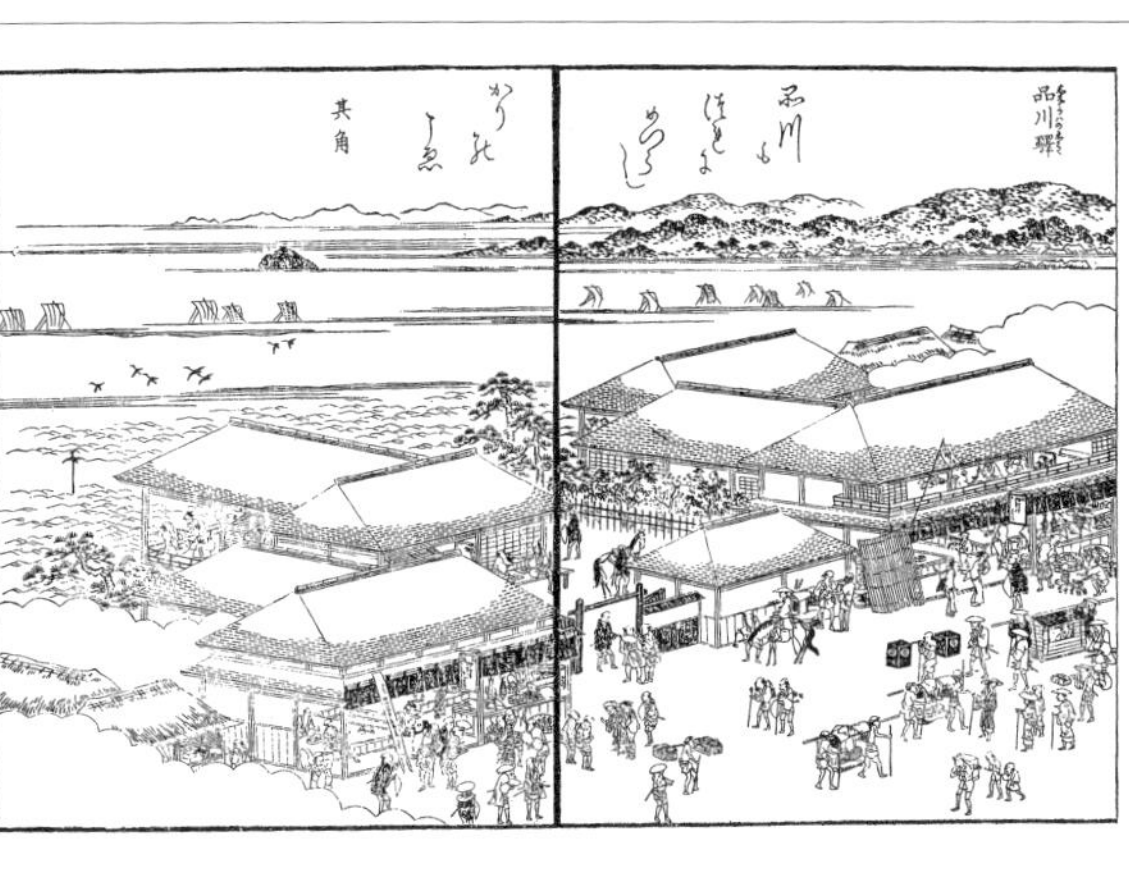

品川風景。江戸の南の出入り口。旅人の送り迎えにここまで来て宴会を催した。また、公認の遊郭は新吉原だけだが、品川は、宿場であることを理由に飯盛(めしもり)女とか売食(めしうり)女と称する女性を置き、遊興施設としても栄えた。(『江戸名所図会』)

縄文時代に海面下であった地域には分布していない(246「カタクリ」参照)。見られた場所は「スズガ森(鈴ヶ森)」とあるが、海岸ではなく高台の雑木林の下であろう。鈴ヶ森は、刑場(品川区南大井二丁目付近)で有名。この草は、＊絶滅危惧II類。＊都重要種。また、ギフチョウの幼虫の食草。ギフチョウは、現在の文京区白山で毛利梅園(もうりばいえん)が『梅園虫譜』に記録している(259ページ余話1「江戸の昆虫」参照)。

302
【蓴(ぬなハ)　木原】

ジュンサイ。スイレン科。池などにはえる多年草。和名は、蓴菜(じゅんさい)の音読みから。「ぬなハ(ぬなわ)」は、沼の縄の意味で、葉の柄(え)が縄のように見え、沼にはえるから。新葉を食用とする。悪性のできものに全草をもんで汁をつける。全草を煎(せん)じて飲むと疼痛、吐き気が止まる。「木原」は、299「フナバラソウ」参照。＊都重要種。

303【野豌豆（はまえんどう）　大師カハラ】

ハマエンドウ。マメ科。海浜の砂地にはえる、エンドウに似た多年草。葉は緑色で白色を帯びる。五月に赤紫色の花を開く。豆のさやは長さ五センチ、幅一センチ。300［大師カハラ］は、大師河原。300［ハママツナ］参照。

304【ハマヒルガホ　同所】

ハマヒルガオ。ヒルガオ科。海岸の砂地にはえるつる性の多年草。一名アオイカズラ。葉と茎からとる乳液樹脂は下剤となる。［同所］とは、大師河原のこと。300［ハママツナ］参照。

《付記》その他の場所で併記されているもの。［行徳辺］の項では、457メハジキ。

上野邉ノ産

［上野］とは、徳川家の菩提寺の東叡山寛永寺のこと。現在の台東区の都立上野公園（五五ヘクタール）を含み、その寺域は三〇万坪（一〇〇ヘクタール）といわれた。上野は江戸城の鬼門（北東）にあたる。そこに、京都の王城鎮護の比叡山延暦寺にならい、東の比叡山として東叡山寛永寺を建立し、不忍池を琵琶湖に見立てた。上野から飛鳥山へと続く台地は、海抜は二〇メートル前後で武蔵野台地の東の端で上野の台地と呼ばれ、長い崖線が続きその下は下町の低地となる。［山鳥類］（293ページ〜）にはフクロウ、ミミズク、カケス、ホトトギス（谷中）、ウグイス（根岸、三崎）、サンコウチョウなど、［獣類］（305ページ〜）にはリスが見られる。185ページ余話3「道灌山と上野の話」、190ページ〜［遊観類　櫻］参照。

305【綿棗児（つるぼ）　道灌ニモ】

ツルボ。ユリ科。原野にはえる多年草。漢名は綿棗児。飢饉の時に食用とする救荒植物の一つ（根を食べる）。ツルボとは蔓穂の意味。別名のサンダイガサは、花穂の形を、公卿が御所の内裏へ参上することを参内というが、その時に使った長い柄のかさ（参内傘）に見立てたことから。［道灌山］は、97ページ「道灌山ノ産」参照。

306【紫背龍芽（大葉だいこんさう）】

ダイコンソウ。バラ科。林のふちなどにはえる多年草。利尿薬とする。139［龍芽菜（だいこんさう）］（キンミズヒキ）参照。

307【金瘡小草（ぢごくのかまのふた）】

キランソウ。シソ科。路傍などにはえる多年草。一名ジゴクノカマノフタ。蛇含草ともいう。解熱剤になる。漢名は金瘡小草。

308【積雪草（かきどうし）】

カキドオシ。シソ科。野原や路傍には

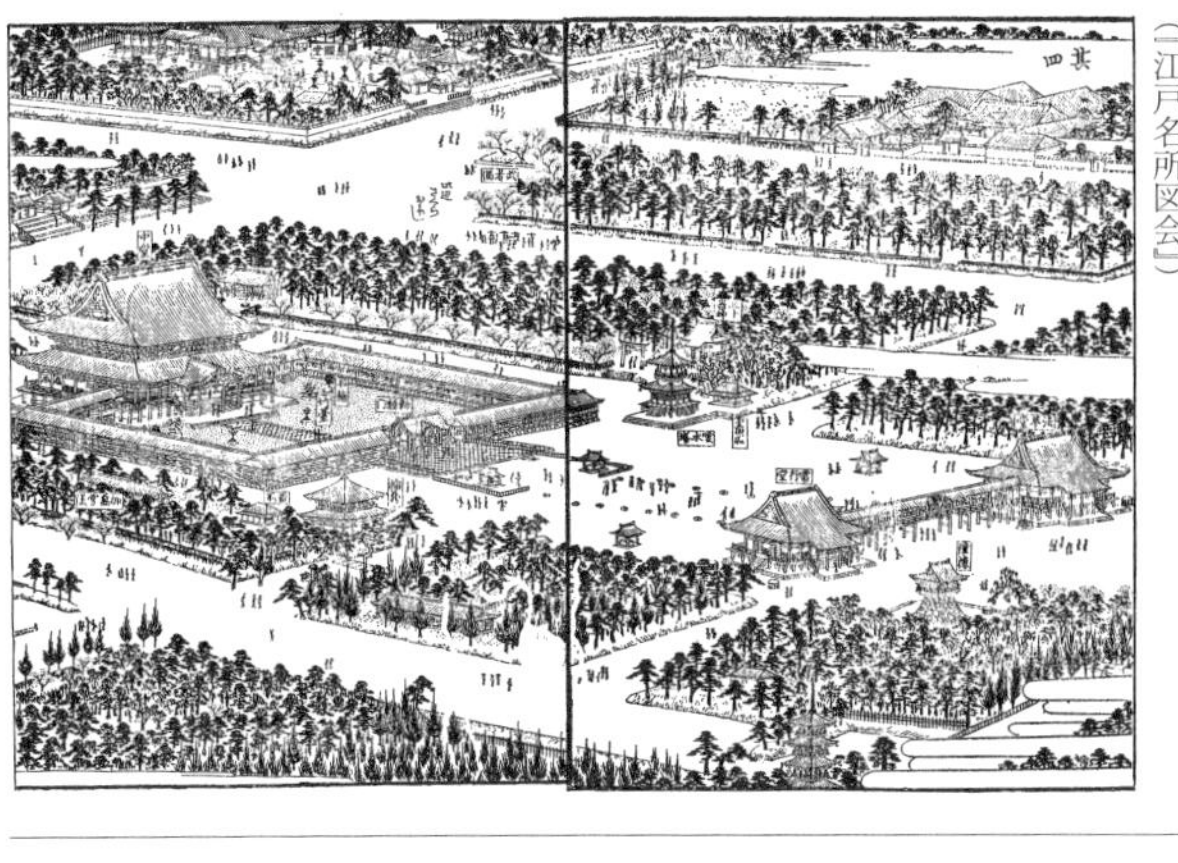

上野寛永寺風景。神社仏閣の番付『大日本神社仏閣御領』(国会図書館所蔵)には、寺の一番は奈良の興福寺の二万千百十九石、二番が上野寛永寺で一万三千石、芝増上寺は三番で一万石とある。左の大きな建物は根本中堂(こんぽんちゅうどう)で現在の上野公園の噴水広場。(『江戸名所図会』)

える多年草。漢名は馬蹄草(ばていそう)。連銭草(れんせんそう)、カントリソウともいう。子供の癇(かん)に効果があるとされ、利尿、解熱によく、全草を乾燥し煎(せん)じて小児に飲ませる。

309【涼蒿菜(ぼろぎく)　谷中】

サワギク。キク科。全国の深山のやや湿り気のある林内にはえる越年草。山間の低湿地にはえるので沢菊。ボロギクの名は、花の集まりをぼろ切れに見立てたというが、襤褸(ぼろ)ではなく、昔鎧(よろい)武者が用いた母衣(ほろ)のことではないか。[谷中]は、上野と日暮里の中間で、台地の上(台東区谷中)には感応寺(かんおうじ)(天保四・一八三五年以降は天王寺と改称、現在の谷中の墓地)があり、台地の下は谷中ショウガで知られた谷中本村(荒川区東日暮里の一部)である。57[ショウガ]、530[感応寺　谷中]参照。

310【巻耳(ミミなくさ)】

ミミナグサ。ナデシコ科。路傍や空き地にはえる越年草。漢名は巻耳(けんじ)。耳菜草(みみなぐさ)とは、葉がねずみの耳に似ていることから。若いものは摘み草とする。『枕草子』第一二段、「七日の若菜を」にも見られ、正月の若菜(七種(ななくさ)の節句)に用いたと思われる。現在、都会の道ばたなどでは、帰化植物のオランダミミナグサが多く、在来のミミナグサは少ない。

311【半辺蓮(あぜむしろ)　谷中】

アゼムシロ。キキョウ科。田の畦(あぜ)や、湿地にはえる多年草。一名ミゾカクシ。古名「かたはぐるま」「はたけむしろ」(『本草図譜』)。解毒に用いるという。[谷中]は、309[サワギク]参照。

312【雞腸草(たびらこ)】

コオニタビラコ。キク科。早春の田などにはえる越年草。カワラケナ、古くはホトケノザと呼ばれ、食用(春の七種(ななくさ)の一つ)。タビラコ(田平子)は、ロゼットを広げている様子から。315参照。

313【菫々菜(つぼすみれ)】

タチツボスミレ。スミレ科。各地に普通に見られる多年草。『本草図譜』に、「つぼすみれ」として、タチツボスミレの挿絵がある。「又〈また〉こまのつめともいふ、原野に多し」。さらに「この類皆菫々菜〈きんきんさい〉なり」として、「一種　みやますみれ」、「一種　白花江戸の産(ツボスミレ＝ニョイスミレ)」、「一種　きすみれ(オオバキスミレ)」などと、スミレの仲間を挿絵を添えて記載している。[菫々菜]の漢名は、スミレ類の総称として使ったらしい。なお、スミレの挿絵には、「すみれ又〈また〉ひとばくさともいふ」とし、漢名は「紫花地丁〈しかじちょう〉」(410参照)としている。スミレの仲間は、どの種類も、薬用、香辛料(種子)、食用(葉)、製紙原料(根)とした(『草木名彙辞典』)。

314【鬪牛児苗(げんのせうこ)】

ゲンノショウコ。フウロソウ科。野原にはえる多年草。腹痛、下痢、胃腸カタルなどの民間薬として有名。土用のころに全草を採り、乾燥し煎(せん)じて用いる。切り傷を洗ってもよい。飲むとすぐ効くことから「現の証拠」という。漢名とされる牛扁(ぎゅうへん)、牻牛児苗(ぼうぎゅうじびょう)は誤用という。風露草(ふうろそう)も漢名ではない。別名ミコシグサ。

315【元寶草(ほとけのざ)　ザウシガヤニモ】

ホトケノザ。シソ科。空き地や道ばたなどにはえる越年草。漢名は宝蓋草(ほうがいそう)。宝蓋とは宝で飾った天蓋(てんがい)のこと。ホトケノザとは、古くはキク科のタビラコ(312参照)のことだが、シソ科の本種をも指すようになったのがいつごろからかは、明確には分からない。[ザウシガヤ(雑司ヶ谷)]は、豊島区の南東部。雑司ヶ谷、南池袋の一部を含み、鬼子母神、雑司ヶ谷霊園などがある。『迅速測図』によれば、海抜は二五〜三〇メートル、畑、雑木林、茶畑が多い。練馬へ行く道(現在の目白通りの道筋)が南を通る。

316【桃朱術(やぶけまん)　谷中】

ムラサキケマン。ケシ科。各地の山麓、路傍などにはえる越年草。有毒だが薬用にする(発汗、利尿など)。ムラサキケマンは、低山地に分布するウスバシロチョウの食草の一つ。[谷中]は、309[サワギク]参照。

317【菫牛草(やぶめうが)】

ヤブミョウガ。ツユクサ科。本州中部以南の林などにはえる多年草。現在、板橋区内の林の下にも見られる。一方で、「やぶみょうが」は、ハナミョウガ(ショウガ科)の別名でもある。ハナミョウガの漢名は山薑(さんきょう)。千葉県以西の暖地に自生し、その種子は伊豆縮砂(いずしゅくしゃ)といい、芳香健胃剤とする。この可能性も否定はできないが、江戸に分布していたかどうか疑問がある。

318【金雞脚（ミつでうらぼし）　谷中】
ミツデウラボシ。ウラボシ科。各地の低い山の日当りのよいところにはえる常緑多年性のシダ。「三手裏星」の名は、葉が三裂片に分かれ、葉の裏の胞子嚢を星に見立てたことから。葉の形は変化があり、単葉もある。［谷中］は、309［サワギク］参照。

319【千年竹（のきしのぶ）　樹皮ニ生ス】
ノキシノブ。ウラボシ科。各地で樹皮上、岩上などに着生する。常緑のシダの一種。古来は「シノブ」とはこれを指した。別名のヤツメラン（八つ目蘭）とは、葉の裏の胞子嚢が眼のように数多くならぶことから。マツフウラン（松風蘭）、カラスノワスレグサ、イツマデグサともいう。

320【黒三稜（がバ）　不忍池】
ミクリ。ミクリ科。池や沼などにはえる多年草。ミクリの正式な漢名は黒三稜。古来、「みくり」と呼ばれる植物には、ミクリ（ミクリ科）とウキヤガラ（カヤツリグサ科）があった。ミクリは、中国では薬用とされるというが、詳細は不明。また、日本では民間で茎をすりつぶして傷につけ、乾燥したものを煎じて服用すると増血剤になるという。一方、ウキヤガラも「みくり」と呼ぶが、漢名は荊三稜または三稜、塊茎を民間で通経、催乳薬とする。有名な『枕草子』の「みくりのすだれ」はウキヤガラであるという説が有力。［尾久ノ原］の項に［三稜（ミくり）不忍池ニモ］とある（418参照）のは、『本草図譜』により、ウキヤガラと確認できた。［不忍池〈しのばずのいけ〉］は、上野の山の南にある池で、寛永寺の寺域にあり、ハスの花見で有名。台東区上野公園内。75［ハス］、278［ヒシ］、598［ハス］、876［シギ］参照。＊絶滅危惧ＩＢ類（近い将来における野生での絶滅の危険性が高いもの）。＊都重要種。

321【芹葉鉤吻（ももちどり）　下寺】
キケマン。ケシ科。キケマンは、低地や海岸にはえる越年草。四～五月に黄色の花をつける。茎を折ると汁を出し悪臭があり、薬用とはしない。なお、［芹葉鉤吻〈きんようこうふん〉］は、有毒植物のドクゼリ（セリ科）に対して日本で使っている漢名の一つ（434［透山根（はなわさび）］参照）。［芹葉鉤吻（ももちどり）］をキケマンと断定した理由は、『本草図譜』にキケマンの挿絵があり、「ももちどり」を「むらちどり」、「うばころし、へびにんじん」とともにキケマンの別名としているからである。一方、伊藤圭介著『日本産物志』（明治六年）では、「ももちどり」を「オホ（オ）ゼリ、オニゼリ、芹葉鉤吻」とともに、ドクゼリの別名とし、同書の「上野辺産　下寺」に記載している。この矛盾をどう考えるべきか。「下寺」とは、上野の山の下で、現在の上野駅構内にあたる地域。車坂(上野駅公園口の周辺)の下から屏風坂(両大師橋の周辺)の下まで寛永寺の子院が並んでいた。下寺付近には、上野の台地から流れ出る湧き水にドクゼリがはえていても不思議はない。伊藤圭介は、上野を調査した際に下寺でドクゼリを見つけて、『武江産物志』の「芹葉鉤吻(ももちどり)」を、ドクゼリと判断したのではなかろうか。＊都重要種。

322 【何首烏(つるどくだミ)　谷中イモ坂　麻フ　大久保】

ツルドクダミ。タデ科。つる性の多年草。享保五(一七二〇)年に中国から渡来し、その後、野生状態となっている。塊根を精力強壮剤、不老長寿の薬とする。なお、食用としたヤマノイモ科のカシュウイモ(黄獨)は、その塊茎がこの何首烏の塊茎に似ているのでそう呼ばれるが、まったく別の植物。43「黄獨(か志う)」参照。「谷中イモ坂」は、芋坂と書き、現在の谷中墓地の徳川家墓地裏から、JR東北線の線路を越えて、東日暮里五丁目善性寺前へ下る坂(213「ヤマノイモ」、309「サワギク」参照)。「麻フ(麻布)」は、港区の一部で、南麻布、西麻布、元麻布、麻布十番、六本木を含む。大部分が武家地と寺地で、百姓地と町域はわずか。現在は各国の大使館が立ち並ぶ地域。「大久保」は、新宿区大久保、百人町なども含む(577「大窪辺」参照)。

323 【天竺桂(だも)】

ヤブニッケイ。クスノキ科。漢名は天竺桂。中部地方以南の温暖地、ことに海岸に近い地域にはえ、しばしば人家の周囲に植えられる常緑の高木で高さ一〇メートルくらいになる。肉桂のような香りがあることからその名がある。本物の肉桂は、ベトナム、中国雲南省の原産で、樹皮、根皮を薬用(健胃薬)、香料(シナモン)とする。一方、「天竺桂(だも)」とは、シロダモ(クスノキ科)の可能性もある。シロダモは高木群が上野公園の精養軒北側の坂ぞいにしか見られないが、幼木は広く分布する。ついでながら、シロダモは葉の裏が白いので、昔多摩川ではアユの追い込み漁に使った。842「アユ」参照。

324 【楠(いぬくす)】

タブノキ。クスノキ科。暖地の海岸地に多い常緑の大高木。別名のイヌグスとは、クスに似て木質が劣るから。タブノキは、わが国ではその樹皮を「たぶ皮」、その粉末を「たぶ粉」と称し、樹皮に多量の粘液質を含むので、線香を製造する際にその結合材とする。上野の山には、胸高直径六〇センチ以上のタブノキが主に不忍池側の西側斜面に多く残り、そこには幼木の成長も著しい。それは、上野台地の自然植生としてのタブノキ林を象徴しており、沿海地性の森林植生の特徴を示していると考えられる。すなわち、五〇〇〇年～三〇〇〇年前の縄文時代には、上野の台地の下には海が迫っていた。それは付近の貝塚などが証明しているが、現在のタブノキは、当時海に接した崖の上にはえていたものの子孫と思われる。なお、樟脳を採るクスノキは、日本に自生の木かどうか疑問という説あり（691［相生の樟］参照）。

325【楸（あづさ）　谷中】

アカメガシワ。トウダイグサ科。山野に普通な落葉高木。人為的な攪乱による荒れ地や崩壊地などによくはえる。昔はこの葉をゴサイ（五菜葉）、サイモリ（菜盛葉）といい、食物をのせ、包んだ。用途は、染料（赤色）、用材（床柱、下駄、薪炭など）、薬用（果実表皮の毛を駆虫剤に、葉を腫れ物の外用とした）。樹皮には、苦味質、タンニンなどを含み、胃酸過多、胃潰瘍などの治療に効果があるという。新薬原料とされる（『本草図譜総合解説』）。『本草図譜』に「楸　アカメガシワ」とあり、常正が『武江産物志』の［楸（あづさ）］をアカメガシワと考えていたことは誤りがない。なお、［あづさ（あずさ）］とは、『広辞苑』によれば、①キササゲ、②アカメガシワ、③オノオレ、④ヨグソミネバリとある。昔から歌にも詠まれる「あずさゆみ」も、木の種類は明らかではない。ヨグソミネバリは弓に使われたので「あずさ」というが、ミズメも弓に使われ「あずさ」と呼ばれる。「あずさ」はまた「梓」とも書く。まことに難問である。491［キササゲ］参照。［谷中］は、309［サワギク］参照。

326【加條寄生（ゑのきのやどりぎ）　池ノハタ　駒込　駒バニモ】

ヤドリギ。ヤドリギ科。エノキに寄生することが多く、クリ、サクラ、まれにブナにも寄生する、常緑の小低木。神の憑代（神霊が招きよせられ乗り移るもの）もしくは呪いに用いた。牛馬の栄養飼料。［池ノハタ］は、不忍池の周囲の地域。現在、台東区池之端にその名が残る。［駒込］は、文京区北部から豊島区東部にまたがる地域。140ページ［駒込辺ノ産］、45［茄（なす）］参照。［駒バ（場）］は、283［リュウノウギク］参照。

327【水馬歯（ミづはこべ）　根岸辺】

ミズハコベ。アワゴケ科。沼地や水田にはえる多年生の水草。［井ノ頭辺ノ産］にもある。詳しくは、277参照。［根岸辺］は、台東区根岸。上野の台地に接する北側の低地で、鄙びた場所であった。「呉竹の根岸の里は上野の山陰にして……花になく鶯〈うぐいす〉水にすむ蛙もともにこの地に産するものその声ひとふしありて世に賞愛せられはべり」(『江戸名所図会』)。408［ソクズ］、676［御行松］参照。＊都重要種。

《付記》その他の場所で併記されているもの。［井ノ頭辺ノ産］の項では、278ヒシ。［尾久ノ原］の項では、418ウキヤガラ。

駒込邉ノ産

上野の台地の西側には藍染川が流れて不忍池に至る。その川の西側は、本郷の台地。本郷台地の上を通る本郷通り(岩槻街道・日光御成道)は、湯島から加賀前田家上屋敷(今の東京大学)の前を過ぎて追分(現在の弥生一丁目の一部)で、中仙道と分かれる。中仙道は、そこから駒込、巣鴨、滝野川、下板橋、志村、戸田へとのびる。上駒込村は、ほぼ現在の豊島区駒込で、駒込村は、文京区本駒込に相当。植木で有名な染井村は、上駒込村と接していた(45［茄(なす)］参照)。

駒込大観音。
駒込吉祥寺(文京区本駒込)は、学問の寺で、学寮は現在の駒沢大学となる。
(『江戸名所図会』)

328 **【紫雲菜(るりてうさう)　氷川下】**

ラショウモンカズラ。シソ科。山地の林の中にはえる多年草。春に紫色で大型の唇の形に似た花(唇形花)をつける。この花を、京都の羅生門で渡辺綱が切り落とした鬼女の腕になぞらえたのが名の由来。［氷川下〈ひかわした〉］は、文京区大塚と千石の間の低地。江戸時代は小石川村のうち、上野から赤羽に続く台地と豊島台との間の谷端川(小石川)がつくる谷で、千石の東隣りの小石川植物園はその斜面にある。その名は、千石二丁目の簸川神社による。そルリチョウ(瑠璃鳥)とは、野鳥のシナルリチョウまたはオオルリのことで、青紫色の花色からルリチョウの名をつけたもの。

＊都重要種。なお、［るりてうさう］の

329 **【ホテイサウ　メウガ谷　目クロニモ】**

クマガイソウ。ラン科。低山地の落葉樹林や竹やぶに群生する多年草。園芸用の採取、ゴルフ場や宅地造成などにより激減。『日本産物志』には、道灌山、早稲田に記録されている。［メウガ谷］は、茗荷谷のことで、江戸時代には茗荷谷町と称し、町の北部にミョウガの畑が多かったという。文京区小日向の地下鉄丸ノ内線の駅名にその名が残る。［目クロ(黒)］は、130ページ［目黒辺ノ産］参照。＊絶滅危惧II類(絶滅の危険が増大している種）。＊都重要種。

330【薇蘅（はんくわいさう）　染井】

ハンカイソウ。キク科。山のやや湿ったところにはえる大型の多年草。今日では静岡以西に分布するとされる。関根雲停（一八〇四〜七七年）が、染井のとなりの巣鴨でハンカイソウを描いている（『日本の博物図譜』国立科学博物館編）。栽培の可能性もあるが、ハンカイソウが巣鴨、染井辺にあったことは誤りがない。樊噲草と書き、樊噲とは、秦を滅ぼした漢の高祖 劉邦につかえた武将の名。同じメタカラコウ属に張良草（ハンカイソウの葉の切れ込みが浅いもの）がある。張良も劉邦の重臣であり、その二人の名にちなんでつけられたと思われる。ハンカイソウは食用（若苗）、また薬用としたらしいが、薬効は不明。［染井］は、豊島区駒込の地域で、嘉永七（一八五四）年の『江戸切絵図』には、北は北区西ヶ原に接するあたり、藤堂和泉守屋敷と建部内匠頭屋敷に接して「此辺〈このへん〉染井村植木屋多シ」との文字がある。この建部内匠頭屋敷跡地が、明治六年に染井墓地（染井霊園）となる。サクラのソメイヨシノがこの染井の地でつくられたことは有名。554［十月桜］参照。上駒込村にも「植木屋」の文字があり、このあたり一帯が植木の生産地であった。571［桜草　染井植木屋］参照。

331【ムカゴ蕁麻　スガモ】

ムカゴイラクサ。イラクサ科。渓流沿いの林内の湿ったところに群生する多年草。葉の脇の珠芽（ムカゴ）でも繁殖するのでこの名がある。葉と茎に触ると痛い刺毛がある。蕁麻はイラクサのこと。イラクサの繊維はじょうぶなので利用される。特にこの仲間のミヤマイラクサは織布の材料とされる。［スガモ（巣鴨）］は、豊島区巣鴨、西巣鴨にその名が残る。上駒込村、染井村に接して、この地にも植木屋が多かったことで知られている。その中心を中仙道が通り、街道沿いは巣鴨町と言った。609［菊　巣鴨植木屋］参照。

332【ニリンサウ　センダギ】

ニリンソウ。キンポウゲ科。山地や山下の林下にはえる多年草。全草を煮て水洗いして食用とする（192参照）。［センダギ（千駄木）］は、文京区千駄木。その名は、昔一日に千駄の薪を伐り出したからともいう。西は駒込（文京区本駒込）に接する。台東区の谷中から三崎坂を下り、藍染川を渡ると、現在の不忍通り（当時はなかった）をはさんで、千駄木の団子坂の急な上り坂となる。この坂の上に森鷗外の住居の千朶山房があり、後に観潮楼と称したが、現在、鷗外記念本郷図書館となっている（文京区千駄木一の二三）。610［菊　駒込千駄木坂植木屋］参照。

《付記》その他の場所で併記されているもの。[上野辺ノ産]の項では、326ヤドリギ。

志村邉ノ産

東京都板橋区の地名の「板橋」とは、石神井川にかかる中仙道の橋の名からという。台地の上を通る中仙道は、その橋を渡ると志村(板橋区志村)に至る。さらに坂を下ると荒川の戸田の渡しに至る。[志村辺ノ産]は、低地の徳丸ヶ原(板橋区高島平)を含み、湿地の植物が多い。『迅速測図』に見る志村のあたりは、台地は畑と林、低地では道の両側は水田、草地、芦、畑である。西台から徳丸、四葉、赤塚、成増などの台地の斜面が、徳丸ヶ原をはさんで荒川と向き合う。現在その斜面林の多くは都立赤塚公園となっている。

333
【白花地楡(しろのわれもかう)】

ナガボノシロワレモコウ。バラ科。原野のやや湿ったところにはえる多年草。秋に白色の花が多数、長い円筒状につく。一方、ワレモコウの花は暗い紅紫色で短い円筒状につく。360[ワレモコウ]参照。[白花地楡〈はくかちゆ〉]を薬用とするかは不明だが、ワレモコウは、根にタンニン、サポニンなどを含み、止血作用がある。吐血、喀血、月経過多、胃腸出血などに用いる。中国では、皮なめし用のタンニンの原料とする(『本草図譜総合解説』)。ところで、ゴマシジミの幼虫は、ナガボノシロワレモコウ、ワレモコウなどの花穂を食べる。幼虫は成長すると、シワクシケアリによって巣に運び込まれ、蜜腺の分泌物をアリに与え、アリの幼虫を食べて成長するという不思議な生態をもつ。

334
【旋覆(をぐるま)】

オグルマ。キク科。各地の原野や田の畦などにはえる多年草。夏から秋に黄

板橋風景。板橋は四宿の一つで、中仙道の第一の宿場。絵は、石神井川にかかる板橋の名の起こりの「板の橋」、旅人を見送るのか挨拶する人、料理屋で飲食する人、駕篭(かご)や馬、物売りや宿屋へ入る人などを描く。板橋を過ぎれば間もなく志村。(『江戸名所図会』)

色の美花をつける。オグルマとは、小車の意味。オグルマの花を乾燥したものを「旋覆花」と称し、利尿、健胃、鎮嘔、去痰薬とする。＊都重要種。

335【雞項草（さわあざみ）】

サワアザミ。キク科。湿地にはえる多年草。ミズアザミ、キセルアザミ、マアザミなどとも呼ばれる。秋に茎の上の方に横を向いた紅紫色の花を咲かせる（タカアザミの花はうつむく）。

336【武者（むしや）リンダウ】

ムシャリンドウ。シソ科。日当りのよい草原にはえる多年草。夏に数個の紫色の唇形の花をつける。花の様子がリンドウに似ていて、初め滋賀県の武佐で見つかったのでこの名がある。

337【亜麻一種（まつばなでしこ）　徳丸原　池袋ニモ】

マツバニンジン。アマ科。河原や原野にはえる。マツバナデシコとも呼ぶ。中国では、亜麻の種子油（亜麻仁油）と同じに、マツバニンジンの種子から油を採る。茎の皮の繊維は、亜麻に似て、麻布、製紙原料とした。［徳丸原］は、徳丸ヶ原で、現在の板橋区高島平の地域。『遊歴雑記』（十方庵敬順 著・文化年間）に「武州豊島徳丸ヶ原は中仙道板橋駅より西の方一里半にあり。すなわち志村の西にして、戸田川（荒川のこと）のわたし場へ往来する街道の西側の平原これ也」とあり、天保一二（一八四一）年、高島秋帆が西洋砲術の訓練を行ったことは有名。［池袋］は、豊島区池袋本町、池袋、西池袋あたりが旧池袋村（山手線の東側は旧巣鴨村）。池袋村は高台で、その周囲に低い窪地があり、水田があった。152ページ［池袋下田ノ原］および383参照。

338【地瓜児（しろね）　尾久ニモ】

シロネ。シソ科。池や沼の水辺にはえる多年草。茎は四角で地下茎は太く白い。漢名は地笋。笋は筍（たけのこ）の別字体。シロネは、救荒植物（飢饉の時に食料とする植物）の一つ。中国では沢蘭といい、産前産後の婦人薬とする。［尾久〈おぐ〉］は、荒川区東・西尾久。157ページ［尾久ノ原］参照。

339【青舎子條（くまやなぎ）　落合ニモ】

クマヤナギ。クロウメモドキ科。山野にはえ、他にからみつく落葉の低木。夏に白い小さな花を咲かせ、実は小豆大で緑色から紅色となり、黒く熟すと甘い。葉と茎を煎じると苦みがあり、戦時中民間で健胃薬としたという。［落合］は、146ページ［落合辺］参照。

340【蘡薁（くろぶとう）　練馬ニモ】

エビヅル。ブドウ科。漢名は蘡薁。山野に普通な雌雄異株のつる植物。若い葉と茎にうす赤紫の毛があり、この色をエビに見立ててエビヅルという。実は食べられる。古名はエビカズラ。［練馬」は、153ページ［練馬辺］参照。

341 【鼠李（くろむめもとき）】

クロウメモドキ。クロウメモドキ科。山野にはえる雌雄異株の落葉低木。若葉は食用とし、材はかたく細工用。実は鼠李子といい利尿、緩下剤とする。

342 【志村人参　野新田ニモ】

シムラニンジン。セリ科。関東、北九州などの湿地にまれな多年草。志村に多くはえていたことでこの名がある。『日本産物志』（武蔵下）によれば、シムラニンジンはホソバノムカゴニンジンともいい、「往年ムカゴニンジンヲ以テ人参（朝鮮人参）ノ偽物トセリ、此根モ人参ノ根ニ似テ味亦〈また〉甘苦ナリ」。シムラニンジンも往々朝鮮人参と偽ったらしい。［野新田］は、569［野新田］参照。＊絶滅危惧ⅠB類（近い将来における野生での絶滅の危険性が高いもの）。＊都重要種。

343 【ムカゴ人参　同上】

ムカゴニンジン。セリ科。湿ったところにはえる多年草。秋に葉のつけねにムカゴをつけ、それが新苗となるので、ムカゴニンジンの名がある。根は白色多肉なので薬用の朝鮮人参と偽ることがあるという。363にもあり。［同上］は、569［野新田］参照。＊都重要種。

《付記》その他の場所で併記されているもの。［道灌山ノ産］の項では、196オトギリソウ、211ギボウシ（コバギボウシ）、227ノブドウ。［多摩川辺ノ産］の項では、287ハマヨモギ（カワラヨモギ）。［鼠山ノ産］の項では、356ヒメハギ。［野火留平林寺］の項では、396コバノカモメヅル。［尾久ノ原］の項では427ゴマギ。

早稲田邉

早稲田は、新宿区の北にあたる。『迅速測図』を見ると、神田上水の北側の豊島区高田、文京区目白台は高台で、畑と茶畑、雑木林が入り混じる。神田上水の南側は水田が多く雑木林も見られる。［早稲田辺］には草原、湿地などの植物が記されている。この近辺では、ホタルの名所として、高田（豊島区高田、新宿区西早稲田辺）、落合（新宿区落合辺）、姿見橋（西早稲田の面影橋）が有名で、［虫類］728［ホタル］にも記され、［山鳥類］（293ページ〜）では、高田でホトトギス、山地性のキクイタダキが記されている。

344 【馬兜鈴　大葉ハ中里ニアリ】

ウマノスズクサ。ウマノスズクサ科。原野、川の堤などにはえる多年性のつる草。漢名は馬兜鈴。実を鎮咳、去痰薬とし、根は青木香といい、めまい、頭痛などに内服、切り傷に外用、民間で利尿、通経に用いた（木香は、オオグルマというキク科の薬草で健胃剤）。

「大葉ハ中里ニアリ」とは、オオバノウマノスズクサであろう。[中里]は、北区中里。125[ゴマノハグサ]参照。ちなみにウマノスズクサは、ジャコウアゲハの食草。

345【覆盆子　関口　本所ニモ】

クサイチゴ。バラ科。山野に普通な低木。実は赤くなり、味と香りはよい。覆盆子（ふくぼんし）は中国、朝鮮にあるトックリイチゴの漢名で、日本には自生しない。『本草図譜』の「覆盆子……一種　五葉いちご　薔薇葉蓬藟〈そうびようほうるい〉　わせいちご　やぶいちご」の挿絵が、クサイチゴと同定されている。[関口]は、文京区関口辺。目白台の南、神田川に面した地。[本所]は、166ページ[本所]参照。その他のイチゴは、165、166、365参照。

346【菟絲子（ねなしかつら）】

ネナシカズラ。ヒルガオ科。全国に見られる寄生植物。ネナシグサ、ウシノソウメンともいう。日本では古くからネナシカズラの種子を菟絲子（としし）といい、滋養、強壮、強精剤とした。中国産の菟絲子はマメダオシだが、ともに強精剤とするという。

347【狗筋蔓（つるせんのう）　目白下　玉川ニモ】

ナンバンハコベ。ナデシコ科。山野にはえ、つるのように伸びる多年生草本。南蛮はこべといわれるが、帰化植物ではない。『本草図譜』に「つるせんのう又〈また〉大山はこべといふ、武州目白辺に自生あり……狗筋蔓〈くきんまん〉これなり」とある。[目白下]は、文京区の目白台の下の地域を指したものと思われる。神田川に沿った低地であろう。[玉川（多摩川）]は、127ページ[多摩川辺ノ産]参照。＊都重要種。

早稲田風景（穴八幡）。高田八幡（穴八幡）付近には、高低差のある地形が見える。（『江戸名所図会』）

348【甘遂（さハうるし）　目白下　ヤシン田ニモ】

ノウルシ。トウダイグサ科。『本草図譜』には「さわうるし　山城（京都）、やぶそば　江戸　田野下湿〈でんやしめり〉の地に多し」とそれぞれの土地の呼び名が書かれている。ノウルシは湿地にはえる多年草。茎からウルシに似た汁がでる。206[ナツトウダイ]参照。[目白下]は、347[ナンバンハコベ]参照。[ヤシン田〈野新田〉]は、569[野新田]参照。＊絶滅危惧II類（絶滅の危険が増大している種）。＊都重要種。

落合邉(へん)

［落合辺］は、東京都新宿区北部で、早稲田の西、また豊島区南長崎へつづく地域。鼠山(ねずみやま)と呼ぶ豊島区目白四、五丁目にも接する。『迅速測図』では、高台の上落合村と下落合村の間に神田上水(かんだじょうすい)（神田川）と仙川用水末流の低地がある。高台は、畑や茶畑、雑木林が多い。低地には水田も見られる。海抜は高台で約三〇〜三五メートル、低地では約一五メートル程度。この項には雑木林の中やふち、日当りのよい草原、湿地などの植物が記載されている。『江戸名所図会』に「落合惣図〈おちあいそうず〉」「落合蛍」の挿絵がある。

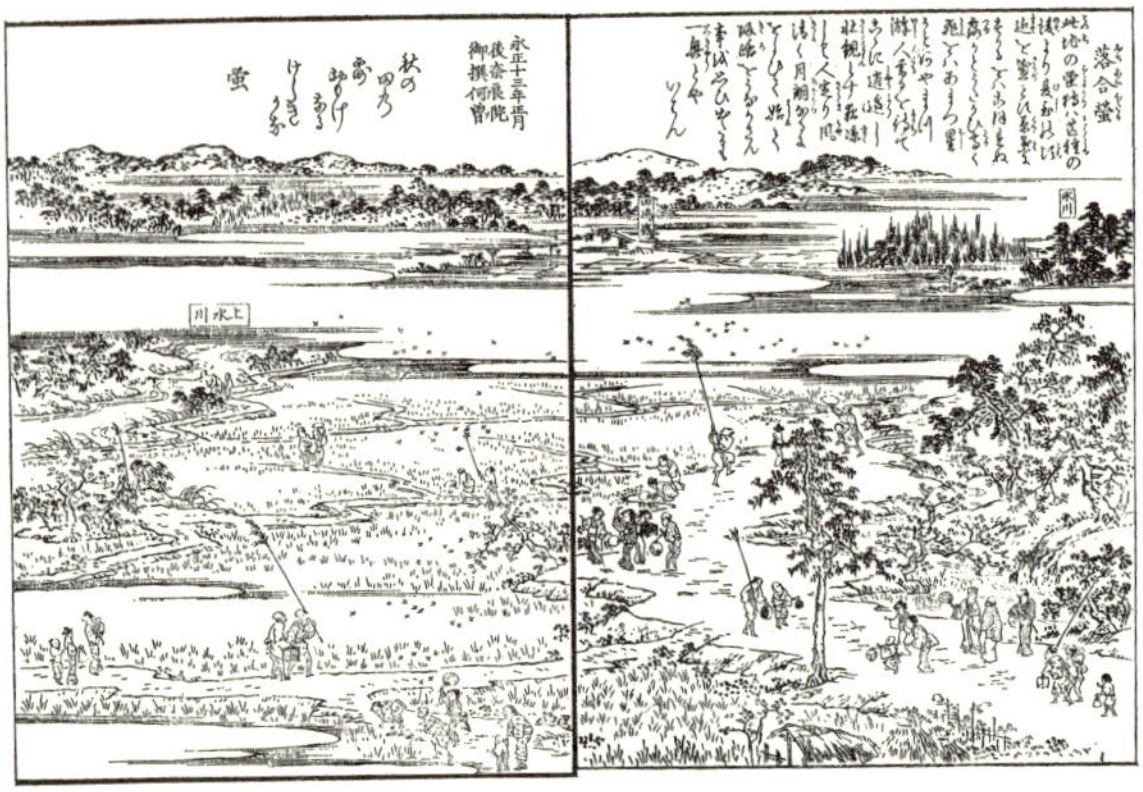

349
【ヒメヒゴタイ　藤ノ森】
ヒメヒゴタイ。キク科。日当りのよい山地草原にはえる大形の多年草で、全国に分布する。ヒゴタイに比べて小形なので姫ヒゴタイといわれる。［藤ノ森］は、新宿区下落合二丁目。都立おとめやま公園のとなりの東山藤稲荷(いなり)神社のことと思われる。＊絶滅危惧II類（絶滅の危険が増大している種）。＊都重要種。

落合風景。神田上水沿いの落合・高田馬場あたりの低地の水田でホタルを採る人々を描く。文にはホタルは「芒種（ぼうしゅ）（太陽暦の六月六日頃）の後より夏至の頃をさかりとす」とある。絵の右側に神田上水にのぞむ氷川神社が見える。（『江戸名所図会』）

350
【敗醤（をミなめし）　同上】
オミナエシ。オミナエシ科。日当りのよい山野にはえる多年草。夏から秋のころ、黄色の小花を多数傘(かさ)状につける。秋の七草(ななくさ)の一つ。141［オトコエシ］参照。オミナエシは、またオミナメシともいう。俗に女郎花と書く。漢名は敗(はい)醤(しょう)。漢方で消炎性解毒、排膿性利尿薬とし、とくに産後の腹痛によいといわれる。別名チメグサ（『言海』）。［同上］は藤ノ森。前項参照。

351
【小葉キヌガササウ】
不明。［小葉］とあるから、高山にはえるキヌガサソウ（ユリ科）そのものではない。エンレイソウか？

352 【穀精草（ほしさう）　目白下ニモ】

ホシクサ。ホシクサ科。沼や田にはえる一年草。星草、水玉草ともいう。漢名は穀精草（こくせいそう）。ホシクサは［池袋下田ノ原］にも記載あり（382参照）。［目白下］は、347［ナンバンハコベ］参照。＊都重要種。

353 【括楼（くそうり）】

キカラスウリ。ウリ科。林のふちなどにはえる多年性のつる植物。実は熟すと黄色になる。塊根（かいこん）を瓜呂根（かろこん）といい、せき止めに用い、塊根からとったでんぷんは極めて上質で天瓜粉（てんかふん）と呼び、化粧料（汗止め）とする。実は食用となる。括楼（かつろう）は、栝楼とも書き、また「かろう」とも読む。373［カラスウリ］参照。

354 【牛皮消（いけま）】

イケマ。ガガイモ科。山野にはえる多年性のつる植物。漢名は牛皮消（ぎゅうひしょう）。根は有毒だが、利尿の効がある。イケマとは、「生馬」で、馬の病に効があるからとの説がある（『言海』明治二二年版）。

355 【コマハギ　スガタミノハシ】

コマツナギ。マメ科。『本草図譜』では、「木藍〈ぼくらん〉・こまつなぎ・くさはぎ」としてコマツナギの図を示す。西洋では、コマツナギより藍（あい）をとることを述べている（巻十九）。しかし、木藍とは、中国でタイワンコマツナギおよびアメリカ原産のナンバンコマツナギのことを指し、ともに藍染料とするために栽培する。しかし、日本のコマツナギは染料にはならない。［スガタミノハシ（姿見橋）］は、現在の新宿区西早稲田三丁目の神田川にかかる面影橋のこと。コマツナギは、ミヤマシジミの食草。

《付記》その他の場所で併記されているもの。［道灌山ノ産］の項では、126オケラ、131リンドウ、149アワコガネギク、179カニクサ、181ホトトギス。［堀ノ内大箕谷辺ノ産］の項では、259コシオガマ。［志村辺ノ産］の項では、339クマヤナギ。

鼠山ノ産

鼠山（ねずみやま）は、JR目白駅の西、目白通りの北側の豊島区目白四〜五丁目付近の高台。『大日本地名辞書』（吉田東伍著）には、「鼠山は、村（長崎村のこと）の東南にて下落合村に隣れり、山とはいえど芝野なり。広さ東西二丁（約二一八メートル）ばかり、南北一丁余（約一〇九メートル）」とあり、明治一三年の『迅速測図』には、海抜三〇〜三五メートル、大半は畑で、雑木林や茶畑が点在する様子が見られる。ここに書き上げられた植物のほとんどが、日当りのよい草原にはえるものである。

356 【遠志　道灌　志村ニモアリ】

ヒメハギ。ヒメハギ科。山野の日当り

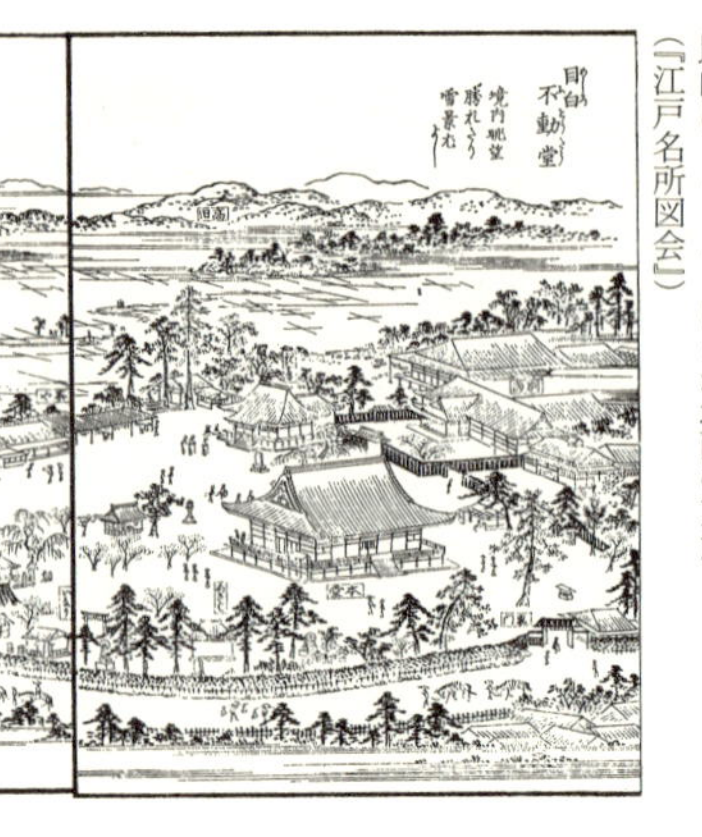

目白不動堂。
目白の地名の起こりの目白不動は
昔は文京区関口二丁目の高台にあり、
絵にも「境内眺望勝れたり」とある。
絵の上の方は南で、
はるか遠くに
高田や早稲田が描かれている。
鼠山は、ここよりはるか北西の方角。
（『江戸名所図会』）

のよいやや乾いた斜面に普通な常緑の小形の多年草。俗に［遠志〈おんじ〉］というが、漢方の遠志は中国原産のイトヒメハギのこと。春～初夏にハギの花に似た紫の蝶形花（チョウに似た形の花）を開く。一名スズメハギ（『言海』に「東京花戸〈とうきょうかこ〉」とあり、花屋での名）。根を強壮剤、腎臓病、せきの薬とする。［道灌］は、道灌山のこと。97ページ［道灌山］参照。［志村］は、142ページ［志村辺］参照。

357
【白頭翁（ちごばな）　仙川村ニモ】
オキナグサ。キンポウゲ科。山野の日当りのよいところにはえる多年草。民間では、葉の絞り汁はタムシに、根をすりつぶしてシラクモにつける。漢方で根を「白頭翁」と呼び、急性下痢、腸カタル（止血剤）に用いる。［仙川村］は、272［サワオグルマ］参照。＊絶滅危惧II類（絶滅の危険が増大している種）。

358
【漏盧（ひきよもぎ）】
ヒキヨモギ。ゴマノハグサ科。日当りのよい草原にはえる半寄生（他の植物に寄生するが、葉緑素をもち自分でも光合成を行う）の一年草。俗にクロクサ、漏盧ともいう。漢名陰行草。皮膚病、痔疾に根を内服薬として用いる。

359
【除長卿（ふなハら）　アスカ山ニモ】
スズサイコ。ガガイモ科。日当りのよい乾いた草原にはえる多年草。和名は鈴柴胡で、つぼみが鈴に、全体の形がミシマサイコ（柴胡）に似ていることから（362参照）。［アスカ山］は、北区王子一丁目、都立飛鳥山公園。532［飛鳥山］参照。＊絶滅危惧II類（絶滅の危険が増大している種）。

360
【地楡（われもかう）　道灌ニモ】
ワレモコウ。バラ科。山野に普通な多年草。秋に、茎の先に暗い紅紫色の花びらのない小さい花を短い円筒状に多数つける。根にタンニン、サポニンなどを含み、赤痢、下痢、止血などに内服。ワレモコウの名は、吾木香（われもっこう）(わが国の木香の意味)によるとする説がある。木香は、オオグルマ(キク科)のことで芳香健胃薬(344「ウマノスズクサ」参照)。また我亦紅(われもまたべにの意味)だとする説もある。333「ナガボノシロワレモコウ」参照。「道灌」は、97ページ「道灌山」参照。

361 【委陵菜(かはらさいこ)　駒場ニモ】

カワラサイコ。バラ科。日当りのよい海辺や河原などにはえる多年草。葉は羽状（うじょう）で一五〜二九の小さな葉がつく。六〜八月に径一センチの、キジムシロの花に似た形の花を開く。花びらの色は黄色。肥大した根を解熱剤、全草を通経薬とした。281「ヒロハノカワラサイコ」参照。「駒場」は、283「リュウノウギク」参照。＊都重要種。

362 【柴胡(かまくらさいこ)　同上】

ミシマサイコ。セリ科。日当りのよい草地にはえる多年草。葉はかたく平行脈があり、先が尖（とが）る。八〜一〇月に黄色の小さな花を、ヤブジラミの花に似た形(傘（かさ）の骨状に広がり、散形花序（さんけいかじょ）という)で多数開く。昔、静岡県三島から生薬材料として出されたのでこの名がある。根を解熱剤とし、ろく膜、肺結核その他に用い、漢方薬で単にサイコとはこれを指し、重要とされる。絶滅危惧II類(絶滅の危険が増大している種)に指定。「同上」は駒場。283「リュウノウギク」参照。＊都重要種。

363 【ムカゴニンジン　下田】

ムカゴニンジン。セリ科。湿ったところにはえる多年草。「志村辺ノ産」(142ページ)にもある。詳しくは、343参照。「下田」とは、台地の下の水田のあるところの意味。鼠山は高台だが、池袋本村と長崎村との境や神田上水（かんだじょうすい）辺などに低地があった。152ページ「池袋下田ノ原」参照。＊都重要種。

364 【百脈根(ゐぼしさう)　アスカ山ニモ】

ミヤコグサ。マメ科。芝地などに多く、春から夏に鮮やかな黄色の蝶形花（ちょうけいか）(チョウに似た形の花)をつける多年草。コガネバナ、烏帽子草（えぼしそう）ともいう。ミヤコグサは、シルビアシジミの食草(ほかにコマツナギ、ウマゴヤシなど)。なお、最近東京では本種によく似た帰化種のセイヨウミヤコグサなどが多い。「アスカ山ニモ」は、532「飛鳥山」参照。

365 【蓬藟(つるいちご)　シイナ町板バシ】

フユイチゴ。バラ科。関東南部以西の暖地で、山の木陰にはえるつる性の常緑の小低木。夏に白花をつけ、実は冬に赤く熟して食べられる。漢名の蓬藟（ほうるい）は、クマイチゴとの説があるが、『本草図譜』は「蓬藟　ふゆいちご」とする。

「シイナ町(椎名町)」は、江戸時代には長崎村の小名(小字)で、雑司ヶ谷より練馬へ行く道(現在の目白通りの道筋)に沿った町並みをいった。現在の豊島区南長崎の一部。西武池袋線の駅名に「椎名町」の名が残る。「板バシ(橋)」は、103「ハツタケ」、142ページ「志村辺ノ産」参照。その他イチゴは、165、166、345参照。

366 【南芥菜(はたざを)　ザウシガヤ】

ハタザオ。アブラナ科。海岸の砂地や山地の草原にはえる越年草。和名の「旗竿」は直立する草の様子から。「ザウシガヤ(雑司ヶ谷)」は、315「ホトケノザ」参照。

367 【アリノトウクサ】

アリノトウグサ。アリノトウグサ科。山野や野原に普通の小形の多年草。秋のころ、茎の先に黄褐色の小さな花を点々とつける。その様子をアリの塚に見立てた。蟻の塔草と書く。

368 【田麻(のごま)】

カラスノゴマ。シナノキ科。山野、畑や道ばたなどにはえる一年草。利用については不明。ちなみに、近い仲間に綱麻(漢名は黄麻、その茎の繊維がジュート。イチビともいうが、アオイ科のイチビではない)がある。

369 【セイタカフウロ】

タチフウロ。フウロソウ科。山野にはえる多年草。茎は高さ約六〇センチ、直立する。八〜九月に直径約二・五センチの淡紅色の花を開く。この仲間の他のものは、茎が地面をはい、または斜上するものが多いが、これは茎が直立するので「立風露」という。＊都重要種。

370 【山蘿蔔(たづまぎく)　アスカ山ニモ】

マツムシソウ。マツムシソウ科。日当りのよい乾いた草地にはえる越年草。漢名は、山蘿蔔。蘿蔔とは大根のこと(32参照)。『日本産物志』に、「リンバウギク(マツムシソウのこと)……葉ノ味殊〈こと〉ニ苦シ、木曽ノ山民コノ嫩葉〈どんよう〉(若葉のこと)ヲ摘ミ飯ニ和シ食ス」とし、タヅマ(甲州、信州)、キクナ(濃州、信州)、ハコネギク、ノダイコンその他の名をあげている。ちなみにリンボウ(輪宝)とは、古代インドの神話の理想的国王である転輪聖王の車輪の形の兵器で七宝の一つ。「アスカ山ニモ」は、532「飛鳥山」参照。＊都重要種。

371 【紫羅欄(あやめ)】

アヤメ。アヤメ科。やや乾燥した草原にはえる多年草。カキツバタやノハナショウブと形は似るが、それらと違って、アヤメは湿地にははえない。カキツバタ(211ページ「燕子花」参照)は、池などにはえ、根は水底にあり、茎や葉は高く水上に伸ばす（抽水植物という）。ノハナショウブは、水際などの湿ったところにはえる。＊都重要種。

372 【山薤（やまにら）】

ヤマラッキョウ。ユリ科。山地にはえる多年草。漢名は山薤。薤はオオニラ・ラッキョウの意味。晩秋に茎を伸ばし、その先に紅紫色の花を多数、ネギボウズに似た形に咲かせる。＊都重要種。

373 【王瓜（からすうり）　ザウシガヤ下谷ニモ】

カラスウリ。ウリ科。やぶなどに普通に見られる多年性のつる草。雌雄異株。根のでんぷんは晒せば食べられ、実の汁はヒビ、アカギレの薬。根を煎じて飲めば通経剤となる。カラスウリの種子を一名「たまずさ」という。その形が艶書（ラブレター）の結び文の形に似ていることから（『広辞苑』）。また、この種子の形をカマキリの頭とみたり、大黒様の打ち出の小槌の形を想像して財布に入れることもある。353［キカラスウリ］参照。［ザウシガヤ（雑司ヶ谷）］は、315［ホトケノザ］参照。［下谷（したや）］は、89［林檎（りんご）］、596［アサガオ］参照。

374 【黄環（ひめくづ）　アスカヤマ千住ニモ】

ノアズキ（ヒメクズ）。マメ科。関東以西の山野にはえる多年性のつる草。「姫葛」は葉の形がクズに似て小形のため、またノアズキはアズキにも似ているから。漢名は野扁豆。［アスカヤマ（飛鳥山）］は、532［飛鳥山］参照。［千住］は、129［ヒガンバナ］参照。

375 【菝葜（さんきらいばら）　コマバニモ】

サルトリイバラ。ユリ科。山野にはえるつる性の低木。西日本地方では葉を食べ物をつつむのに利用。救荒植物（根茎）。漢名は菝葜、また和山帰来とも呼び、中国産の真の山帰来の代用とした。真の山帰来（山奇粮、サンキライ）は、根を利尿薬、梅毒の薬、屠蘇散（126［オケラ］参照）の配合薬とするが、漢名は土茯苓といい、中国に産し、わが国には産しない。サルトリイバラの別名は、ウグイスノサルガキ（猿柿は山柿、渋柿のこと）、サルトリ、オホウバラ、エビイバラ、カキンバラ、ガンダチンバラ（『言海』明治二一年版）。同名異物に、400［雲実（さるとりいばら）］がある。［コマバ（駒場）］は、283［リュウノウギク］参照。

376 【白楊（やまならし）】

ヤマナラシ。ヤナギ科。山地にはえる落葉高木。材で箱をつくるのでハコヤナギの名がある。その他マッチのじく木、経木真田（経木を真田ひものように編んだもので、帽子などをつくる）、製紙原料とする。ヤマナラシとは、この木の葉が風にゆれてぶつかり音を出すから「山鳴らし」の名がついた。

377 【大蓼（せんにんさう）　王子ニモ歯ノ毒也】

センニンソウ。キンポウゲ科。山野の日なたにはえる多年草。仙人草。歯欠、牛の歯欠、牛不食、馬不食、馬の歯欠などの名がある。漢名は大蓼。有毒植物で、葉をもんで、できものの吸い出しとする。便槽へ投げ入れて蛆殺しとし、池や川に流して魚を採る。若葉を酢漬けとして食用にした（『草木名彙辞典』）。「王子」は、3「大麦」参照。

378 【鏨菜（きせわた）　長サキ村】

キセワタ。シソ科。山地や丘陵地の草原にはえる多年草。漢名は鏨菜。夏に淡紅色の唇形花を開く。その外側に白毛があるので「着せ綿」の名があるとか。着せ綿とは、薄い真綿を菊の花にかぶせ、霜除けとするもの。また重陽（旧暦九月九日）の時、その真綿で顔を拭き、身をなでると、老を忘れ歳をのばすという。「長サキ村」は、246「カタクリ」参照。＊絶滅危惧II類（絶滅の危険が増大している種）。＊都重要種。

《付記》　その他の場所で併記されているもの。「道灌山ノ産」の項では、201「フタバハギ」。

池袋下田ノ原

池袋村には、下田ノ原という小名（小字）は見当たらない。明治四二年の『地形図』を見ると、池袋本村、すなわち現在の池袋本町、池袋は高台で、その西、北、東を低地が取り巻いていた。池袋本村の西の長崎村（豊島区千川、千早、長崎）との境、また池袋本村の西北の下板橋村（板橋区）との境が、谷端川が流れていたところ。また、池袋村の北で、巣鴨村と接する現在のJR埼京線沿いと板橋駅のあたりも低地となっている。池袋本村の周囲の低地を、「池袋下田ノ原」と呼んだのではないか。

池袋下田風景。「雑司谷至堀之内路（ぞうしがやよりほりのうちへいたるみち）」の絵だが、台地の下の低地の様子が分かる。（『江戸名所花暦』）

379 【石薄荷（ひめはっか）】

ヒメハッカ。シソ科。湿地にはえる小形の多年草。ハッカと同じ芳香があるが、ハッカと同等な利用価値があるかどうかは不明。150「ハッカ」参照。＊都重要種。＊絶滅危惧II類（絶滅の危険が増大している種）。

380 【水生龍膽（りんどう）】

ホソバリンドウ。リンドウ科。水湿地

にはえる多年草。秋にリンドウとよく似た花を咲かせる。葉が細く先は尖る。131［リンドウ］参照。

381 【澤瀉一種（さじおもだか）】

サジオモダカ。オモダカ科。浅い水中にはえる多年草。分布は、ヘラオモダカが全国的なのに対して、サジオモダカは東北地方以北の寒地に特に多産するという（『水草の観察と研究』大滝末男著）。根茎の生薬名を澤瀉（沢瀉）といい、古来よりむくみ、脚気、暑気あたりなどの薬とする。薬剤の処方・品質等について標準を与えるための厚生労働省告示である「日本薬局方」に収載されている。別名「なまい、ななと、からおもだか」（『本草図譜』）。なお、澤瀉とは、オモダカの漢名でもある。ただし［尾久ノ原］にもサジオモダカの記載がある（419参照）が、［水澤瀉］という漢名を使い、漢名の混乱が見られる。＊都重要種。

382 【穀精草（ほしさう）】

ホシクサ。ホシクサ科。沼や水田にはえる一年草。星草。水玉草ともいう。［落合辺］にも記載あり（352参照）。＊都重要種。

383 【亜麻一種（まつばにんじん）】

マツバニンジン。アマ科。別名マツバナデシコ。河原や原野にはえる。花や葉の様子がナデシコに似る。中国では亜麻の種子（亜麻仁油）と同じように、種子から油をとる。茎の皮の繊維も亜麻に似るので、麻布、製紙原料としているという。マツバニンジンは、［志村辺ノ産］にも記載あり（337参照）。

384 【タカサゴサウ】

タカサゴソウ。キク科。日当りのよい草地にはえる多年草。［井ノ頭辺ノ産］にもあり。詳しくは、274参照。＊絶滅危惧II類（絶滅の危険が増大している種）。＊都重要種。

練馬邉（へん）

［練馬辺］とは、具体的に現在の練馬区のどのあたりを指しているのかは不明。『迅速測図』を見ると、石神井の三宝寺池より西は、海抜約五〇メートル程度の台地（現在の石神井台辺）がつづき、石神井川沿いに水田が多少見られるほかは、谷原村の長命寺の付近（高野台）は、海抜四〇〜四五メートル程度の一面の畑で、林が点在する。林には「松、杉、楢、雑（松や杉、楢など以外の樹木の林または混合林の意味か）」の文字が見られる。現在の春日町から向山にかけて豊島園、豊島城址がある。

385 【宮人草（なつすいせん）】

ナツズイセン。ヒガンバナ科。日本中部以北に自生するという。普通、観賞用に栽培する多年草。葉は晩秋に出て、夏に枯れる。八月ごろ、淡紅紫色の花を咲かせる。

386【天麻　大ミヤ　アスカ山ニモ】

オニノヤガラ。ラン科。山野の林中にはえる多年生の葉緑素をもたない菌植物。「鬼の矢幹」は茎が真っ直ぐに伸びるさまから名づけられた。別名「ぬすびとのあし」（『本草図譜』）ともいい、漢名は天麻。地下に肥大したイモがあり、これを少し蒸してから乾燥する。めまい、頭痛、中風、神経痛、腰脚の痛み、鎮静、鎮痙、強壮薬などに使用する。［大ミヤ］は、118ページ［堀ノ内大箕谷辺ノ産］参照。［アスカ山］は、532［飛鳥山］参照。＊都重要種。

387【水葺角（たねむ）】

クサネム。マメ科。漢名は田皁角。水田や湿地にはえる一年草。乾かして茶の代用とする。山扁豆（カワラケツメイ）を乾燥したハマ茶、マメ茶と同様な利尿の効果があるという。＊都重要種。

388【萍蓬草（かうほね）】

コウホネ。スイレン科。漢名は、萍蓬草。小川や池沼などにはえる多年生の水草。ハスよりも深い水深一〜二メートルのところに成育する。根茎は肥大する。漢方ではこれを川骨と呼び、産前産後の補養薬とする。＊都重要種。

《付記》その他の場所で併記されているもの。177［道灌山ノ産］の項では、イノコズチ。340［志村辺ノ産］の項では、エビヅル。420［尾久ノ原］の項では、ウリカワ。

東高野山

東高野山とは、練馬区高野台三丁目の谷原山長命寺のこと。妙楽院と号した。紀州の高野山にならい、太子堂その他の建物、石灯篭などを配置したことから、新高野、または東高野山と呼ばれた。『江戸名所図会』に「練馬長

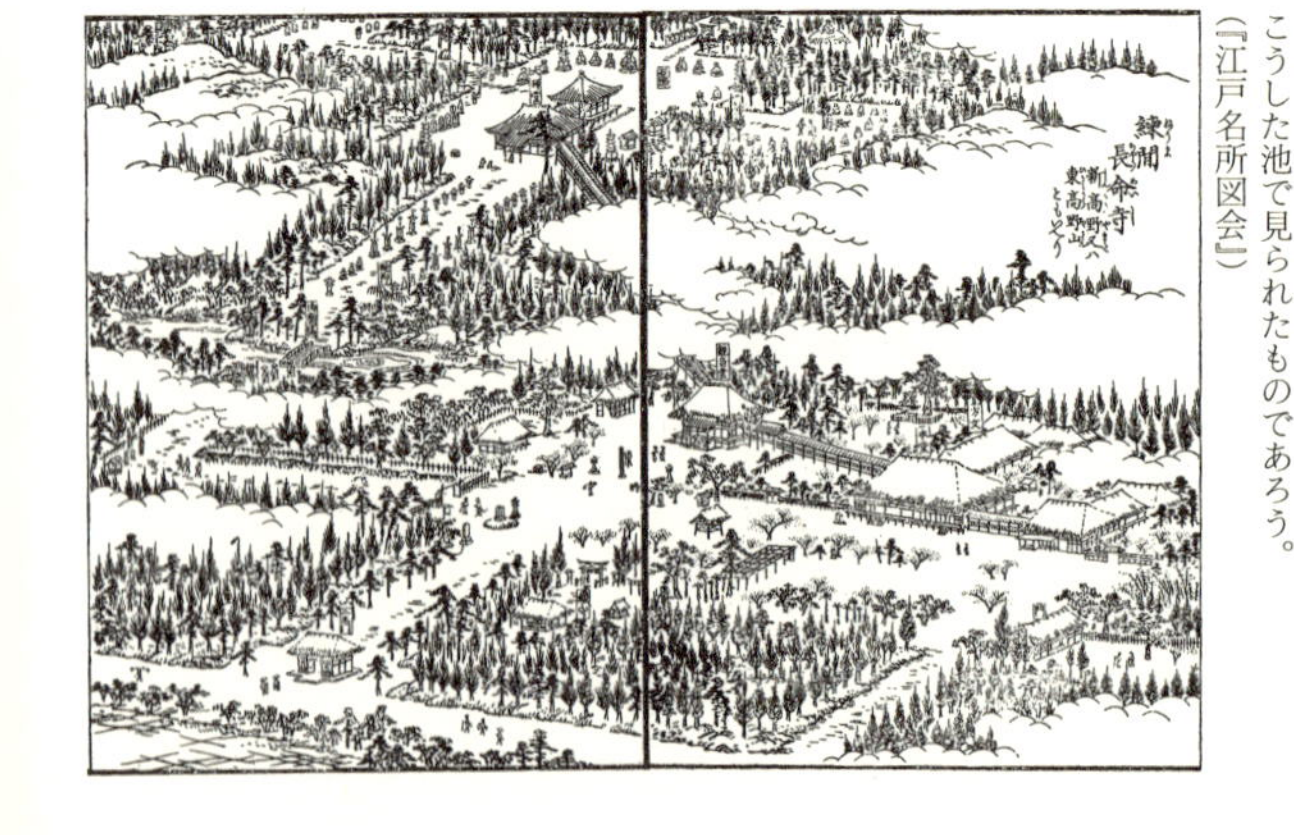

練馬・東高野山風景。練馬の谷原山長命寺は太子堂や石灯篭などを配し、紀州の高野山を模し、東高野山、新高野とも呼ばれた。左中央に、池や流れも見える。392［ミツガシワ］が書き上げられているが、こうした池で見られたものであろう。（『江戸名所図会』）

命寺」の挿絵がある。林の中に、建物や池、灯籠が配置されている様子がわかる。

389【ウマセリ　大ミヤ道ニモ】
トウキ。セリ科。ニホントウキという。よい香りのする多年草。日本原産で、本州で栽培する。冷え性、血行障害など、また、強壮、鎮痛、鎮静薬として頻繁に用いる。［大ミヤ道］とは、「大ミヤ（大宮）」への道という意味で、大宮は杉並区大宮。『迅速測図』には、練馬区高野台三丁目の谷原山長命寺から、ほぼ真南に下り、中野区上鷺宮、杉並区阿佐ヶ谷、青梅街道へ出て、堀之内、大宮への道が見られる。

390【梅バチサウ】
ウメバチソウ。ユキノシタ科。山の日当りのよい湿地にはえる多年草。白色の花の形が梅鉢の紋（ひとえの梅の花をかたどった紋章）に似ていることから、梅鉢草という。

391【石蕊（しらこけ）】
ハナゴケ。ハナゴケ科。高山、寒地に普通な樹上地衣類。その中の一種は低地や海岸の松林に生ずる。漢名は石蕊。強壮、解熱に用いる。茶の代用とする。

392【睡菜（みつばかうほね）】
ミツガシワ。ミツガシワ科。山地の沼や湿地にはえる多年生の水草。漢名は睡菜。睡菜とは、食べると眠気を催すからとする説がある。葉は、「睡菜葉」といい健胃剤。東京では三〜四月に開花。ミツガシワは、代表的な寒地植物で、日本では関東以北の山地に多く、暖地の平地では極めてまれ。三宝寺池（東京都練馬区、ただし絶滅）、深泥池（京都府京都市北区）、中国地方や大分県の山地にあるものは、約一万年前に終わる最終氷期からその地域に残存する植物（遺存植物）として、注目されている。＊都重要種。

393【ヘラノキ】
シナノキ。シナノキ科。山地にはえる落葉高木。花は発汗、果実は止血、樹皮の粘液は火傷、切り傷の薬とする。樹皮は布、縄の材料、製紙原料ともなる有用な樹木。ヘラノキとシナノキは本来は別種であるが、シナノキの別称としても使う（『広辞苑』）。『本草図譜』の挿絵でシナノキであることを確認。

《付記》その他の場所で併記されているもの。［堀ノ内大箕谷辺ノ産］の項では、249アマドコロ、258ヤブコウジ。

野火留平林寺

野火留（止）は、現在の埼玉県新座市にあり、野火止用水が掘られてから開拓し、野火止新田と呼ばれた。野火止用水（伊豆殿用水）は、承応（一六五二〜五五）年間、知恵伊豆の松平伊豆守信綱が川越城主の時に掘られた。玉川上水から小平で分けられ、野火止を通り、荒川の支流の新河岸川に注ぐ。平林寺は、臨済宗の金鳳山平林寺。松平伊豆守の墓があり、寺領は六万坪。寺の後ろの方は樹木が生い茂り山峰のごとくであった（『大日本地名辞書』）。川越街道付近が海抜三〇～三五メートルなのに対して、平林寺付近は約四五～五〇メートル。『迅速測図』には、林と畑が半々、林には薪や木炭の材料とする楢（コナラ）、松（アカマツ）、その他に杉、雑樹などが見られる。

平林寺風景。
昭和三〇年代、川越街道の膝折から坂を上り、
南（左）へ入ると
平林寺の木立ちが見えた。
（『江戸名所図会』）

394
【蔄蒿（もみぢさう）】
モミジガサ。キク科。山地の林下にはえる多年草。若苗を食用とする。その名は、葉がモミジの葉の形で、傘に似ていることから。

395
【エビ根】
エビネ。ラン科。林や竹やぶにはえる多年草。地下茎がつらなる形をエビに見立てて海老根という。最近、宅地造成や栽培のための採取により、極めて減少した。＊絶滅危惧II類（絶滅の危険が増大している種）。＊都重要種。

396
【カモメヅル　小葉ハ志村ニモ】
オオカモメヅル。ガガイモ科。山地にはえるつる性の多年草。小葉とはコバノカモメヅル。ガガイモ科。やぶや原野などにはえるつる性の多年草。ともにガガイモの実を細長くしたような袋状の実をつけ、種子には絹糸状の毛がある。［志村］は、142ページ「志村辺ノ産」参照。

397
【マツカゼサウ】
マツカゼソウ。ミカン科。本州（関東以西）、四国、九州の山地にはえる多年草。秋に枝先に多数の白い小さな花をつける。葉には一種の匂いがあるが、用途などは不明。

398
【防已（かうもりかつら）】
コウモリカズラ。ツヅラフジ科。各地の山際などにはえる落葉木本性のつる。中国では、コウモリカズラの根茎を山豆根（北豆根）といい、鎮痛、解毒に用いる。なお、近い種類のアオツヅラフジを木防已（217参照）、ツヅラフジを俗に漢防已といい鎮痛、消炎、利尿に用いる。

399
【烏臼ノ一種(志らき)】
シラキ。トウダイグサ科。烏臼は、中国原産のナンキンハゼ(トウダイグサ科)のことで、ハゼノキの代用として、果実から脂肪を採り、ローソクの原料とした。［烏臼ノ一種］とあるのは、［志らき(シラキ)］はこのナンキンハゼに近い種であるから。材が白いことからシラキの名がある。

400
【雲實(さるとりいバら)】
ジャケツイバラ。マメ科。漢名は、雲実。山野や河原にはえる落葉低木。初夏のころ、花弁が五枚の黄色の美花を開く。『本草図譜』に「雲実　はまささげ(和名抄)　じゃけついばら(大和本草)さるとりいばら(水戸・泉州)まめいばら(遠州)」と地方名などをあげている。ジャケツイバラの種子を、下痢どめ、駆虫薬とする。［鼠山ノ産］にある「和山帰来」と呼ぶ、同名の375［サルトリイバラ］は、ユリ科の植物でこれとは別物。

尾久ノ原

［尾久ノ原〈おぐのはら〉］は、桜草の名所である。現在の荒川区西・東尾久のどのあたりかは不明。荒川沿いの低地の尾久全体を指したとも考えられる。尾久には「秣場」や「原」の地名もあり、そうしたところにサクラソウが育ったのだろう。サクラソウは、荒川と深く関係していた(570および227ページ余話5「サクラソウの話」参照)。ただし、この［尾久ノ原］の項にはサクラソウの記載がない。尾久から荒川の約二〇キロ上流に、天然記念物の田島ヶ原の桜草自生地(さいたま市・旧浦和市)があり、昔の［尾久ノ原］の植物が今も多く見られる。［尾久ノ原］の植物目録には、絶滅危惧種や東京都重要種に指定されているものが多い。尾久はシラウオの産地(816参照)。

401
【苦参(くらら)　目黒辺ニモ】
クララ。マメ科。山野の草地にはえる多年草。クララの根を漢方で「苦参」と呼び、健胃、利尿、解熱、鎮痛、駆虫薬として用いた。また、農業用殺虫剤として、牛馬の寄生虫駆除に利用。［目黒辺］は、130ページ［目黒辺ノ産］参照。

402
【爵状(ゆきミさう)　スサキニモ】
ミゾコウジュ。シソ科。やや湿った道ばたにはえる越年草。中国では感冒の発熱、下痢、赤痢、肝炎などに用いるという。わが国では全草をつき砕いてリュウマチ、痛風などに患部へ塗布したり、浴湯料とする。［スサキ］は、洲崎(江東区内)であろう(168ページ［洲崎］参照)。なお、須崎は現在の墨田区向島四、五丁目のそれぞれ一部をいった。＊準絶滅危惧種（存続基盤が脆弱な種）。＊都重要種。

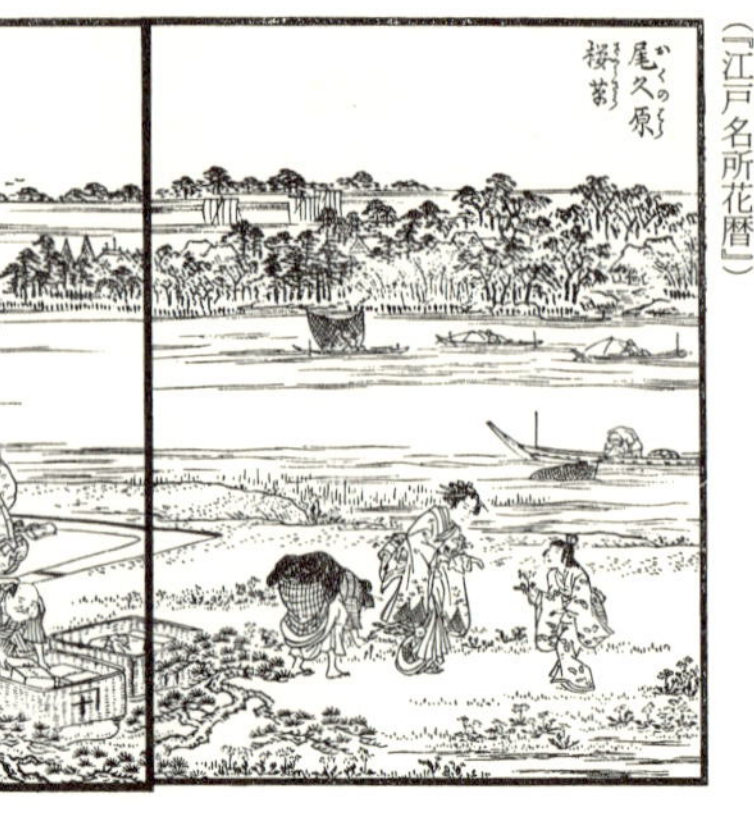

尾久ノ原風景。
荒川の岸辺に酒肴をならべて景色を楽しみ、
桜草を摘む人々。
川面には、行き交う船や四つ手網で白魚をとる船。
だが、『江戸名所花暦』は
桜草は「今は尾久の原になし」と断り、
野新田(やしんでん)の原を紹介。
尾久の桜草は採り尽くされていた可能性もある。
(『江戸名所花暦』)

403 【小葉石竜芮(ひめきんばい)】

ヒキノカサ。キンポウゲ科。原野の湿ったところにはえる小型の多年草。一名コキンポウゲ。春に黄色の花を開く。ヒキノカサとは、その花を「ひきが使う傘(かさ)」に例えた。ひきとは蛙のこと。石竜(せきりゅう)(龍)芮(ぜい)とは、タガラシ(キンポウゲ科)のこと。＊絶滅危惧II類(絶滅の危険が増大している種)。

404 【ハナヤスリ】

シダ植物。ハナヤスリ科の仲間。いくつかの種があるので特定はできない。この仲間は、中国では肺炎、喀血、黄疸、胃痛に用いる。

405 【薺(なづな)　三河シマ】

ナズナ。アブラナ科。道ばた、田畑に多い越年草。俗にペンペングサ。春の七種(ななくさ)の一つとして有名。民間で、全草を利尿、解熱薬、止血薬として用いる。全草を乾燥して煎(せん)じた汁で眼を洗う。花を床下に入れて置くとノミが来なくなるとも。「三河シマ(島)」は、荒川区荒川。漬け菜の名産地。29「箭幹菜(つけな)」、838「メダカ」参照。

406 【砕米菜(たがらし)　三河島　谷中】

タネツケバナ。アブラナ科。タネツケバナは、休閑期の水田、畑、河川敷など湿ったところに多い。イネの種籾(たねもみ)を水に漬けるころ開花するので、種漬花(たねつけばな)の名がある。「砕米菜〈さいまいさい〉」は、砕け米をまいたように小さな花を咲かせる様子から。またレンゲにも当てられる文字。「たがらし」は、キンポウゲ科のタガラシとは同名だが、別物。「随地有之類」の480「石龍芮(どぶたがらし)」参照。「三河島」は、荒川区荒川。29「箭幹菜(つけな)」参照。「谷中」は、現在、荒川区東日暮里五丁目地域の谷中本村のことで、三河島の地続き。高台の台東区谷中ではない。57「ショウガ」参照。

407【青蒿（のにんじん）　カキガラ山】

カワラニンジン。キク科。畑や川岸、荒れ地などにはえる越年草。中国からの帰化種と考えられている。青蒿は漢方でよく使われる解熱剤。近い種にクソニンジンがあるが、漢名は黄花蒿、強い臭気がある。路傍や、荒れ地に多い一年草。「カキガラ山」は、137「ルリソウ」、858「かきがら塚」参照。＊都重要種。

408【蒴藋（そくづ）　根ギシヘン】

ソクズ。スイカズラ科。一名クサニワトコ。山野にはえる粗大な多年草。しばしば群落をつくり、茎は高さ一・五メートルになる。漢名は蒴藋。葉は乾燥して浴湯料、薬用（リュウマチに用いる）とする。「根ギシヘン〈根岸辺〉」は、現在の台東区根岸のこと。327「ミズハコベ」、676「御行の松」参照。

409【沙苑蒺藜（れんげさう）　ヤシン田ニモ】

レンゲ。マメ科。中国原産の越年草。水田で栽培し、そのまますき込み肥料（緑肥）とする。または道ばたに野生化する。ゲンゲともいう。漢名は紫雲英、また翹揺。沙苑蒺藜という名は、あまり使わないようである（蒺藜はアカザのこと）。薬用として、利尿、解熱に使う。若芽、葉や花は食用。「ヤシン田（野新田）」は、569「野新田」参照。

410【紫花地丁（すみれ）　玉川ニモ】

スミレ。スミレ科。『本草図譜』の挿絵により、「紫花地丁〈しかじちょう〉」は、標準和名のスミレと確認できた。スミレの仲間は「菫々菜」と総称されるが、どれも根を乾燥し煎じて下剤とし、根をすりつぶし酢と練り合わせおできに用い、種子は香辛料ともした（313「タチツボスミレ」参照）。ついでながら、尾久のすぐ下流の荒川の岸辺に「荒木田の原」があった。『江戸名所花暦』に「荒木田の原　千住と尾久のあいだの原、おびただしきすみれ也。前は川にのぞみて絶景の地なり。春は遊客、酒肴をもたらしきたって興すること、日の西山に傾くをしらず」とある。荒木田の原は、三河島村字荒木田のことで、現在の荒川区町屋八丁目付近を指す。三河島村では、毎年スミレ、タンポポを将軍家や寛永寺へ献上した（『荒川区史』）。「玉川」は、127ページ「多摩川辺ノ産」参照。

411【扯根菜（たこあし）】

タコノアシ。ユキノシタ科。野原の湿地にはえる多年草。別名サワシオン。漢名は俗に扯根菜。八〜九月ごろ茎の先に数個の枝を出し、枝の片側だけに淡黄白色で、花びらのない花を多数つける。その様子は、吸盤のついたタコの足そっくり。分類は、ベンケイソウ科とする説もある。＊絶滅危惧II類（絶滅の危険が増大している種）。＊都重要種。

412 【酸模（すかんぽ）　麻布ニモ】

スイバ。タデ科。原野、道ばたに見られ、酸味がある。ギシギシよりも小型。酸性土壌の指示植物として有名。欧米では葉を食べる。葉と茎の汁を絞りタムシにつける。花を乾燥して煎じると健胃剤。「すいば（酸葉）」は、「すきは」の音便、古名は「すし」。「し」とは、ギシギシの古名の「羊蹄（し）」である（472［ギシギシ］参照）。イタドリの漢名として酸模を用いることがある（439［イタドリ］参照）。［麻布］は、322［ツルドクダミ］参照。

413 【節々菜（かはらとくさ）】

イヌドクサ。トクサ科。シダ植物。工芸に使うトクサの仲間。河原の砂礫地などにはえる。『本草図譜』には、「かはらとくさ」について「武州豊島郡水辺砂地にあり……麻黄〈まおう〉に代用〈かわりもちいる〉べし」とある。麻黄（マオウ科）は、日本に自生はなく中国に産し、主成分はエフェドリンで、気管支喘息、百日咳などの鎮咳剤（塩酸エフェドリン）の原料とされる。イヌドクサは麻黄とは全く無関係で麻黄の薬効はないが、中国でもイヌドクサやスギナを麻黄の代用、または偽物としたという。

414 【綬草（もじずり）】

ネジバナ。ラン科。野原や草地に普通な多年草。五〜七月ころ花茎を伸ばし、多数の小さな花が横向きにならび咲くが、花がねじれてつくのでその名がある。右巻き、左巻き、全くねじれないものもある。別名もじずり。もじずりとは、忍捩摺という染め物のこと。陸奥国（福島県）の信夫郡にかけていう時に使われる言葉。ネジバナ（ラン科）の花茎のねじれることを、模様のねじれる忍捩摺にかけて、もじずりの名がある。「みちのくのしのぶもぢずり誰ゆえに乱れむと思ふ我ならなくに」（河原左大臣源融『古今集』）。［綬草〈じゅそう〉］の「綬」とは「組みひも」、「官位を表す印や佩玉をつるすひも」の意味で、花茎を組みひもに見立てた。

415 【三白草（はんげさう）】

ハンゲショウ。ドクダミ科。低湿地に生ずる多年草。一種の臭気がある。カタシログサの名のとおり、花期になると茎上部の葉の下半分が白くなる。民間で葉を利尿薬として内服する。＊都重要種。

416 【丁子草】

チョウジソウ。キョウチクトウ科。河原などの湿った草地にはえる多年草。五月ごろ、紫色の花を開く。チョウジソウ（丁子草・丁字草）の名は、花の形が香料のチョウジ（フトモモ科）すなわちグローブに似た草であることからという。＊絶滅危惧II類（絶滅の危険が増大している種）。＊都重要種。

417 【磚子苗（くぐ）　本所ニモ】

カンエンガヤツリ。カヤツリグサ科。湿地にはえる大型のカヤツリグサ。岩崎常正（灌園）は『本草図譜』に、この草が上野の不忍池に多いことを挿絵入りで記した。このことから、後世にカンエンガヤツリの名が残った。『本草図譜』には「水莎草〈すいしゃそう〉　救荒本草〈きゅうこうほんぞう〉　磚子苗〈せんしびょう〉注」とある。この意味は「『救荒本草』という本に、磚子苗とあるのがこの草である」ということであろう。それで『武江産物志』には「磚子苗」と記したと考えられる。現在は荒川の各地に見られるが、新しい浚渫土砂置き場などに先駆的に発生し、数年後に他の植物が茂ると姿を消すことが多い（876［シギ］参照）。［本所］は、166ページ［本所辺］参照。なお、この［磚子苗（くぐ）］はシオクグ（別名はハマクグ）とする説（檜山庫三説）もあるが、シオクグは、海水の出入りする海浜の湿地にはえる。江戸川河口の葛西村で、オオクグとともに「クグ縄」の材料とした（『南葛飾郡誌』南葛飾郡役所発行、大正一二年）。尾久や本所はそれに比べて、上流すぎるのではなかろうか。＊カンエンガヤツリは絶滅危惧II類（絶滅の危険が増大している種）。＊都重要種。

418 【三稜（ミくり）　不忍池ニモ】

ウキヤガラ。カヤツリグサ科。沼沢地にはえる多年草。高さ約一・五メートル。浮矢柄の名は、冬、枯れた茎が水に浮く様子を、矢柄に見立てた。この［三稜〈さんりょう〉（ミくり）］は、現代の和名のミクリ（ミクリ科）とは同名異物である。古来、「みくり」という言葉は、ミクリ科のミクリ（近縁のナガエミクリなども含めて）と、カヤツリグサ科のウキヤガラ（荊三稜）の二つの別の植物を指した。『枕草子』の「みくりのすだれ」の「みくり」とは、ウキヤガラとする説が有力。ウキヤガラは、その塊茎を民間療法で「三稜」、「荊三稜」と呼び、通経、催乳の薬とした。ミクリ（ミクリ科）は、320［黒三稜（がば）］参照。［不忍池〈しのばずのいけ〉］は、75［藕（はすのね）］、598［不忍池］参照。ウキヤガラは、＊都重要種。

419 【水澤瀉（さじおもだか）　千住】

サジオモダカ。オモダカ科。浅い水中か水田などにはえる多年草。［池袋下田ノ原］にも記載あり。詳しくは381参照。［千住］は、129［ヒガンバナ］参照。＊都重要種。

420 【ウリカハ　千住　ネリマニモ】

ウリカワ。オモダカ科。池のふちや水田にはえる多年草。葉が、むいたウリの皮に似ていることからウリカワの名がある。中国では、民間で喉の痛みに内服することがあるという(『本草図譜総合解説』)。[千住]は、129[ヒガンバナ]参照。[ネリマ(練馬)]は、153ページ[練馬辺]参照。＊都重要種。

421 【破銅銭(たのじも) 三河島 千住】

デンジソウ。デンジソウ科。シダ植物で、池沼に生じ、根は水底にあり、茎や葉を水上に伸ばす抽水性の多年草。田字藻、田字草とは、一枚の葉が小さな葉(小葉)四枚に分かれているのを田の字に見立てた。ウォータークローバー、また、かつみ(マコモの古名とは別)(『言海』)、かたばみも、四葉菜ともいう。地下茎と胞子で繁殖する。全国的に分布するが、量は少なく珍しい水草とされる。一時的に水が干上がっても耐える。中国では、全草を乾燥して利尿、解毒、止血などに用いる。[三河島]は、荒川区荒川。漬け菜の名産地。29[箭幹菜(つけな)]参照。[千住]は、129[ヒガンバナ]参照。＊絶滅危惧II類(絶滅の危険が増大している種)。＊都重要種。

422 【品字モ 浅草ニモ】

ヒンジモ。ウキクサ科。ヒンジモは、現在では野生状態を見た人は少ないという珍種。池や沼の水中に生じ、漂う。葉状体(俗にいう葉)は偏平で、長さ七～一〇ミリ、三片が品の字状につくのでこの名がある。冷たい清らかな水が年間を通じてあり、木陰などが適当にある環境を好む。文政年間(一八〇〇年初頭)の尾久、浅草にそのような自然環境があったという貴重な証拠である。尾久には、石神井川用水のほかに、道灌山の台地からの湧き水があったかも知れない。[浅草]は、台東区東部の低地地域。『迅速測図』を見ると、浅草寺(台東区浅草公園)の西や北には水田が広がり、浅草たんぼ(878参照)と呼び、また、吉原周辺(現在の千束、浅草五丁目、竜泉など)も吉原たんぼと呼ばれた。＊絶滅危惧危ⅠB類(近い将来における野生での絶滅の危険性が高いもの)。＊都重要種。

423 【大巣菜(のゑんどう) 道灌ニモ】

カラスノエンドウ。マメ科。日当りのよい草地にはえる越年草。豆のさややや若い茎や葉は、くせがなく食べられる。[道灌(道灌山)]は、97ページ[道灌山ノ産]参照。

424 【合子草(ごきづる) 三河島】

ゴキヅル。ウリ科。水辺地に普通な一年生のつる草。中国では民間で水腫などに用いるという。別名「よめがさら(嫁が皿)」という(『言海』)。「よめのわん」(『広辞苑』)。「ごき」とは、合器、御器の意味。食事を盛るふたつきの椀のこと。実が熟すとふたつきの椀のように、上下二つに割れる。[三河島]

は、29［箭幹菜(つけな)］参照。

425 【蘿藦(ががいも)　千住ニモ】

ガガイモ。ガガイモ科。原野にはえる多年草のつる草。秋に小さなバナナのような形の実がなり、乾燥すると、中から綿毛のついた種子が出る。漢名は蘿藦。種子(蘿藦子)を粉末として飲む(強精、強壮薬)。茎と葉の絞り汁は虫刺されに用い、葉を乾かしたものを火でいぶして防臭剤、実の毛は止血に使うほかに、印肉や針挿し(針山)の綿の代用とする。別名蛇頭草、かがみ、ちがいも、くさぱんや、とんぼのち。［千住］は、129［ヒガンバナ］参照。

426 【赤楊(はんのき)】

ハンノキ。カバノキ科。湿地を好んではえる落葉高木。高さ一七メートル、径六〇センチに達する。漢名は赤楊のほかに「榛」を当てる。和名はハリノキの音便。埼玉県狭山市の入間川の河原から一〇〇万年以上前のハンノキの実の化石が発見されている。植林され、刈り取った稲を干す稲架とされた。樹皮と果実は染料、材は薪、建築および器具用。なお、ハンノキの財産的価値は、三河島村植木屋七郎兵衛の売却記録(223ページ余話3「園芸と植木屋のこと」)参照。尾久の下流の荒木田(荒川区町屋の一部)の荒川岸には、有名な「はんのき山」があった。護岸だけでなく、水防林とも考えられる。「山」とは、雑木林の意味(124ページ［井ノ頭辺ノ産］参照)。昭和一〇年の『東京の植物を語る』(伊藤隼著・文啓社書房)によると「武蔵野の東郊から北郊にかけては、畦畔(あぜのこと)は勿論、畑地の周囲にも榛を見ない所はない」ほど多かったが、現在では水元公園(葛飾区)、石神井公園(練馬区)、秋ヶ瀬公園(埼玉県さいたま市)のほかには、ほとんど見ない。ハンノキは、ミドリシジミの食樹である。＊都重要種。

427 【土欒樹(ごましほのき)　志村ニモ】

ゴマギ。スイカズラ科。山地や原野にはえる落葉小高木。湿った土地を好む。葉や枝を傷つけるとゴマの香りがする。五月ごろ白色の小花を密につけ、実は秋に赤く熟す。［志村］は、142ページ［志村辺ノ産］参照。＊都重要種。

428 【合歓(ねむのき)】

ネムノキ。マメ科。材は胴丸火鉢、げたの歯に使用。樹皮は打撲傷、駆虫に使う。二次林によくはえる。海岸砂防用に植林する。ネムノキの開花は、各地の梅雨明け時期とほぼ一致して北上し「梅雨明けの目安」といわれる。

429 【山榮樹(かんぼく)　金杉　日暮里ニモ】

カンボク。スイカズラ科。肝木。落葉低木でアジサイに似る。材は総楊枝とした。総楊枝は、先端を打ち砕いてふさにした楊枝で、現在の歯ブラシのようなもの。カンボクは、全国のブナ帯から上の山地の湿った場所にはえる。本来は山地性のものだが、オニグルミ、ハンノキ、サクラソウなどと同様に下流へ流されて来たものであろう。総楊枝の材料として多く植えられたことも考えられる。『日本産物志』(明治六年)の道灌山での目録にも記されている。[金杉]は、現在の台東区根岸の一部、ならびに荒川区東日暮里の一部。同じ金杉村が、明治以降、石神井川用水を境に台東区側と荒川区側に分かれた。676[御行の松]参照。[日暮里]は、新堀村(荒川区西日暮里)のことだが、「ひぐらしの里」と称し「にいほり」に「日暮里」の字を当てた。179[カニクサ]参照。＊都重要種。

《付記》その他の場所で併記されているもの。[多摩川辺ノ産]の項では、285ハマハタザオ。[志村辺ノ産]の項では、338シロネ。

隅田川邉

隅田川とは、荒川の下流部の俗称で、隅田村(現在の墨田区墨田、堤通辺)付近より下流を指した。また浅草川、宮戸川、大川とも呼ばれた。隅田川は、江戸の入り口に右岸の日本堤、左岸の隅田堤が配置されたが、それより下流には堤防はなかった。幕府が、舟運を重視したからと思われる。上流からの洪水は、逆ハの字状に配置されたこの二つの堤防が漏斗の役割をして調節された。それより上流の地域は、洪水時には遊水地としての役割を担っていたのである。

430

【雞児腸(よめな)　千住ニモ】

カントウヨメナ。キク科。花は紫白色の代表的なノギクの一つ。土手、畔道などに群生する。早春の摘み草の代表でもある。よめなごはん、おひたし、あえものなどにする。民間で全草を乾燥し、利尿、風邪熱に用いるという。[千住ニモ]は、129[ヒガンバナ]、26[豌豆(えんどう)]参照。

431

【ツボクサ　堤】

ツボクサ。セリ科。道ばたや野原などにはえる多年草。チドメグサに似るが、大型で全草に毛がある。一名「クツクサ」は、葉の形が馬のわらぐつに似ているため。中国では積雪草と呼ぶ。薬としての利用は不明。[堤]は、隅田川の左岸(上流から見て左側)の隅田堤のことと思われる。現在、墨堤通りとなっている。

432

【馬鞭草(くまつづら)　木下川ニモ】

クマツヅラ。クマツヅラ科。道ばたや野原にはえる多年草。全草を月経不順、婦人病に用いた。民間で全草の生汁、煎汁を皮膚病、腫瘍に外用する。中国の『中国薬典』(一九七七)によれば、多くの薬効が認められ注目されている

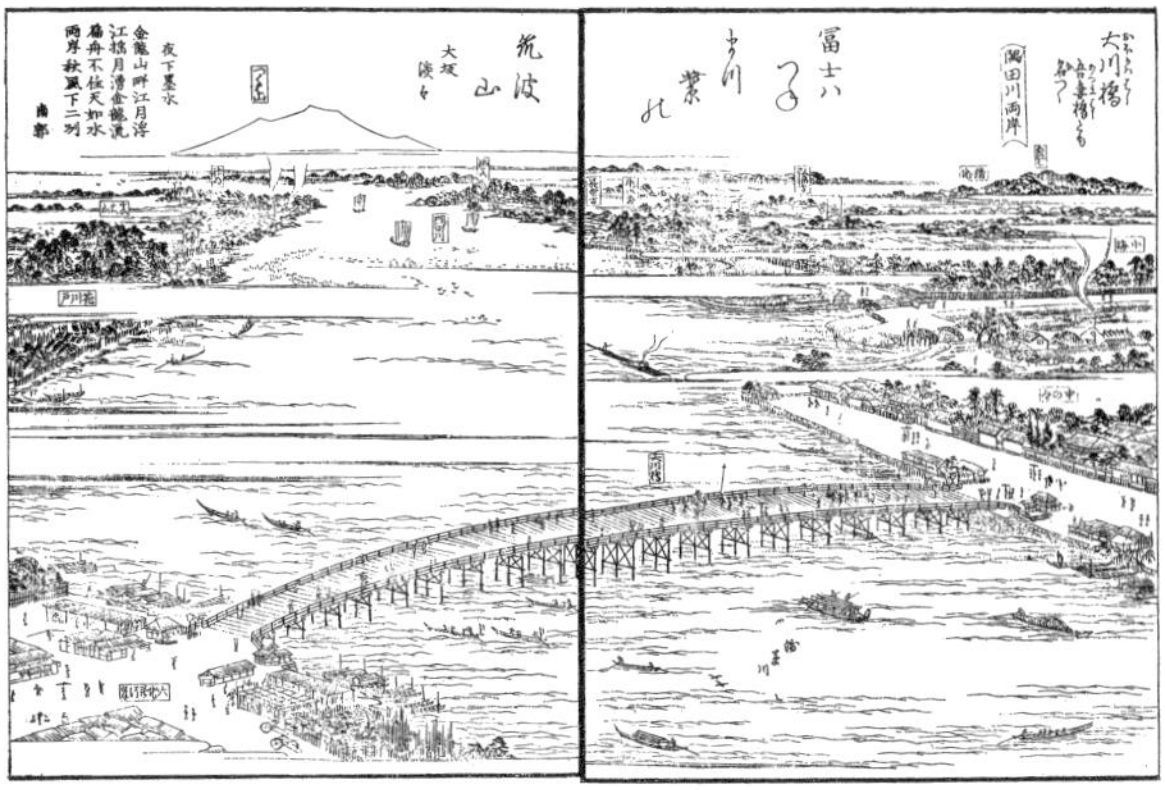

隅田川両岸。
吾妻橋（あづまばし）の下流から上流方向を眺めた。
左奥に筑波山、
左の岸辺から立ちのぼる煙は今戸焼の窯。
左に待乳山、花川戸、絵の外だが
その左が浅草観音。
橋の右側、絵の右の土手は、上流につながり
隅田堤（すみだづつみ）となる。
（『江戸名所図会』）

という（『本草図譜総合解説』）。［木下川〈きねがわ〉］は、276［ヒツジグサ］、592［カキツバタ　木下川薬師］参照。

433【筆頭菜（つくし）　スガモ　谷中ニモ】

スギナ。トクサ科。シダ植物で、漢名は問荊（もんけい）。胞子茎がツクシ。スギナの根と茎を煎（せん）じて利尿薬とする。水腫、腎臓病に飲む。肋膜炎にもよい。［スガモ〈巣鴨〉］は、331［ムカゴイラクサ］参照。［谷中］は、57［生薑］および、309［サワギク］、530［感応寺　谷中］参照。

434【透山根（はなわさび）　アヤセ川　大毒アリ】

ドクゼリ。セリ科。有名な有毒植物。地上部が食用のセリに似るので、春先の山菜採りで誤って採り、食べて中毒することがある。その根茎（こんけい）は太く、延命竹（えんめいちく）、万年竹（まんねんちく）などと称して縁日などで売られた。別名オオゼリ、オニゼリ、芹葉鉤吻（きんようこうふん）。321［キケマン］参照。［アヤセ川〈綾瀬川〉］は、埼玉県桶川市から、東京都葛飾区東四つ木まで、延長四七・六キロの一級河川。古くは元荒川から分かれて流れ出る一支流であったが、慶長年間（一五九六〜一六一四）に備前堤がつくられ、元荒川から切り離された。その後、下流を直線に改修して、今の墨田区墨田の鐘が淵（かねがふち）で隅田川と合流していた。荒川放水路の開削（かいさく）に当たって、放水路の左岸に沿わせ、中川に合流させた。残りの旧綾瀬川は、荒川（放水路）と隅田川とをつなぐ隅田水門に残る。綾瀬川は、排水路でしかも東京湾の干満の影響を受ける感潮河川で塩分を含み、水田の用水には使えなかったが、舟運（しゅううん）による下肥（しもごえ）や野菜、日用品の運搬に利用された。現在では水質汚染で日本一の悪名高い川となっている。835［フナ］、886［モズ］、912［エナガ］、933［カワウソ］参照。

435【忍冬（すいかづら）　道灌ニモ】

スイカズラ。スイカズラ科。漢名は忍（にん）

冬。花は芳香があり、中国茶にしばしば用いる。花と葉を乾燥して、煎じて利尿、解熱剤として使われる。イチモンジチョウの食草である。「道灌（道灌山）」は、97ページ「道灌山ノ産」、185ページ余話3「道灌山と上野の話」参照。

本所邉

本所は、隅田川の東岸、現在の墨田区のうち、およそ吾妻橋から両国橋の間の、旧本所区に相当する地域（横十間川より西）。両国橋が万治二（一六五八）年にかけられて、旗本が多く住み、町家も多くなると、享保のころ（一八世紀初め）より町域に組み入れられた。『迅速測図』を見ると、亀戸村（江東区）はほとんど水田なのに対して、本所は市街地となっている。しかし、池が多く、湿地帯である様子がうかがえる。「本所辺」の植物は、池や川岸、湿地にはえるものが多い。

436
【香附子（はますげ）　田バタニモ】

ハマスゲ。カヤツリグサ科。日当りのよい砂地や原野などにはえる多年草。クグとも呼ぶ。塊根を香附子という。これを煎じて胃痛、腹痛、月経痛に用いる。また、シソ、陳皮（ミカンの皮）と混ぜて風邪に用いる。「田バタ」は、およそ北区田端、田端新町、東田端の地域。道灌山の続きの台地とその下の低地を含む。

437
【ミヅ防風　利根川　目黒ニモ】

ミズワラビ。ミズワラビ科。シダ植物。水田、沼地などの水中、湿地にはえる一年草。食用となる。ミズシダ、ミズニンジンの名がある。「ミヅ防風」の防風とは、セリ科の多年草で、中国原産の薬草。発汗、解熱、せき止めに用いる。葉は羽状に裂ける。（447「ハマボウフウ」参照）。ミズワラビの水中の葉（水中葉）は、切れ込みがないか、あっても少ないが、空中に出ている葉（気中葉）は裸葉（栄養葉・生殖器官に変形しない葉）と実葉（胞子を生ずる葉）ができ、実葉は切れ込んで羽状に分裂する。これを防風の葉に見立て「ミヅ防風」と名づけたらしい。この葉をウイキョウに見立て「水ウイキャウ」の名もある（453「ミズワラビ」参照）。「利根川」は、現在の江戸川のこと。利根川の東遷（銚子への流路変更）により、太日川（渡良瀬川）の下流部を整備して江戸川とした（これをしばしば利根川と呼んだ）。銚子から利根川を上り、関宿から江戸川を下って江戸湾に至る重要な航路。「目黒」は、130ページ「目黒辺ノ産」参照。＊都重要種。

438
【蚕繭草（さくらたで）　カメ井ド】

サクラタデ。タデ科。漢名は蚕繭草。田の畦など水辺にはえる多年草。八～一〇月ころ花穂を出し、淡紅色でサクラの花に似た花を開く。雄雌異株。

民間で虫刺されに茎や葉をもみつぶしてつける。これに似たシロバナサクラタデは、花は白色小形。［カメ井ド（亀戸）］は、江東区亀戸のこと。本所の西にある。『迅速測図』によると、本所は市街地として区画されているが、亀戸村は、亀戸天神の周辺に村落があるほかは、ほとんどが水田である。＊都重要種。

439【虎杖（いたどり）　同上】

イタドリ。タデ科。山野のいたるところにはえる多年草。漢名は虎杖。若芽は食用になる。根を、虎杖根といい、鎮咳薬（せき止め）、利尿薬として使う。「いたどり」とは、「痛みをとる」からという。イタドリのなかで、花が紅色で美しいものは、つきみぐさ、めいげつそう、べにいたどりと呼ばれ、観賞用に栽培される。イタドリの別名は、たんじ、さいたな、古名をたじい、さいたづまという。［同上（亀戸のこと）］

は、438［カメ井ド］参照。

440【水鼈（ちゃんちゃんも）　車坂下ニモ】

トチカガミ。トチカガミ科。富栄養の池沼や溝にはえる多年草。和名のトチカガミとは、スッポンの鏡の意味。トチとは、ドチ、すなわちすっぽん（鼈）のこと。カガミとは、鏡（銅鏡）のことで、葉が昔の銅鏡に似ているから。中国では「馬尿花」と呼び薬用とする。［車坂下］は、現在の東上野付近。上野の山から降りる車坂があり、その下を下谷車坂町といった。＊都重要種。

441【芡實（かミはす）　小梅　中山】

オニバス。スイレン科。池沼にはえる一年草。一属一種、東洋の特産種。ミズブキ、ジゴクノカマノフタとも呼ばれる。強壮剤、また利尿、腰痛、しびれに効果がある。若い葉は野菜の代わりに食用となる。地下茎も食べられ、芋のような味という。実も食べられ、また粉にして、団子にする。芡は、一字でオニバスを表す。［小梅］は、現在の墨田区向島付近。［中山］は、千葉県市川市と船橋市にまたがる地域。市川市中山に、正中山本妙法華経寺がある。44［コンニャク］参照。＊絶滅危惧II類（絶滅の危険が増大している種）。＊都重要種。

442【莕菜（あさざ）　木下川】

アサザ。ミツガシワ科（リンドウ科とする説もある）。池沼にはえる多年草。中国では民間で解熱、利尿、解毒などに用いるという。莕は、荇（ギョウ・コウ）の別字で、一字でアサザを表す。荇菜とも書く。［木下川〈きねがわ〉］は、276［ヒツジグサ］、592［カキツバタ］参照。＊絶滅危惧II類（絶滅の危険が増大している種）。＊都重要種。

443【蜀羊泉（つるとうがらし）　小梅ニモ】

オオマルバノホロシ。ナス科。オオマ

ルバノホロシであることを『本草図譜』で確認。「蜀羊泉〈しょくようせん〉 まるはのひよどりぢゃうこ」の挿絵があり、「また、いぬくことという。越後、陸奥、下総、武州本所などの原野に生ず」とある。蜀羊泉は、中国では、ヒヨドリジョウゴの全草を乾燥したものをも指す。225「ヒヨドリジョウゴ」参照。なお、マルバノホロシの方言には、ツルトウガラシ（大阪の古語）、イヌノナンバン、ノナンバン（越後の古語）などがある。「小梅」は、現在の墨田区向島付近。

444 【藤長苗（おほひるがほ）】

ヒルガオ。ヒルガオ科。ヒルガオのことを、オオヒルガオと呼ぶことがある。全草を「旋花(せんか)」と称し、疲労回復、利尿薬として用いた。根と若芽は食用となる。「旋花」の名は、またコヒルガオにも使う。489「コヒルガオ」参照。

445 【杜板帰（いしみかハ）】

イシミカワ。タデ科。田のふちや道ばたにはえる一年草。実は、藍(あい)色をした「がく」に包まれていて、一見それが実そのものに見える。「とんぼの頭(かしら)」、「庚申(こうしん)の七色」とも呼ぶ。原本には「杜板帰」とあるが、杜は誤字。杠板帰(こうばんき)が正しい。

《付記》その他の場所で併記されているもの。「早稲田辺」の項では、345クサイチゴ。「尾久ノ原」の項目では、417カンエンガヤツリ。

洲崎

「洲崎〈すさき〉」は、隅田川河口の東で、江戸時代の埋め立地。江東区富岡の富岡八幡宮の東南にあたり、江東区木場一・六丁目（旧平久町）、東陽一丁目（旧洲崎弁天町）付近。木場六丁目に洲崎神社がある。『江戸名所図会』の「洲崎弁財天社」の項に「この地は海岸にして佳景なり。ことさら弥生〈やよい〉の潮尽〈しおひ〉には、都下の貴賤〈きせん〉袖〈そで〉を連ねて、真砂の文蛤〈はまぐり〉を捜〈さぐ〉り、又は楼船(ろうせん)を浮かべて妓婦の絃歌〈げんか〉に興を催すもあり……」と潮干狩りや、船を浮かべて、三味線や歌を楽しむ様子が描かれ、「又冬月千鳥にも名を得たり」ともあり、冬にはチドリ類（865参照）が多く、名所となっていたことが記されている。282ページ「介類　潮干」参照。

446 【蛇床子（はまにんじん）】

ハマゼリ。セリ科。海岸の砂地にはえる越年草。ハマニンジンはハマゼリの別名と『広辞苑』、『言海』にある。蛇床子(じゃしょうし)は、わが国には産せず、ヤブジラミの果実を和蛇床子(わのじゃしょうし)と称して、消炎薬とする。ハマゼリの果実は、煎(せん)じて強壮薬とするという（『広辞苑』五版）。

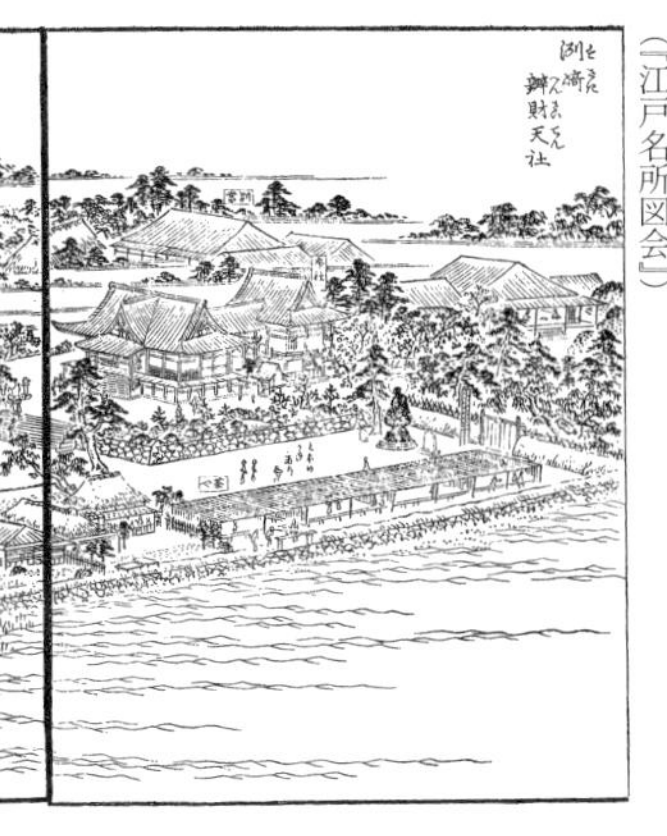

洲崎風景　洲崎弁天。

海岸の洲崎弁天からは、南は羽田、品川、東は安房上総（あわかずさ）、北は筑波山が見えた。

境内には茶屋、料理屋などが軒を連ね、遊客は寒風もいとわず、千鳥の鳴くのを聞きに集まった。

バードウォッチングとは違うが、そんな遊びもあった。帰りは深川か。

（『江戸名所図会』）

447【苦菜（はまにがな）】

ハマボウフウ。セリ科。海岸の砂地にはえる多年草。その若葉は刺身のつまとして食べられ、ヤオヤボウフウ（八百屋防風）の名がある。防風（ぼうふう）とは、享保年間（一八世紀初め）に渡来した中国産のセリ科の多年草で、発汗、解熱、せき止め薬草のこと（126参照）。

448【濱アカザ　元八幡】

ハマアカザ。アカザ科。ハマアカザは、砂浜にはえる一年草。中部より北の海岸にはえる。茎は直立する。ただし、ここでいう「浜アカザ」とは、ウラジロアカザの可能性もある。『本草図譜』の「はまあかざ・かわらあかざ」とする挿絵には、「海浜砂地に生ず　茎葉紅色を帯ぶ茎は淡紅色の縦理（たてしま）（原文のまま）あり」とあり、挿絵は茎が斜上し、紅色であることから、ウラジロアカザと断定されている。ウラジロアカザは、ヨーロッパ原産。『本草図譜』の「はまあかざ」の挿絵により、ウラジロアカザは、文政年間（一八二〇年代）にはすでに日本に入っていた可能性がある。ウラジロアカザは、わが国では薬用とはしないが、中国ではシロザと同様、感冒の高熱、下痢などに用いる。「元八幡」は、江東区南砂七丁目にあり、深川八幡宮（富岡八幡宮）が、現在地（江東区富岡一丁目）へ移転する以前この地にあり、当時はそのあたりは浜辺であった。540［深川元八幡］参照。

449【秦（たごのき）　フカ川　スナ村】

トネリコ。モクセイ科。本州中部以北に自生し、また各地で栽培される落葉高木。田の畦（あぜ）に植えて稲をかけて乾燥する「稲架（はさ）」とした。タゴとはトネリコのこと。トネリコの漢名は秦皮（しんぴ）。樹皮の煎汁（せんじゅう）は消炎、解熱剤。材は家具、バット、スキーなどに使う。［フカ川（深川）］は、隅田川の河口付近の東岸で、現在の江東区の西側の地域。両国、木場や富岡八幡がある。［スナ村（砂村）］は、江東区の東にあり、小名木川以南（大島の南）、新砂より北の地域で、江戸時代の正保〜万治（一七世紀半ば）に開拓された新田。明治以降に他の村と合併してその名の地域が広がる。スイカ、キュウリの産地。61［スイカ］、64［キュウリ］参照。

450 **【榔楡（あきにれ）】**

アキニレ。ニレ科。イヌケヤキ、カワラケヤキという。京都では河原や路傍に普通にはえる木。公園などに多く植えられ、盆栽にもされる。わが国では薬用とはしないが、中国では、根の皮、樹皮を煎じて、乳腺炎、火傷などに服用するという。

《付記》その他の場所で併記されているもの。［尾久ノ原］の項では、402ミゾコウジュ。［御府近辺］の項では、460イヌナズナ、461［ウマゴヤシ］。

國分臺

［国分台〈こくぶだい〉］とは、千葉県市川市の国分のことであろう。江戸川の東側が国府台の高台で、その東側に低地（じゅんさい池など）があり、さらにその東に国分の高台がある。常正が国分台としたのは、国府台と国分の両方を含めたとも取れる（700［道灌手栽榎国分台］参照）。この地域や行徳などは正確には下総国だが、江戸に関する書物はそれらを含める例が多い。なお、東の下総の台地と、西の上野から赤羽へ続く台地との間の低地を「東京低地」と呼ぶ（316ページ「台地と低地と川の流れ」参照）。

451 **【ヤマドリシダ】**

ヤマドリゼンマイ。ゼンマイ科。中部以北の山地帯の湿原にはえる多年性草本。若芽を乾かして食用とする。

国府台（こうのだい）断崖の図。総寧寺（そうねいじ）の崖の下は利根川（今の江戸川。昔の太日川（ふとひがわ）＝渡良瀬川の下流部）で、絵の奥が下流。とくに総寧寺辺を国府台という。総寧寺は、里見氏の城跡とも。国分村は国府台の東にあり、常正は、国府台と国分の台地とを合わせて「国分台」と呼んだらしい。（『江戸名所図会』）

452【草零陵香（はぎくさ）　中山ニモ】

シナガワハギ。マメ科。道ばたや海岸にはえる越年草。乾くと芳香がある。夏に黄色の小さな花を多数つける。『本草図譜』では、「はぎくさ」は、『救荒本草〈きゅうこうほんぞう〉』という中国の本に載っている草零陵香の一種であるとし、下総国分台及び中山辺に自生があることを記している。［中山］は、市川市中山と船橋市にまたがる地域。44［コンニャク］参照。

453【水ウイキヤウ　中山　玉川ニモ】

ミズワラビ。ミズワラビ科。一応、437［ミズワラビ］に同じと考えるが、疑問も残る。湿地や水田にはえるミズワラビの水中の葉は、分裂（切れ込み）が少ないが、空気中に出る気中葉は裸葉（栄養葉）と実葉（胞子葉）ができ、とくに実葉は細く切れ込み、二、三回羽状に分裂。ウイキョウの葉に見立てることもできる。ウイキョウ（茴香）はセリ科の栽培植物で、ヨーロッパ原産。薬用、香味料に使われ、健胃、去痰、せきの薬とする。［中山］は、市川市中山と船橋市にまたがる地域。44［コンニャク］参照。［玉川］は、127ページ［多摩川辺ノ産］参照。＊都重要種。

454【ヤシャブシ】

ヤシャブシ。カバノキ科。一名ミネバリ。各地の山中にはえる落葉高木。［堀ノ内大箕谷辺ノ産］にもあり。詳しくは、265参照。

行徳邉

現在の千葉県市川市行徳の海岸では、製塩が行われていた。現在でも塩焼、本塩など塩に関係する地名が見られる。その塩を江戸に運ぶために小名木川が掘られた（82［行徳塩］、668［五本松］参照）。また、行徳は、江戸から房総、常陸方面への要路で、成田不動尊への参詣客が多く、江戸小網町三丁目の行徳河岸（中央区日本橋小網町）から、船が毎日定期的に往復して、旅客に魚介類（850、854参照）、野菜などを運んだ。船路三里八丁（一三キロ弱）。水鳥ではサギ類が行徳で記録されている（863）。

455【ハマムラサキ　ハマベ】

スナビキソウ。ムラサキ科。浜辺の砂地にはえる多年草。夏、茎の先に中心の黄色い白色の小さな花を多数咲かせる。砂の中に地下茎を引いて繁殖するので砂引草の名がある。一名ハマムラサキ。［ハマベ］は、行徳の海岸のことであろう。

456【蓍（のこぎりさう）】

ホロマンノコギリソウ。キク科。『本草図譜』に、「蓍　のこぎりさう　一種武州行徳海辺に自生するもの」として挿絵がある。それは、サハリン～南千島、北海道、東北、関東地方海岸に分

行徳風景。
行徳も千鳥の名所。
砂浜で作業する漁師をよそに
家の中に寝そべって千鳥を眺める人々。
そのそばには
俳句か和歌を詠むための筆記用具がならぶ。
そこへ老婆が茶を持ってくる。
江戸小網町の行徳河岸から船が出た。
(『江戸名所図会』)

布するホロマンノコギリソウ、別名キタノコギリソウ(キク科)と同定されている。千葉県の海岸に見られる。＊絶滅危惧II類(絶滅の危険が増大している種)。なお、現在身近に見られるノコギリソウには数種類ある。在来のノコギリソウは、中部以北の山地にはえる多年草だが、全草を健胃、強壮剤とすることがあり、各地に栽培される。セイヨウノコギリソウは、観賞用、薬用とされるが、明治二〇年、小石川植物園ではじめて栽培されたもので、野生化している。また最近多く見られるノコギリソウの一種で、花のみすぼらしいヤローと呼ぶものは、新しく帰化したものらしい。

457
【茺蔚(めはじき)　品川ニモ】

メハジキ。シソ科。原野や路傍に普通な多年草。一名益母草(やくもそう)。夏から秋のころ、枝先の葉のわきに淡紅紫色の唇(くちびる)形の花(唇形花(しんけいか))を数個ずつつける。花のついた全草を、茺蔚(じゅうい)といい、乾燥したものを産前産後に用いる。種子は、利尿剤、眼病に用いる。メハジキとは「目弾き」で、子供がこの茎を短く切り、上下のまぶたのつっかい棒として遊ぶことによる。［品川］は、132ページ［品川辺ノ産］参照。

458
【黄花日々草　中山】

ニチニチカ。キョウチクトウ科。ニチニチソウともいう。西インド原産。日本では一年草だが、原産地では低木状の多年草。徳川時代から栽培されている。普通の花は桃色、紅色、白色だが、ここでは黄色の花のものがあるので珍しいとして記載していると思われる。ニチニチソウは、最近テレビで報道していたが、小児白血病の治療薬とされ、また乾燥し煎(せん)じてアトピー性皮膚炎の治療に民間で用いるという。［中山］は、市川市中山と船橋市にまたがる地域。44［コンニャク］参照。

御府近邉(きんぺん)

江戸城の堀の周辺、空き地、石垣の間などに見られた植物をあげている。「の」の字状の江戸城周囲の堀や、外堀にかかる橋の周辺などの地名が見られる。街道へつづくそれらの橋には、それぞれ御門が配置されていた。江戸では、火除地(ひよけち)、広小路、火除堤などを設けて火災に備えた。とくに江戸城を火災から守るため、城の北の地域を空き地にして防火帯としたが、護持院原(ごじいんがはら)はその一部。

459 【樓斗菜一種(とんぼさう)　和田倉　半蔵　小石川内】

ヒメウズ。キンポウゲ科。林の中やふち、また石垣の間などにはえる多年草。春にオダマキに似た小さな花を咲かせる。中国では天葵子(てんきし)といい、淋(りん)病、肺結核、小児の引きつけ、打撲の薬とするが、わが国では薬とはしない。樓斗(ろうと)菜(さい)とは、オダマキの漢名。ヒメウズの「烏頭(うず)」は、トリカブトのこと(208［ヤマトリカブト］参照)。［和田倉］は、和田倉門があった現在の皇居外苑の入り口で、東京駅中央口から皇居に向かう道の馬場先濠(ぼり)との交差点。［半蔵］は、千代田区麹町一丁目、半蔵濠と桜田濠との間。半蔵門がある。［小石川内］とは、現在の文京区後楽一丁目(小石川後楽園)へ千代田区側から神田川を渡るところの小石川御門の内(千代田区側)という意味であろう。

460 【葶藶(犬なつな)　牛ガフチ　スサキニモ】

イヌナズナ。アブラナ科。ナズナに似て食用にならないので、イヌの名がつく。イヌナズナの種子を葶藶子(ていれいし)といい、漢方では利尿薬とする。せき止め、喘息(ぜんそく)にも用いる。なお、葶藶はまた、イヌガラシをも指すことがある。「牛ガフチ(牛ヶ淵)」は、現在の北の丸公園の前の堀で、田安門と清水門の間の堀。［スサキ(洲崎)］は、168ページ［洲崎］参照。

461 【苜蓿(まこやし)　護持院原　スサキニモ】

ウマゴヤシ(マゴヤシ)。マメ科。江戸時代に渡来したヨーロッパ原産の越年草。茎は根元で分かれ、地上をはう。海浜地域に多い。ウマゴヤシとは、馬肥やしの意味。牧草、肥料とする。［護持院原〈ごじいんがはら〉］は、千代田区神田錦町付近。神田橋と一ッ橋の間の日本橋川の北側。天和のころ(一六八一～八四)に火災から江戸城を守るために、一番から四番の空き地(火除地(ひよけち))とした。元禄元(一六八八)年に、護持院を建てたが、享保二(一七一七)年に焼失したので、ふたたび空き地とした。明治元(一八六八)年廃止。福地桜痴(ふくちおうち)の戯曲「仇討護持院ヶ原」で有名。ウマゴヤシのような背の低い草が見られたということは、頻繁に草刈りが行われていたと思われる。［スサキ(洲崎)］は、168ページ［洲崎］参照。

462 【カノコサウ　竹橋内】

カノコソウ。オミナエシ科。湿った草地にはえる、やや珍しい多年草。一名ハルオミナエシ。根を纈草と呼び、煎じて頭痛、神経衰弱などに用いるという。[竹橋内]は、千代田区一ッ橋一丁目から北の丸公園へ、清水濠を渡る橋の内側(城側)であろう。

463 【蒼耳(をなもミ)　市ヶ谷　本郷円山】

オナモミ。キク科。野原や畑の付近にはえる一年草。かたいとげの密生する実をつける。茎や葉の絞り汁は、虫に刺された時につける。とげのある実を焙じてつき砕き煎じた液は、鎮痛、解熱、発汗作用がある。現在、都会の周辺では帰化植物のオオオナモミ、イガオナモミが増えて、オナモミはほとんど見られないようである。[市ヶ谷]は、JR市ヶ谷駅の横から外堀を渡る橋のところに市ヶ谷御門があった。[本郷円山]は、文京区本郷五丁目の菊坂付近から西片あたりまでを本郷円山といった。「本郷もかねやすまでは江戸のうち」といわれた旧本郷三丁目(現本郷二丁目の一部)のすぐ北の地域。

464 【苧麻(からむし)　御茶ノ水】

カラムシ。イラクサ科。道ばたなどにはえる多年草。苧麻という。畑につくり、繊維を布に織る。民間で、根を用いて利尿、通経薬とする。カラムシは、繊維をとるため茎(幹)を水に漬け蒸すので「幹蒸」が語源とする説がある(『言海』)。皮から繊維をとり、よりあわせて糸を紡ぐ。その糸を織るのは雪の降る季節になってから。からむしは、日本最古の繊維とされ、魏志倭人伝や日本書紀にも登場する。越後の小千谷で産した越後縮は江戸時代から有名。昭和三〇年代には南魚沼郡塩沢から精巧なものが織り出されていた。しかし、その後生産地は減少しつづけ、

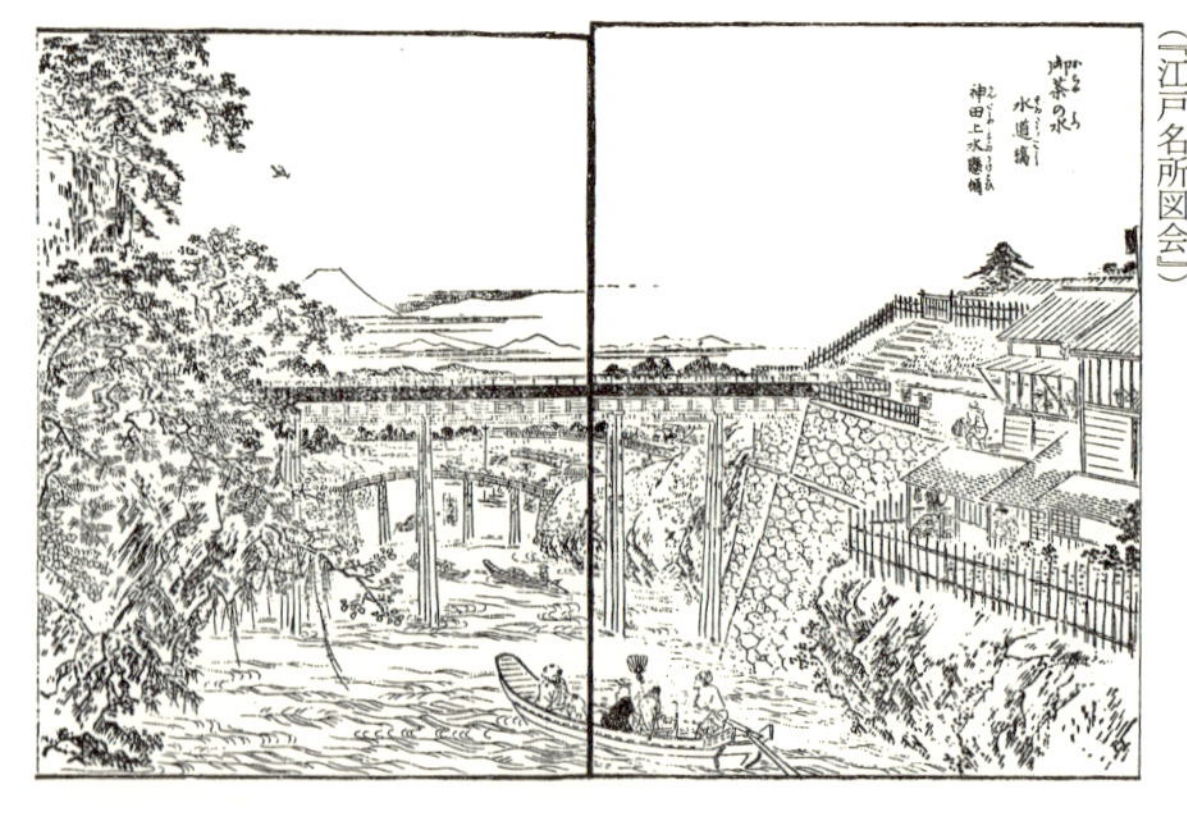

御茶の水。神田川は、駿河台から昌平坂の間、深い断崖状になる。この辺を御茶の水といい、川をまた茗渓(めいけい)と呼ぶ。神田上水は、井の頭池から小石川関口・水道橋を経て、神田、日本橋、京橋方面に給水されたが、神田川の上を懸樋(かけとい)でこえる様子が見られる。(『江戸名所図会』)

一九八八年には福島県会津の昭和村と沖縄県八重山地方だけとなる。なお、昔から「あさ」と呼ばれる植物はいくつかあり、「からむし」もその一つ。時に混同されることがある。16 [アサ]のうち「″あさ″という言葉」参照。また、カラムシは、アカタテハの食草の一つである。[御茶ノ水]は、千代田区三崎町と文京区後楽との間の神田川にかかる水道橋から、東へ上る坂を御茶の水坂といい、昌平坂を下るまでの神田川沿いの地域を指した(720[クツワムシ]参照)。

随地有之類

随地有之類とは、どこにでもあるものという意味である。

465 【沙参(つりがねさう) 山野皆アリ】

ツリガネニンジン。キキョウ科。明るい草原などにはえる多年草。秋に薄紫色のつりがね状の小さな花を咲かせる。漢名は「沙参」。五参の一つ(125[ゴマノハグサ]参照)。根を煎じ去痰、健胃、強壮薬とする。春の若芽は、トトキと呼び食用とする。

466 【地楊梅(はなひりくさ)】

トキンソウ。キク科。別名はなひりぐさ。はなひりとは、くさめ(くしゃみ)のこと。トキンソウとは、吐金草と書き、花をつぶすと金色の実を出すから。タネヒリグサとも呼ぶ。通俗漢名は水楊梅(正確な漢名は石胡荽)。原本の「地楊梅〈じようばい〉」は誤記。地楊梅はスズメノヤリのこと(160[スズメノヤリ]参照)。日本ではトキンソウを薬用とすることはなく、中国の古い記録にもないという。しかし、『中国高等植物図鑑』には、トキンソウを「鵝不食草〈がふしょくそう〉」と呼び、全草を感冒、百日咳、マラリアなどに内服、また鼻炎、目のかすみに生の葉をつぶして鼻に吸入させる。打撲、毒蛇咬傷につきつぶして生葉を塗布するという(『本草図譜総合解説』)。

467 【雞眼草(やはづくさ)】

ヤハズソウ。マメ科。道ばたなどにはえる一年草。葉は、三枚の長楕円形の小葉からなり、小葉の先をつまんで引っ張ると、矢筈状に切れるからその名がある。矢筈とは、矢の後端で、弓の弦を受けるところ。

468 【剪刀股(じしばり)】

ジシバリ。キク科。一名イワニガナ。田畑や道ばたに普通な多年草。オオジシバリ(キク科)も含めて、健胃剤として利用。中国では、全草を解熱、解毒、利尿などに用い、乳腺炎に新鮮なものをつぶして塗布外用するという。

469 【體腸(いちやくさ)】

タカサブロウ。キク科。田の畦など湿地に多い一年草。漢名は鱧腸。「いちやくさ」は武州の古語。全草を乾燥したものを鱧腸と称し、漢方では血尿、腸出血などの止血薬としたが、今は需要がない。中国では同様に使うほか、止血、強壮の目的に使うという。

470【車前(おほバこ)】

オオバコ。オオバコ科。道ばたなどにごく普通の多年草。漢名は車前。種子は、水を含むと粘液質を出す。これにより人の履物や車輪について種子が散布されるので、人の踏み跡や車の轍の近くに多くはえる。葉は食用、種子は利尿、せき止め、下痢止め、止血などに用いる。

471【続断(おどりこさう)】

オドリコソウ。シソ科。林などの道ばたで日陰にはえる多年草。漢名は、続断(誤りという説あり)。根を粉末としてウドン粉と酢を混ぜて練って打撲傷に用いる。なお、現在、都会で普通に見られるものは、帰化植物のヒメオドリコソウが多い。

472【羊蹄(ぎしぎし)】

ギシギシ。タデ科。原野や道ばたの湿ったところに普通な多年草。一名、「のみのふね」というのは、実の形からか。根を、羊蹄根と書いてシノネといい、薬用とする(緩下剤)。葉に蓚酸を含む。根茎をすりつぶしてワセリンと練り、たむし、しらくもに塗布する。酢と練り、みずむしの患部に塗り、しばらくして水で洗う。「シ」はギシギシの古名。羊蹄と書いて「し」と読む。ちなみに、北海道の羊蹄山の旧名は、「後方羊蹄山」。

473【萹蓄(にハやなぎ)】

ミチヤナギ。タデ科。道ばたに普通な多年草。漢名は、萹蓄。別名うしくさ、にわやなぎ(『本草図譜』)。民間で、利尿、消炎、駆虫などに使う。漢方でも、黄疸、腎臓薬とすることがあり、中国では、黄疸、赤痢、尿路感染症、尿路結石に効果があり、蟯虫、回虫などの寄生虫にも用いるという(『本草図譜総合解説』)。

474【蒲公英(たんぽ)】

カントウタンポポ。キク科。別名ぶちな、たな(『本草図譜』)。現在漢方薬でいう「蒲公英」とは、開花前、開花時の根をつけたタンポポの全草を乾燥したもので、カントウタンポポ、カンサイタンポポ、シロバナタンポポ、エゾタンポポ、セイヨウタンポポなどを含む(『本草図譜総合解説』)。いずれの種類も健胃、解熱、発汗、強壮の効果がある。胆汁の分泌を盛んにし便通をよくする。三河島村(荒川区荒川)では、毎年将軍家と寛永寺へタンポポとスミレを献上した(410参照)。なお、現在都会に圧倒的に多いセイヨウタンポポの渡来の明確な時期は不明だが、明治三七(一九〇四)年、牧野富太郎は「札幌ニ在テハ欧品〈セイヨウタンポポのこと〉大イニ路傍ニ繁殖セリト聞ケリ。……ツイニハ我邦全土ニ普ネキ至ラン」と植物学雑誌に記して予言した。

475 【眼子菜(ひるも)】

ヒルムシロ。ヒルムシロ科。池や水田にはえ、葉や茎を水面に浮かべる多年草で、根は土の中にある。蛭のむしろの意味。漢名は眼子菜。民間で、魚類、肉類の中毒に陰干ししたものを煎じて服用し、目を洗う薬とし、火傷にもよいという説もある(『実用の薬草』栗原愛搭著)。中国では、痔疾、黄疸、回虫(駆虫)に用いるという(『本草図説総合解説』)。

476 【浮萍(うきくさ)】

ウキクサ。ウキクサ科。または、コウキクサ。ウキクサ科。ともに水田、池に浮遊する多年草。萍はウキクサの意味。正式な漢名では、浮萍はコウキクサ(アオウキクサに似るが葉状体の表面は凸レンズ状、根は一本)を指す。しかしこの場合、「浮萍(うきくさ)」との記述が、漢名のとおりにコウキクサを指したものか否かは不明。数種類のウキクサの仲間を総称した可能性もある。ちなみに、ウキクサ(葉状体はだるま状で偏平、倒卵形、裏面は紫色。根は四〜一〇本)は、紫萍。アオウキクサ(葉状体は広長楕円形、裏面は淡緑色、根は一本)は、青萍。また、水萍はウキクサとアオウキクサの総称であるともいわれる。民間では、ウキクサの全草を利尿薬とし、皮膚病に外用することがある。

477 【半夏(へぼそ)　白花多シ　紫花ハ目黒辺ニアリ】

カラスビシャク。サトイモ科。田畑に普通な多年草。ハンゲ、ヘソクリ、ヘブス、ヘボソ(千葉県印旛、長野県)、その他多くの方言がある。球茎は多くの薬効があるとされ、漢方では重要な生薬。これにショウガを混ぜて煎じたものは妊婦のつわりの薬とするが、そのほか、吐き気止め、せき止め、鎮静薬として多くの薬に配合される。これを使った半夏瀉心湯は、胃腸カタルの妙薬といわれる。「紫花」については、『本草図譜』に挿絵がある。「目黒辺」は、130ページ「目黒辺ノ産」参照。

478 【澤漆(すずふりばな)】

トウダイグサ。トウダイグサ科。畑の周辺や道ばたなどにはえる越年草。切ると白い汁を出す。灯台とは昔の照明器具で、油皿をのせる台のこと。206「ナツトウダイ」、207「タカトウダイ」、348「ノウルシ」参照。

479 【毛茛(こまのあしがた)】

ウマノアシガタ。キンポウゲ科。コマノアシガタとも呼ぶ。日当りのよい山野に普通な多年草。漢名は毛茛。汁はおできの吸い出しに使う。重弁花のものを金鳳花(きんぽうげ)という。よく似たキツネノボタンは禺毛茛(ぐうもうごん)。汁を皮膚につけると発泡し、おできの吸い出しとする。やや湿ったところにはえる。茎や葉に毛が多いケキツネノボタンは、田や湿地にはえる。なお、毛茛を毛莨とする書もあるが、莨(ろう)は誤り。

480 【石龍芮(どぶたがらし)】

タガラシ。キンポウゲ科。田や溝にはえる越年草。田枯らしの意味。「ふかつみ」ともいう。別に田芥(たがらし)と表記するタガラシ(タネツケバナ。アブラナ科)があるが、まったく別物。406「タネツケバナ」参照。

481 【烏蘞苺(やぶからし)】

ヤブガラシ。ブドウ科。いたる所に見られる多年生のつる植物。漢名は、烏(う)蘞苺(れんぼい)。『本草図譜』に、ひさごつる、びんぼうづる、へびうどの名がある。民間で、まれに根を利尿、鎮痛に用いるという。「根および葉の絞り汁を河豚〈ふぐ〉中毒にのます。また、毒虫にもよし。根をすりおろして乳房の腫れに用う」とする説がある(『実用の薬草』栗原愛搭著)。フグ中毒にまで効くとはいかがなものか?

482 【扶芳藤(まさきのかつら)】

ツルマサキ。ニシキギ科。常緑のつる性の木。わが国では薬用とはしないが、中国ではこの木の茎や葉を「扶芳(ふほう)」と呼び、リュウマチ、喀血、打撲骨折などに用いる。近年ではグラウンド・カバーや壁面の覆いに用いられる。

483 【常春藤(ふゆづた)】

キヅタ。ウコギ科。漢名は常春藤(じょうしゅんとう)。『本草図譜』に、いつまでくさ、きつた、ふゆつたともある。山野に普通な常緑のつる性低木。民間で新鮮な茎や葉をつき砕いた汁を、鼻血の時に内服する。

484 【地錦(なつづた)】

ツタ。ブドウ科。ツタは日本では薬用とはしない。中国では、ツタの茎、根を「地錦(じきん)」と称して、リュウマチの疼痛、偏頭痛などに用いる。平安時代には、早春にこのツタの茎から液をとり、煮つめて甘味料をつくったので、アマヅル、アマヅラ(甘い汁の出るつるの意)といった(『牧野新日本植物図鑑』)。なお、ツタとは「伝(つた)う」の意味とか。

485 【柳(しだれやなぎ)】

シダレヤナギ。ヤナギ科。中国から奈良時代に渡来し、都の並木に植えられた。日本では枝が真っ直ぐに下垂するヤナギは、シダレヤナギのみである。柳の文字は、シダレヤナギを意味する。他の枝の垂れないヤナギは、楊(よう)という。シダレヤナギの品種に「六角堂」がある。京都に地ずり柳というのがあり、江戸に運ばれて、『本草図譜』に掲載された。京都では、戦後、「六角堂」を東京の神代植物園から移して街路樹としたので、今は普通に見られる。

486【水楊(かハやなぎ)】
ネコヤナギ。ヤナギ科。カワヤナギと呼ぶのは、ネコヤナギのほかに、ナガバカワヤナギがあり、それぞれ別物である。紛らわしいので、最近では、ネコヤナギ、ナガバカワヤナギとそれぞれを呼ぶ。ネコヤナギは、樹皮、葉にタンニンなどを含み、解熱、利尿に用いる。＊都重要種。

487【桃葉衛矛(まゆミ)】
マユミ。ニシキギ科。山野にはえる落葉の低木。漢名は、桃葉衛矛。マユミは真弓で、この木で弓をつくったことによる。

488【営実(のいばら)】
ノイバラ。バラ科。山野に普通なノバラのこと。漢名の営実は、ノイバラの実のこと。未熟な実を乾燥して、すりつぶし煎じて用いる。有名な利尿、緩下剤。

489【旋花(ひるがほ)】
コヒルガオ。ヒルガオ科。コヒルガオの葉は、ほこ形で、耳形に左右に張り出した先が二つに分かれる。花は、径三〜四センチで、444「ヒルガオ」の花よりも小さい。花の下につく、花をつつむ小さな葉である二枚の苞は、三角形の卵形で先が尖る(ヒルガオの苞の先は、尖らないかややへこむ)。花柄の上部にちぢれた狭い翼がある。用途は、ヒルガオと同様に、疲労回復、利尿薬、根と若芽は食用に使えると思われる。

490【樝子(しどミ)】
クサボケ(シドミ、ヂナシ)。バラ科。山野に普通な落葉低木。漢名は樝子。草木瓜。果実には、リンゴ酸、クエン酸、酒石酸を含み、霍乱(暑気あたり、日射病、急性腸カタル・下痢をもいう)に用い、生のしぼり汁は酸味をつけるのにも用いる。また、梅酒のように焼酎につけて、シドミ酒とすると美味。

491【梓(ひさき)】
キササゲ。ノウゼンカズラ科。『本草図譜』には梓(ひさき)として、キササゲの挿絵が描かれている。中国の中・南部の原産で庭に植えられるが、河岸に自生状態で見られる落葉高木。ササゲ(マメ科)に似た細長い実をつけ、それを腎臓病の薬とする。ヒサキとは、またアカメガシワを指すとする説がある(『広辞苑』)。325「アカメガシワ」参照。「ぬばたまの夜のふけぬれば久木生うる清き河原にちどりしば鳴く」(山部赤人)、「ひさぎ生うるあその河原の河おろしに類〈たぐ〉ふ千鳥の声のさやけさ」(藤原清輔)。これらの歌の「ひさき」は、なんの木か定説がない。梓は、アズサ（別名ヨグソミネバリ・カバノキ科）とする説もある。「梓弓（あずさゆみ）」は237「イヌガヤ」参照。

◉余話1　江戸時代の薬

江戸時代の薬は、生薬（しょうやく）であった。それは、草の根や木の皮などの植物が主で、そのほかに動物や鉱物からの材料を含み、そのまま薬品とし、単独にまたは調合して使った。漢方医は、診察の際にその場で何種類もの生薬を組み合わせて薬を調合し手渡した。往診にも薬籠（やくろう）という薬箱を供のものに持たせ、診察の直後にその場で調合した。

一方、現在の薬局、薬店に相当する店は、きぐすり屋（生薬屋）といった。そこでは、調剤していない生薬のほかに、さまざまに調合した薬を売った。なかには、大森の東海道沿いに、「和中散（わちゅうさん）」という風邪から産前産後にまできく、いわば万能薬で道中常備薬をもっぱら売る店が三軒もあったり、また、特殊な目的の薬などを専門とする両国米沢町（中央区東日本橋）の薬舗の四ツ目屋のような店もあった（余話2「強精強壮薬」参照）。

とくに夏場に町中を売り歩くものもあった。定斎（じょうさい）売りは、暑気払いや、霍乱（かくらん）の薬を行商した。当時は、日射病や急性腸カタルによる下痢などを霍乱といった。薬箱を前後につけた天秤棒をかつぎ、歩くたびに薬箱の金具のぶつかって鳴る音で知らせた。また、枇杷葉湯（びわようとう）売りは、暑さあたり、霍乱の予防薬として、ビワの葉その他の配合された薬を売り歩く。ともに江戸の夏の名物であったという。

薬草は、野生品を採取するだけでなく栽培した。また、日本には自生しない薬草は、国産化が試みられた。そうした薬草を栽培する薬草園は、幕府や各藩でも、また民間でもつくられた。例えば、文京区の東大付属植物園（小石川植物園）の前身は小石川御薬園であり、港区南麻布三丁目の薬園坂の名は北薬園にちなむ。また幕府は、丹羽正伯（314ページ「『武江産物志』のもつ意味」参照）に命じ、輸入生薬の国産化を計画し薬草園をつくった。それは現在千葉県習志野市に薬園台の名を残している。また秋田藩も、道灌山の抱屋敷（衆楽園）で薬草の栽培を試みている。

江戸時代の薬草の中には、外国（主に中国、朝鮮）から輸入されるものは高価なので、日本に自生するもので、それと似たものが代用とされるものもあった。同じ科、属でも種が異なったり、形状が似ているが全く別の植物を、「和の何々」と称して、代用したり、偽物が売られることも多く、薬の効果はないものもあった。また、通経薬といわれる薬は、とどこおっている月経を通じさせる薬のことであるが、実際には堕胎の薬も多かった。

次に、江戸時代に売られていた主な売薬その他をあげてみよう。

赤玉（近江国・滋賀県鳥居本の神教丸）……癪（胸腹部の激しい痛み、さしこみ）、食あたり、解毒の薬。

あひるの玉子……四月八日に食べると中風の予防になると信じられていた。

イモリ酒……媚薬として有名。

石見銀山……殺鼠剤。石見国（島根県）津和野の笹ヶ谷鉱山産出の砒石で製造。

王光散……梅毒、淋病、性病一切の薬。

オットセイの薬……オットセイから製した強精剤。

温石……温石という軽石。焼いた石をぼろにくるんで、下痢、さしこみ、腹痛などに用いる。信州（長野県）高遠から産出する軽石が最上品とされた。

眼療。
ほこりっぽい江戸では眼病（めやみ）が多く、「眼病女に風邪ひき男」は魅力的とされた。（『北斎漫画』）

ウニコール……北氷洋に分布する海獣のイッカク（クジラ目イッカク科）の角からできる解毒剤（解熱剤）で、疱瘡（天然痘のこと）の特効薬とされた。偽物も多く、「うそ」の代名詞ともなっている。

広東人参……高価な朝鮮人参の代わりに使う強壮剤。

きれん丸……中風薬。きれんとは、メナモミ（197参照）の漢名。

金竜丸……解毒剤。

熊の油……打ち身、切り傷、腫れ物の膏薬。

熊の胆……食傷（しょくあたりのこと）、健胃薬。

黒砂糖……毒消し、打ち身、切り傷に飲み薬とした。

黒丸子……熊の胆を主な剤とした食傷、解毒の薬。

柴胡湯……風邪薬、産前産後の血のみち一切。361、362「ミシマサイコ」参照。

山帰来……梅毒の薬。土茯苓ともいう。サルトリイバラ（ユリ科）を「和の山帰来」として用いるが、本来の山帰来とは別種（375参照）。

地黄丸……有名な強精剤。184ページ余話2「強精強壮薬」参照。

紫金錠……食傷、解毒の薬。

実母散……産前産後の薬。槇木屋薬の名もある。

角力膏……打撲の膏薬。

ずぼうとう……美声薬。痰の薬。蘭名ドロップス、スートホートという。

たんしゃく丸……外科用の内服薬。

千葉丸ぐすり……「かさ」すなわち梅毒の薬。

長命丸……催淫補強の塗布薬。両国米沢町の四ツ目屋のものが名高い。

藤八五文……癪、頭痛、めまいの薬。『江戸名所図会』の著者の一人である斎藤月岑(しん)編集の『武江年表』に文政八年、癪の薬を売り歩くのに、必ず二人連れ立って、一人ずつ道の両側を歩き、効能を述べてから最後に声を合わせて「奇妙」といったとある。

徳平膏薬……あかぎれの薬。

鍋屋の紐……シラミよけのひもで、素肌にしめておくとシラミがいなくなる。

白雪こう……米、もち米、ハスの実、白砂糖をまぜた母乳がわりの粉末。

白竜香……腫れ物、顔の吹き出物の薬。

反魂丹(はんごんたん)……越中富山の反魂丹として有名。食傷、腹痛、暑さあたり、めまい、解毒の家庭常備薬。

宝丹(ほうたん)……池之端仲町の守田から売り出された解毒剤。文久二年の麻疹(ましん)(はしかのこと)流行の際にオランダの軍医ボードインより処方を受けたといわれる。明治初年に流行。

危檣丸(ほばしらがん)……帆柱丸とも書く。両国米沢町四ツ目屋で売った媚薬。

万金丹……伊勢国(三重県の大半)朝熊より製剤販売された目まい、癪、疝気(せんき)(腰腹部の激しい痛み)、解毒の薬。

無名円……打ち身、外傷の薬。

和中散……近江国(滋賀県)栗太郎郡梅の木の名物で、風邪や産前産後の薬とし、また道中常備薬として全国に売られた。また、和中散を売る店は、東海道大森宿の西大森、東大森、北蒲田(かまた)村にそれぞれあった三軒が有名。なかでも東大森の忠次郎の店は、和中散長谷川大和の店、また中(なか)の和中散とも呼ばれ、庭園の美しさでも知られ、将軍の鷹狩りに際して御膳所(ごぜんしょ)を命ぜられ、一二六回も将軍来駕(らいが)の記録がある。『武江産物志』の［遊観類(はなみ)］で、495［蒲田梅］、567［ヤマブキ］、591［カ

和中散。和中散とは、万能薬の名。この販売店が東海道の大森、東大森、北蒲田にあり、なかでも、東大森の中の和中散(忠次郎の店)はヤマブキ(567)、カキツバタ(591)で有名。北蒲田(上の和中散)(495)は、梅木堂といい、大田区立梅屋敷公園となった。(『江戸名所図会』)

キツバタ」の名所とされている。

◉余話2　強精強壮薬

江戸時代は、儒教や仏教の教えからも、一見禁欲的でしかつめらしい顔をしていなければならない時代と思われるかも知れない。しかし、武士にとっては子孫を残すことは「家」を絶やさないための義務であった。武士に限らず、それは人間の本能を正直に追及することと一致する。そのためとくに年齢とともに衰える「下半身」の能力を補強する薬も需要は多かった。即効的な催淫、媚薬の類も必要とされた。薬ではないが、葉柄を食べる里芋の一種（ミガシキ）の葉柄を乾燥し保存食とするが、別の使い道を考えたのが「肥後芋茎」である（38「赤山ずいき」参照）。その他、精巧な性具類や枕絵などを売る商売も繁盛するのは、いつの時代も変わらない。

生薬では、性的な能力を高めるものとしては、213「ヤマノイモ（山薬）」、256「イカリソウ（淫羊藿）」、322「ツルドクダミ（何首烏）」、386「オニノヤガラ（天麻）」、425「ガガイモの種子（蘿藦子）」、789「イモリ酒」など、市販の薬では、オットセイの薬、帆柱丸、長命丸、女悦丸などがあった。

それらの専門店では、両国米沢町の四ツ目屋がとくに有名であった。『江戸買物独案内』（文政七・一八二四年）には、「日本一元祖、鼈甲水牛蘭法妙薬、女小間物細工所、江戸両国薬研堀、四ツ目屋忠兵衛、諸国御文通にて御注文の節は箱入り封付きにいたし差し上げ申すべく候。飛脚便りにても早速御届申上げべく候」とあり、人目をはばかる客も多かったので、現在流行の通信販売でも売っていた。

「地黄丸」は、一般によく知られた強精剤である。井原西鶴の『好色一代男』には、世之介が好色丸に乗り女護島へ向けて出帆するのに、卵とヤマノイモにこの地黄丸を積んでいくという筋書きがある。地黄は、薬用として栽培される中国原産のサオヒメ(ゴマノハグサ科)の根茎である。この地黄は、どういうことか、大根を一緒に食べると効き目がなくなるといわれた。

「地黄のむ　そばで大根　美しい」という川柳がある。この大根とは、一二月八、九日の大黒祭りに供える二股の大根(嫁御大根)、すなわち、女性、嫁の意味をかけている。その意味は、強精剤の地黄は大根を一緒に食べるとその効き目はなくなるといわれるが、せっせと地黄を飲んで精力をつけても、美しい二股大根(女性・嫁さん)がそばにいては、その効果はすぐになくなってしまうのも当然、という意味である。

◉余話3　道灌山と上野の話

〔薬草類〕は、〔道灌山ノ産〕を中心に記されている。道灌山は、下谷三枚橋(現在の台東区上野のJR御徒町駅付近)の岩崎常正の住まいを兼ねた塾の「又玄堂」から近く、上野の山の北側にあたる地域である。そこは、台地と低地からなり、湧き水や用水もあり、地形が変化に富んでいて、多種類の植物が見られた。〔薬草類〕の冒頭に選んだのは、常正が、日常最もよく調べていた場所でもあり、弟子たちに「採薬」や植物と環境との関係を実地に教える上で、最適な場所と考えたからではなかろうか。

道灌山の名は、一五世紀中ごろの太田道灌の出城に由来する説もある。しかし、文永、弘安のころ(一三世紀末)、谷中の感応寺の開基とされる関小次郎長燿が、関入道道閑と号したことによるとする説が有力である(530〔感応寺〕参照)。

『武江産物志』の書かれた時代には、道灌山の多くは秋田藩主の抱屋敷のうちとなっていた。大名は、幕府から上屋敷、中屋敷、下屋敷を複数与えられていたが、抱屋敷とは、幕府から与えられたものではなく、買い取った屋敷のことである。新堀村の絵図（安政二・一八五五年）では、道灌山のうちで、人々が立ち入ることができて眺望を楽しめたところは、約五三〇坪となっている。虫聴きの名所としても知られ、季節ごとに人々はそこに集まり、尾久、三河島、さらに浅草、そして帯のように流れる荒川（下流は隅田川）の向こうに、遠く下総台地や北の筑波山をながめたことであろう。

花見のころには、上野の山でも花見はできたが、多くの人々は、隅田堤へ向かうか、上野を過ぎて谷中、日暮里を通り、道灌山の台地に沿って、飛鳥山へと歩いた。上野の花見は大変堅苦しかったからである。家康は、芝増上寺を江戸での菩提寺に決めた。一方、寛永寺にも将軍が葬られ、幕末までに芝と上野とにそれぞれ六人ずつの将軍が葬られている。さらに、幕府は、朝廷から後水尾天皇の皇子守澄法親王を招き、東叡山門主（俗に上野の宮様と呼ばれた）とし、また日光東照宮の輪王寺の門主を兼ねて、輪王寺宮と称し、寛永寺に常住させた。寛永寺の権威を高めるのと同時に、いわば朝廷から人質をとっているのと同じである。この制度は幕府が崩壊するまで続いた（698［縁切榎］、905［ウグイス］参照）。上野は、徳川幕府にとって特別な意味をもつ場所であった。全山に植えられたサクラの花を見ようと多くの人々が集まったが、鳴り物は禁止。酒は飲んでもよいが、なま物は食べてはいけなかった。そのため鳴り物も仮装も自由な飛鳥山や隅田堤の方がより好まれたのである。

第四章　花見

「遊観類〈ゆうかんるい〉（はなみ）」は、観光、観賞の対象としての花や紅葉などの案内である。当時は、江戸案内や名物の評判記、『吉原細見』などの出版が流行した。江戸（都市）の住人は、季節の変化を身近に感じて俳句や和歌を詠むなど風流を楽しむ欲求が強く、花鳥風月、蛍や虫聴きに至るまで四季折々に各地をめぐって歩いた。その場所は、寺社の庭園や人手が加わった二次的な自然地だが、歩いて日帰りの行楽のガイドブックを必要としたほど、各地にわたっていた。面白いことにその歩いて日帰りの行楽範囲は、交通が発達した昭和初期でも大きく変わることはなかった。

「遊観類」では、開花期などは「立春より〜日頃」とある。当時の暦は太陰太陽暦で「何月何日」が毎年同じ季節に来るとは限らないからである。その暦では、二九日半の月の満ち欠けを基準とし、一ヶ月は小の月（二九日）と大の月（三〇日）で、一年は三五四日となり、太陽の周期の三六五・二四二一日には一一日余不足する。何年かに一度、閏月（うるうづき）をいれて一三ヶ月とするが、それでも実際の季節とは毎年ずれが生じる。そこで、太陽の周期により、冬至、夏至、春分、秋分などの「二十四節季」と、それぞれを三分割した「七十二候」を定めた。春分や冬至などは毎年の月日は異なるが、季節は毎年同じになり、花の咲く時期を表すのには「立春より〜日頃」の方が正確だからである。なお、現在の暦（新暦）は、明治六年より採用の太陽暦である。

遊観類

梅

早春に開く梅の花は、香気が高く、奈良、平安時代から人々に好まれてきた。学問を好む木として、好文木の名がある。梅を好んだ菅原道真は、讒言により左遷されたが、後に北野天満宮に天神として祭られ、天満宮には梅が多く植えられた。江戸時代のウメの開花期と比べて、現在の東京のウメ開花時期はかなり早くなっているのではなかろうか。東京のウメの開花前線は二月二日。文京区の湯島天神では、毎年二月終わりから三月初旬が見ごろである。東京の平均気温の一〇〇年間の上昇は、二・九度であるという(東京新聞・二〇〇〇年一二月二五日)。

492 【本所梅屋敷　亀戸寺島　立春より三十四五日目ニ開ク】

［本所梅屋敷］とは、亀戸と寺島の両方の梅屋敷を指す。［亀戸］とは、亀戸天神の東北で、現在の江東区亀戸三の五一。青香庵といい、俗に梅屋敷と呼ばれ、四丁四方(約一九ヘクタール)あったという。臥龍梅があったことで有名(493参照)。

［寺島］とは、亀戸の梅屋敷に対して、「新」をつけて宣伝した、後の向島の百花園すなわち新梅屋敷である。百花園は、文化年間に、仙台出身の骨董屋佐原菊塢が、寺島村に土地を買ってつくった庭園である。明治四三年の洪水で大被害を受け、昭和一三年に東京府に寄付され、現在都立公園となっている(墨田区東向島三の一八)。なお、百花園の名の由来は、現在では「四季百花乱れ咲く」と説明されているが、もともと梅の名所とした庭園で、「梅は百花にさきがけて咲く」との意味から名づけられた。［立春より三十四五日目ニ開ク］とは、現在の暦(新暦)の三月一〇日ごろに相当。

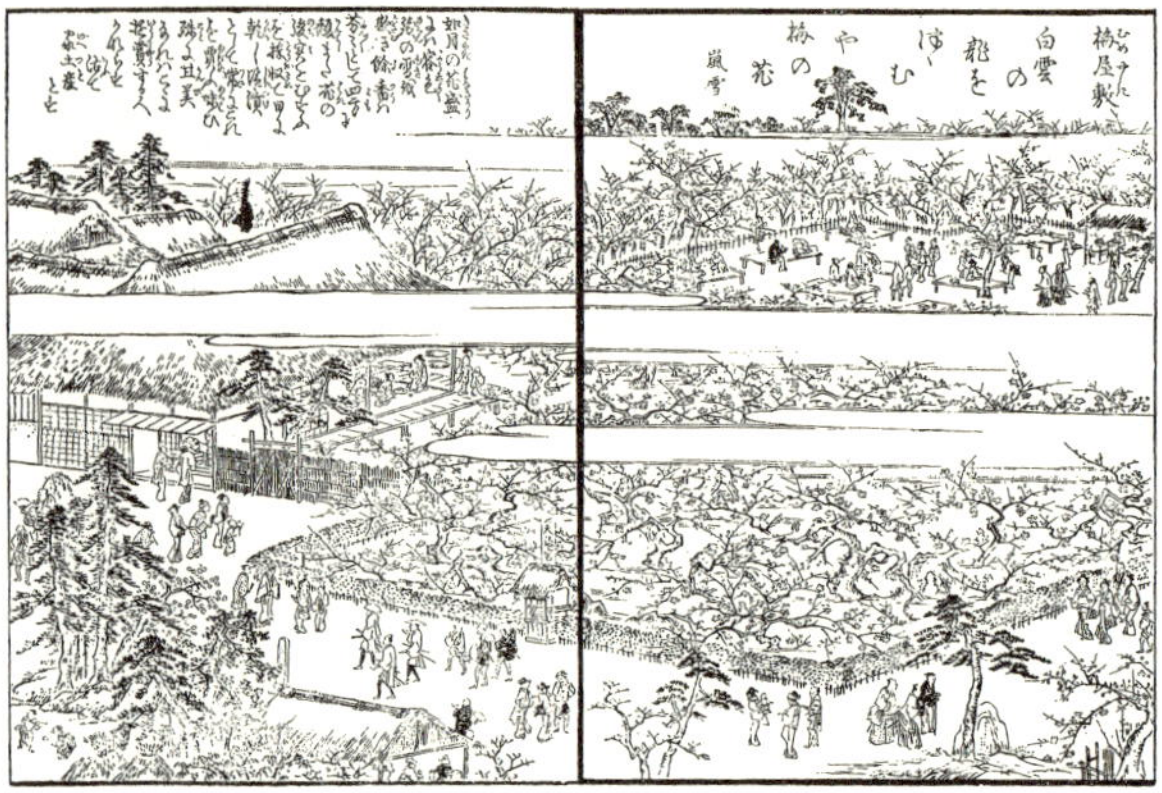

梅屋敷。江東区亀戸三丁目にあったが今はない。臥龍梅(がりょうばい)で有名(493参照)。絵には「白雲の龍をつつむや梅の花」(嵐雪)の句がある。臥龍梅は、明治四三年の大洪水で枯れた。この屋敷をまねたのが、向島の「新梅屋敷」、後の百花園。(『江戸名所図会』)

493 【臥龍梅　亀戸同時】

［臥龍梅〈がりょうばい〉］は、亀戸の梅屋敷にあった木の名で、龍の伏したような樹形からそう呼ばれた。枝は地中に入って、また地をはなれ、いずれが幹とも分からず、四方は数十丈に広がっていたという。その実は園内で売っていた。江東区亀戸三の五一に「臥龍梅跡」の碑がある。

494 【杉田の梅　神奈川　立春ヨリ○○日頃開】

神奈川県横浜市磯子区杉田町。『江戸名所花暦』に「東海道中保土ヶ谷宿より金沢の方へ一里ほど行は(いけば)、民家のはた一面なり、実は種少〈ちいさ〉く、もっぱら江戸にてこれを賞翫〈しょうがん〉す。花の頃は東都(江戸)の遊客旅立ちぬ」とある。［立春ヨリ○○日頃開］の○印は、読み取り困難。ただし東京都公文書館写本は「立春ヨリ二十五日頃開ク」とある。

495 【蒲田梅　大森　立春より三十日位】

大田区蒲田(かまた)付近の民家では庭に梅を植えていて、『江戸名所花暦』に、「蒲田村同　大森の右のかた、郊野(のみち)に数多し」とある。実を江戸に出荷していた。いくつもの梅園があり、「梅の木村」とも呼ばれたが、その起こりは不詳という。そのなかでも文政の初めごろ、三ヶ所あった和中散(わちゅうさん)(風邪から産前産後の薬、旅行の常備薬)の販売店の中で、梅木堂和中散という店の梅園が有名になり、そのあとが現在大田区蒲田三丁目の大田区立梅屋敷公園であるという。この店とは別に、ヤマブキ、カキツバタでも有名な「中の和中散」(大森西六丁目)があり、蒲田新梅屋敷と呼ばれた(567［蒲田新梅屋敷　中の和中散］、591［同］参照)。和中散は、180ページ余話1「江戸時代の薬」参照。［立春より三十日位］とは、新暦の三月五〜六日ごろ。

496 【亀戸大神境内】

［亀戸天神］は、江東区亀戸三の六。寛文二(一六六二)年に鎮座、境内に梅の木多く、そのなかに筑前太宰府より移した「飛梅(とびうめ)」の木がある。「飛梅」とは、菅原道真が左遷(させん)されて太宰府へ出立するとき、「東風〈こち〉吹かば匂ひおこせよ梅の花あるじなしとて春な忘れそ」と詠み、その梅の木が、築紫まで飛んでその庭に生えたという伝説の梅。現在も植え継いでいる。亀戸天神は、藤の花でも有名。582参照。

497 【難波梅　浅草自性院】

［自性院］は、浅草寺の東脇にあったが、現在は浅草二の三一に移転。［難波梅〈なにわうめ〉］はなし。

498 【箯の梅　はしバ　法源寺】

［はしバ(橋場)法源寺］は、台東区橋場一の四。明治維新以降、保元寺となる。

霞（かすみ）の松もあったが震災で失われた。「箙〈えびら〉の梅」の由来は不詳。箙とは矢を入れて負う道具のこと。634「霞の松」参照。

499【鶯宿梅　高田南蔵院】

「高田南蔵院」は、豊島区高田一の一九。都電面影橋電停の北で、神田川を越えたところ。「鶯宿梅〈おうしゅくばい〉」のいわれは、村上天皇の天暦年中（九四七〜九五七）に、清涼殿の梅が枯れたため、ある家の梅の花の香りが優れているので献上させた。その梅の木に短冊がついており「勅〈ちょく〉（勅命のこと）なればいともかしこし鶯の宿はととはばいかにこたへむ」とあった。この主はと問えば紀貫之の女（むすめ）であったという伝説の梅の子孫であるという。現在もある。

500【御殿址の梅　高田南蔵院】

寛永のころ（一六二四〜四四）、将軍家光が鷹狩りの折りに、南蔵院（豊島区高田一の一九）に仮の御殿を造らせたが、その跡地にあった梅の大木。現存せず。

501【茅野の梅　増上寺山内】

『江戸名所図会』の芝増上寺の山内図に茅野（かやの）天神が見られる。「茅野の梅」とは、この境内にあった梅の木のことであろう。「増上寺」は、浄土宗の寺で、徳川家の菩提寺であり、現在の港区芝公園のほぼ全域に及ぶ地域。幕末までに六人の将軍の御霊屋（おたまや）がある。

502【栄の梅　牛込　宗参寺】

「宗参寺」は、雲居山宗参寺（うんきょざんそうさんじ）、曹洞宗駒込吉祥寺の末寺。新宿区弁天町一番地。天文一三（一五四四）年の建立。北条氏の家臣で、このあたりの豪族、牛込氏の墓がある。山鹿素行（やまがそこう）の墓もある。なお、この辺の旧区名を牛込区（新宿区の一部）といった。「栄の梅」は今はない。685「三股の山茶（椿）」参照。

櫻

サクラは、一本だけで有名な「一木（いちぼく）もの」と、集団または並木の桜（並木桜）、さらに珍しい品種を、それぞれのグループに分けて紹介している。一木ものには、ウバヒガン（アズマヒガン）や枝が下垂するシダレザクラ（枝垂れ桜、別名糸桜）が多い。それは霊の宿る木として、盛んに寺院に植えられた。現在多く植えられているソメイヨシノは、このころには、まだ植えられてはいない（554参照）。

503【上野山王社前　ひとへのひがん桜　立春より六十五日ころよりひらく】

「上野」とは、東叡山寛永寺（とうえいざんかんえいじ）のこと。「山王社〈さんのうしゃ〉」は、現在の西郷隆盛の銅像のあるあたり。寛永寺の境内は、当時「東都第一の花の名所」として知られたところ。現在の上野公園全体が東叡山寛永寺の境内であった。

広小路から黒門口を入ると右手に「山王社」、清水観音堂。さらに坂を上ると吉祥閣、左に時の鐘、大仏（現在大仏パゴダ）、現在の噴水のある広場が寺の中心となる堂である根本中堂で、現在の国立博物館は御本坊があったところ。「ひとへのひがん桜」とは、ウバヒガン（エドヒガン、アズマヒガンともいう）のことか。「立春より六十五日ころより開く」とは、新暦の四月一〇日ごろから開花。185ページ余話3「道灌山と上野の話」参照。

504【同清水観音堂後】

東叡山寛永寺の境内の「清水〈きよみず〉観音堂の後〈うしろ〉」は、「秋色桜〈しゅうしきざくら〉」（529参照）でも有名なところ。『江戸名所花暦』には、「一　大仏辺同六十日メ……一　清水観音同」とあり、清水観音の桜は、大仏辺と同じ立春より六十日目に花が咲くとされているが、それは、新暦の四月五、六日ごろ。

505【同山門の前】

東叡山寛永寺の「山門」とは、吉祥閣のことを指すと思われる。摺鉢山と大仏堂の間、現在の噴水に向かう上野公園の園路に吉祥閣があった。吉祥閣は明治元（一八六八）年五月一五日（旧暦）の上野彰義隊の戦争で焼失。

506【同大仏堂前】

東叡山寛永寺の「大仏堂」は、現在、上野精養軒の建物の近くの「時の鐘」の向かいにある小山がその跡。今は大仏パゴダになっている。『江戸名所花暦』には、「一　大仏辺同六十日メ」とある。「同（立春より）六十日メ」は、新暦の四月五、六日ごろ。

507【同慈眼堂】

寛永寺の「慈眼堂」は、現在の両大師のこと。科学博物館の北にある。『江戸

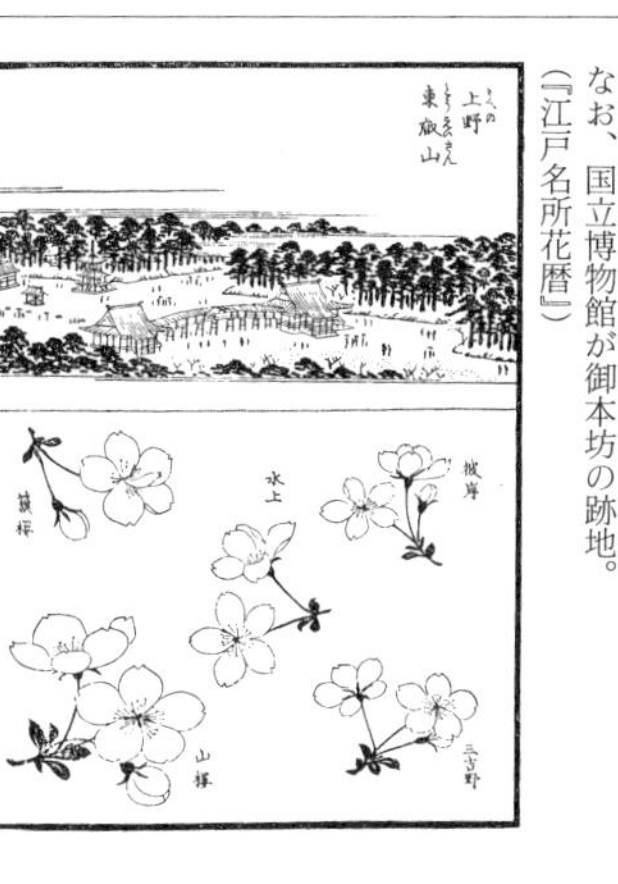

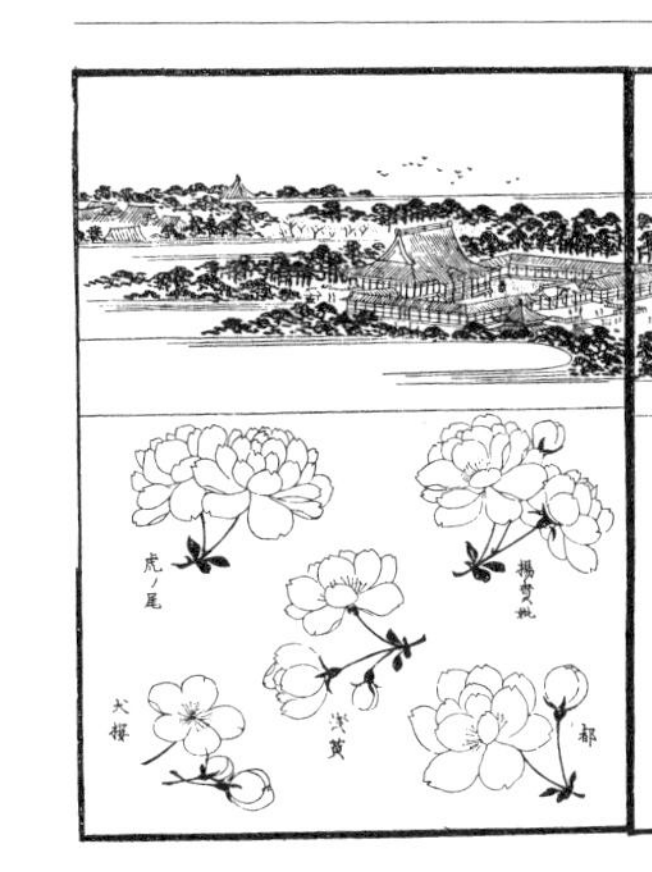

上野　東叡山。

上野の山のサクラの種類を描く。

上野公園全域が寛永寺。将軍の廟（墓）があり、ここの花見は堅苦しかった。

絵の右の文殊楼（もんじゅろう）は現在の噴水広場への道に、また左の根本中堂（こんぽんちゅうどう）は、噴水広場の位置。

なお、国立博物館が御本坊の跡地。

（『江戸名所花暦』）

名所花暦』には、「糸桜　同(立春より)六十日メ　慈眼堂の前通り坊中」とある。「六十日メ」は、新暦の四月五、六日ごろ。

508 【同寒松院】

［寒松院］は、現在の上野動物園の敷地の一部に当たるところにあった。明治になり上野桜木町に移転したが、そこが戦災で焼け、さらに上野公園一五の一一の現在地に移った。『江戸名所花暦』には、「糸桜　同(立春より)六十日メ　寒松院」とある。「六十日メ」は、新暦の四月五、六日ごろ。

509 【同護国院　ひがん志だれ】

［護国院］は、現在も都立上野高等学校の北にある(台東区上野公園内)。そのかつての境内の一部は上野高校の敷地となり、同校の校庭の二本の大銀杏は、護国院の昔の参道の両側の位置にあったもの。［ひがん志だれ］は、シダレザクラ(枝垂れ桜)で、イトザクラ(糸桜)ともいわれ、枝が垂れ下がる。ウバヒガン(エドヒガン、アズマヒガンともいう)の変種。『江戸名所花暦』には、「糸桜　同(立春より)六十日メ　護国院」とある。「六十日メ」は、新暦の四月五、六日ごろ。

510 【同谷中門　清水門内寺院　ひがん志だれ】

嘉永四(一八五一)年版の『東都下谷絵図』(版元尾張家清七)を見ると、護国院(509参照)の前に「清水門」がある。護国院の向かいには松平伊豆守の屋敷(豊橋藩主大内氏)があり、その先が一乗寺で谷中町域(台東区谷中一、六丁目)となる。現在の上野桜木二丁目の地域は、寛永寺の山内で、谷中町との境に［谷中門］が書かれている。その位置は、ほぼ台東区上野桜木町二丁目の警視庁台東少年センター付近になる。［ひがん志だれ］は、シダレザクラ(509参照)。

511 【同車坂　ひとへ】

現在のJR上野駅の敷地は、当時は山下と呼ばれ、下寺といわれた寛永寺の子院が並んでいた。現在の上野駅公園口あたりからそこへ下りた坂を［車坂〈くるまざか〉］といい、車坂門があった。『江戸名所花暦』には、「一　大仏辺同六十日メ(中略)一　車阪(車坂のこと)同」とあり、「六十日メ」とは、新暦の四月五、六日ごろ。

512 【糸桜　増上寺】

［増上寺］は、浄土宗鎮西派の大本山。上野の寛永寺と並び徳川家の菩提所。『続江戸砂子』に、「糸桜　二十四日御仏殿」とある。「二十四日御仏殿」は二代将軍秀忠の御霊屋。［糸桜］は、シダレザクラ(ウバヒガンの変種)の別名。

513 【伝通院大黒社内】

［伝通院〈でんずういん〉］は、無量山

寿経寺伝通院。文京区小石川三丁目。小石川安藤坂の上にある。『江戸名所花暦』で、ヒガンザクラ(彼岸桜)の名所とされている。524［雲井桜］参照。

514【谷中善照寺　ひがん志だれ】

［谷中善照寺］は、「下谷中の善性寺」と呼ばれ、将軍橋で有名な寺(当時の谷中本村、現在の東日暮里五の四一)。［照］は性の書き誤り。四代将軍家綱の弟の綱重の子である家宣が、五代将軍綱吉の養子となり六代将軍を継ぐ。将軍となった家宣が、下谷中の善性寺に隠棲している弟の松平右近将監清武を訪れた。その時、寺の前を流れる音無川(石神井川用水)にかかる橋を渡ったのだが、その橋を将軍橋と呼ぶ。［ひがん志だれ］は、509参照。

515【根岸西藏院　ひがん志だれ】

［西藏院］は、現在台東区根岸三丁目、下谷病院のとなり。真言宗に属し、天正一九(一五九一)年の水帳(御図帳の当て字で、人別帳、検地帳の意味)に寺号のある古い寺。［ひがん志だれ］は、509参照。

516【根津権現】

［根津権現］は、文京区根津一丁目。この地は三代将軍家光の子綱重の屋敷であったが、宝永三(一七〇六)年、六代将軍家宣の産土神の根津権現を団子坂権現山から移し造営した。境内は築山泉水や、さまざまな花や樹木を植えて遊覧の地としても有名で、門前は岡場所(官許の吉原以外の江戸の私娼地の名。他に深川、築地、品川、新宿などがあった)として栄えた。

517【養福寺　日暮里】

［養福寺］は、荒川区西日暮里三の三。真言宗。ここのシダレザクラ(枝垂れ桜)は自堕落先生が植えたとされ、有名であったが今はない。自堕落先生は、通称山崎三郎衛門、不思庵、不量軒、捨楽斎、確連房などと称し、酒を好み、俳諧をよくしたと、『江戸名所図会』の著者の一人である斎藤月岑著の『武江年表』の元文四(一七三九)年にある(612参照)。当寺にはその墓もある。また月の碑、雪の碑などがある。

518【谷中七面境内　ひがん志だれ】

［谷中七面境内］の［七面］とは、七面大明神社。荒川区西日暮里三丁目の延命院の内にあり。八百屋お七の母親がここに願って一女を得たのでお七と名づけたという話は有名。延命院は日蓮宗、山号は宝珠山、七面大明神社の別当寺。樹齢六百年以上といわれる椎(東京都天然記念物)がある。付近には延命院貝塚が発見されたことでも知られる。一一代将軍家齊の享和三(一八〇三)年、江戸城の奥女中や大商家の内儀とのスキャンダルにより処刑された日潤聖人(日道)の墓がある。蛍沢へ下

る坂を七面坂(しちめんざか)というが、昔はそこも寺域に含まれ、参道であった。[ひがん志だれ] は、509参照。

519 【乗圓寺　鳴子村　ひがん志だれ】

[乗圓(円)寺〈じょうえんじ〉] は、新宿区西新宿七の一二。[鳴子村] は、成子(なるこ)村のことで、成子坂下、成子天神社にその名が残る。『江戸名所花暦』に「四谷新宿の先、堀内道にあり。これまた大樹なり」とある。[ひがん志だれ] は、509参照。

520 【長谷寺　麻布】

[長谷寺〈ちょうこくじ〉] は、港区西麻布二丁目にあり、山号は普陀山(ふださん)。『江戸名所図会』に「渋谷　長谷寺」の挿絵がある。683 [金松] 参照。

521 【光林寺　麻布】

[光林寺] は、港区南麻布四の一一。山号は慈眼山(じげんさん)。『江戸名所花暦』に「この境内に大樹あり。しだれたる枝は、地につきて滝の落つるがごとし。この花の色、成子乗円寺の花によく似たり」とある(519参照)。

522 【麻布広尾　木下屋敷】

[木下屋敷] は、港区南麻布四の一の公園が跡地とか。木下備中守二万五千石の屋敷内にあった桜は、『江戸名所花暦』によれば「幹の太さふた抱え半、南北へ二十一間一尺余(約三八・五メートル)、東西へ十九間余(約三四・六メートル)、ただ小山に雪をおひたるがごとし。花の頃は見物を許されしが、近頃止められたり」とある。

右衛門桜。『江戸名所花暦』には、花は「同(立春より)七五日〆頃」(新暦四月二〇日頃)とある。(『江戸名所図会』)

523 【右衛門桜　大久保　柏木村】

[右衛門〈うえもん〉桜] は、「えもん」とかなを振る本もあるが、当時 [柏木村] といった現在の新宿区北新宿三の二三の円照寺(えんしょうじ)の薬師堂の前にあった。現在も何代目かの木が植え継がれているが、もとの種類かどうかは分からない。もともとの花は大輪で、しべ(おしべとめしべ)はなく、香はウイキョウに似て、他の花より遅く開いたという。それが老木となり枯れかかり、武田右衛門という人が継木(つぎき)をして回復させたので「右衛門桜」といった。また、そこは柏木村であるから、源氏物語の柏木右衛門にちなんで名高くなったともいう。[大久保　柏木村] とは、柏木村

は、現在の北新宿の地域で、明治一三年測量の『迅速測図』によれば、西大久保村と境を接している。したがって、常正が円照寺の位置を示すのに、両方の村の名を書いたと思われる。

524 【雲井桜　伝通院寮舎】

[伝通院〈でんずういん〉]は、無量山寿経寺伝通院。文京区小石川三丁目。[雲井桜〈くもいざくら〉]は、文化六(一八〇九)年の『卯〈ぼう〉花園漫録』に、江戸のシダレザクラで枝の幅が五間(約九メートル)以上のものを集めた『東武糸桜三十四ヶ所甲乙』の三番目に、「伝通院内西側の寮」とあるものではないかと思われる。[寮舎]とは、僧侶の寄宿する家のこと。

525 【駒込神明前　ひとへひがん】

[駒込神明前]は、文京区本駒込三丁目(もと駒込神明町といった)にある天祖神社(駒込病院の近く)のこと。

526 【文箱桜　市ヶ谷火ノばん丁】

[市ヶ谷火ノばん丁]は、現在の新宿区市ヶ谷佐土原町二丁目あたりを「火ノばん丁」といった。明治四(一八七一)年に合併改称。[文箱桜〈ふみばこざくら〉]については不詳。

527 【芳野桜　上野】

[上野]は、東叡山寛永寺(現在の都立上野公園)のこと。[芳野桜〈よしのざくら〉]は、奈良県吉野山の桜の苗木を慈眼大師(天海僧正)が植えたと言い伝えられるもので、「屏風坂〈びょうぶざか〉の上り口、左の山岸にあり」と『江戸砂子』は伝えている。屏風坂とは、上野公園の科学博物館の北東、両大師橋のところにあった坂のことである。現在のJR上野駅の敷地には、当時は下寺と呼ばれた寛永寺の子院が建ち並んでいた。そこから山の上に上るには、現在の上野駅の公園口にあたる車坂、慈眼堂(両大師)のところの屏風坂、さらに現在のJR鶯谷駅へ少し寄ったところに信濃坂があった。なお、現在の忍岡中学とJR鶯谷駅南口との間の坂(うぐいす坂)は、明治になってからつくられた坂で、一名新坂という。

528 【犬桜　上野】

[上野]は、東叡山寛永寺(現在の都立上野公園)。[犬桜]について『江戸名所花暦』に「東叡山　一　イヌ桜同　彼岸桜に似て、花形〈かぎょう〉大きく異なり、中堂〈ちゅうどう〉の西、寒松院〈かんしょういん〉の前より谷中〈やなか〉のかたへ行く道より左の方に大樹一本あり。これ当山の花の咲き初めなり」とある。中堂とは、根本中堂(寛永寺の中心となる堂)のことで、現在の上野公園の噴水のある広場(竹の台)にあった。寒松院は現在の動物園の位置。[犬桜〈イヌザクラ〉](バラ科)

は、山野にはえる落葉高木。高さ八メートルに達する。樹皮は暗灰色でやや光沢がある。白色の小花は密生して四月に新葉とともにひらく。270［ウワミズザクラ］（堀ノ内大箕谷辺ノ産）と似るが、花の房の基部に葉がないこと、葉のきょ歯（葉のふちのぎざぎざ）は細かく、葉の基部はくさび形である点、幹の色などで区別できる。ともにサクラの名はつくが、いわゆるサクラの花のイメージからはほど遠い。

529【秋色桜　清水御供所】

［清水御供所］とは、上野の寛永寺の清水観音堂のこと。そのうしろの井戸のそばの［秋色桜〈しゅうしきざくら〉］は、今も植え継がれている。延宝、天和（一六七三～一六八四）のころ、日本橋小網町の菓子屋の娘のお秋（俳号は秋色）が、一三才の時「井の端の桜あやうし酒の酔い」と詠み、井戸端の大般若桜といわれた桜の枝に短冊を下げておいた。これが山番（寛永寺の役人）から輪王寺宮（185ページ余話3「道灌山と上野の話」参照）にわたったことから、この桜は［秋色桜］と呼ばれ有名になった。清水観音堂（俗に清水堂は、元禄一一（一六九八）年までは「すり鉢山」（現在の清水堂より北の高台）にあったから、秋色が詠んだのはすり鉢山でのことで、現在地に清水堂が移ったので桜も移転し、植え継がれて現在では一〇代目。一九九七年、清水堂の修復工事が七年ぶりに竣工、井戸の端に、ヒノキの柱、滑車、おけを復元、投句箱を設置した。

530【感応寺　谷中】

［感応寺〈かんおうじ〉］は、台東区谷中七丁目の谷中霊園。長耀山尊重院感応寺といい、文明年間（一四六八～八七）の創建で、その開基は、道灌山の名とも関係する関小次郎長耀（関入道道閑）。寛永のころ（一六二四～一六四四）、家光の庇護もあり五重塔が建立され、寺域も拡大した（677［二本杉］参照」）。その後感応寺は、日蓮宗の一派の不受不施派とされ弾圧される。不受不施派は「法華経の信者以外からは布施を受けず（不受）、法華宗以外の僧には施しをしない（不施）」ことを教義とする。徳川幕府は、たとえいかなる権力者といえども信者以外からは布施を受けないとする教義を反逆とみなし、不受不施派を邪宗門として、明治九（一八七六）年まで二一〇年間も禁圧した。感応寺は、天台宗の寛永寺の末寺となるが、経営に窮して門前を茶屋町とし、富くじの許可を得る。富くじは大流行し、「いろは茶屋」は売春の場として有名となる。「向こう横町のお稲荷さんへ……」という手まり歌で有名な笠森稲荷の「おせんの茶屋」もこの寺の境内にあった。その後、天保四（一八三三）年、感応寺は寺号を返上して護国山天王寺となる。明治維新の際、上野

の戦争で朝敵とされ焼き討ちされ、明治七年に共同墓地となる。［谷中］は、309［サワギク］参照。

531 ■【瑞林寺　谷中】

［瑞林寺〈ずいりんじ〉］は、慈雲山瑞林寺のことで、台東区谷中四の二。現在は瑞輪寺という。『江戸名所花暦』には［同所大門のうち、左右の桜は箒立〈ほうきだち〉にして大木なり。盛りのころ、見物もっとも多し］とある。［谷中］は、309［サワギク］、530［感応寺　谷中］参照。

532 ■【飛鳥山　八重　立春より七十日頃】

［飛鳥山〈あすかやま〉］は、北区王子一丁目、都立飛鳥山公園のこと。豊島郡の豊島氏は、源頼朝の有力な御家人となり、寿永三(一一八四)年以来、紀伊国(今の和歌山)の守護職にあった。そのため豊島氏領内には、紀伊の熊野神社が多く勧請(神の分霊を迎え祭ること)され、その中心が王子神社(王子権現)であった。一方、豊島氏が元亨年間(一三二一〜二四)に飛鳥明神を王子神社の向かいの台地に勧請したのが［飛鳥山］の名の起こりといわれる。時代が下って、紀州出身の八代将軍吉宗は、熊野とゆかりのこの地を王子権現に寄進し、享保五、六年(一七二〇、二一)の頃に桜を植えさせ、庶民の行楽地とした。上野と違い、ここでは三味線や鐘や太鼓など鳴り物も仮装も自由とあって、たちまちに花見の名所となった。秋の紅葉も有名で、人々は、石神井川を音無川と呼んだ。石神井川を和歌山県東牟婁郡の熊野本宮の下を流れる音無川に見立てたのである。明治六(一八七三)年に飛鳥山の四・三六ヘクタールは上野などとともに公園に指定された。225〜227ページ余話4「寺社の庭園」参照。［立春より七十日頃］は、新暦の四月一五日ごろ。

飛鳥山。飛鳥山は、八代将軍吉宗が桜を植えさせたことで有名だが、その由来を書いた碑が画面の左に見える。この碑文は「この花は折るなだろうと石碑見る」と、当時から難解なことで有名。上野と違い、ここの花見は鳴り物も仮装も許されていたので人気があった。(『江戸名所花暦』)

533 **【隅田川　同上】**

「隅田川」とは、隅田堤のこと。一名「墨堤」と呼ばれる隅田川左岸の隅田堤は、右岸の日本堤と一対で、上流は幅広く下流は幅が狭くなる「逆八の字」状に配置され、洪水を制御する役目をしていた。この隅田堤に桜を植えたのは、四代将軍家綱の時代とも、八代将軍吉宗の時ともいわれる。吉宗は、享保のころに隅田堤にサクラ、モモ、ヤナギを植えさせたと『江戸名所図会』にある。また、将軍の命で植えたので「今も枝を折ることを禁じるは諸人のしるところなり」と『江戸名所花暦』にもある。その後も文化年間、安政元(一八五四)年、さらに明治七年にも、桜勧進、華勧進と呼び、奉賀帳を回して寄付を集め、桜を植えた。明治一六(一八七五)年には成島柳北らはソメイヨシノを千本植え、その事業は墨堤植桜之碑に残されている。しかし、桜は、明治四〇年、四三年の水害により壊滅的な被害を受けた。関東大震災のあと、江東公園(後の錦糸公園)、日本橋公園(後の浜町公園)とともに、帝都復興三大公園の一つ「隅田公園」として対岸の浅草側と一体で桜も復活することとなった。「同上」とは、「八重　立春より七十日頃」との意味であろう。新暦では、四月一五日ごろ。

534 **【王子権現】**

「王子権現」は、北区王子本町一丁目。532「飛鳥山」参照。

535 **【根津権現】**

「根津権現」は、文京区根津一丁目。516「根津権現」参照。

536 **【御殿山　品川】**

「御殿山」は、品川区北品川四丁目の高台。淀君を人質として置く予定で御殿を建築中、大阪夏の陣で中止した跡といわれる。『江戸名所図会』によれば、「海に臨める丘山にして数千歩の芝山たり。ことさら寛文の頃(一六六一〜一六七三年)和州(奈良県)吉野山の桜の苗を植えさせ給い、春時爛漫としてもっとも壮観たり」とある。また、この北が増上寺の鐘を鋳造した地で、その跡に662「鐘鋳(かねい)の松」がある。

537 **【小金井　玉川上水辺　立春より六十日余】**

家康は、江戸に入城するや、井の頭池などを水源とする神田上水をつくる。さらに、四代将軍家綱の承応二(一六五三)年に、多摩川の羽村から四ッ谷大木戸(現在の新宿区四谷四丁目)まで約五〇キロの玉川上水を掘らせた。この玉川上水の堤のうち、小金井橋(現在の小金井市桜町一丁目から三丁目)を中心に、両岸約一里半(六キロメートル)に植えられた桜が有名であった。しかし、江戸から片道七里半(約三〇キロメートル)あり、花見には一泊は必要であったという。この堤の桜は、通説では、元文年間（一七三六〜四〇）に大岡越前守忠相（ただすけ）（当時は寺社奉行と関東地方御用掛を兼務）の配下で、新田（しんでん）世話役の川崎平衛門定孝が大和吉野山の山桜の苗木を植えたことが始まりという。その目的は、人を集め新田場をにぎわせるほかに、小金井橋近くにある文化七（一八一〇）年の「小金井観桜碑」によると、桜の花や果実が、上水の解毒に効果ありとされたからという。なお、サクラの葉はクマリンを含み、防腐効果がある。樹皮の甘皮は漢方薬に配合される。［立春より六十日余］は、新暦の四月五日以降。

538 【廣福寺　玉川】

［廣福寺〈こうふくじ〉］は、川崎市。小田急線向ヶ丘遊園駅の南西、枡形山（ますかたやま）（枡形城跡）の北、多摩川の右岸にある。『江戸名所図会』に「当寺境内は桜樹多く、春時爛漫たり。故に近邑〈きんゆう〉の土人、開花の時を待ち得てこの地に至り、宴を催し、遅々たる春の日もなお暮れ惜しく思うなるべし」とある。

539 【千手院　千だがや】

［千手院］は、仙寿院（せんじゅいん）が正しい。法雲山仙寿院東漸寺（とうぜんじ）といい、日蓮宗の寺。この周辺の地勢や庭園の美観から人々は「日暮（ひぐ）らしの里」（現在の荒川区西日暮里の一部）に対して、「新日暮らしの里」と呼んだという。『江戸名所図会』に「弥生の頃、爛漫たる花の盛りには大いに群衆せり」とある。現在は渋谷区千駄ヶ谷二丁目で、当時の位置より東に移った。581「ツツジキリシマ」参照。

540 【深川元八幡】

［深川元八幡］は、富賀岡八幡宮（江東区南砂七丁目）のことで、有名な深川八幡宮（富岡八幡宮のこと）として現在地（江東区富岡一丁目）へ移転する以前は、この地にあったと伝えられる。『江戸名所図会』に「砂村　富岡元八幡宮　州崎弁天より十八丁（約一九六〇メートル）あまり東の海浜にあり、深川八幡宮（富岡八幡宮のこと）の旧地なりといえり」とある。また『江戸名所花暦』は「当社とりいの額に、富賀岡八幡宮とあり。四、五町か間（四三六〜五四五メートル）、野道の左右へ桜を栽えたり。南は海をひかえて、絶景の地なり」と記す。

541 【大井の桜　品川来復寺常蓮寺ニあり立春より七十七八日頃】

［品川の来復寺〈らいふくじ〉］とは、海賞山来福寺（かいしょうざんらいふくじ）のことで、復は誤字。品川区東大井三丁目にあり、545［延命桜〈えんめいざくら〉］、666［梶原松］参照。［常蓮寺］は不明。［立春より七十七八日頃］は、現在の暦では、四月二一〜二三日ごろ。なおついでながら、大井で桜で有名なのは、松栄山西光寺（しょうえいざんさいこうじ）（品川区大井四丁目）。その本堂前の古木は、「醍（だい）

醐桜」といい、立春より七〇日目のころより開きはじめる。その他にも老樹があり、「この地第一の花の名所なり」と『江戸名所図会』はいう。

542【塩竃　高田明神】

［高田明神］は、新宿区西早稲田二丁目の穴八幡の北側にあった。［塩竃〈しおがま〉］は、海水を煮詰めて塩をつくるかまどのこと。竃はかまど。塩竃は、浜にあることから、はまで（「浜で」）と「葉まで」とをかけて）美しいという意味。『続江戸砂子』に「塩竃　おそさくら也。はまで見事なりという心也といえり」とある。

543【金王桜　青山教覚院】

［青山教覚院〈あおやまきょうかくいん〉］は、港区南青山二丁目（跡地は青山南町郵便局）から、明治四二年に世田谷区太子堂四丁目に移転。江戸府内五色不動の一つ、目青不動（注）がある。『続江戸砂子』に「金王桜〈こんのうざくら〉　青山教覚院　名木の糸さくらあり」とある。ちなみに、［金王桜］の由来は、『続江戸砂子』、『江戸名所花暦』の説では、昔の名は憂忘桜といい、源義朝が鎌倉亀ヶ谷の館に植えた憂忘桜を金王丸に給い、それを金王丸が領地の渋谷の鎮守八幡に植えたもので、渋谷八幡（渋谷区渋谷三丁目）の境内には今も植え継がれているという。ここには「しばらくは花の上なる月夜かな」の芭蕉の句碑がある。（注）五色不動とは、目青不動のほかに、目黒不動（目黒区下目黒）、目白不動（もと文京区関口、今は豊島区高田に移転）、目赤不動（文京区本駒込）をいう（695参照）。目黄不動（台東区三ノ輪）、

544【兼平桜　小日向】

［兼平桜〈かねひらざくら〉］は、『続江戸砂子』に「小日向新坂〈こびなたしんざか〉、蜂谷氏やしきの内」とある。小日向新坂は、一名「きりしたん坂」ともいい、近くに切支丹宗門改役の屋敷（文京区小日向一丁目）があったからとも、土がなめらかでよくころぶ（すべり転倒すること）と、キリシタン教徒が改宗することとをかけた言葉）からともいわれたとある。蜂谷氏屋敷の位置は不明。

545【延命桜　品川来福寺】

［品川来福寺］のことは、541［大井の桜］参照。『江戸名所花暦』は「品川鮫州〈さめず〉大井村御林町なり、延命桜〈えんめいざくら〉というをもって、桜中の佳品とす。むかし梶原〈かじわら〉（頼朝の家来の梶原氏のことか）が植えしといい伝う」とある。

666［梶原松］参照。

546【泰山府君　三田】

［泰山府君〈たいざんふくん〉］は、『続江戸砂子』に「三田松平主殿頭殿〈と

のものかみどの〉御館〈みたち〉にあり。八重桜の速き花なり。桜町中納言成範卿、花のさかりの短きをなげき、桜のために泰山府君の祈りを行われしよりこの名ありと也」とある。［三田］とは、松平主殿頭の屋敷があった現在の港区三田二丁目慶応義塾大学の位置。「泰山」とは中国の名山の名で、「泰山府君」はその山の神で、人の寿命・福禄をつかさどる。桜のために泰山府君の祈りを行うとは、花の盛りの期間を長くして欲しいと祈ったこと。泰山府君は、里桜の品種名になっている。

547 【千本桜　浅草】

［浅草］は、金竜山浅草寺。伝法院と号し天台宗、寛永寺に属し、後に日光門主の輪王寺宮（185ページ余話3「道灌山と上野の話」参照）が兼任することとなる。徳川氏の祈禱所。昭和二五年より聖観音宗を樹立し、その総本山となる。［千本桜］とは、元文のころ（一七三六〜一七四一）に寄付により多くの桜が植えられ、千本桜と呼んだという。俗に数の多いことをいったもので、実数ではない。『江戸名所花暦』には、「今はひとつところにあらずといえども、奥山処々に桜あり」とある。

548 【浅黄桜　感応寺　長命寺】

『続江戸砂子』に「浅黄桜〈あさぎざくら〉谷中感応寺（530参照）にあり。八重にしてへた青し」と。そのほかにも浅黄桜の所在が書かれている。［長命寺］は、墨田区向島五丁目の宝寿山長命寺のことで、［薬草類　東高野山］（154ページ）の谷原山長命寺（練馬区谷原）ではない。なお、アサギザクラ（浅葱桜）は、里桜の一品種で、花は一重で白いが、がくの色が萌葱色で、青く見える。［浅黄］とは、浅葱色のことで、薄い藍色、みずいろをいう。69［葱（ねぎ）］のうち［アサツキ］参照。

549 【歌仙桜　深川八幡】

［歌仙桜〈かせんざくら〉］は、深川八幡（江東区富岡一丁目）に伝わる桜で、正徳のころ（一七一一〜一七一五）に、園女という俳諧の宗匠が三六本の桜を植えたという。戦災で枯れて、現在は記念の碑がある。

550 【百枝桜　谷中　妙林寺】

［百枝桜〈ももえざくら〉］は、桃枝桜とも書く。［谷中　妙林寺］は、日登山妙林寺で、『江戸名所図会』によれば、「法住寺の西、小川を隔ててあり」とあり、安政三年の尾張屋清七版切絵図によると、妙蓮寺となっているところらしい（文京区千駄木二丁目）。『続江戸砂子』にも記載があるが、今はない。

551 【九品桜　田ばた　六阿ミだ】

［田ばた　六阿ミだ〈ろくあみだ〉］とは、六阿弥陀四番目の宝珠山地蔵院与

楽寺のことで、北区田端一丁目。［九品桜〈くほんざくら〉］は、今はなし。六阿弥陀の縁起は、豊島左衛門の娘足立姫が、姑にいびられ川に身を投げ、五人の腰元もその後を追い、その六人の供養のために阿弥陀像を刻んだのがはじまりという。荒川沿いに六つの寺を巡拝するのが六阿弥陀詣という。五番下谷広小路常楽院、四番田端与楽院、三番西ヶ原無量寺、一番上豊島村西福寺、二番下沼田延命院、六番亀戸常光寺（670［来迎の松］、671［龍燈の松］参照）の順で回る。一巡六里（二四キロメートル）といわれた。（注）二番下沼田延命院は、明治七年廃寺となり、恵明寺（足立区江北三丁目）に併合。

552 【母衣（ほろ）桜　西ヶ原】

［西ヶ原］とは、六阿弥陀三番目の仏宝山西光院無量寺のことで、北区西ヶ原一丁目にある。551［九品桜　田畑　六阿弥陀］参照。［母衣桜〈ほろざくら〉］は、『続江戸砂子』に「あみた堂（阿弥陀堂）の前にあり。大木の糸さくら也」とある。糸桜、すなわちシダレザクラの大木であったが、今はなく、別の桜に変わっている。母衣は309参照。

553 【八重垣　神田明神】

［神田明神］は、千代田区外神田二丁目。「本宮のうしろに、桜あまたあり」（『江戸名所花暦』）。［八重垣］は不詳。

554 【十月桜　王子権現】

［王子権現］は、前出532［飛鳥山］参照。［十月桜］は、一名、四季桜と呼ばれる。小形高木のヒガンザクラの園芸品種で、一〇月ごろから咲きはじめ、冬も咲き四月に最も多く咲く。多くは八重咲き。ところで、一般に冬に咲くサクラを総称して「冬桜」というが、ジュウガツザクラ（十月桜）のほかに、フダンザクラ（不断桜）、シキザクラ（四季桜）、フユザクラ（冬桜）などの品種がある。フユザクラは、群馬県鬼石町の桜山森林公園が有名で、七千本もある。春と冬に咲くが、冬は開花期が長く、紅葉と同じ時期に楽しめる。見ごろは一二月上旬。そのほかにも、カンザクラ（寒桜）は二月に咲くので「冬桜」と呼ばれることもある。また、ヤマザクラなどの狂い咲きもある。沖縄のカンヒザクラ（寒緋桜）は、一月中旬ごろから紅色の美花を咲かせる。なお、現在ではソメイヨシノがサクラの代表の感があるのに、『武江産物志』には、ソメイヨシノの記述がない。ソメイヨシノは、幕末ごろに染井村（現在の豊島区駒込）から、「吉野桜」という名で売り出された品種だからである。一九〇〇年、植物学者の藤野寄命博士により、これは在来のヤマザクラと異なることが園芸雑誌に発表され、この時この品種を「ソメイヨシノ」と命名した。ソメイヨシノは、オオシマザクラとエドヒガンの雑種説がほぼ定説とされる。

しかし、自然の交配か、人工的な交配によったかは不明だが、岩崎文雄元筑波大学教授の説では、一七三〇年ごろ、染井村の植木屋伊藤伊兵衛政武により作出されたのではないかということである。染井は330参照。

桃

モモは、実を食べるほかに、葉や種子の仁(じん)を薬用としたが、また邪気を払う力があるとされる。「桃の酒」と称して、三月三日にモモの花を浸した酒を飲むと、百病を除くといわれ、三月三日の桃の節句にモモの花を飾る。85[桃(もも)]参照。

555 【桃園　四ッ谷　中野　中里　立春より七十日頃】

五代将軍綱吉による貞享四(一六八七)年の「生類憐(しょうるいあわれ)みの令(れい)」により、野犬保護の犬小屋が各地につくられた。元禄八(一六九五)年に、中野村(中野区)、四ッ谷(新宿区)にも同様に犬小屋がつくられた。[中野]の桃園とは、享保二〇(一七三五)年に、鷹狩りの折りに訪れた吉宗が、「御犬様中野御囲(おかこい)」の跡地を桃園にするよう命じたことによるという。かつては桃園町の名があった(現在は、その大部分は中野区中野三丁目)。[四ッ谷]、[中里](北区中里)の桃園は、犬小屋の跡地との関係は不明。[立春より七十日頃]とは、新暦の四月一五日ごろ。

556 【大師河原　立春より六十日余】

『江戸名所図会』に「州河原〈すがわら〉桃林　河崎(川崎のこと)渡口より大師河原までの間にして、田園ことごとく桃樹を栽えたり。故に開花の時に至れば紅白色を交えて奇観たり」とある。多摩川右岸の六郷橋南から大師河原にかけての地域に桃園が多くあった。[立春より六十日余]とは、新暦で四月五日ごろより後。開花期が四ッ谷、中野、中里よりも一〇日ほど早いが、品

中野桃園。吉宗の命でできた桃園。『江戸名所花暦』には「昔は多くありしが、今は過半枯れてなし」とある。同書では、このほか桃の名所として御薬園(千代田区九段一丁目辺)、大師河原、吉川(埼玉県吉川町)、流山(千葉県流山町)をあげている。(『江戸名所図会』)

種の違いか、または河川のそばは、内陸よりも、夜間の気温低下が著しくないという条件によるものであろうか。

557 【隅田川堤】

〔隅田川堤〈つつみ〉〕は、桜だけでなく桃、柳も植えられた（533参照）。『江戸名所図会』には「官府（幕府）の命ありて、三囲稲荷の辺り（墨田区向島二丁目）より木母寺（墨田区堤通二丁目）の際まで、堤の左右へ桃桜柳の三樹を植えさせられければ……」とあり、吉宗の命により享保一〇（一七二五）年に植えたという。隅田堤のサクラは、度重なる水害で被害を受け、そのたびに植えなおされたことは知られるが、この文政のころ見られたモモの花は、吉宗の命でサクラとともに植えたものか、その後にも植え継がれたものであろう。

558 【築比地　葛飾郡】

〔築比地〈ついひじ〉〕は、現在の埼玉県北葛飾郡松伏町に属し、江戸川の右岸になる。明治四〇年発行の『大日本地名辞書』（吉田東伍著）では、松伏の項に、「……、江戸より行程八里に足らず、この辺田圃の間に多く桃樹を栽培し、その実を鬻〈ひさぎ〉て生産の資とせり云々」とあるので、明治四〇年当時も、桃が生産されていたらしい。

梨

ナシは、保水力があり通気性がよい土質を好む。沖積地帯や粘質土壌のところが適地。なお、ナシの実を「有りのみ」というのは、ナシは「無し」に通ずることを忌むから。

559 【隅田村】

〔隅田村〕は、隅田川沿岸の現在の墨田区墨田、堤通りの付近。梅若塚伝説や、謡曲「隅田川」で有名な木母寺（堤通二の一六。562参照）がある。『迅速測図』には、田と畑が混じる様子は見られるが、まとまった林はなく、560〔下総八幡〈しもうさやわた〉〕に見られるような、広大なナシの畑は確認できない。文政年間にナシが栽培されていても、規模が小さかったか、幕末から明治にかけてナシは栽培されなくなっていたのかも知れない。

560 【下総八幡　市川向】

〔下総八幡〈しもうさやわた〉〕は、千葉県市川市八幡。『江戸名所図会』の挿絵に「梨園　真間〈まま〉より八幡へ行く道の間にあり　二月〈きさらぎ〉の花盛りは雪を欺〈あざむ〉くごとくに似たり　李白の詩に梨花白雪香と賦〈ふ〉したる（詩に述べること）もうべなりかし」とある。枝を引いて、たな状にした下で梨を収穫する様子が描かれている。『迅速測図』では、市川から八幡付近の千葉街道の南側が水田であるのに比べて、北側は一面、ナシの畑である。

561
【生麦村　川崎】

[生麦村〈なまむぎむら〉]は、横浜市鶴見区生麦。[川崎]は、川崎市で、多摩川をはさんで、大森から川崎へかけての東海道ぞいに、梨園が広がっていたらしい。『江戸名所花暦』に「なまむき村、同(立春よりの意味)七十日頃(現在の暦の四月一五日ごろ)。東海道川崎駅のさき。大森のほとりより大師河原へ行道、六郷、川崎の辺一面なり」と、花の見ごろと様子を書いている。

柳

[柳]とは、シダレヤナギのことで、カワヤナギやタチヤナギなどの、枝が枝垂れないヤナギの種類は「楊」と書く。シダレヤナギは、奈良時代に中国から渡来したもので、とくに「六角堂」という品種が有名である。485[シダレヤナギ」参照。

562
【印(志るし)の柳(やなぎ)　隅田川】

[印の柳]とは、『江戸鹿子〈えどかのこ〉』に「隅田川梅若丸墳〈ふん〉(はかの意味)、塚の上に有木也〈きあるなり〉」とあるもの。現在は木母寺(墨田区堤通二の一六)の前の公園に若い柳が植え継がれている。梅若丸は、謡曲『隅田川』の中の人物で、吉田少将の子だが、人買に誘拐されて東国に下り、隅田川岸で病死。母は梅若丸を探して京都から東国まで下るが、船中の物語にわが子の死を知り、その後をとむらうという筋。梅若を葬ったところが、梅若塚といわれる。旧暦三月一五日(今は四月一五日)を「梅若忌」とする。

563
【颯灑柳(うなりやなぎ)　麻布善福寺】

[麻生善福寺]は、港区元麻布一丁目。安政六(一八五九)年にアメリカ公使館として使われ、初代公使ハリスが居住した。また、679[楊枝杉〈ようじすぎ〉]、686[杖銀杏〈つえいちょう〉]があることでも有名。享保一七(一七三二)年出版の『江戸砂子』に、「うなり柳……来歴しれず」とある。この柳がそばにあったという井戸は、善福寺の「柳の井戸」と呼ばれ、現在でも湧き水がでている。なお颯灑柳とも書く。

564
【夫婦柳　両国の南】

[両国の南]とは、両国橋の西側で、現在の中央区東日本橋の地域。東日本橋にあった薬研堀が、隅田川につながるところにあった橋を難波橋(別名元柳橋)といい、その橋の側にあった柳を[夫婦柳〈みょうとやなぎ〉]といった。『続江戸砂子』に「夫婦柳　両国橋の南、なには橋」とある。

565
【見帰り柳　吉原】

[吉原]は、江戸で唯一の公認の遊郭である新吉原のことで、現在の台東区千束四丁目。[見帰り柳]は、日本堤か

山吹。
太田道灌が雨具の蓑（みの）を借りようとした伝説の「山吹の里」は、この絵の高田のほかにも各地にあり、三河島の旧字高畑（荒川区荒川七丁目）もその一つ。なお、「七重八重花は咲けども」の和歌は、後拾遺和歌集にある兼昭親王の和歌という。
（『江戸名所図会』）

ら、新吉原の大門（おおもん）に至るゆるいカーブの通りを「五十間」というが、その入り口の左側にあった柳で、現在若い柳が植えてある。京の島原遊郭にならって植えられたという。朝帰りの客が、大門から日本堤へ出て、前夜を思い出して振り返ったということから、「見帰り柳」の名がある。また、見返り柳とも書く。

棣棠花〈ていとうか〉（ヤマブキ）

［棣棠花〈ていとうか〉］は、ヤマブキ（バラ科）のこと。通常は花弁は五枚で、一重のものは果実ができる。太田道灌（おおたどうかん）がにわか雨に出会い、雨具の蓑（みの）を借りようとしたところ、娘が返事に差し出したのは山吹の枝。その意味が分からず城に帰り調べると、「七重八重花は咲けども山吹の実のひとつだになきぞ悲しき」という歌があり、「実の」と「蓑」とをかけて断ったのだと分かり、それ以後歌の道に励んだという逸話が有名なところから、ヤマブキは実ができないと思われがちだが、実のできないのは八重のもの。

566 【金性寺　押上　俗に山吹寺といふ】

宝松山金性寺（きんしょうじ）。［押上〈おしあげ〉］は、本所押上（現在の墨田区押上）のこと。その寺は今はない。

567 【蒲田新梅屋敷　中ノ和中散】

［和中散〈わちゅうさん〉］とは、風邪や産前産後などに用いる薬の名で、道中常備薬（旅行の必需品）としても有名。180ページ余話1「江戸時代の薬」参照。それを売る店が江戸中期ごろから大森に三店あり、それぞれ東海道の西側に位置していた。西大森小名（こな）南原町の長左衛門の店を「下の和中散」（大森東二丁目）、東大森の小名谷戸田の忠次郎の店を「中の和中散」（大森西六丁目）、

大森の南で北蒲田村の久三郎の店を「上の和中散」（蒲田三丁目）といった。その中でも「中の和中散」は、将軍吉宗が鷹狩りのたびに休息所、御膳所とされて二六回もお成りになっている。495「蒲田梅」、591カキツバタ「蒲田新梅屋敷　中ノ和中散」参照。

桜草（さくらさう）
紫雲英（れんげさう）

サクラソウは、本来は山の渓流などのそばの落葉樹の下にはえる。樹木の葉が茂らない早春には、日光を十分に受けて成育できるが、樹木の葉が茂る夏は休眠する。上流から洪水で流されてきたと考えられる荒川下流のサクラソウは、人々が「萱」と呼ぶオギなどを利用するために冬に草刈りや野焼きを行うことで、早春に日光を受けることができる。平地の河川沿いでも、人の活動により山地に似た環境が再現され、サクラソウの成育する環境が保たれてきた。「れんげさう」は、409「レンゲ」参照。227ページ余話5参照。

568【戸田原】

［戸田原〈とだのはら〉］とは、埼玉県戸田市南町付近。中仙道の道筋で、荒川を越える戸田の渡しがあったあたり。戸田の渡しは、現在の東北新幹線が荒川を渡る鉄橋の少し上流。このあたり一帯は、荒川が激しく蛇行していたのを改修工事（大正七年策定～昭和二九年完了）で直線的に直した。そのため荒川沿岸の多くのサクラソウ自生地は絶滅した。

569【野新田】

［野新田〈やしんでん〉］は、足立区新田三丁目の新田橋の付近と思われる。この橋は、荒川の「野新田の渡し」があったところに、昭和一四（一九三九）年に木造でかけられた。足立区新田の一～三丁目は、荒川放水路がつくられたために、今では隅田川と荒川に囲まれた土地となった。かつては桜草の村、養蚕村とも呼ばれた。『新編武蔵風土記稿』の鹿浜新田の項に「小名〈こな〉野新田　この地は萱野〈かやの〉にして桜草多く生ぜり」とある。

570【尾久の原　れんげさう　すみれあり】

先の薬草類の「尾久ノ原」の植物目録にはサクラソウは書かれていない。薬草ではないので書き上げなかったのか、探したが見つからなかったのかは不明である。「すみれ」は、410「スミレ」参照。「尾久の原」については、157ページ「薬草木類　尾久ノ原」参照。

571【染井植木屋　立春より七十五日位】

染井村（現在の豊島区駒込）の植木屋では、さまざまな植木や植物を育て、庭園を公開していた。嘉永七年版の『染井王子巣鴨絵図』（版元尾張屋清七）にも藤堂和泉守の屋敷の向かいに「この辺染井村、植木屋多し」とある。当時は桜草栽培熱は盛んで、かなり高価で取引されたという。染井は、ソメイヨシノの発祥の地としても有名。554［十月桜］参照。［立春より七十五日位］とは、新暦の四月二〇日ごろ。

牡丹

ボタン（ボタン科）は、古くから栽培されている中国西北部原産の落葉低木。観賞用として庭園に栽培する。ふかみぐさ、はつかぐさという。また根の皮を薬用とする。暑気あたり、頭痛、腰痛、関節炎、月経不順などに用いる。なお、シャクヤク（ボタン科）も、根を薬用とし、鎮痛、通経薬とする。

572 **【西ヶ原牡丹屋（敷）　立夏三日位】**

［西ヶ原］は、北区西ヶ原。牡丹屋敷については不明。なお、尾久の渡し付近（荒川区西尾久）には、『江戸名所花暦』によれば、深山玄琳という武士の屋敷が牡丹で有名であったというが、西ヶ原からは少し離れている。［立夏三日位］は、新暦の五月九日ごろ。なお、『季節の事典』（大後美保著）の「ボタン前線」では、東京は四月二〇日～四月三〇日の間。

573 **【深川八幡　別当園中】**

［深川八幡〈ふかがわはちまん〉］は、深川富岡八幡（江東区富岡一の二〇）。［別当園中］とは、大栄山永代寺金剛神院の牡丹園のこと。現在この寺は、江東区富岡一の一五で、深川不動に向かう参道右側にあるが、かつては、不動堂の西の深川公園のグラウンドの位置にあった。

574 **【上北沢村　左内園中】**

［上北沢村］は、世田谷区上北沢の付近。名主の鈴木佐内の牡丹園を凝香園といった（『向島百花園』前島康彦著）。

575 **【亀戸社内　先年大牡丹あり　天明の洪水ニ枯る】**

［亀戸社内］とは、江東区亀戸三丁目の亀戸天神の境内のこと。そこに大牡丹があったという。［天明の洪水に枯る］とは、天明六年の洪水か？『都市を往く荒川』（建設省荒川下流工事事務所発行）によれば、天明年間の主な水害は、①天明元（一七八一）年、②天明二年八月（津波、深川洲崎で多数溺死）、③同年九月、④天明三年、⑤天明六年がある。このなかでも、天明六年の洪水は、大被害を出し、江戸三大洪水の一つといわれる。

躑躅石巌

（つつじきりしま）

キリシマツツジは、各地の山野に自生するヤマツツジが母種といわれる。またミヤマキリシマが母種とされるクルメツツジ、モチツツジの系統のオオムラサキや、川岸の岩場に自生するサツキツツジから改良された「サツキ」なども多数の園芸品種がつくられていた。キリシマツツジは、低地よりも台地の上の土壌に適していて、その産地は台地の上である。

576【染井植木屋　立夏より三日位】

［染井植木屋］は、571参照。［立夏より三日位］は、新暦の五月九日ごろ。

577【大窪辺】

［大窪〈おおくぼ〉辺］は、現在の新宿区大久保、百人町あたりのこと。『江戸名所花暦』に「大久保百人町　四谷大久保武家地の園中すへてあり……」とあり、百人組の鉄砲隊の武士が住んだ大久保百人町（現在の新宿区百人町一、二丁目付近）では、多くの武家屋敷の庭内に、ツツジの類が栽培されていた。武家が内職としていたものか。『江戸名所図会』の挿絵に「大久保の映山紅（きりしま）は弥生の末を盛りとす。長丈余〈ながさじょうよ〉（約三メートル）のもの数株〈あまた〉ありて、其紅艶〈そのこうえん〉を愛するの輩〈ともがら〉、ここに群遊す。花形微少〈ちいさし〉といへども、叢〈むらが〉り開きて、枝茎をかくす。さらに満庭紅を灌〈そそ〉ぐが如く、夕陽に映じて錦繍〈きんしゅう〉の林をなす。この辺の壮観なるべし」とある。

578【日暮里】

［日暮里〈にっぽり〉］とは、現在の荒川区西日暮里の一部である新堀村（にいほりむら）のことで、新堀に日暮里の文字を当て、「ひぐらしのさと」と読ませた。台地からの眺めの美しさに加えて、寺々は庭にツツジやサクラを植えてその美を競い、神仏の利益を宣伝したので、明和のころ（一七六四〜一七七二）から有名となった。179［カニクサ］参照。

579【上野穴稲荷】

［穴稲荷〈あないなり〉］は、忍岡（しのぶがおか）稲荷といい、昔キツネがすんでいたという穴があったのでその名があった。その場所は、台東区の都立上野公園の不忍池（しのばずのいけ）のそば、五条天神に接してある現在の花園稲荷が［穴稲荷］のもとあったところ。今は他に移転。

580【音羽護国寺】

［音羽護国寺〈おとわごこくじ〉］は、文京区大塚五丁目。神齢山（しんれいさん）護国寺。真言宗に属した。享保二年に炎上した護持院（ごじいん）（461［ウマゴヤシ］参照）を合併したので、寺領は二千七百石を有した。ツツジは「石段の左右」と『江戸名所花暦』にある。

581【千手院　千だがや】

千駄ヶ谷の法雲山仙寿院東漸寺（せんじゅいんとうぜんじ）のこと。渋谷区千駄ヶ谷二丁目。その庭園に趣向をこらしたので、日暮里に対して、「新日暮らしの里」と呼んだという。[千手院　千だがや]のサクラ参照。539

紫藤（ふじ）

フジ（マメ科）は、ノダフジともいい、山野に自生するつる性の落葉低木で、庭園に栽培する。花は四月末ごろ、紫色の花を多数咲かせる。花房は三〇～九〇センチ。つるは右巻きにまく。これに対して、花の白いシロバナフジもある。山野に自生し、ときに庭園に栽培するヤマフジは、つるは左巻きにまく。花は紫色。花房は一〇～三〇センチ。開花期はフジより早い。

582

【亀戸天神　立夏より十五日頃】

[亀戸天神]は、亀戸天満宮（江東区亀戸三の六）で、池の周辺に藤棚があり現在、都内随一のフジの名所。戦前には九四株あったが、戦災で焼け、残ったのは二株だけだったという。花の見ごろは、「藤花祭」が開かれている期間の五月八日のころまで。[立夏より十五日頃]は、新暦の五月二一日ごろ。なお、気象庁・生物季節観測の平年値によれば、東京のノダフジの開花日は、四月二三日。亀戸天神は、496 [ウメ]、575 [ボタン]、914 [ウソ]（うそかえの神事）参照。

亀戸天神。
亀戸天満宮は、寛文三（一六六三）年、現在地に
太宰府天満宮を模して造営され、
神殿に池や橋を配置した。
藤の花のほかに
梅（496）、ボタンの名所（575）として有名。
「うそかえの神事」は正月二五日（914）。
（『江戸名所花暦』）

583

【佃嶋住吉社前】

[佃嶋]は、現在の中央区佃一丁目。摂津佃（大阪市西淀川区）の漁師が移住したところで、佃煮の名の発祥地。住吉明神社（中央区佃一の一）は、摂津の住吉神社に同じで、六月三〇日（旧暦）には荒みそぎが行われるので参詣が多かった。藤については、文政一〇年刊行の『江戸名所花暦』に「今は絶えたり」とあるから、『武江産物志』の文政七年の時点で存在していたかどうか疑問である。816 [シラウオ] 参照。

584【圓光寺　根岸　藤寺】

[圓光寺]は、宝鏡山円光寺。臨済宗に属し、台東区根岸三の一一。根岸小学校の横に現存する。庭の紫藤は有名で、[藤寺]と呼ばれた。その藤は今はない。

585【傳妙寺　小日向】

[傳妙寺〈でんみょうじ〉]は、正しくは[傳明寺]で、文京区小日向四の三に現存し、藤棚もある。俗に藤寺と呼んだという。

586【鈴森八幡　今はなし】

[鈴森八幡]は、鈴ヶ森八幡のことで、大田区大森北二の二〇にある。鈴石、烏石という石があることでも有名。[今はなし]とあるが、『江戸名所花暦』には、[境内所々に藤あり]としている。『武江産物志』の出版後に植えられたものか。663[荒磯の松]参照。

587【上野山王】

[上野山王]とは、もとの東叡山寛永寺の山王大権現社のことで、上野公園の西郷隆盛の銅像のある高台が山王大権現社の跡。『続江戸砂子』(一七三五年)には「神前に藤棚あり。わたり六十丈余、紫白〈しはく〉英(はなぶさ)をたれてななめならず」とあるが、約九〇年後の『江戸名所花暦』(一八二七年)には「いにしへは多くありしなれとも、いまはたえてわつかに一株〈いっちゅう〉(原文ママ)を存せり」という。

588【戻り藤　浅草　熊谷稲荷】

[浅草熊谷稲荷〈くまがいいなり〉]は、台東区浅草二の三〇の浅草寺病院裏にあった。明治以降三社大権現社に合祀されたが、今はない。『続江戸砂子』によれば、[戻り藤]とは、享保の初めごろ、藤を境内の弁天山の池の側に移植したところ枯れた。その時、熊谷社の堂司(どうすともいう、堂の番人)の見性坊が、藤をもとの場所にもどせとの夢をみたので、もとの位置に植え直したところ、ふたたび生き返り、栄えたという。

燕子花(かきつばた)

カキツバタの漢名らしい「燕子花」、「杜若」はともに別の植物の漢名。カキツバタ(アヤメ科)は、水の中から茎や葉を空中に伸ばす抽水性の多年草。カキツバタによく似たハナショウブは、水際の湿ったところにはえる野生のノハナショウブを改良したもの。ハナショウブの栽培は、寛文・延宝のころ(一六六一～八一年)に流行した。また天保のころには浮世絵に堀切村(葛飾区堀切)の菖蒲園が描かれている。しかし、常正は、なぜか『武江産物志』ばかりか『本草図譜』にも、ハナショウブは、いっさい取り上げていない。なお、アヤメ(371参照)は草原にはえる。

589 【根津社内】

［根津社内］は、文京区根津一丁目の根津権現社のこと。516［根津権現］参照。

590 【三囲社内】

［三囲社］とは、三囲稲荷(墨田区向島二の五)のこと。元禄六(一六九三)年、宝井其角が三囲神社に参詣したとき、雨乞いをする村人にかわって、「夕立や田をみめぐりの神ならば」との句を社前にたてまつると、その翌日、雨が降ったということでも知られる。

591 【蒲田新梅屋敷　中ノ和中散】

［蒲田新梅屋敷　中ノ和中散］は、567参照。

592 【木下川薬師　立夏二十日頃】

［木下川薬師〈きねがわやくし〉］は、現在は葛飾区東四つ木一の五。大正九(一九二〇)年に、荒川放水路工事で現在地に移転。昔の位置は、現在では荒川放水路の左岸の河川敷の中にあり、木根川橋の下流一〇〇メートルあたり。『江戸名所花暦』に、長谷川雪旦の木下川薬師の挿絵がある。カキツバタの花と、三代将軍家光お手植えの「富の松」が描かれ、別の松の樹上にはコウノトリがいる。861［コウノトリ］参照。なお、木下川は、本来は「きけがわ」が正しく、木毛川、亀毛(卦)川と書くとも。現在は、「木根川」橋と書く。［立夏二十日頃］は、新暦の五月二六日ごろに相当。

593 【牛嶋】

［牛嶋］は、墨田区向島五丁目付近。「牛御前」といわれる牛島神社の付近のことで、牛島神社は、大正一二(一九二三)年の関東大震災により、現在の向島一丁目へ移転した。旧地は向島五丁目の弘福寺から隅田川岸に寄ったあたり、三囲稲荷の上流にあった。「牛御前」とは、素盞鳴尊をいう(『江戸名所図会』)。

594 【駒込千駄木坂植木屋　数数多し】

［駒込千駄木坂植木屋］とは、現在の文京区千駄木の団子坂、動坂付近の植木屋のこと。千駄木の団子坂、動坂から本駒込の吉祥寺付近、向丘あたりに、植木屋が多く集まっていたといわれている。610［キク　駒込千駄木坂植木屋］参照。

石竹（せきちく）

セキチクは、中国原産で古い時代に日本にもたらされたカラナデシコ(唐撫子)のこと。これに対してカワラナデシコを大和撫子といった。

595 【本所植木屋】

［本所植木屋］とは、本所、寺島も植木屋の多いところで、613［キク　本所寺島］の項参照。

牽牛花（あさがほ）

アサガオは、種子を牽牛子(けんごし)と呼び、古くは薬用（利尿剤、緩下剤(かんげ)）とした。一九世紀に入ると、江戸の下町で観賞用として栽培が盛んになり、幕末から明治に入谷（台東区入谷）の植木屋でも作られた。大正初めには入谷の市街地化で栽培は衰えるが、昭和二五（一九五〇）年に、入谷朝顔市が再開された。

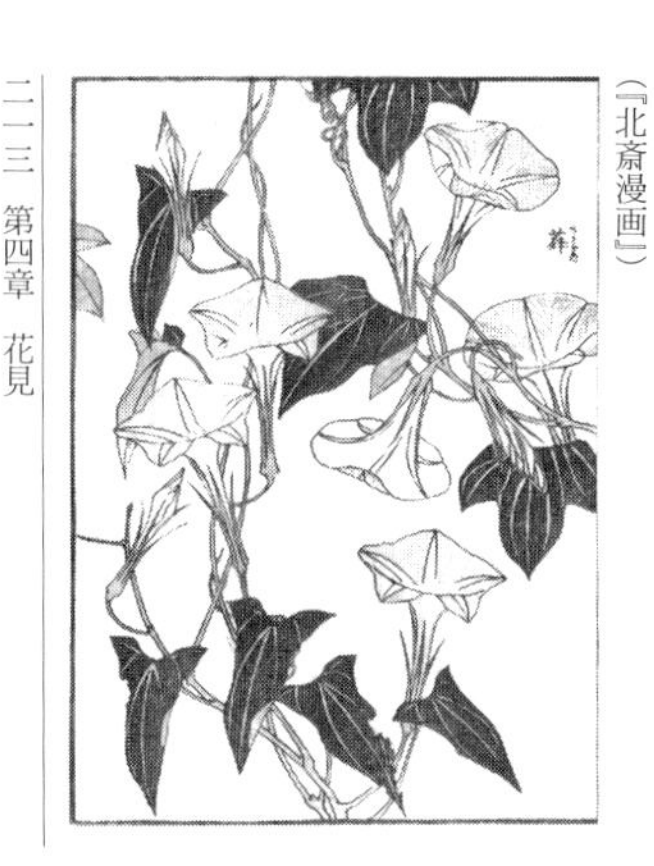

アサガオ。身近な花だが、変わった花を咲かせるには、高等な園芸技術が必要。（『北斎漫画』）

毎年七月六、七、八日に入谷鬼子母神(いりやきしぼじん)真源寺(しんげんじ)（台東区下谷一丁目）を中心に、周辺一帯に店が並ぶ。栽培業者は、江戸川区あたりに多い。入谷のとなりの上根岸（台東区根岸二丁目）に住んでいた正岡子規の句に「入谷から出る朝顔の車かな」「銭湯で聞く朝顔の噂かな」がある。

596 【下谷　本所】

［下谷］は、現在の台東区上野、東上野、北上野、台東辺の地域。［本所］は、現在の墨田区の一部。『江戸名所花暦』に「文化丙寅〈ひのえとら〉三〈一八〇六年〉の災後（大火の後）に下谷辺空地の多くありけるに、植木屋朝顔を作りて種々異様な花を咲かせたり。おいおいひろまり、文政のはじめの頃（一八一八年〜）は、下谷、浅草、深川辺所々にてももっぱらつくり、朝顔屋敷などとなづけて見物群集せしなり」とある。

【花形の変りハ　孔雀　乱獅子　梅咲　桔梗咲　ちぢみ　茶屋　釆咲　八重孔雀　薄黄　牡丹咲　龍胆咲　吹切咲　糸咲　風折　剣咲　いぎりす　眉間咲　巻絹　薩摩紺　絞り類】

［花形の変りハ］として、さまざまな変わった形の花の名をあげる。花びらが裂けたり、八重咲きなど「変わり咲き」といわれるものである。［いぎりす］とは、どんな花か見当もつかない。［薄黄］の色の花は今はない。［釆咲］や［糸咲］は、釆配(さいはい)の房のように花びらがさけたり、さらにそれが細くなったもの。［八重孔雀］は、八重咲きのもの。こうした変わり咲きは、めしべとおしべが花びらに変化したものが多く、種子はできない。その両親のアサガオを育てて交配し、翌年の種子を採取しなければならない。一八六五年のメンデルの法則発表のはるか前から日本では、高度の品種改良を行っていた。

【葉形の変りハ　孔雀　龍の眉
龍田川　葵葉　黄葉　松島
柳葉　唐糸　鳳凰葉　柿葉
宇津川　いさはき　南天葉
七福神　芙蓉葉　金剛獅子
銀龍　鼠葉　円葉　紅葉ば
通玄仙　破レ柳　薯葉　山鳥
石花　木立】

[葉形の変りハ]とは、葉の変化をも観賞の対象として品種を細かく分けて名づけていたことが分かる。

卯の花

[卯の花]とは、ウツギ(ユキノシタ科)である。山野に普通な落葉低木で、幹が中空であることから空木の名がある。五～六月に白い花を咲かせる。ホトトギスの鳴き声とともに、夏の到来を告げる花として歌にうたわれている。

597 【野口　小金井　目黒　九品仏の辺】

[野口]とは、東村山市野口町のことであろうか。[小金井]は東京都小金井市、[目黒]は目黒区。[九品仏〈くほんぶつ〉]とは、世田谷区奥沢七丁目の浄土宗九品仏浄真寺に九品仏堂があって、世に知られるところ。

蓮〈はす〉

ハス(スイレン科)は、根(藕)、つまりレンコンを食用にするだけではなく、その花(芙蓉という)を観賞するために栽培される。仏教との関連が強く、寺院の池などに多い。ハスは「蜂巣」の意味という。実が入る「花托」の形が、ハチの巣に似るから。また、葉を荷という。75 [ハス] 参照。

598 【不忍池　六月中より】

上野の不忍池の蓮は、いつごろから植えられたかは分らないが、天和三(一六八三)年の『紫の一本〈ひともと〉』(戸田茂睡著)に「西にかたふく月の影も朦朧〈もうろう〉としてさたかならざるに、池のこなたのなぎさのささ浪、蓮の枯れ葉のうかびたるに見ゆれど、西の方は霧にやあるらん、打くもりて家居も山も見えず」とある。その他、『江戸名所花暦』に「嶋のめぐりはみな貨食屋〈りょうりや〉なり。名物蓮めし、田楽などをひさぐ」とその様子が書かれている。[六月中より]は、新暦では七～八月のころ。れん根、蓮めし、蓮茶などについては、75 [ハス] 参照。

599 【赤坂溜池】

[赤坂溜池〈あかさかためいけ〉]は、現在の千代田区永田町二丁目の日枝(山王)神社の南に、江戸城外堀の一部の溜め池があり、飲料水として用いられたが、承応三(一六五四)年に玉川上水が竣工してからは、ハスを多く植えた。明治維新後に埋め立てられて、麹町区永田町、赤坂区溜池町と葵町(現在の港区赤坂一・二丁目の一部)となる。『江戸名所花暦』に「溜池　赤坂御門外一

面、ため池まで、花葉水面をふさぎて夥〈おびただ〉し」とある。

600【池の妙恩寺　下谷】

嘉永六年版の『今戸箕輪〈いまどみのわ〉浅草絵図』(版元尾張屋清七)を見ると、現在の台東区松が谷二丁目あたりに、「妙音寺〈みょうおんじ〉」とあり、となりに池が書かれている。下谷で、池がある[妙恩寺〈みょうおんじ〉]とは、この寺のことであろう。

601【向嶋　白鳥の池】

[向嶋(島)]は、墨田区の北の地域の名だが、[白鳥の池]は、隅田村の大堤といわれるところで、近くには幕府で使う野菜を栽培する御前栽畑(おんせんざいばたけ)や梅若塚、木母寺(もくぼじ)があったところだが、正確な位置は未調査。隅田村は、現在のほぼ墨田区墨田と堤通を合わせた地域。『江戸名所図会』に、「丹頂〈たんちょう〉の池　同所(向島のこと)堤の下〈もと〉にあり。池の中に小島を築く。往古〈そのかみ〉台命〈たいめい〉(将軍の命令のこと)によりて、この池の中島に丹頂の鶴を放ち飼はじめたまいしとなり」とある。この池は蓮池とも呼ばれ、長さ四八間(約八七メートル)、幅三〇間(約五五メートル)あったが、明治二一(一八八八)年に埋め立てられた。873[はくてうの池]参照。

602【増上寺　赤羽橋内】

芝の[増上寺]は、『江戸名所花暦』にも蓮の名所とされている。「増上寺地中　弁天の池　赤羽根のかたへ出る御門の内なり」とある。港区芝公園四の八あたり。[増上寺]は、145[ハナウド]、512[糸桜]参照。

胡枝子花(はぎ)

八月節より

ハギ(マメ科)には、ヤマハギ、ミヤギノハギ、マルバハギなどあり、ミヤギノハギはしばしば人家に植えられる。「萩」と書きハギと読ませる。しかし、「萩」の字をハギの意味で使うのは日本だけで、中国の「萩(しゅう)」の字の意味は、ヨモギまたはアカメガシワのことである。漢名は「胡枝子花(こししか)」または「胡枝子(こし)」とも書くが、一般には「胡枝花(こしか)」が使われる。

603【柳眼寺　柳島萩寺ト云】

[柳眼寺]は、慈雲山竜眼寺(じうんざんりゅうがんじ)が正しく、庭に萩を多く植えて、俗に萩寺と呼ばれ、亀戸天神の北にある(江東区亀戸三の三四)。萩のはし(箸)と、つま楊枝(ようじ)が名物とされた。萩の花の盛りのころには、貴賤(きせん)を問わず群れをなして訪れたという。柳島村は、現在の墨田区太平、江東区亀戸の両方にまたがっていたが、明治二二(一八八九)年に横十間川(よこじゅっけんがわ)(亀戸川)を境に、東は亀戸村の内となった。

604 【清水寺　浅草】

「清水寺」は、嘉永六年版『今戸箕輪〈いまどみのわ〉浅草絵図』（版元尾張屋清七）に、本願寺の北に見られる（現在の台東区松が谷辺）。『江戸名所花暦』は、「此余（このほかにの意味）寺院社頭（社殿のあたりのこと）に萩を植えたるところ多しといえども、床机（腰掛け）をもうけて詠〈なが〉むるたよりなきは是〈これ〉をのせず。浅草清水寺、牛島長命寺などのたぐひなり」として、浅草清水寺、牛島長命寺（墨田区向島五丁目）など、「詠むる」つまり和歌、連歌などをつくるのに適さないところは記載しないとしている。

605 【正燈寺　浅草】

「正燈寺」は、東陽山正燈寺（とうようさんしょうとうじ）（台東区竜泉一の二三）。紅葉でも有名。616参照。『今戸箕輪〈いまどみのわ〉浅草絵図』に、吉原の西に燈洞寺とある寺。

606 【観音奥山　浅草】

観音様として知られる浅草寺（せんそうじ）の本堂の裏手と西北にかけての一帯を「奥山〈おくやま〉」と呼んだ。萩が有名だったのは、『江戸名所花暦』によれば、三社（さんじゃ）神社裏手にあった人丸（ひとまる）明神境内。奥山は、土産物屋や見世物小屋が軒を連ねていた。明治六（一八七三）年に公園となる。明治一六（一八八三）年に、浅草寺公園は一区から五区に分けられた。一区は本堂周辺、二区は仲見世（なかみせ）、三区は浅草寺本坊伝法院（でんぽういん）のあるところ、四区は林泉地（りんせんち）（庭園）でひょうたん池付近。奥山は五区にあたり、花屋敷はその一部。ひょうたん池を掘った土でつくったのが六区の興行街で、その翌年七区の浅草馬道（うまみち）付近が追加されたが、七区はまもなく公園から除外された。六区の興行街は、その後隆盛を極め、「六区」、「ロック」の名は、映画、演劇の街としての浅草の代名詞となった。

607 【三囲稲荷】

「三囲稲荷〈みめぐりいなり〉」は、590「カキツバタ　三囲社内」の項参照。

菊

観賞植物としての菊（キク科）は、家菊ともいうがその原種については定説がないという。キクは、漢名の菊の音読みである。花を食用とする「リョウリギク（料理菊）」もある。

608 【染井植木屋】

「染井〈そめい〉」は豊島区駒込の一部。571「サクラソウ　染井植木屋」参照。

609 【巣鴨植木屋】

現在の豊島区巣鴨の巣鴨村の植木屋では、鉢に植えた菊をさまざまな形につくる形造りが盛んに行われ、文化（一八〇四～一八）の末ごろ菊人形づくりが始まった。菊の時期には菊見物の群衆でにぎわったという。

610【駒込千駄木坂植木屋】
現在の文京区千駄木の団子坂の菊人形は有名だが、幕末に巣鴨の植木屋種半がはじめたもので、明治時代から有名となり、人々は団子坂に殺到した。しかし、明治四二年名古屋の黄花園と菊世界が両国国技館と浅草公園で大がかりな興行を行うに至り、その後、団子坂の菊人形は途絶えた。594「カキツバタ　駒込千駄木坂植木屋」参照。

611【御駕篭町】
駒込千駄木より西北の御駕篭町にも多くの植木屋がいた。御駕篭町の名は、巣鴨駕篭町となり小石川駕篭町と変更、現在は文京区本駒込二、六丁目の一部。

612【麻布　目黒　青山辺】
『江戸名所図会』の著者の一人斎藤月岑による『東都歳時記』には、菊は「巣鴨、染井辺(豊島区)の植木屋の園中、寺島村(墨田区)百花園、その外本所辺(墨田区)、四谷(新宿区)、青山辺(港区)の植木屋の庭中に多い」ことが書かれている。

613【本所　寺島　小菊もあり】
「本所」は現在の墨田区本所、「寺島」は墨田区東向島辺で、ともに植木屋の多かったところ。松の隠居(万助、別名二代目植木屋辰五郎)、菊隠居(三代目植木屋甚平)などの植木屋は当時有名になりつつあった。「小菊もあり」の「小菊」とは、『江戸名所花暦』にある本所柳島(墨田区太平付近)の平河山法恩寺辺、請地(東向島〜向島四丁目付近)、千住などでつくられていた寒菊(シマカンギクの園芸種)のことで、一二月から一月ごろに咲く。『本草図譜』には、「茶菊　かんぎく」、「満天星　まんぎく」として、シマカンギクの園芸種を何種も書き上げている。

紅葉(もみじ)

モミジと呼ばれるのは、タカオモミジ(イロハカエデ)などカエデ科の仲間で、多くの園芸品種がある。タカオモミジは、とくに紅葉が美しいことから、単にモミジと呼ばれる。その名は、京都の高尾が紅葉の名所であることからか。ほかにヤマモミジ、オオモミジ、ハウチワカエデ、イタヤメイゲツなどのカエデの仲間を含む。なお、日本ではモミジやカエデを「楓」と書くが、本来は誤り。楓とは、フウ(マンサク科)のことであって、街路樹にされるモミジバフウ(アメリカフウ)は、葉がカエデに似るが、カエデ科ではなくマンサク科である。

614【海安寺　品川】
補陀洛山海晏寺が正しく、品川区南品川五の一六にある。『江戸名所花暦』では「当山は江府(えど)第一の楓の名所なり」としている。岩倉具視の墓があることでも有名。なお、補陀洛とは、観世音菩薩が住む山のこと。

615 【東海寺　品川】

［東海寺］は、万松山東海寺、品川区北品川三の一一。開山は沢庵漬けの発明者といわれる沢庵和尚。『江戸名所花暦』の挿絵「東海寺　楓樹（もみじ）」には、大木のモミジの下で酒や肴をならべて歌を詠むなどする様子が描かれている。

616 【正灯寺　浅草】

［正灯寺］は、東陽山正燈寺（台東区竜泉一の二三）。『江戸名所花暦』によれば、明和、安永のころ（一七六四〜一七八一）は、紅葉と言えば、正燈寺というほど有名だったが、同書が出版されるころ（一八二七）は、公開はしておらず、理由は掃除も行き届かないことを恥じてのことか、としている。今はモミジは一、二本しかない。605［萩　正燈寺］参照。

紅葉。
各地の寺では桜、松、紅葉など四季に美しい木々を植えて遊客を招いた。
紅葉は、桜に劣らぬ人気があり、その名所には多くの人々が訪れた。
高台からの眺望も勝れた品川の東海寺もその一つ。
（『江戸名所花暦』）

617 【日暮里　青雲寺】

［青雲寺〈せいうんじ〉］は、荒川区西日暮里三の六。［道灌船繋松〈どうかんふなつなぎのまつ〉］（636参照）の碑、滝沢馬琴の筆塚の碑がある。この寺が紅葉で有名との記述は、『江戸名所花暦』、『江戸名所図会』には見られない。なお、青雲寺の南東の方、谷中の墓地からJR日暮里駅の南口横を通り、荒川消防署音無川出張所の脇に出る道は、かつて「紅葉坂」と呼ばれた。台東区教育委員会の案内板は、「紅葉坂　坂周辺の紅葉が美しかったので、〝紅葉坂〟と命名されたのだろう」としている。このあたりの雑木林にはモミジが多かったのであろう。

618 【上野山中】

［上野山中］とは、東叡山寛永寺の山中

のこと。現在の都立上野公園。185ページ余話3「道灌山と上野の話」、503「上野山王社前」など参照。

619【根津権現山】

根津神社(文京区根津一丁目)。516「桜根津権現」参照。

620【瀧の川弁天】

「瀧の川弁天」とは、「松橋弁天」、別名「岩屋弁財天」ともいい、江戸時代には松橋弁天詣が盛んであった。北区滝野川三の八八の滝河山松橋院金剛寺、通称紅葉寺に弁天堂がある。滝野川辺は、春の桜とともに秋の紅葉の名所。

621【夕日山紅葉　目黒　明王院】

「明王院」とは、松樹山茂林寺明王院といい、目黒行人坂の近くにあった天台宗の寺。現在は目黒雅叙園の敷地(目黒区下目黒一丁目)。夕日山とは、この寺の本堂のうしろの山をいい、享保二〇(一七三五)年の『続江戸砂子』に「当山は西をうけて、夕陽〈せきよう〉の紅葉夕くれなゐ(夕方西の空の紅になること)のふかきを見する。よって夕日山の名あり」とある。しかし、天保七(一八三六)年『江戸名所図会』には、「明王院の後の方、西に向かえる岡をいへり。古へは楓樹数株梢を交へ、晩秋の頃は紅葉夕日に映じ、奇観たりしとなり。されど今は楓樹少なくただ名のみを存せり」とある。

622【真間の紅葉　真間弘法寺】

「真間弘法寺〈ままぐほうじ〉」は、日蓮宗の寺で、市川市真間四の九。本堂前の楓は将軍吉宗が感嘆したという真間の楓として有名。享保一七(一七三二)年の『江戸砂子』ではたぐいなき名木なりとしているが、約一〇〇年後の『江戸名所図会』によれば、当時は、すでにこの木は枯れていて、枯株のみが残るだけという。「真間の紅葉」とは、この木以外にもモミジが多かったことを指すのであろうか。

623【高尾の紅葉　山谷土手の西方寺】

「山谷土手の西方寺」とは、弘願山専称院西方寺のことで、浄土宗の寺。現在の台東区浅草六の三六の位置にあった(大正一五年に豊島区西巣鴨四丁目に移転)。吉原三浦屋の花魁の二代目高尾、別名仙台高尾の墓がある。高尾は美人なばかりでなく、書、和歌、琴三味線にすぐれたが、万治のころ(一六五八〜六一)に死んだ。その高尾の墓のそばに、高尾という名にちなんでモミジを植えたので「高尾の紅葉」という。特定の品種名ではない。

624【高田穴八幡】

「高田穴〈あな〉八幡」は、新宿区西早稲田二丁目にあり、光松山放生寺が別当。紅葉の名所として知られた。牛込(新宿区東部の地域名)の総鎮守(その地域を鎮護する神)。642［光り松］でも有名。牛込は、502［栄の梅］参照。

625【隅田川　秋葉】

［秋葉］は、秋葉神社。墨田区向島四の九。境内は広く、池があって、池をめぐって茶屋や料理屋などあり、モミジが多く植えてあり有名であった(『江戸名所花暦』)。しかし、現在では昔の面影はない。また、この神社には「神水の松」と呼ばれた松があり、この松のうしろから神水が沸き出していていろいろな病気に効いたと『続江戸砂子』にある。［神水の松　請地村］(672参照)がそれに当たる。請地村とは秋葉神社のあるところのこと。

626【百歌仙　駒込千駄木坂植木屋】

［百歌仙］とは、モミジの品種名かと思われるが不明。［駒込千駄木坂植木屋］は、594、610参照。

◉余話1　長屋の花見

落語に「長屋の花見」がある。家賃もろくに払えない店子のところへ、大家から花見に行こうと誘いがかかる。しかも大家の方ですべての準備はしてあるという。それならばと、貧乏長屋の住人一同そろって、世間並みに花見に出かける。ところが大家が用意したごちそうとは、酒は番茶、かまぼこは大根、卵焼きはたくあんを、それぞれそれらしく細工してあるという寸法。もうせんのつもりのござを広げて、酒盛りならぬ半分やけの「お茶か盛り」が始まるという筋。

江戸時代後期になると、この落語のように裏長屋の庶民もよく花見に出かけた。上野の寛永寺は、日本橋や京橋から近いが、難点は将軍の御霊屋(墓所)があり雰囲気が堅苦しい。八代将軍吉宗のころから桜が多数植えられた飛鳥山や隅田堤(墨堤)では、鳴り物や仮装も許されたので、庶民が団体で楽しむ花見にはこちらの方が人気があった。

そうした花見に代表される行楽の流行は、当時の江戸の庶民の住環境と無関係ではないだろう。享保のころ(一八世紀初め)には、江戸の人口は一〇〇万人をこえていたという。その半分が町人で、その居住地域は、大変にせまい地域に限られていた。表通りには、地主や、地所を借りて店を建てる「地借り」の店舗が並ぶ。その裏側に裏長屋が並ぶのが普通であった。

長屋のなかには、「九尺二間」と呼ばれた長屋も少なくなかった。それは、間口九尺(二・七メートル)、奥行二間(三・六メートル)で、つまり、約一〇平米、畳六枚分の面積を一戸分とする棟割長屋のことである。土壁一枚で隣り合うばかりか、便所は総後架(総高架とも書く)といって、共用で、外部に作られていた(83ページ挿絵参照)。井戸も、もちろん外にあった。「九尺二間に過ぎたるものは紅のついたる火吹竹」(頼山陽)というように、新婚生活もそこから始まり、人生の終末をそこで迎える人も多かった。

同じ長屋でも、大名屋敷内にある家臣たちの住まいは、「お長屋」と呼ばれた。通常は屋敷の周囲に配置され、外壁として敵に対する防御の役割をしていた。下層の庶民も、諸藩の武士も、ともに住まいは長屋が多かった。だから長屋形式であっても、長屋に住む人がすべて貧しかったというわけではない。

一方、大金持ちや身分の高い人の住居でも、当主本人はともかく、家族や奉公人は自由気ままに出歩けるわけではない。むしろ閉鎖的な空間に生活していただろうから、いずれも狭い居住空間から抜け出して、芝居見物や花見、紅葉狩り、ホタルや虫聴きなどと、なにかにつけてほんの一時でも日常と違った環境に身を置くことが流行したのは、その生活空間の問題が関係していたのではなかろうか。

◉余話2　江戸のガイドブック

江戸時代には、信心にかこつけて各地を巡り歩くことが流行した。それには、七福

隅田堤(すみだづつみ)春景。隅田堤の桜は、正岡子規によれば、四代将軍家綱の時に初めて植えられ、吉宗が植え足したという。その後、桜のほかに、桃、柳も植えられた。水害により被害を受けるたびに、著名人による「桜勧進」「華勧進」が行われ、桜は植え継がれた。(『江戸名所図会』)

神巡り（隅田川七福神など各地にあり）、五色不動（目白、目黒、目赤、目青、目黄の各不動尊。695［袈裟掛榎　目白不動］参照）、六阿弥陀（荒川沿いに六つの寺を巡り六里歩くこと、551［九品桜］参照）などがあった。さらに、大山詣、成田詣、江ノ島詣などと、泊まりがけでも出かけた。秩父三四ヶ所の霊場巡りには、多くの巡礼者が訪れた。これには経験のある人が先達となって案内した。こうした本格的な旅は、講（神仏を祭り、参詣を目的の団体）をつくるなど準備が大変であった。

江戸はまた、諸国から参勤交代で江戸へ出てくる武士たちなど、移動が激しい一時的な居住者が多かった。彼らは、国への土産話として勤務の間に江戸の各地を見ておきたいと思ったであろう。幕府に代々仕える旗本や後家人も、隠居しない限り勤務がある。勤務のない非役の小普請組がいかに暇を持て余しても、許可を得なければ江戸を離れることはできない。そこで郊外や名所旧跡への日帰りか、泊まっても一泊程度の小旅行が流行した。そうした人々にも案内書が必要となったのである。

また、役所への陳情から祝儀不祝儀など何につけ、武家へ贈り物を届けることは日常的なことであった。困ったことに、武家屋敷は表札などは一切出してはいない。テレビの時代劇ではよく門に表札がかけてあるが、あれはウソ。しかもたびたび屋敷替えがあった。そのため、武家屋敷を訪ねる者には、最新情報の江戸の地図（絵図）は生活必需品であった。一枚ものの「江戸大絵図」や、「江戸安見図」（あんけんずともいう）といわれる形式や、現在の区分地図に相当する「江戸切絵図」も刊行された。これらの絵図は、主に武家の住居案内を目的としていたが、そのためには社寺が目標物となるなど、観光絵図的な要素も含まれていた。

食べ物や名代の店の品定めの本や、吉原遊びのガイドの『吉原細見』も出ている。江戸各地の地名や坂、橋の名などについての情報をまとめた地誌も必需品であった。日帰りの行楽案内でも、神社仏閣などへの単なる道案内では飽き足らず、春夏秋冬の行楽地、名木、鳥や野の花などをも含めた案内書が出される。天和三(一六八三)年の『紫の一本〈ひともと〉』(戸田茂睡著)は、名所を「花・郭公・月・紅葉・雪」などに分類している。

貞享四(一六八七)年の『江戸鹿子〈かのこ〉』ではさらに発展し、坂・堀・池・滝・井・水・木・山・石・谷・川……などに分類して、地名とその由来の説明がされている。享保一七(一七三二)年の『江戸砂子』(菊岡沾凉著)、享保二〇(一七三五)年の『続江戸砂子』(同著)は、年中行事や江戸名産などのほかに、名木類、四季遊覧などを多く特集した。

文政一〇(一八二七)年に出版された『江戸名所花暦』(一名『江戸名所遊覧花暦』)は、これらのうち、季節の名所のみを春夏秋冬に分類した。『江戸名所図会』は、三〇年の歳月をかけて、天保七(一八三六)年に出版された地誌である。幕府が編集した地誌の『新編武蔵風土記稿』、『御府内備考〈ごふないびこう〉』も、文政一一(一八二八)年に完成している。こうした時代風潮から、文化文政時代には、山東京伝(さんとうきょうでん)、太田南畝(おおたなんぽ)などの著名人が出版目的で紀行文を書き、さらには例えば『十方庵遊歴雑記』(釈敬順著)、『嘉陵〈かりょう〉紀行』(村尾正靖著)など個人の紀行文も数々書かれた。これらもまた、人々の行楽熱を一層刺激したことであろう。

◉余話3　園芸と植木屋のこと

江戸では、大名や豪商から裏店(うらだな)の貧乏人に至るまで、園芸を愛好した。それは、江戸には不可欠の一大産業であった。それにたずさわった植木屋は、大は大名、将軍家の御用達で、広大な大名屋敷や寺社の庭園から、小は町場の裏庭まで、造園し維持管理した。また、珍種の植物が好きなマニアの需要に応ずるために品種の改良などを行った。植木屋は、高度な園芸の知識と技術を持つ園芸家であり、また造園業者であった。

彼らはそれぞれに庭園を持ち、それを一般に開放していた。幕末日本を訪れた英国の園芸家ロバート・フォーチュン(683［金松］参照)は、染井村(そめいむら)の植木屋を訪れて、「私は世界のどこへ行っても、こんなに大規模に、売物の植物を栽培しているのを見たことがない。植木屋はそれぞれ三、四エーカー(一・二～一・六ヘクタール)の地域を占め鉢植えや露地植えのいずれも、数千の植物がよく管理されている……」と述べている(『幕末日本探訪記・江戸と北京』、ロバート・フォーチュン著、講談社学術文庫)。［遊観類］に、名所としてしばしば各地の植木屋が書かれているのには、こうした背景があった。

植木屋は、駒込(文京区、豊島区)、千駄木(文京区)、本所(墨田区)、巣鴨(豊島区)、染井(豊島区)などが有名であった。また三河島(荒川区)も名高く、とくに伊藤七郎兵衛は、染井の伊藤伊兵衛とならび有名であった。

三河島の伊藤七郎兵衛は、将軍家御用達で、文政八(一八二五)年には、家齊の命で吾妻橋(あづまばし)のほとりに浩養園(こうようえん)を造ったが、家齊の死の直後の天保一二(一八四一)年、天保の改革で奢侈(しゃし)禁止令がでると、三河島の豪壮な庭園居宅の取り払いを命ぜられた。嘉永六(一八五三)年には、ペリーが浦賀に来航すると、その再来に備えて品川沖に砲台陣地、すなわちお台場を造る事業が突発し、「先で飯食って二百と五十」(食事支給で二五〇文)の日当で人足が集められた。この時、七郎兵衛は、その事業を引き受けて大損をする。

茅場町(かやばちょう)薬師縁日。盆栽、オモト、草花の鉢植やハナショウブなど、さまざまな植物が所狭しとならぶ。人々はそれらをながめて歩く。話し合うのは値段の交渉か。現在でも各地の植木市の様子は変わらない。浅草のお富士さん、西新井大師、不忍池畔などが有名。(『江戸名所図会』)

そして結局、幕府の瓦解で植木の仕事もなくなり、ついに明治四(一八七一)年には「家出」し、行方をくらます。イギリス人ウリキンスより六七〇両、神田の小原某より二〇〇両、そのほかにも借金が多大にあったためである。翌五年に七郎兵衛の家屋敷、庭園、田畑、家財道具などが売りたてられた。その土地の面積は、四町六反三畝余(約四・六三ヘクタール)で、それは、ロバート・フォーチュンの記した染井村の植木屋の三〜四倍の規模であった(『荒川(旧三河島)の民俗』荒川区民俗調査報告書六)。

ついでながら、七郎兵衛の財産処分の目録の中に、売り物の植木ではないハンノキが、一四二五本で二二円二五銭とある。ハンノキは建築、器具材、染料ともなったが、恐らく薪としての値段であろうか。一本あたり一銭五厘六毛。この時に同じく売られた土地の値段が、一番高い値のところは、二反六畝で一一九円(七八〇坪・坪当たりは約一五銭三厘)、一番安いのは、二反一畝二四歩で三六円(六五四坪・坪当たり約五銭五厘)であった。諸大名は国へ帰り半減した東京の人口が、やや回復し始めた時代とはいえ、一坪の土地の値段が、高い土地でハンノキが一〇本、安いところでは四本でお釣りがくるというのは面白い。ちなみに、米は、明治五年には、一人が一年間食べる量とされた「一石(一八〇リットル)」につき二円九〇銭より三円六〇銭であったという(『江戸東京生業物価事典』三好一光編)。

◉余話4 寺社の庭園

江戸の寺社の境内や庭園には、宗教の場としてのほかに、二つの側面があったと思われる。第一に、そこは行楽地であった。当時の行楽は、信心にかこつけた日帰りの小旅行が多かった。そのため江戸の中心から日帰りの範囲にある神社仏閣は、庭園の美を競い、参詣人を集めた。例えば、新堀村（荒川区西日暮里）の寺々は、見事な庭園を造り、「日暮らしの里」と洒落た（179［カニクサ］参照）。千駄ヶ谷の仙寿院でも、立派な庭園を整えて「新日暮らしの里」と称した（539、581参照）。花見で有名な社寺のそばには、芝居小屋や岡場所（官許の吉原以外の売春地帯）もあった。「日暮らしの里」の近くには、谷中感応寺の「いろは茶屋」、根津権現の前には岡場所があり、浅草寺の近くには芝居小屋があって、その北には吉原があった。深川の富岡八幡の近くには辰巳芸者がいたように、当時は宗教と娯楽と自然を楽しむ行楽とが混然一体となっていたのである。

第二には、社寺の庭園は、緑の拠点でもあった。江戸で大きな面積の緑の拠点となっていたものに多くの大名屋敷の庭園があった。それに劣らなかったのが、社寺の庭園である。当時の江戸の主な神社と寺院の数は、一説に一〇〇〇といわれ、その敷地面積の合計は膨大であった。これを細かく計算した論文もある。

参詣人を招き入れるため、社寺の境内や庭園が整えられたが、そこには大木も多く、境内や池は殺生禁断であり、市街地にあって緑の拠点としても機能していた。市街地ではないが、例えば、『江戸名所花暦』の木下川薬師（葛飾区・592参照）の挿絵には、松にコウノトリが描かれている。別には、浅草の浅草寺、本願寺、御蔵前の西福寺などにもコウノトリが営巣していたという。フクロウ、ミミズク、カケス、サンコウチョウなどが上野（寛永寺）で見られたことが、［山鳥類］に記録されている。

このように、社寺の境内や庭園は、緑の拠点であると同時に、門前町があり、茶店もあって、訪れる人々の飲食その他の必要を満たす設備も整っていて、江戸の庶民の行楽地として果たした役割は大きかった。

維新後まもない明治六(一八七三)年一月、「公園設置ニ付地所選択の件」の太政官(だじょうかん)布告が府県に出され、日本で最初の公園ができるきっかけとなる。これにより、東京では上野公園(寛永寺)、芝公園(増上寺)、現在の江東区立深川公園である深川公園(富岡八幡)、浅草公園(浅草寺)、飛鳥山(あすかやま)公園の五ヶ所が誕生する。いずれも徳川家ゆかりの地で新政府が取り上げた(上地(あげち)という)ところであり、徳川家の権威を失わしめる意図もあったが、一方では、宗教の場ではあっても、緑も多く従来から民衆の行楽地として定着していて、先進国の「公園」という概念に近いところでもあったからである。

◉余話5　サクラソウの話

江戸時代には、専門の植木屋ばかりか町人や武士の間でも、サクラソウの栽培が流行した。珍種は大変な高額で取引された。江戸でサクラソウ栽培が過熱した理由の一つは、サクラソウの花は変異が多く、かつその自生地が市街地に近い荒川の下流部にあったことにもよるのではないか。最も下流の自生地は、現在の荒川区の「尾久(おぐ)の原」(157ページおよび570「尾久ノ原」参照)で、江戸の中心から徒歩で二時間程の距離にあった。その上流にも足立区の「野新田〈やしんでん〉ノ原」(569参照)、北区の「浮間ヶ原」、埼玉県戸田市の「戸田ノ原」(568参照)、埼玉県さいたま市(旧浦和市)の「田島ヶ原」その他多くの自生地があった。

サクラソウの本来の自生地は、多くは渓流沿いや湿地の周囲などの落葉樹の下、または人が管理する牧場や山間の畑の周囲の草原である。サクラソウの生活は、早春から日光を受けて葉を伸ばし、春に花を咲かせ、やがて上を覆う樹木が葉を茂らせ、背の高い草が伸びると休眠する。落葉樹の下ならば、サクラソウは、来春にまた日光を受けることができる。人が管理する草原では、夏に草に覆われても、秋から冬には、人が屋根材や飼料、肥料とするため草刈りし、野焼きを行うので、サクラソウは早春に日光を受けて生育できる。

　荒川下流域のサクラソウは、上流の本来の自生地から川の流れによって下流へ運ばれてきたのだが、荒川下流の湿った草原では、草刈り（萱刈り）や野焼きなどの人の活動によって、チョウジソウ、ヒキノカサ、ノウルシなどの背の低い植物とともに、サクラソウは生育できた。しかし、［尾久ノ原］のサクラソウは、江戸時代末には絶滅したらしい。その他の自生地も、関東大震災後の土の採取や荒川の改修工事により昭和初期までにはほとんど絶滅した。

　今も残る所は、特別天然記念物指定のさいたま市の「田島ヶ原サクラソウ自生地」がある。ところが田島ヶ原では、サクラソウの種子ができず、その将来が心配されている。花が終わると、地下茎が伸びて新芽が増え、翌春には株の数が増えている。しかしすべての株は、いわば同一個体に過ぎず、均一な集団では、環境の変化があると全滅する恐れもあるからである。

　田島ヶ原の周辺は、ゴルフ場などに囲まれ、花粉を運ぶハチが来られない。サクラソウは、その花の特殊な構造から、花粉を運ぶ昆虫（送粉昆虫）は、トラマルハナバチに限られる。このハチの舌の長さが花筒の長さと一致するので花筒の底にある蜜を吸える。その時に花粉が舌について運ばれる。サクラソウの花の受粉は早春だけだが、春～夏～秋にもトラマルハナバチの生活に必要な蜜を供給するさまざまな種類の花が咲き続けていなければならない。このハチは、女王バチだけが越冬する。その越冬場所や、営巣場所とする地下のネズミなどの古巣も必要である。サクラソウを保護するのには、そうした総合的な環境がそろって保全されなければならないことが課題である。

第五章　江戸の名木

［名木類］は、［遊観類〈ゆうかんるい〉（はなみ）］に記した以外の江戸各地の著名な樹木その他を記したものである。［松］に始まり、さまざまな樹木からヨシ、ササやタケにまで及ぶ。高井戸で生産された材木の［四ッ谷丸太］もあげている。［名木類］のうち、マツが五〇項目で全体の約六割を占め、［遊観類］のサクラにほぼ匹敵する数である。［名木類］には、当時すでに枯れたものや、由来も不詳のものもある。木の名の由来には、将軍や昔の著名人と結びつけるもの、宗教、その他、土地の言い伝えなどに由来するものが多い。名木、大木の類は、塚（古墳）や寺社に関係するものも多く、徳川氏の江戸開府以前から大切にされてきたものも少なくない。信仰心のほかに、自然に対する畏敬の念もあってそれらの樹木が保たれてきたのであろう。これらのなかには、今でも植え継がれたり、当時のものが現存するものもある。

名木類

松（まつ）

［松］と題しているが、ここに記載されたものは松だけではない。松は、常緑であることから、長寿や節操を象徴するものとして古来から貴ばれた。それゆえ大木も多く、形も優れたものも多いので、［名木類］の代表として［松］と題したのであろう。マツには、クロマツ、アカマツ、ゴヨウマツなどがあるが、その区別は書いていない。

627 **【御言葉の松　大久保】**

［御言葉の松］とは、『江戸砂子』によれば、信州（長野県）高遠（たかとお）藩主内藤大和守の下屋敷にあったという松。松の由来

は不詳。内藤家下屋敷は、ほぼ現在の新宿区の新宿御苑から新宿辺までに相当する（46〔内藤宿〕参照）。

628 【上意の松　亀戸普門院】

〔亀戸普門院〈かめいどふもんいん〉〕とは、江東区亀戸三丁目、福聚山普門院善応寺のこと。伊藤左千夫の墓がある。上意の松の意味は不明。『江戸名所図会』には、同寺のところで、将軍が鷹狩りの際に腰をかけたという「御腰懸〈おこしかけ〉の松」が記されているが、この松のことか。

629 【相生の松　上野】

〔相生の松〈あいおいのまつ〉〕は、寛永寺の吉祥閣（きっしょうかく）の東側の松原にあった松。根本近くで女松、男松に分かれていた。相生とは、木の根元から双幹をなすものをいい、松では、赤松と黒松の幹が自然に合着した場合もいう。吉祥閣は、現在の上野公園の噴水のある広場へ行く道にあった。

630 【亀子松　上野】

『江戸砂子』に「亀子〈かめのこ〉松　上野寒松院〈かんしょういん〉の前の松なり、来歴未考」とある。寒松院は江戸時代には現在の動物園の位置にあった。508参照。

631 【頭巾松　御城内ニあるよし】

〔頭巾松〈ずきんのまつ〉〕は、『続江戸砂子』に「御城内にあるよし」とあるだけで、〔頭巾松〕の来歴は不詳。

632 【首尾の松　浅草】

〔首尾〈しゅび〉の松〕は、浅草御蔵（おくら）の隅田川の右岸にあって、川岸から川面にさし掛っていた。浅草御蔵とは、幕府の米蔵で、現在の台東区蔵前二丁目の半ばあたりから柳橋二丁目あたりまで米蔵が続き、また蔵前には、米問屋や札差（ふださし）の豪邸が多かった（84ページ余話4「菜っ葉のおかげで助かった」参照）。猪牙舟（ちょきぶね）で吉原へ通う遊客が、この松を見て、首尾のよいこと（遊女に大いにもてること）を願ったり、上首尾をうれしがったのでその名があるという。嵐や戦災で枯れ、植え継がれて現在は五代目で、もとの位置より二〇〇メートル上流の蔵前一の三にある。

633 【船松　浅草】

〔船松〈ふなまつ〉〕は、『江戸砂子』には、浅草三社権現（せんそうじさんじゃ）の前とある。三社は、浅草寺境内の浅草神社のこと。船松は現存せず。

634 【霞の松　橋場】

〔霞〈かすみ〉の松〕は、台東区橋場一の四、現在の保元寺にあった松。『江戸砂子』によれば大木であったらしいが、関東大震災で失われ今はない。保元寺は、明治以前は法源寺といった。498〔箙〈えびら〉の梅〕参照。

635 【斑女が衣懸松　向ヶ岡】

［斑女〈はんにょ〉が衣懸松〈きぬかけまつ〉］は、向ヶ岡の松平出雲守屋敷内にあったという。その屋敷は現在の東大付属病院（文京区本郷七丁目）の池の端寄りのあたり。［斑女］は、［班女］とも書き「はんじょ」とも読む。中国の古事にある皇帝の愛が衰えたことを「秋の扇」に例えた班婕妤（はんしょうよ）のことを指し、また世阿弥作の狂女物の能に出てくる遊女をもいう。

636 【道灌船繋松】

［道灌船繋松〈どうかんふなつなぎのまつ〉］は、現在の荒川区西日暮里三の六の青雲寺境内にあったが、今は枯れて記念碑があるのみ。『江戸名所図会』には「往古は二株ありしが、一株は安永元年（一七七二年）の秋大風に吹き折れて今は一木のみ残れり」とある。青雲寺は、617参照。船繋松は、同名の松が639［小石川］にもあるが、ともにその名の由来ははっきりしない。

637 【鏡の松　根岸　円光寺】

［円光寺］は、宝鏡山圓光寺（ほうきょうさんえんこうじ）。フジでも有名な寺で、台東区根岸三の一一（584参照）。『続江戸砂子』に、［鏡の松］は「根より三尺ほど過ぎて四方へ枝葉さかえて、たぐいなき松なり」とあり、『江戸名所図会』にも書かれているが、今はその松はない。

638 【五石松　駒込】

［駒込］とあるが、『続江戸砂子』には「五石松〈ごこくのまつ〉駒込の先、中里、円勝寺」とあり、円勝寺は光明山円勝寺（浄土宗）のことで、北区中里三の一の一に現存する。この松に五石の知行（ちぎょう）（領地のこと）が与えられていたといわれるが、松の知行ではなく、寺の知行であるという説もある。『江戸名所図会』の「円勝寺五石の松」の挿絵には、「いまは枯れて名のみを存せり」とある。

639 【船繋松　小石川】

『続江戸砂子』は、小石川御薬園（おやくえん）（文京区白山三丁目の現在の東京大学付属植物園のこと、小石川養生所もつくられた）に「船繋松〈ふなつなぎのまつ〉」があると伝えている。『江戸名所図会』は、小石川指谷（きしがや）の白山神社が、もと白山御殿の地にあった時に、「神木に船繋松とて無比の大樹ありしと」と記している。白山御殿が移転したその跡地に小石川御薬園がつくられたので、矛盾はないが、［船繋松］は、もとの白山神社の神木であったということになる。現在この松はない。［船繋松］の名の由来は不詳。

640 【千年松　筑土八幡　高田】

［千年〈ちとせ〉の松］とは、嵯峨天皇の時代（八一〇～八二三）に、瑞雲（ずいうん）が松

の上にたなびき、旗のようになったというので、この松の根元に垣根をめぐらして八幡宮を祭ったといわれる松。松は今はなし。高田の〔筑土〈つくど〉八幡〕は、JR飯田橋駅の西北方、新宿区筑土八幡町にある。

641 【大友の松　牛込】

〔大友の松〕は、新宿区天神町にあったという。平時は江戸城の警護にあたった御持筒組に属した「高野氏の屋敷にあるといわれる」と『続江戸砂子』および『江戸名所図会』は伝えている。この松の名の由来は、豊後（大分県）の大友氏が、朝鮮の役の際に秀吉の命により武蔵に移された時の屋敷の近くの別荘の前に植えられた松で、屋敷跡は済松寺（榎町一三番地）となった。松のあるといわれる高野氏の屋敷は済松寺より東の天神町の東にある御持筒組屋敷内にあったらしい。天神町は現在の早稲田通り地下鉄神楽坂駅の西。

642 【光り松　高田】

〔光り松〕は、新宿区西早稲田二丁目の高田穴八幡の別当寺である光松山放生寺にあった。『続江戸砂子』、『江戸名所花暦』にも見られるが、『江戸名所図会』には、「昔の松は延享年間（一七四四〜四八）に枯れたりとて、今あるものは後世植え継ぎたる若木なり」とある。その松も大戦中に枯れ、現在は穴八幡に若木が植え継がれ、由来を記した碑が建てられている。穴八幡は、624参照。

643 【鈴掛松　千駄ヶ谷】

〔鈴掛松〈すずかけまつ〉〕は、当時は千駄ヶ谷八幡宮といった、現在の渋谷区千駄ヶ谷一丁目の鳩森八幡神社の門前にあった松。寛永のころ（一六二四〜一六四四）、将軍家光が鷹狩りの折りに、鈴という名の鷹がこの松にかかった（止まった）ので、その名があると『江戸砂子』、『江戸名所図会』に記載がある。千駄ヶ谷八幡宮（今の鳩森神社）はこのあたりの総鎮守で、その前の道は、昔の鎌倉街道。

644 【遊女松　同上】

〔遊女松〕は、渋谷区千駄ヶ谷の寂光寺の境内にあった松で、もとは「霞〈かすみ〉の松」といった。寛永のころ（一六二四〜一六四四）、将軍家光がこの地で鷹狩りをした時、鷹を見失った。将軍がこの松の下に腰掛けると、松の上で鈴の音がして、鷹がいることが分かり、将軍の拳に戻ってきた。それ故、その鷹の名の「遊女」をとって、霞の松を〔遊女松〕と改めたという。寂光寺は、新宿区霞丘町の霞丘団地がその跡地という。

645 【鎮座の松　渋谷】

〔鎮座〈ちんざ〉の松〕は、渋谷八幡の境内にあった松で、渋谷八幡は現在の渋谷区渋谷三の五の金王八幡神社。松は今はない。当社は［金王桜］（543参照）でも有名。［鎮座の松］の由来は、大永四（一五二四）年正月一三日、北条氏綱と上杉朝興が高輪の原で戦った時、氏綱の後陣大道寺八郎衛が小杉（川崎市の小杉）をまわって渋谷に攻め入り、放火した。その時この神社の御神体は松の樹上に移りとどまったと言い伝えられることから、その名があるという（『江戸砂子』、『江戸名所図会』）。

646
【鞍懸松　代々木】

［鞍懸松〈くらかけまつ〉］とは、『江戸砂子』によれば、八幡太郎義家が奥州清原武衡征伐（後三年の役・一〇八三〜八七）の折りに、代々木に陣をとり、この松の木に鞍を掛けたのでその名があるという。現在の渋谷区富ヶ谷一の三一にあったが、維新後に枯れて、その後に植えられた若木も大戦で枯れた。

647
【一本松　麻布】

［一本松］は、麻布一本松町にあった。現在の港区元麻布一の三に、戦後植え継いだ若木がある。もとの木は、『江戸鹿子〈かのこ〉』によれば、天正（一五七三〜一五九二）のころ嫉妬深い女房がこの松を植えて人を呪ったとか、塚のしるしであるとか、「伝未だ明らかならず」とある。『江戸砂子』では、天慶二（九三九）年源経基が、平将門の乱の際に立ち寄り、この松に装束をかけたので冠の松といい、また、小野篁（八三四年遣唐使に任ずる）が植えたとか別の説も紹介しているが、近年火災で焼けたので若木を植えたと記している。

648
【笠松　千駄ヶ谷　千手院】

［千駄ヶ谷　千手院］とあるが、法雲山仙寿院が正しく、桜の名所の一つ（539参照）。［笠松〈かさまつ〉］があったのは、この仙寿院ではなく、そこから一町（約一〇九メートル）ばかり東南の竜岩寺という臨済宗の寺の庭で、枝のわたり三間（約五・五メートル）あまりと『江戸名所図会』にある。現在の渋谷区神宮前二丁目。

649
【光明松　増上寺】

［増上寺］の［光明松〈こうみょうまつ〉］は、『武江産物志』以外には記載が見られず、不詳。［増上寺］（港区芝）は、145［ハナウド］、512、602参照。653［円座松］がある。

650
【銭掛松　麻布】

『江戸砂子』に「銭懸松〈ぜにかけまつ〉あさふ　所不詳。麻布にありと古書に見えたり。尋ぬるにしれず。所の人のいう、天真寺〈てんしんじ〉に古木あり。それなるべしといふにより、寺に入りて尋ぬるにしらずという。当寺本堂前に控〈うつろ〉なる大松の朽ち木の三抱えもあらん、根より一丈（三メートル）ばかりありて梢はなし。疑らくは是ならんか」とある。この説によると『武江産物志』の約一世紀前に枯れていたことになる。常正がこの木を記したのは、その後若木が植えられていたからであろうか。天真寺は、現在は港区南麻布三丁目。

651 【道玄物見の松　渋谷】

［道玄物見〈どうげんものみ〉の松］は、『続江戸砂子』に、「渋谷より世田谷へ行く道」とある。道玄坂の道は世田谷に通ずる相模（さがみ）街道。その坂の名の由来は、建暦三（一二一三・建保元）年五月、和田義盛が北条義時を襲うが敗れて一族滅亡。その一族の大和田道玄がこの坂のあたりにかくれて山賊となったことによるという。道玄坂を登って七町（約七六〇メートル）ばかり西の右側に大きな松があり、道玄がその松に登って旅人を探し、手下に襲わせたので、この松を「道玄物見の松」といった。『新編武蔵風土記稿』（徳川幕府の官製の地誌）によれば、明和九（一七七二）年に枯れて切り取ったという。すると、『武江産物志』の書かれた頃にはすでにないはず。『江戸名所図会』には、駒場坂下の用水堀のそばの古い松を混同して道玄松と称するが、それは一本松といって別の松であると断っているので、混同されることも少なくなかったようだ。

652 【御傘松　多摩郡大倉村　永安寺】

［永安寺］は、竜華山永安寺（りゅうげさんえいあんじ）。長寿院（ちょうじゅいん）と号し、天台宗の寺。世田谷区大蔵町。『江戸名所図会』には、竜華樹（りゅうげじゅ）と呼ぶ桜の木にはふれているが、［御傘松〈おかさまつ〉］の記載はない。

653 【円座松　増上寺】

［円座松〈えんざまつ〉］は、『江戸名所図会』には、増上寺内の山下谷（やましたたに）明定院（みょうじょういん）にあると書かれている。港区芝公園

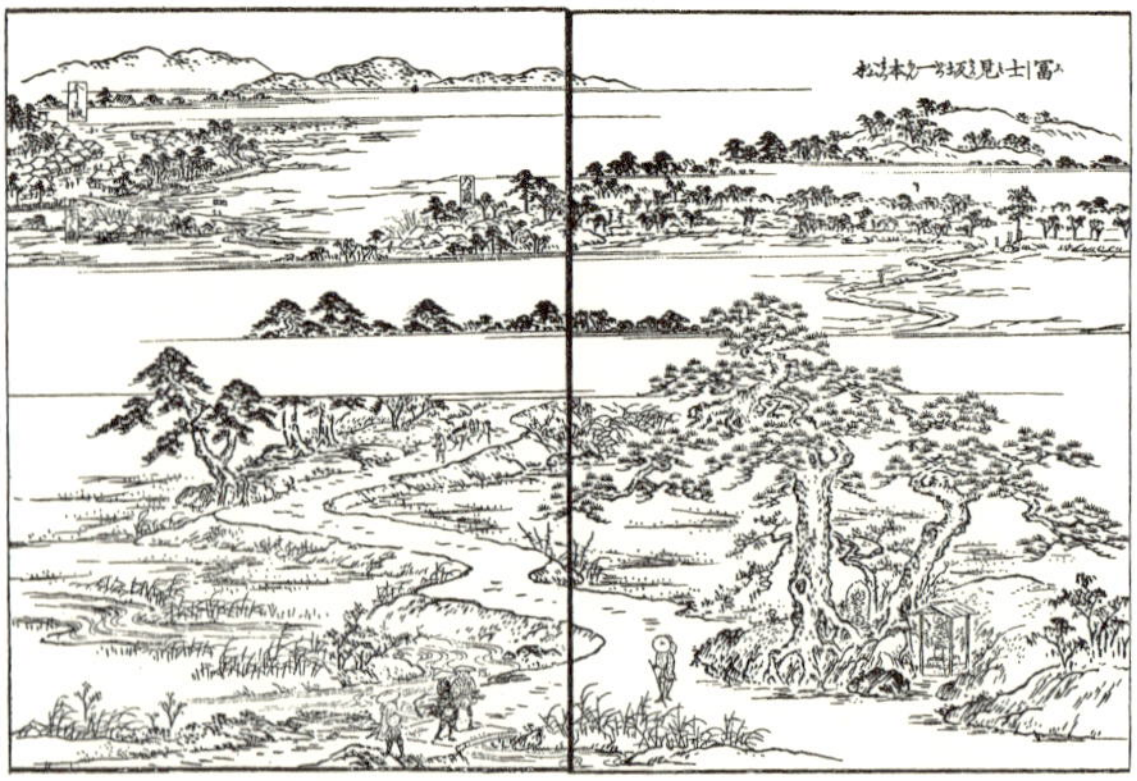

渋谷風景　富士見坂一本松。左上の遠方に、小さく「ふじみ坂」と「ふじみ橋」、「道玄坂」の文字が見える。「道玄物見の松」や「一本松」はどれだか分からない。手前の相生の松のほかにも、道沿いに松の大木が多かったようで、しばしば混同されたらしい。（『江戸名所図会』）

四丁目の南部、もとの赤羽根川に沿ったところを、山下谷といった。今はこの松はない。

654【朝日松　芝】

現在の港区芝二丁目に、かつて芝西応寺町があった。この名は田中山相福院西応寺という浄土宗の寺（港区芝二の二五）にちなむ。［朝日松〈あさひのまつ〉］は、この西応寺にあったが、戦災で焼失。

655【袈裟掛松　芝】

［袈裟掛松〈けさかけまつ〉］は、前項（654）の芝の西応寺（港区芝二の二五）にあった。戦災で焼失。

656【火除の松　芝】

［火除〈ひよけ〉の松］は、芝の西応寺（港区芝二の二五）にあった（654参照）。『江戸砂子』によれば「宝暦（一七五一から六四）の末、当寺回禄（火災のこと）にかかりてこの松も焼けたりとそ」とある。宝暦一〇（一七六〇）年二月に江戸に大火があったが、この火事のことであろうか。

657【綱駒繫（つながこまつなぎ）松　三田】

［綱駒繫〈つながこまつなぎ〉松］は、松平隠岐守中屋敷（港区二の四、五、六に当たる。イタリヤ大使館がその一部）にあったという。［三田〈みた〉］の名は、朝廷や伊勢神宮に納める米を作る田、すなわち御田（箕多とも書く）があったからといわれる。この地を渡辺綱の旧地とする説があるが、代々この地にあった三田家が、綱という字を名の一字に付けたことから、平安中期の武人で、源頼光の四天王の一人である渡辺綱と混同したのだと『江戸名所図会』にある。綱坂や、綱が手引坂、綱が産湯の水など、渡辺綱にゆかりの名が多い。綱駒繫ぎ松というのもその類いであろう。

658【三鈷の松　二本榎】

［三鈷〈さんこ〉の松］の「三鈷」とは、密教で用いる仏具で、両端が三つ又になった金剛杵のこと。これに対して両端が尖って分かれないものを独鈷（またはどっこ）、独鈷杵という。［二本榎〈にほんえのき〉］とは、江戸時代から現在の港区芝にあった町名。明治以降も、町名変更までは二本榎町、芝二本榎町の名があった。この二本榎町の近くに、高野山宿寺正覚院なる寺があり、そこの堂前に［三鈷の松］があると『江戸名所図会』は記す。その由来は不詳。

659【鷹居松　匂ひ松又腰掛松トモ云　目黒】

［鷹居松〈たかすえのまつ〉］は、目黒区下目黒三丁目の目黒不動にあったが、今はない。目黒不動は泰叡山滝泉寺といい、天台宗で東叡山寛永寺に属す。五色不動の一つ（695参照）。鷹居松の由

来は、寛永のころ三代将軍家光がこの地に鷹狩りに訪れた時、鷹が行方知れずになったので、別当実栄(じつえい)に祈念させたところ、鷹は飛び帰ってこの松に止まった。それ故にこの松に「鷹居松」の名をたまうという。この松は、旧名を「匂い松」といい、また「腰掛松」ともいう(『続江戸砂子』)。目黒区下目黒三の二〇に由来の碑がある。東武三六名松の一つ。

660【千本松　池上峰村】

「千本松」は不詳。「池上峰村〈いけがみみねむら〉」は、現在の大田区北、東、西峰町のあたりと思われる。

661【辨慶松　半蔵御門外】

「辨慶松〈べんけいまつ〉」は不詳。「半蔵御門外〈はんぞうごもんがい〉」とは、千代田区千代田の半蔵濠(ぼり)と桜田濠の間に半蔵門があり、その門の外の堀ばたであろうか。

662【鐘鋳(かねい)の松　御殿山】

「御殿山〈ごてんやま〉」は、品川区北品川四丁目の、JR線を見下ろす台地で、花見の名所、536参照。淀君を人質として置く御殿の建築予定だったが、大阪夏の陣で中止した跡地。「御殿山」の北の方の畑の中で、芝の増上寺の鐘を鋳造した。その跡地に松が植えられていたという。松は現在はない。

663【荒磯の松　鈴ヶ森】

「荒磯の松」は、鈴ヶ森神社(現在の磐井(いわい)神社・大田区大森北二の二〇)の前にあった磯馴松(そなれまつ)のことではないかと思われる。『江戸名所図会』に「磯馴松鈴森の社前、海道より左の方海浜、人家の前にあり。当社の神木と称す」とある。また、『江戸砂子』は「荒磯の松鈴の森の磯に在り。塩風にもみて、木形面白し」と伝える。586「鈴森八幡」参照。

664【震(ゆるぎ)の松　品川】

「震〈ゆるぎ〉の松」は、『江戸砂子』に「品川より池上へ行くところの岸にあり。この松大木なれども、うごかすれば幹、枝葉ともにゆるる(揺れる)なり」と。『江戸名所図会』には「鎧懸松〈よろいかけまつ〉八景坂〈はっけいざか〉にあり……一に荒磯松〈あらいそまつ〉、磯馴松〈そなれまつ〉とも呼び、或は震〈ゆるぎ〉松とも号〈なづ〉く」とある。なお、「八景坂」は、大田区山王二の一の高台にあたる。

665【妙寛松　王子】

不詳。「王子」は、北区王子辺か。

666【梶原松　品川】

「梶原松〈かじわらまつ〉」は、海賞山(かいしょうざん)来福寺(らいふくじ)(品川区東大井三の一三)にあった。541および545参照。この寺は、この付近の豪族であった梶原氏の開基といわれる。［延命桜〈えんめいざくら〉］とともに、［梶原松］も梶原氏の手植えと伝えられるが、両方とも今はない。

667【鎧掛松　池上】

［鎧掛松〈よろいかけまつ〉］は、不詳。［池上］で有名な松には、池上千束池(せんぞくいけ)の「日蓮の腰掛松〈こしかけまつ〉、またの名を袈裟掛松〈けさかけまつ〉」と呼ばれる松がある。大田区南千束二の一、千束池のほとり、御松庵(ぎょしょうあん)にある。『江戸砂子』、『江戸名所図会』（挿絵あり）にも記されている。池上の鎧掛松とはこの松のことか？

668【五本松　小名木川】

［小名木川〈おなぎがわ〉］は、行徳(ぎょうとく)の塩を江戸へ運ぶために掘られた水路で、隅田川と中川をほぼ東西に一直線に結ぶ。この川の北に川に沿って道があり、これが江戸から行徳への往還だった。『東京市町名沿革史』（昭和一三年、東京市発行）には現在の江東区猿江に、この地域での呼び名で「小名木川通五本松」という地名が見られる。ここに松の大木が一本あった（猿江二の一六辺）。昔は五本あったので「五本松」といったという。この大木は、明治四二（一九〇九）年に切られたらしい。

669【ばらばらの松　中川】

『続江戸砂子』に「中川。一里はん（約六キロメートル）、川はば凡〈およそ〉八十間斗〈ばかり〉（約一四六メートル）。船わたし。……ばらばらの松」とある。渡し場は、文政年間には逆井(さかさい)の渡しがあり、その位置は、現在の逆井橋（小松川三丁目）辺にあった。また、その上流に平井の渡し（江戸川区平井五丁目の平井橋辺）があり、その間の下平井村の旧中川東岸（平井二〜三丁目辺）にかなり長く松林があったというが、今はない。その松並木のことであろうか。『新編武蔵風土記稿』の「サ

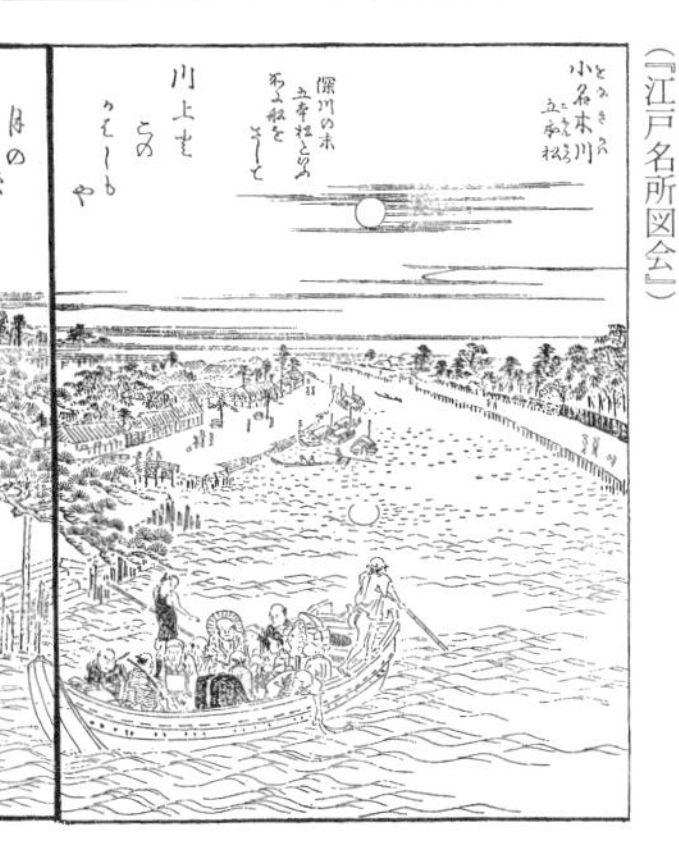

五本松。行徳への小名木川に沿った道に、一本なのに「五本松」と呼ばれた松の大木があった。昔は五本あったので、名はそのままになっていたという。切絵図にも書かれていて、よく知られていた。（『江戸名所図会』）

ブの松」との関係、また、広重の『江戸名所百景』に「利根川(江戸川のこと)ばらばらの松」があり、現在の江戸川の河口付近の松を描いたものがあるが、これとの関係はないか？　江戸川区役所、江東区役所に問い合わせたが不明。

670 【来迎の松　亀戸】

［来迎〈らいごう〉の松］は、『江戸砂子』、『江戸花暦』、『江戸名所図会』に記載がある。西帰山常光寺(江東区亀戸四の四八)は、亀戸六阿弥陀六番目(551参照)で、曹洞宗の寺。来迎の松とは、いにしえ火災の時に本尊がこの木に飛び移った故に、その名があるといわれ、仏殿の前にあったが、昭和一三(一九三八)年の大水で枯れたという。来迎の意味は、臨終の時に、仏・菩薩がこれを迎えに来ることをいう。

671 【龍燈の松　亀戸　木下川】

［龍燈〈りゅうとう〉の松］は、来迎の松(670)と同じ常光寺(江東区亀戸四の四八)にあったが、今はない。『江戸名所図会』は、「時としてこの樹上へ竜燈〈りゅうとう〉揚るよしいえり」とある。竜燈とは、海中の燐光が灯火のように連なりあらわれる現象をいう。

［亀戸　木下川〈きねがわ〉］とあるのは、常光寺のある亀戸四の四八は、北(きた)十間川(じゅっけんがわ)で現在の墨田区立花〜東墨田に接する。その地域は、江戸時代には木下川村が入り組んでいたことにより、木下川の名も書いたものではなかろうか。しかし、木下川にも［龍燈の松］と呼ぶ別な松があったことも否定はできない。木下川は、592参照。

672 【神水の松　請地村】

［神水〈しんすい〉の松］は、［請地村〈うけちむら〉］の秋葉神社(墨田区向島四の九)にあった。神水とは、松のうろより神水が沸き出して、もろもろの病に効くといわれたことによる(『続江戸砂子』)。

673 【千貫松　葛西領】

［千貫松〈せんがんまつ〉］については不詳。『続江戸砂子』に「かさい領世継村〈よつぎむら〉に有。無双の名木」とある。世継村は四つ木村のことで、現在の葛飾区四つ木辺にあたる。［葛西領〈かさいりょう〉］は、24［フジマメ］参照。

674 【大松　駒場】

［大松］は不詳。［駒場］は、283［リュウノウギク　駒場ニモ］参照。

675 【朝鮮松　上野車坂】

［朝鮮松］は不詳。朝鮮松とは一名チョウセンゴヨウ。胚乳(はいにゅう)は食用。［上野車坂］は511参照。

676 【御行の松　金杉】

［御行〈おぎょう〉の松］は、「時雨岡〈し

ぐれがおか〉御行の松不動尊」(台東区根岸四の九)にある。「根岸の御行の松」ともいうが、根岸は昔は金杉村の小名であったから「金杉」の地名は正しい。根岸は上野の丘のすそに広がる、「山吹を差し出しそうな垣根かな」(小林一茶)と詠まれた田園風景の地。石神井川用水(音無川)のほとり、周囲四メートル、高さ一四メートル、樹齢三五〇年の松の大木は、江戸・東京の絵図(江戸〜明治中期までも)には多く描かれていて相当有名であった。この松の由来は、定説がない。大正一五年に天然記念物に指定、昭和三年に枯死。残った幹も戦災で焼失。現在はその根を台にのせて飾る。今の松は三代目。

677 【二本杉　上野】

「二本杉〈にほんすぎ〉」は、東叡山寛永寺境内の日長ヶ原(別名二本杉原)にあった二本の杉の木。日長ケ原は、現在台東区の都立上野公園内の東京都美術館あたり。その原の名は、谷中の感応寺(530「感応寺　谷中」参照)の住職、日長上人にちなむ。上人は元和七(一六二一)年に感応寺の住職となり、寺の再興に尽力した。感応寺は家光の庇護を受け、寺域三万五千坪(約一一・六ヘクタール)、僧房(僧の起居する寺院付属家屋)二六の日蓮宗の大寺となったが、その後、邪宗の不受不施派とされ弾圧された。『江戸名所図会』には、挿絵の「東叡山寛永寺　其五」に「日長原」、「二本杉」が描かれている。

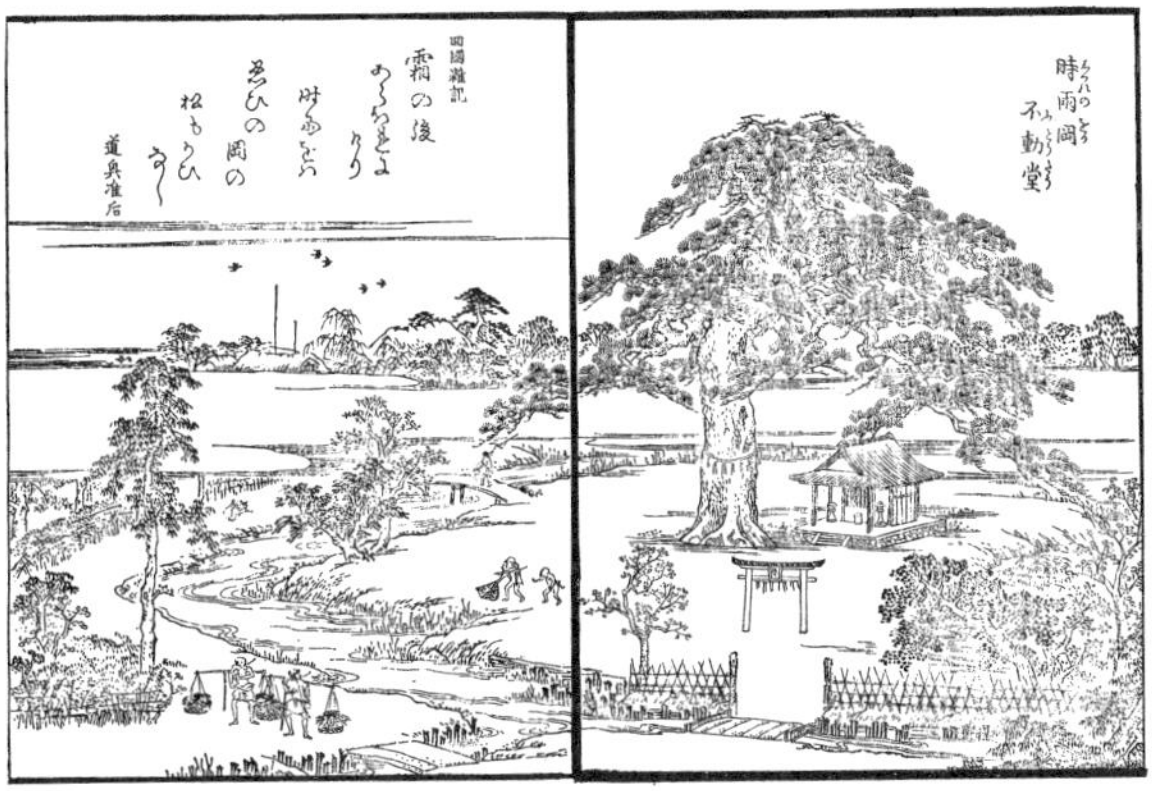

678 【争の杉　西ヶ原】

「争〈あらそい〉の杉」は、北区田端六丁目(田端中学付近)の崖の上の神社の神木で、畠山重忠(太田道灌とも)がその家来と遠望し、「松か杉か」と言い争ったという杉。今はない。

679 【楊枝杉　麻布　善福寺】

「善福寺」は、麻布山善福寺(港区元麻

御行の松　時雨岡不動。一面に広がる田畑のなかでは相当に目だったランドマークで、江戸・東京の絵図には必ずこの松の姿が書き込まれている。前を流れる石神井川用水は石神井川から王子で分かれ、二三ヶ村の田を灌漑し、山谷堀となり、今戸で隅田川にそそぐ。(『江戸名所図会』)

布一の六)。安政六(一八五九)年にアメリカ公使ハリスの居住したことで有名。[楊枝杉〈ようじすぎ〉]は弘法大師が楊枝をさしたのが、七株に分かれて大木となったという。この寺は天長元(八二四)年に弘法大師が開いた真言宗の寺で、都内では浅草寺に次ぐ古刹といわれる。しかし、寛喜元(一二二九)年に、時の住職の了海上人が親鸞に帰依し浄土真宗に改めた。563[颱灑柳(うなりやなぎ)]、686[杖銀杏]参照。

680 **【千歳杉　品川　東海寺】**

[千歳〈せんざい〉杉]は、万松山東海寺(品川区北品川三の一一)にあった。紅葉の名所としても有名(615参照)。開山沢庵和尚の植えた杉といわれるが、宝暦(一七五一から一七六三)のころ、風雨で折れたらしい。

681 **【四ッ谷丸太　材木也】**

現在の杉並区高井戸を中心に、屋敷林に杉を植える屋敷林林業が行われていた。杉を密植して間伐を多く行った。これを四ッ谷林業と呼ぶ。材は丸太のまま利用することを目的とし、たるき、磨き丸太、丸柱、舟竿などにし、また足場丸太ともなった。これらを[四ッ谷丸太〈よつやまるた〉]と呼び、高級なものであったという。十二代将軍家慶のころ、家齊の死後は一転し財政節約となる。当時、小規模な工事を担当する役の小普請奉行の川路聖謨(一八〇一〜一八六八)は、浜御殿(現在の浜離宮庭園)のお手伝い橋と藤棚の改修に、先例通り四ッ谷丸太を使用する見積りを提出すると、「四ッ谷丸太ではもったいない、並の杉丸太を使用せよ」との将軍の意向が、水野越前守から伝えられたと、その著『遊芸園随筆』に記している(『浜離宮庭園』小杉雄三著)。ついでながら、川路聖謨は、勘定奉行などを歴任、プチャーチンと交渉、江戸城開城の翌日自殺。

682 **【三本榧　浅草】**

[三本榧〈さんぼんがや〉]は、金竜山浅草寺伝法院の本堂のうしろ(台東区浅草二丁目)にあったカヤの木。八幡太郎義家が奥州征伐の折りにこの地を本陣とした時に挿したものが根づいたものといわれている。今は三社神社本殿の右に植え継いである。カヤは、材は碁盤、将棋盤として最高級。実(胚乳)は食べられ、油が採れる。

683 **【金松(かうやまき)　笄橋　長谷寺】**

[金松〈きんしょう〉]とは、コウヤマキ(コウヤマキ科)のこと。[普陀山長谷寺〈ふださんちょうこくじ〉]は、曹洞宗の寺で、現在港区西麻布二の二一。[笄橋〈こうがいばし〉]は、西麻布三、四丁目の間を流れていた笄川にかかっていた。この寺のコウヤマキは戦災で失われた。コウヤマキは、わが国特産の常緑高木で、紀伊半島から四国、

九州に自生、各地で栽培。幕末に来日のロバート・フォーチュンは、コウヤマキに注目(224ページ参照)。紀州高野山に多いのでその名がある。ヒノキ、サワラ、ネズコ、ヒバとともに、木曽の五木の一つ。その材は、水湿に強く、建築、器具材(桶、船材、橋梁材など)として有用。千住大橋は、何度か架け換えられたが、明治一八(一八八五)年七月の大水の後の調査で、橋杭は「金松」(コウヤマキ)と判明。文禄三(一五九四)年に千住大橋が初めて架けられた時の橋杭は、伊達正宗献上の槇とされているが、正宗の槇は、明治一八年の例から推測して、槇(イヌマキ・マキ科)ではなく、ホンマキとも呼ぶコウヤマキではなかろうか。

684

【山茶(つばき)山の山茶　牛込】

文京区関口二丁目の台地から神田川(江戸時代は江戸川ともいった)への南傾斜地を椿山といった。『江戸名所花暦』に、椿山は、「関口の通り、上小橋を渡り右のかたへ上る坂の上一円をいふ。今はたえたり」とあるので、当時はツバキはなくなっていたが、恐らく過去に有名だったから書き上げたと思われる。『江戸名所図会』でも「昔は椿多かりし故に椿山と号〈なづ〉くという」とある。今は椿山荘がある。

685

【三股の山茶　牛込　宗参寺】

[宗参寺]は、新宿区弁天町に現存。[三股〈みつまた〉の山茶〈つばき〉]は、戦災で焼失。沙羅双樹、栄の梅(502参照)でも有名。なお、ツバキは、椿とも書くが、山茶が正しい。中国では椿は「チャンチン(香椿)」(センダン科の落葉高木)のこと。いわゆる「ツバキ」とは、本州北端~台湾の一部に分布するヤブツバキ(ヤマツバキ)と、日本海側の多雪地帯のユキツバキ、および宝永年間に中国から渡来したトウツバキなどと、そられから作出された雑種を含む。サザンカは、九州、四国、琉球に分布するが、ツバキとの違いは、ツバキの花びらの基部は筒状で、筒状のおしべと一体となり花後に落ちるの対して、サザンカは花弁が分かれてばらばらに落ちる。ツバキとの間に雑種をつくり、ハルサザンカの群をつくる。

686

【杖銀杏　麻布　善福寺】

[善福寺]は、港区元麻布一の六。679[楊枝杉]参照。親鸞上人がこの寺を訪れて杖を庭に挿したものが根づき、[杖銀杏〈つえいちょう〉]、一名「逆さ銀杏」となったという。樹齢は七五〇年といわれるこの銀杏は戦災にあったが、幸いにも現存し、平成三(一九九一)年の東京都の調査報告書『樹……東京の巨木』によれば、東京都全域で一番の巨木。地上一・三メートルでの幹まわりが、一〇・四メートル。イチョウの気根が下がるのを乳に見立てて、乳の出ない人が祈った(98[銀杏]参照)。

687 【古川薬師銀杏】

［古川薬師］は、医王山世尊院安養寺と号し、「古川村にあり」と『江戸名所図会』にある（大田区西六郷二丁目）。［銀杏］は、本堂の前左右に二樹あり、気根である乳が垂れ下がり、「垂乳」と呼ぶが、それは長さ四、五尺（一・二〜一・五メートル）もあり、乳の出ない人が祈願した。

688 【化（ばけ）銀杏　牛込　若松丁】

［化銀杏］は不詳。［牛込　若松丁（町）］は、新宿区若松町のこと。若松町の名は、かつてこの地より幕府に門松を納めたことがあることによるという。

689 【銀杏八幡　浅草福井丁】

［銀杏八幡］は、台東区浅草橋一の二九にある銀杏岡八幡宮。もと福井藩邸の中にあった。［浅草福井丁〈町〉］とは、福井藩邸が、享保一五（一七三〇）年に移転し、その跡地が町屋（商家などのある地域）になり福井町といった。この銀杏は、永承六（一〇五一）年、源頼義、義家が奥州下向の折りに、義家が手づから挿したとの伝説があり、相当な大木だったらしい。しかし、「延享二（一七四五）年の秋暴風に吹き折られて、枯株のみ存す」と『江戸名所図会』にある。植え継がれた銀杏があったのかどうかは明らかではない。

690 【影向の槐　浅草一ノ権現】

槐、エンジュ（マメ科）は、中国原産の落葉高木。古くに渡来し栽培、街路樹などにされる。果実は痔疾、花は止血、高血圧に用いられ、つぼみは染料（槐花）。［浅草一ノ権現〈いちのごんげん〉］は、浅草の花川戸の顕松院の境内にあり、浅草寺の観音が現れた時、最初に、ここに安置し奉ったと伝えられる。その時の草堂（くさぶきの家）をあかざ堂といったが、後に阿加牟堂と誤って呼ぶようになり、その堂のそばの槐を［影向〈ようごう〉の槐〈えんじゅ〉］といった。最初、槐の切り株の上に奉安したともいわれる。影向とは、神仏が一時姿を現すことをいう。『江戸名所図会』に一ノ権現の挿絵がある。なお、エンジュに似たハリエンジュ（ニセアカシア）は、北アメリカ原産、明治十年ごろ渡来。槐の字は、またサイカチと読むことがある。例、槐新田（足立区五反野の近くの弘道一丁目）。

691 【相生の樟（くす）　小村井　吾妻森】

［小村井〈おむらい〉　吾妻森〈あづまのもり〉］とは、墨田区立花一の一の吾妻神社のあたりにあった森。『江戸名所花暦』に挿絵がある。挿絵の文に「吾妻大権現へ　やまひ〈病〉あるもの願かけして　庵主に楠葉〈くすのは〉を乞いうけて　せんじ（煎じ）用ゆればかならず治す」と。そのクスノキは、根のすぐ上で二股に分かれ、「一本に女

木、男木あり」といわれ、また連理の楠とも呼んだ。現在、根元四メートルくらいが残る。なお、元小石川植物園長の岩槻邦男氏は、その著『東京樹木めぐり』（海鳴社、一九九八年）で、「タブ〈324参照〉が日本に自生の木であることは疑う余地はないことであるが、クスについては、中国江南地方の原産で、日本で野生状態になっているものは栽培品〈樟脳を採ることから村落周辺に栽培される〉の逸出したものではないかと疑われることもある」と述べている。

692 【臂掛榎　上野】

［臂掛榎〈ひじかけえのき〉］とは、上野の穴稲荷、別名忍岡稲荷にあったといわれる榎（579［キリシマツツジ］参照）。『続江戸砂子』に、「神木也。昔或美少男、此〈この〉榎木に臂〈ひじ〉かけて思う女を待ちけるよしと云〈いう〉也」との伝説のエノキ。

693 【装束榎　王子村】

［装束榎〈しょうぞくえのき〉］は、北区王子岸町一丁目にある王子稲荷から約五〇〇メートル北の方にあった。そのエノキの下に、毎年一二月大晦日の晩、関八州の狐が集まり、装束を束帯姿に改めて王子稲荷に参詣したという伝説がある。その時狐火を点ずるといわれ、その狐火の様子を見て近隣の人々は翌年の田畑の豊作凶作を占った。それは明治のころまで続いたという。現在、その場所は、北本通りになったためその跡地付近に装束稲荷神社（王子二の三〇）が祭られている。狐火は、近くの荒川土手を大晦日の夜を徹して歩く、かけ取り（売掛金の集金のこと）の人々の提灯の火が映ったのではないか、とも想像されているが、このあたりではキツネは普通に見られたらしい。常正は、王子の飛鳥山に近い道灌山で、キツネを記録している。929［狐］、309ペー

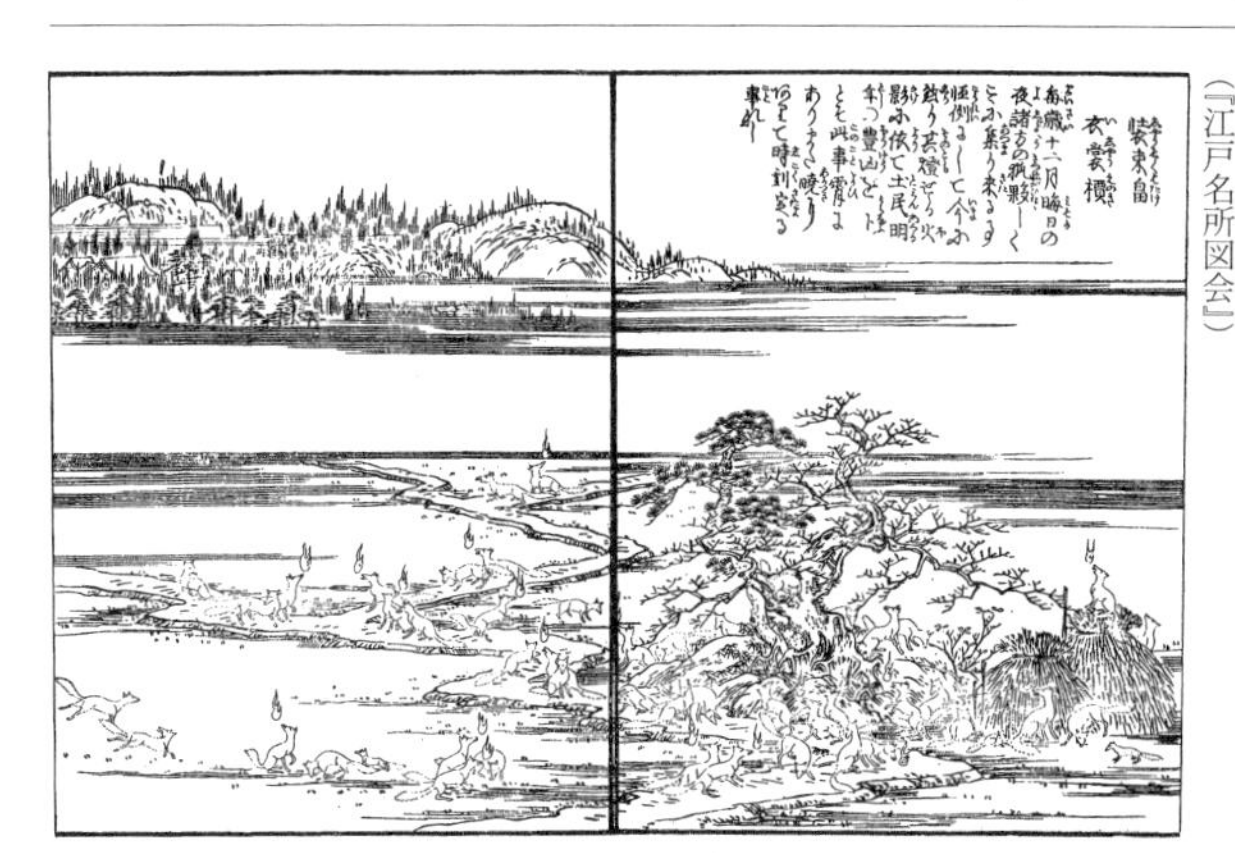

装束榎。王子は、王子稲荷もあって、狐とは縁が深い。農村であり、実際に狐がいても不思議はない。落語の「王子の狐」は、無銭飲食の罪を狐になすりつけ後悔した男が土産をもって狐の穴をたずねるという筋だが、料亭の扇屋の宣伝の落語である。（『江戸名所図会』）

ジ余話1「キツネと稲荷」参照。

694
【印(志るし)の榎　溜池】

［印〈しるし〉の榎］は、貞享四(一六八七)年発行の『江戸鹿子〈かのこ〉』に「赤坂溜池の上に有、むかし此池の奉公人、此榎木をうへて、その時の委細を此木にしるすとかや　よって印の榎とよぶとかや」とあり、享保二〇(一七三五)年発行の『続江戸砂子』には「大方は枯れて、今は二、三株あり」としている。

695
【袈裟掛榎　目白不動】

［目白不動］は現在、豊島区高田二の一二の、神霊山金乗院にある。昔は文京区関口二の五(旧関口駒井町)の浄竜院東豊山新長谷寺にあったが、戦災で焼失し現在地へ移転した。［袈裟掛榎〈けさかけえのき〉］は、本堂の前にあったといわれる。五色不動の一つである。他の不動は、目黒不動(目黒区下目黒の滝泉寺)、目赤不動(文京区本駒込一丁目の南谷寺)、目青不動(江戸時代には麻布にあり、現在は世田谷区三軒茶屋の教学院)、目黄不動(三ヶ所あり、台東区三の輪の永久寺、江戸川区平井の最勝寺、渋谷区神宮前の竜巌寺のいずれを本物とするか不明)。

696
【姉尾駒繋榎　渋谷】

［姉尾駒繋榎〈せのおこまつなぎえのき〉］は、姉尾平次左衛門光景の館跡といわれる所に小池があって、「旱魃〈かんばつ〉に涸〈かれ〉ず、霖雨〈ながあめ〉にあふれず。岩間をもりて清冷の名水也。かたはらに駒つなぎの榎あり」と『江戸砂子』にある。『江戸名所図会』もそのまま引用している。渋谷区渋谷三丁目(旧金王町)にあった。

697
【神木榎　高田　牛込】

『江戸砂子』に「三島神木　高田の方、上水川(神田上水)の辺。大榎に注連〈しめなわ〉かけてあり。宮はなし」とある。三島社は、早大の甘泉園(新宿区西早稲田三丁目)の中の水稲荷の境内に合祀されたらしい。甘泉園は現在公園となっている。榎の所在は不明。

698
【縁切榎　板橋】

板橋区の「板橋」の名は、中仙道と石神井川が交差するところにかかった板の橋にちなむ。その橋を越えた先の坂を岩の坂といい、［縁切榎〈えんきりえのき〉］は岩の坂にあって(板橋区本町一八辺)、「囲〈かこ〉み二丈(六メートル)ばかり、樹下第六天の小祠〈しょうし〉あり、すなわちその木神木なりと、世に男女の悪縁を離絶せんとするもの、この木に祈る、故に嫁娶〈かしゆ〉(よめとりと、よめいり)の時はその名を忌みてその樹下をよぎらず」と『大日本地名辞書』にある。京都より輪王寺の宮様下向の時、また、文久二(一八六二)年の和宮降嫁の時にもこの道を避けたという。輪王寺の宮様は、185ページ余話3「道灌山と上野の話」、905［ウグイス］参照。

699 【太平榎　亀戸】

［太平榎］は、亀戸の梅屋敷（492参照）にあった大榎。「天下太平の文字を虫喰〈むしばむ〉」と『江戸砂子』にある。

700 【道灌手栽榎　国分台】

［道灌手栽榎〈どうかんてうえのえのき〉］は、太田道灌の手植えとの伝説の榎で、市川市国府台三丁目の安国山総寧寺の「大門の通り列樹の中、下馬の石碑に相対して右の傍〈かたわら〉にあり」と『江戸名所図会』に記された榎のことで、今はない。その場所は、［国分台］とあるが国府台である。170ページ［国分台］参照。

701 【観音の榎　浅草】

［観音］、［浅草］とあるので、浅草寺にあったものと思われるが、不詳。『江戸名所図会』によれば、承暦三（一〇七九）年一二月四日に、浅草寺が火災になり、その時、本尊は坤（西南）の榎の梢に移り、難をのがれた。その後、源義朝が参詣の折り、坤の榎をもって新たに観音像を彫刻して納めたといわれている。その榎と関係あるものか？

702 【片葉の蘆　浅草慶印寺　馬道　浅茅ヶ原】

［片葉の蘆〈あし〉］とは、普通のアシ（ヨシに同じ）が絶えず一方から風を受けて片葉となったもの。特別の種類ではない。［浅草慶印寺］は、浅草寺の北東、現在の国際通りの辺にあったが、今はない。［馬道］は、東武浅草駅と浅草寺の間の道。［浅茅〈あさじ〉ヶ原］は、台東区橋場一丁目付近を指す。［片葉の蘆］は、おいてけ堀、ばかばやし、送り提灯、落ち葉なき椎、津軽の太鼓、消えずの行灯とともに、「本所の七不思議」の一つ。漢字の「蘆」（芦は俗字）は、若いアシ。葭は葦のまだ穂の出ないもの。葦は成長したものをいう。余談だが、秦の始皇帝の命で不老不死の薬を探しに来た徐福が、有明海の海岸に上陸し、アシの片葉を切ると、その葉が魚のエツ（カタクチイワシ科）となり、葉を切られたアシが、片葉のアシとなったという。空海が切ったとも。なお、漢方でヨシの根を蘆根といい、利尿剤とする。

703 【鐙摺の笹　須田村】

［鐙摺〈あぶみすり〉の笹］は、『江戸砂子』によれば、若宮八幡宮の近所で、八幡太郎義家が奥州征伐の時、このところの笹葉は、鐙をする程度の高さで、馬上より遠方を眺めるのに差支えなかった。そこで「この笹これをかぎるべし」と言ったのでこの笹は伸びないのだという。しかし、笹は今は枯れてないとある。若宮八幡は、荒川放水路開削で四つ木橋の下になり移転、隅田神

社（墨田区堤通二丁目）に合祠（ごうし）されている。

704【袖摺の笹　亀戸】

［袖摺〈そですり〉の笹］は不詳。［亀戸］は江東区。

705【葭竹　足立郡神田村】

［葭竹〈よしたけ〉］は、ヨシタケのことか？　標準和名のヨシタケ（ダンチク）は、暖地の海岸または河岸などに、大群落をつくってはえる大型の多年草。茎は太く、長さ三メートルに達する。ヨシ竹とはタケに似たヨシの意味。［足立郡神田村］は、『江戸名所花暦』に「往古は神田とて一国に二ヶ所の御田ありて、太神宮に初穂の神供を収……足立郡に神田村と云あり」とあるが正確な位置は調査中。埼玉県与野の南西に神田の地名があるが……。

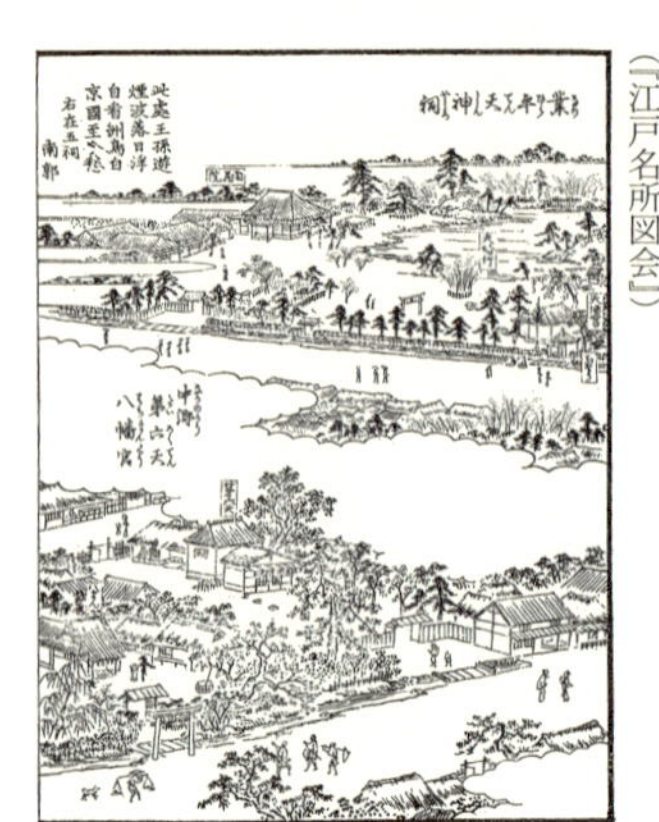

業平竹。
画面右上に、「夫婦竹」の文字が見える。「しばられ地蔵」は、その右下。
（『江戸名所図会』）

706【三股の竹　足立郡芝村にあり官用ニ献上ストいふ】

［三股〈みつまた〉の竹］は、文化年間の『遊歴雑記』（十方庵敬順（じゅっぽうあんけいじゅん）著）に、「武州足立郡芝村は安西彦五郎知行処也、爰〈ここ〉に三股の竹あり、是〈これ〉は節際の上より、枝程〈ほど〉よく自然に三本とわかれ生ず、実に稀代の名竹といふべし、……中古より御用竹〈ごようだけ〉となりしに依て、余人伐取〈きりとる〉こと成難〈なりがた〉し、……御留竹〈おとめだけ〉なれば所縁なきもの猥〈みだり〉に見ることを許さず」とある。［芝村］は、現在は川口市の内。［官用ニ献上ストいふ］とあり、中古の昔より「御用竹」となっていた。公用専門で、一般には使わせないものや場所を「御留山（おとめやま）」とか、「御留～」などのようにいった。タケには、二岐、三岐、多岐のものができることは知られている。これを瑞竹（ずいちく）という。『本草図譜』には、合歓竹（ごうかんちく）と称して、一本の竹の上部が四～五本に分かれたものの図が掲載されている。

707【業平竹　中の郷】

［中〈なか〉の郷］は、墨田区吾妻橋（あづまばし）の地域の名。［業平竹〈なりひらたけ〉］は、南蔵院（なんぞういん）の境内の業平（なりひら）天神社にあった。南蔵院は、大岡越前の名裁きの「しばられ地蔵」で有名な寺で、もと吾妻橋三丁目にあったが、昭和元（一九二六）年に葛飾区東水元二丁目に移転。その際、天神社は廃社となった。『江

戸名所図会』に業平天神社の挿絵があり、「夫婦竹」が描かれている。『江戸砂子』に「業平竹　女竹、男笹」とある。しかし、『遊歴雑記』によれば、業平とは、在原業平ではなく、慶長年間（一五九六～一六一五）に成田平左衛門という力士が、堀留橋の上で横死し、人々はその墓を成平塚と呼んだ。その妻が墓の印に植えた竹を和合竹、堀留橋を成平橋と呼んだことから、業平橋になったという。また、ここでいう「業平竹」は、竹の品種のナリヒラダケ（大明竹）ではないようである。業平はシジミでも有名（848参照）。なお、中の郷の南蔵院は、高田の南蔵院（499、500参照）とは別の寺。

708 【影向竹　上野中堂】

［上野中堂］は、寛永寺の中心となる堂である根本中堂のこと。現在の上野公園の噴水のある広場が、根本中堂の跡。中堂の前の広場の「竹台」に、「影向竹〈ようごうのたけ〉」が植えてあった。伝教大師が唐より持ち帰り、比叡山の根本中堂に植えられていた竹を分けたといわれる。『続江戸砂子』には「此影向竹というは、葉のさき丸く、跡先〈あとさき〉無きようにて、常の竹葉とは異也」とある。竹台の地名は、都立竹台高校の名に残っている。影向とは、神仏が一時応現すること。応現は応現変化（応化）のことで仏・菩薩が迷えるものを救うため、いろいろ姿を変えて出現すること。

709 【箭竹（やたけ）　砂村】

［箭竹］は、和名をヤダケといい、山野に野生し、また庭園に栽培される。竹の皮は冬でも稈（イネなどの茎、幹のこと）についていて、節は高くない。箭幹つまり矢の柄をつくるのに用いることから箭竹の名がある。また、かごなどの材料ともする。［砂村］は江東区南、北、東砂の地域（61参照）。

710 【豊後笹】

［豊後笹〈ぶんござさ〉］とは、オカメザサのことで、ゴマイザサ、メゴザサなどの名がある。庭園で栽培される小型の竹。

711 【寒竹　下谷】

［寒竹〈かんちく〉］は、カンチク。観賞用として栽培される。秋にたけのこが出る。［下谷］は、89［林檎（りんご）］、596［あさがお］参照。

712 【孟宗竹　目黒　戸越村】

［孟宗竹〈もうそうちく〉］は、中国原産で、沖縄、鹿児島を経て本土に伝わった。薩摩藩へ伝わったのは元文元（一七三六）年という。わが国最大の竹で、たけのこは食用。［目黒］は、その栽培で有名。目黒不動門前の角伊勢、内田屋などで、たけのこ飯を売り出したので有名となった。目黒区の小学校の校

章に、たけのこが使われている。[戸越村]は、現在の品川区戸越。武蔵野台地の上で野菜栽培が盛んであった。品川、目黒方面に孟宗竹のたけのこ(筍)が盛んに栽培されたのは、孟宗竹が薩摩藩下屋敷に植えられ、それを薩摩藩御用の廻船(かいせん)問屋、山路次郎兵衛勝孝がもらい、現在の品川区桐ヶ谷の自分の別荘で栽培したことによる。次郎兵衛は、筍翁(じゅんおう)と号した。「孟宗竹筍栽培記念碑」が品川区小山一丁目にある。品川から目黒川沿いに産地が広がり、重いうえに新鮮さが大切なたけのこは目黒川の舟運(しゅううん)を利用して下流の市場や江戸へ運ばれた。130ページ[目黒辺ノ産]参照。

713

【義竹　矢口新田】

[義竹]とは、不詳。[矢口新田]とは、大田区矢口付近。『言海』(明治二二年版)に、「南京竹〈なんきんたけ〉幹、細ソクシテ、高サ六七尺ニ過ギズ、その筍〈たけのこ〉叢外〈そうがい〉ニ出デズ。義竹」とあるが関係があるか?

第六章　虫類など

[虫類]は、正しくは蟲類と書く。蟲類は、本草学では、人類、獣類、鳥類、魚介類以外の動物の総称で、現代の分類でいう昆虫類、両生(りょうせい)類、爬虫(はちゅう)類、その他のことである。『武江産物志(ぶこうさんぶつし)』の[虫類]は、薬草類に比べ大ざっぱである。より詳しく調べるには、『梅園虫譜』がある。それは、今の文京区白山五丁目の鶏声(けいせい)ヶ窪(くぼ)に住んだ旗本の毛利梅園(もうりばいえん)(一七九八〜一八五一)が、自宅の庭などで捕らえた虫類(昆虫その他)を描いた画集である。ベッコウトンボ、ギフチョウ、オオムラサキなど現在の東京の都市部では絶滅した昆虫も少なからず描かれている。昆虫文化史研究家の田中誠氏が、このうち約四〇〇を同定し『インセクタリウム』(東京動物園協会・一九八五年一月号)に「虫譜にみる江戸の昆虫たち」として発表した。これに対していろいろな情報が寄せられた結果、東京の昆虫は、関東大震災や戦

争の後にも江戸時代と大きな変化はなく、ただ高度経済成長期をさかいに激減したことが分かったという。259ページ余話1「江戸の昆虫」参照。

虫類

714 【金鏡児（すずむし）　外桜田　あすか山　おそない村】　マツムシ。コオロギ科。ススキの茎に産卵。草原にすむ。チンチロチンチロと鳴く。標準和名のマツムシの古名はスズムシ、「金鏡児」と書く。古歌にいうマツムシとスズムシは、現在使われている和名とはまったく反対になる。［外桜田］は、桜田門外の千代田区霞ヶ関、日比谷公園あたり。［あすか山］は、532参照。［おそない村］は小村井村の間違いと思われる。小村井村は、墨田区立花、文化、八広、京島、東墨田の各一部を含む、旧中川寄りの地域。691［相生の樟］参照。＊都重要種。

715 【金琵琶（まつむし）　流山辺　道灌山】　スズムシ。コオロギ科。標準和名のスズムシの古名はマツムシ、「金琵琶」と書く（『言海』）。スズムシは、林の下草の地ぎわにすむ。土に産卵。リーンリーンと鳴く。［流山辺］は、千葉県流山市。［道灌山〈どうかんやま〉］は、97ページ［道灌山ノ産］、185ページ余話3「道灌山と上野の話」参照。

716 【狗蠅黄（くさひばり）】　クサヒバリ。コオロギ科。庭などにもいる。鳴き声はチリリリリリ……。植物の茎に産卵。

717 【やまとすず　上野】　シバスズ。コオロギ科。芝生のような乾いた草原にすみ、卵で越冬する。鳴き声はジーィと長く鳴く。別名ヤマトスズ。［上野］は、134ページ［上野辺ノ産］、185ページ余話3「道灌山と上野の話」参照。

道灌山（どうかんやま）虫聴き。「文月の末を究中（さかり）とす、略」とあり、新暦の八月末～九月のころ、虫の音を聴く。右手にうちわを持つ人、左手に杯を持つ人、屈んで何かを書く人。子供は虫かごを持っている。月の方角は三河島から三ノ輪、下谷通新町方面か。（『江戸名所図会』）

718 **【促織（こうろぎ）　古云きりぎりす】** コオロギを、古くは「きりぎりす」と言った。ツヅレサセコオロギ、エンマコオロギ、オカメコオロギなど。蟋蟀。［促織〈そくしょく〉］とは、寒くなるので機織りを急げと鳴くから。ツヅレサセコオロギの声は、「針刺せ糸刺せ綴れ刺せ」と聞こえる。芭蕉の門人の内藤丈草の句の「つれのある所へ掃くぞきりぎりす」「行灯に飛ぶや袂のきりぎりす」などの「きりぎりす」は、コオロギのこと。723［キリギリス］参照。

719 **【竈馬（志つこうろぎ）】** カマドウマ。カマドウマ科。床下や家の中に主にすむ。夜間に活動。地中に産卵する。

720 **【聒々児（くつわむし）　巣鴨　根岸　御茶の水下】** クツワムシ。キリギリス科。林の下草などにすむ。ガチャガチャガチャガチャガチャと鳴く。地中に産卵。［巣鴨］は、331［ムカゴイラクサ］、609［巣鴨植木屋］参照。［根岸］は、327［ミズハコベ］、676［御行の松］参照。［御茶の水］とは、千代田区三崎町と文京区後楽との間の神田川にかかる水道橋から、東へ上る坂を御茶の水坂といい、昌平坂を下るまでの神田川沿いの地域を指した。［御茶の水下］とは、この地域は神田川が深い谷をなしていたので、その斜面下という意味か。464［カラムシ］参照。

721 **【むまおいむし】** ウマオイ。キリギリス科。夕方からスイーッチョンと鳴く。鳴き声は、紡車をまわす音に似ることから、ツム（紡錘）とも呼ばれる。ツユムシ、クサキリ、クダマキモドキなど、この仲間を莎鶏と呼ぶ。

722 **【きちきちむし】** ショウリョウバッタモドキ。バッタ科。やや湿った草地にすむ。キチキチバッタとも呼ばれ、飛ぶ時キチキチと音を出すと思われていた。しかし、ショウリョウバッタモドキは、飛ぶ時に発音はなく、音を出すのはショウリョウバッタのオス。思い違いによる命名であり、今では改名されている。

723 **【螽斯（はたをり）　今いふ　きりぎりす　今云きりぎりす　道灌山】** キリギリス。キリギリス科。はたおりむし。昼間にチョンギース、チョンギースと鳴く。地中に産卵。キリギリスとコオロギとは混乱があり、古くはコオロギをキリギリス、キリギリスをコオロギと言った。［螽斯〈しゅうし〉］の螽は、いなごの意味。［道灌山］は、97ページ［道灌山ノ産］、185ページ余話3「道灌山と上野の話」参照。

724 **【阜螽（いなご）】** コバネイナゴ。バッタ科。イネの害虫で、佃煮にする。湿った草地に多い。イナゴを佃煮にするには、布の袋に入れたまま熱湯でゆでた後、ごみなどをより分け、醤油、ザラメを入れて甘露煮にする。なお、［阜螽（いなご）］は、コバネイナゴだけではなく、トノサマバッタその他、広く農作物に害をなすものを表している可能性もある。「蝗害」、または「飛蝗」の蝗も「いなご」の意味で、大群で移動して農作物に大損害を与えるものを、「いなご」ともいうからである。

蛍沢。谷中の台地からの豊かな湧き水が藍染川（あいぞめがわ）へ流れていた。（『江戸名所図会』）

725
【蟿螽（せうれうばった）】
ショウリョウバッタ。バッタ科。オスは飛ぶ時、前翅と後翅が打ちあってキチキチと音を出す。乾いた草地にすむ。

726
【螻蛄（けら）】
ケラ。ケラ科。［螻蛄〈ろうこ〉］という。湿った土中にすみ、「ボー」と低く鳴くのを、ミミズが鳴くと思われていた。幼虫または成虫で越冬する。

727
【叩頭蟲（こめつきむし）】
甲虫目コメツキムシ科の甲虫。種類は多い。

728
【螢火（ほたる）　半夏頃より　高田　落合　すがたみはし　王子　石神井川　三崎　蛍沢　関口】
ゲンジボタル。ホタル科。これらの場所は、流れや湧き水のある場所なので、ゲンジボタルと思われる。［半夏〈はんげ〉頃より］とは、半夏生、すなわち夏至から一一日目にあたる日（太陽暦の七月二日ごろ）よりの意味。［高田落合　すがたみはし（姿見橋）］は、新宿区の神田上水（神田川）沿いの地域。姿見橋は、現在の面影橋（新宿区西早稲田三丁目から豊島区高田一丁目に渡る橋）のことで、神田上水にかかっていた。［王子　石神井川］は、北区滝野川の石神井川。［三崎〈さんさき〉　蛍沢〈ほたるざわ〉］は、台東区谷中三の一〇の宗林寺付近。文京区との境を藍染川が流れていた。［関口］は、文京区関口。神田川を見下ろすところで、現在椿山荘がある。＊ゲンジボタル、ヘイケボタルは都重要種。

729
【蟦母（はるぜみ）】
ハルゼミ。セミ科。五月ごろ最も早く鳴き始め、平地の松林に多い。別名マツゼミ。ムゼー、ムゼーと鳴く。松林の減少で都内では著しく減少。＊都重要種。

730【蟪蛄（志いじいせミ）】
ニイニイゼミ。セミ科。六〜九月ごろに平地で見られる。チィー、チィーと鳴く。はねに模様がある。

731【蛁蟟（ミんミん）】
ミンミンゼミ。セミ科。七〜八月に現れ、ミンミンミーと鳴く。はねは透明で大型。原因は不明だが、最近都内で増えているとの説がある。

732【茅蜩（ひぐらし）　道灌】
ヒグラシ。セミ科。カナカナと鳴く。うっそうとした森を好む。別名カナカナゼミ、カナカナ。二三区内では最近ヒグラシの鳴き声は聞かれない。「道灌〈どうかん〉」は、97ページ「道灌山ノ産」、185ページ余話3「道灌山と上野の話」参照。＊都重要種。

733【馬蜩（志ねしね）　本所】
クマゼミ。セミ科。別名ウマゼミ、ヤマゼミ。盛夏にシャアシャアと鳴く。本州中部以南に産する。七、八月に現れる。本来は都区内ではまれである。「本所」は、墨田区本所の地域。両国橋がかけられてから旗本を多く住まわせ町場となるが、池や湿地も多かった。＊都重要種。

734【蚱蜩（あぶらせミ）】
アブラゼミ。セミ科。ジージジリジリ…と鳴く。はねは茶色。

735【寒蟬（つくつくぼうし）】
ツクツクボウシ。セミ科。オウシイツクツクと鳴く。八月に多い。

736【蜻蛉（とんぼ）　やんま　むぎわら　あかとんぼ　こうやとんぼ　かとんぼ　あり】
「やんま」は、一般に大型のとんぼのことで、「むぎわら」は、シオカラトンボのメスと未熟なオスの体色のムギワラ色のもの。「あかとんぼ」は、古名あかえんば、赤卒（せきそつ）といい、漢方薬にする。「こうやとんぼ」とは、「紺屋（こうや）とんぼ」の意味で、お歯黒とんぼ、鉄漿（かね）つけとんぼ、くろやんまともいい、ハグロトンボのこと。「かとんぼ」は、イトトンボ、または、ガガンボの可能性もある。なお、「蜻蛉〈せいれい〉」は飛行範囲の狭いトンボ、「蜻蜓（せいてい）」は、飛行範囲の広いトンボをいう（『新字源』角川）。

737【蠅（はい）】
ハエの仲間（イエバエ、キンバエなど）。

738【蛺蝶（てふてふ）】
チョウの仲間。「蛺蝶〈きょうちょう〉」は、アゲハチョウだが、この場合広くチョウの仲間を指した。『梅園虫譜』には、ギフチョウ、オオムラサキなども描かれている。

739【蚊(か)】カの仲間。アカイエカ、コガタアカイエカ、ヒトスジシマカ、オオクロヤブカなど。

740【白露蟲(ぶよ)】ブユ。ブユ科。幼虫は水中にすみ、成虫は人や動物の血を吸う。ウマブユなど。［白露蟲〈はくろちゅう〉］。

741【吉丁蟲(たまむし)】ヤマトタマムシ。タマムシ科。別名タマムシ。［吉丁蟲〈きっちょうちゅう〉］。サクラ、ケヤキ、エノキなどの枯れ枝に産卵、幼虫はその材を食べて育ち、羽化まで三年かかる。美しいので装飾用に使われた。＊都重要種。

742【金亀子(こがねむし)】コガネムシ。コガネムシ科。［金亀子〈きんきし〉］。類似の種類が多い。

743【金蟲(ぢんがさむし)】カナブン(コガネムシ科)のことか？［金蟲〈きんちゅう〉］。

744【斑蝥(はんめう)　すがたミ橋】ハンミョウ。ハンミョウ科。斑猫(はんみょう)とも書く。一名ミチオシエ。幼虫はニラムシ。その他ニワハンミョウ、カワラハンミョウ、ヒメハンミョウなどあり。［すがたミ橋(姿見橋)］は、現在の面影橋(新宿区西早稲田三丁目から豊島区高田一丁目に渡る橋)で神田上水(かんだじょうすい)(神田川)にかかる。

745【芫青(あをはんめう)】アオハンミョウ。ツチハンミョウ科。形はカミキリに近く、猛毒を含む。

746【地膽(つちはんめう)　道灌】ツチハンミョウ。ツチハンミョウ科。土斑猫(つちはんみょう)。ミチオシエとは別種。ヒメツチハンミョウ、キイロゲンゼン、マメツチハンミョウなども。［道灌］とは、道灌山(どうかんやま)のこと。97ページ［道灌山ノ産］、185ページ余話3「道灌山と上野の話」参照。

747【飛生蟲(かぶとむし)】カブトムシ。コガネムシ科。東京の方言でサイカチムシ(『言海』)。

748【行夜(へひりむし)】ミイデラゴミムシ。ホソクビゴミムシ科。さわると肛門からガスを出すのでヘッピリムシともいう。湿地に多く夜行性で河原などに見られる。

749【蜚蠊(あぶらむし)】ゴキブリ。油虫。クロゴキブリは家の中、ヤマトゴキブリは朽ち木の樹皮の間などにすみ、夜間に家の中にくる。チャバネゴキブリは飲食店などに多い。

750【蜈蚣（むかで）】

百足。節足動物。ジムカデ、ズアカムカデなど、日本に一〇〇種以上分布。ムカデとは、対手（むかう・て）の意味という（『言海』）。小昆虫を捕食する。

751【馬陸（やすで）】

ヤスデの類。節足動物。種類多く日本に約二〇〇種分布。落ち葉などの下に多い。古名は、雨彦（雨の後に多く生ずるから）、オサムシ（機織のおさに似るから）、エンザムシ（触ると敷き物の円座のようになるから）、ゼニムシ（触ると丸くなり形が銭に似る）などあり（『言海』）。

752【蚰蜒（げじげじ）】

ゲジ。節足動物。脚は一五対。ムカデに似るが無害。姿の醜いムシなので嫌われる。日本に五種が分布する。漢名は蚰蜒。

753【蚯蚓（みみず）】

ミミズ綱（貧毛類）の環形動物の総称。釣り餌とし、また生薬ともする。釣り餌は、ボッタ（イトミミズの仲間）、ウナギ釣りは大型のウタウタミミズ、水の濁った時は、匂いの強いドバミミズ（ともに方言）と使い分けたという（『荒川の伝統漁業』埼玉県編）。

754【沙蚕（ごかい）】

ゴカイ。環形動物。釣り餌として使われる。「餌虫」という。この仲間のイトメは、河口近くの砂泥にすむが、成熟したものを「バチ」と呼び、晩秋一〇、一一月の大潮のころの夜に群泳することを「バチが抜ける」という。ゴカイ、イトメ、イトミミズなどは釣りの餌として、専門業者の餌虫採取権（漁業権の一種）の対象となる。現在でも荒川河口でゴカイを、また隅田川でイトミミズ（熱帯魚の餌）を採る業者がいる。

755【水蛭（ひる）】

ヒル。ヒル綱の環形動物の総称。イヨウビル（医用蛭）、ウマビル、ヤマビルなど種類が多い。血を吸う。

756【蜘蛛（くも）　志ゃうろくも　ひらくも　あしたかくも　つちぐも】

［志ゃうろくも（ジョロウグモ）］は、大型のクモで円形の網を張る。［ひらくも（ひらぐも）］は、ヒラタグモか？人家の壁に白く平たいすまいを作る。江戸時代には「壁銭」と呼ばれた。［あしたかくも（アシダカグモ）］は、歩き回るクモでは日本で最大、主に家の中にいる。［つちぐも］とは、地面に穴を掘ってすむキシノウエトタテグモや、木の根元などに細い管のようなすまいを作るジグモなどのことを指した。

757【鼠婦（はねむし）】

跳虫は、ヨコエビ科の甲殻類。または、

トビムシ科の昆虫を指す。体長一〜四ミリ以下の微小な昆虫。ムラサキトビムシ（湿気の多いところ）、キボシマルトビムシ（ウリ、マメなどの苗）、オオアカイボトビムシ（落ち葉や堆肥の下）、ヒメトゲトビムシ（落ち葉や堆肥の下）など。別名ノミムシ（『言海』）。

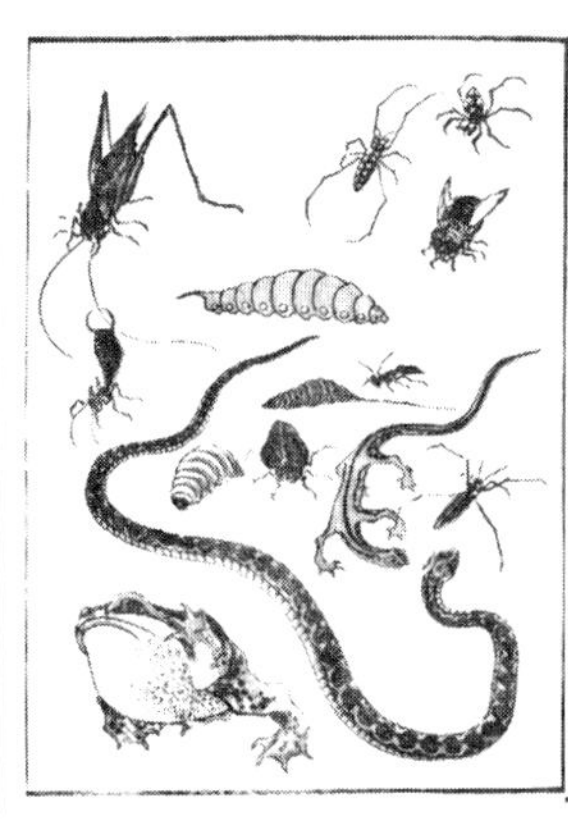

虫類。
誇張した表現で、種は特定できないが、このような絵も好まれたらしい。
（『北斎漫画』）

758
【蛞蝓（なめくじ）】

ナメクジ。ナメクジラ。ナメクジリ（京都）。マイマイ目の有肺類。陸生の巻貝だが、貝殻は退化。

759
【蝸牛（まいまいつぶら）】

カタツムリの仲間。マイマイ目の陸生有肺類の巻貝の総称。でんでんむし。まいまい。

760
【蜂　蜜はち　くまはち　志がはち　馬尾蜂　つちはち】

［蜜はち］は、ミツバチ。［くまはち］は、ミツバチの仲間で、俗にクマンバチと呼ぶ。スズメバチとは別。［志がはち］はジガバチの仲間（アナバチ科）。［馬尾蜂〈ばびほう〉］はウマノオバチ。コマユバチ科で、シロスジカミキリの幼虫に寄生する。［つちはち］は、ツチバチ科で、コガネムシ類の幼虫に寄生（オオハラナガツチバチ、ヒメハラナガツチバチなど）。

761
【木虻（あぶ）】

アブの仲間。ハエ目の一群の昆虫の総称。メスは人畜を刺して血を吸う種類もある。オスは花粉や蜜をなめる。幼虫はウジ状で多くは肉食。

762
【蟻（あり）　あかあり　やまあり　ハあり】

［あかあり］は、赤褐色の小型のアリの総称。［やまあり］は、クロヤマアリなど、ヤマアリ属の総称。［ハあり］は、交尾期に現れるはねのあるアリ、またはシロアリのこと。

763
【蠷（はさみむし）】

ハサミムシ。またハサミムシ目の昆虫の総称。ごみの下などにすむ。はねはない。漢名は蠼螋（蠷螋とも）。

764【螬蠐（ねきりむし）】
農作物や苗木の根をかみ切る害虫の総称。蠐螬。ヨトウガの幼虫（夜盗虫）やコガネムシの幼虫（地虫）など。

765【毛蟲（けむし）】
ガやチョウの幼虫で、毛の多いものの総称。

766【屈伸蟲（志ゃくとりむし）】
シャクトリムシ。シャクトリガの仲間の幼虫。尺取虫とは、ムシの動きが、ものさしで長さをはかるように見えることから。尺を取るとは、長さをはかること。

767【結草蟲（ほととぎすのたまづさ）】
ミノムシ。ミノガの幼虫。結草虫は、ミノムシの漢名。［ほととぎすのたまづさ］とは、ホトトギスの手紙。「たまずさ」（玉梓、玉章）はふみ、手紙のこと。

768【螳螂】
［螳螂〈とうろう〉］は、カマキリ（鎌切）の漢名。コカマキリ、オオカマキリ、チョウセンカマキリ、ハラビロカマキリ、ウスバカマキリ、ヒナカマキリなど。

769【水爬蟲（かっパむし）】
タガメ。コオイムシ科。別名ドンガメムシ。タガメは、魚やオタマジャクシなどを餌とする。背の紋が、高野聖の笈（おい箱）を負ったのに似ていることから高野聖という。カッパムシとは江戸の方言（『言海』）。なお、高野聖とは、中世、高野山から諸国に出向いて勧進（募金などの意味）した下級の僧。
＊絶滅危惧II類（絶滅の危険が増大している種）。

770【龍虱（げんごろう）】
ゲンゴロウとその仲間の総称。ゲンゴロウ科。小魚や、他の昆虫などを餌とする。

771【鼓蟲（ミづすまし）】
ミズスマシ。ゲンゴロウ科。水面に落ちた小虫を餌とする。

772【水蠆（やまめ）】
［水蠆（やまめ）］は、トンボの幼虫（ヤゴ）のこと。トンボの幼虫は、ミズムシ、ミズバチ、エビムシ、ヤモメとも呼び、また、タイコムシ（『言海』）とも呼ぶ。774［たいこむし］参照。『武江産物志』にも明治時代の辞書（『言海』）にも、現在一般的に使われる「ヤゴ」は見られないようである。

773【水黽（あめんぼう）】
アメンボ科の昆虫の総称。池や河川の水面に生活する。オオアメンボ、アメンボ、ヒメアメンボ、シオアメンボなどの種類がある。

774 【たいこむし】

太鼓虫は、トンボ・ヤンマの幼虫のことをいう(『言海』『広辞苑』)。772「水蠆(やまめ)」参照。

775 【孑孒(ぼうふりむし)　かぼうふり　あかぼうふり　あかっこ】

「孑孒〈げっきょう〉」はボウフラのこと。「かぼうふり」は、カの幼虫。「あかぼうふり」は、ユスリカ類の幼虫。「あかっこ」は、ユスリカの幼虫(アカムシ)であろう。ボウフラは、俗に孑孑(げつげつ)と書くが誤りで、孑孒が正しい(『字源』)。子(し)、孑(げつ)、孒(きょう)はそれぞれ別の字。

芭蕉庵(ばしょうあん)。深川の芭蕉庵(江東区常磐一丁目)の池へ飛び込んだカエルの種類は?(『江戸名所図会』)

776 【蟾蜍(ひきがへる)】

ヒキガエル。ヒキガエル科。両生類。やぶや林にすみ、ふだんは、あまり水には入らない。産卵期は二〜三月、卵塊(らんかい)は長いひも状。ガマガエル(蟇)ともいう。

777 【蝦蟇(かハず)】

トウキョウダルマガエル。アカガエル科。またはツチガエル。アカガエル科。両生類。トウキョウダルマガエルは、東海地方から瀬戸内海沿岸、関東から仙台平野に分布する。よく似たトノサマガエルは西南日本から東北地方の日本海側に分布。この分布の違いは、日本に侵入した時期の違いで、八万年前に富士山が噴火する以前に侵入したダルマガエルは東日本に分布できたが、その後に来たトノサマガエルは富士・箱根火山帯を越えられなかったからと説明される(同様な分布の違いは939「モグラ」参照)。ツチガエルは、九州から東北北部に分布。江戸時代には江戸の下町にも広く分布していた。深川で詠まれた「ふる池や蛙とびこむ水の音」のカエルは、ツチガエルとする説がある。ツチガエルは、オタマジャクシのまま越冬し、次の四〜五月に成体になる。イボガエルともいう。東京都では著しく減少。吸盤がなくコンクリート護岸など垂直面を上れないことも減少の原因。＊トウキョウダルマガエルは都重要種。＊ツチガエルは都重要種。

778 【山蛤(あかがへる)】

ニホンアカガエル。アカガエル科。両生類。平地の山林や草原にすむ。食用や薬用になる。山地であれば、ヤマアカガエルもいる。産卵期は二〜三月。

＊都重要種。

779 【鼃(あまがへる)】

ニホンアマガエル。アマガエル科。両生類。産卵期は五〜六月。よく似たものにシュレーゲルアオガエルがいる。鼃は「あ」と読み、蛙の本字。

780 【あをだいせう】

アオダイショウ。ナミヘビ科。爬虫類。日本産のヘビでは最大、約二メートル。主にネズミを捕るので家の主として大事にされた。木に上り、小鳥や卵も好む。＊都重要種。

781 【白蛇　柳島妙見】

[柳島妙見〈やなぎしまみょうけん〉]は、墨田区業平五の七。妙見山法性寺(みょうけんざんほうしょうじ)のことである。[白蛇〈しろへび〉]は、アオダイショウのアルビノ(白化型)。山口県岩国では天然記念物に指定。

782 【黄頷蛇(なめら)】

シマヘビ。ナミヘビ科。爬虫類。幼ヘビの餌(えさ)は大半がカエルだが、成長するとトカゲ、小ヘビ、ミミズなども食べ、小鳥も捕る。アオダイショウよりも環境の変化には敏感。現在都内では少ない。なだ。なぐそともいう(『広辞苑』初版)。＊都重要種。

783 【むぎわらへび】

ヒバカリ。ナミヘビ科。爬虫類。背面はオリーブ色がかった褐色または灰褐色。全長四〇〜六〇センチの美しいヘビ。低山地の森にすみ、水辺を好む。ヒバカリとは、このヘビにかまれると命はその日ばかりという迷信からだが、実際はおとなしくて無害。＊都重要種。

784 【赤棟蛇(やまかがし)】

ヤマカガシ。ナミヘビ科。爬虫類。主にカエルを食べ、水辺に多い。無毒とされたが毒がある。比較的おとなしいので、人に危害を加えることは少ない。＊都重要種。

785 【蚖(ぢもぐり)】

ジムグリ。ナミヘビ科。爬虫類。アオダイショウに似て九〇センチになる。低山地の森林に多い。おとなしい性質で、もっぱら森林害獣のノネズミなどを捕食。＊都重要種。

786 【蝮蛇(まむし)　橋場　道灌】

マムシ。クサリヘビ科マムシ亜科。爬虫類。体長約七〇センチ。胎生。毒蛇として有名。[橋場]は、橋場町(台東区橋場)と地方(じかた)橋場(荒川区南千住三丁目の一部)とがあった。地方とは、町方に対して農村部を指した。[道灌]とは、道灌山(どうかんやま)のこと。97ページ[道灌山ノ産]、185ページ余話3「道灌山と上野の話」参照。＊都重要種。

787 【石龍子（とかげ）やまとかげ】
ニホントカゲ。トカゲ目トカゲ科。爬虫類。人家の庭先、低山の崖や石垣をすみかとする。全長一八〜二〇センチ。別種のカナヘビ（トカゲ目カナヘビ科）もトカゲと呼ばれることがある。カナヘビは全長二〇〜二二センチで、かな色（褐色）をしているのと、尾が全長の三分の二と長いところからその名がある。平地や丘陵地の草むらなどに多い。
＊都重要種。

788 【守宮（やもり）】
ニホンヤモリ。トカゲ目トカゲ科。爬虫類。トカゲに似て、夜、灯火に集まる昆虫などを捕る。無毒。＊都重要種。

789 【蠑螈（いもり）】
イモリ。サンショウウオ目イモリ科。両生類。淡水中にいる。イモリとは、井守の意味。日本固有。アカハラともいう。イモリを酒に浸したイモリ酒は媚薬として有名。＊都重要種。

◉余話1　江戸の昆虫

江戸ではどんな昆虫が見られたか、『武江産物志』には残念ながらあまり詳しくは書かれていない。ほぼ同時代に、江戸の「虫類」の写生図を多く残した人がいた。三〇〇石取りの旗本で、現在の文京区白山五丁目の鶏声ヶ窪に住んだ毛利元寿（一七九八〜一八五一）で、号を梅園といった。彼は、おもに天保二（一八三一）年〜同九（一八三八）年の間に、自宅の八五二坪の屋敷の庭などで捕らえた昆虫その他本草学でいう「虫類」を描いた。それを『梅園虫譜』と呼ぶ。江戸時代、ほかにも昆虫や野鳥などの画集はあるが、描いたものの採集場所が特定できるものは少ない。田中誠氏の研究により、『梅園虫譜』にはトンボ目、直翅系の各目、カメムシ目、コウチュウ目、ハチ目、ハエ目、その他クモ、多足類などを含んでいて全体で約五〇〇の動物が描かれ、そのうち約四〇〇が昆虫であることが分かった。（『梅園虫譜』については、田中誠「虫譜にみる江戸の昆虫たち」『インセクタリウム』一九八五年一月号、東京動物園協会発行による。）

いま試みに『武江産物志』の記録と『梅園虫譜』とを合わせて、そのなかから①バッタの仲間、②セミの仲間、③トンボの仲間、④チョウの仲間を書き出し、環境庁レッドリストに記載された種と東京都重要種とを＊で示してみよう。今では都市部では絶滅したものや全国的に絶滅が心配される種が、当時は市街地の近くで多く見られたことが分かる。

①バッタは、『武江産物志』が書き上げたマツムシ、スズムシ、クサヒバリ、シバスズ、コオロギ(種は不明)、カマドウマ、クツワムシ、ウマオイ、ショウリョウバッタモドキ、キリギリス、コバネイナゴ、ショウリョウバッタのほか、『梅園虫譜』では、オンブバッタ、ハネナガヒシバッタ、ツユムシ、ササキリ、クサキリ、クビキリギス、ヤブキリ、エンマコオロギ、ツヅレサセコオロギ、マダラスズ、クサヒバリ、カネタタキが含まれる。ただ、どちらの記録にもカンタンが見られない。カンタンは江戸末期帰化説もあるが、江戸にいたとしてもまれであったのであろうか。

②セミは、『梅園虫譜』には、＊ハルゼミ、ニイニイゼミ、ミンミンゼミ、＊ヒグラシ、＊クマゼミ、アブラゼミの六種類が描かれているが、クマゼミの絵に「大坂産」との注記がある。『武江産物志』にはクマゼミの記載があるが、江戸ではまれであったと思われる。なお、一九九〇年代には、武蔵野ではこの六種にツクツクボウシを加えた七種類のセミが見られることは、矢島稔氏(多摩動物公園園長・当時)により確認されている。

③トンボでは、『梅園虫譜』には、「流水性のもの」＊ハグロトンボ、ヒガシカワトンボ、＊コヤマトンボ、＊サナエトンボ類、＊シオヤトンボ、「水生植物が豊富な水辺を好むもの」＊ベニイトトンボ(絶滅危惧II類)、モノサシトンボ、イトト

ンボ類、＊ウチワヤンマ、ギンヤンマ、＊アオヤンマ、＊トラフトンボ、＊ベッコウトンボ(絶滅危惧種)、＊ヨツボシトンボ、＊ハラビロトンボ、オオシオカラトンボ、シオカラトンボ、コシアキトンボ、＊マユタテアカネ?、＊チョウトンボなどが描かれていた。

④チョウは、『梅園虫譜』には、＊ギフチョウ(絶滅危惧II類)、アゲハ、ジャコウアゲハ、アオスジアゲハ、クロアゲハ、＊オナガアゲハ、ツマキチョウ、スジグロシロチョウ、モンキチョウ、キチョウ、メスグロヒョウモン、ミスジチョウ?、キタテハ、ルリタテハ、アカタテハ、＊オオムラサキ、ゴマダラチョウ、＊コジャノメ、＊ベニシジミ、シジミチョウ類、イチモンジセセリ、ダイミョウセセリ、オオチャバネセセリ? などが描かれている。これらのチョウの食草の多くの種類が江戸にあったことは、『武江産物志』で確認できる。しかし、例えばギフチョウの幼虫の食草となるウマノスズクサ科のカンアオイの仲間(タマノカンアオイ)はあっても(301［鈴ヶ森］)、スミレ類、カタクリなどの春植物の花が咲いていないと成虫はその蜜を吸えない。そのためには、雑木林は下草刈り、落ち葉かきがされていて、そうした植物が生育していることが必要である。また、オオムラサキの幼虫はエノキを食べるが、成虫はコナラやクヌギの樹液を好む。幼虫の食(草)樹と成虫に必要な花や雑木林とが一体となった環境がないと、そうしたチョウはすめない。

このように、『梅園虫譜』に描かれたトンボやチョウの種類からも、当時の文京区の白山には、江戸の市街地に近いにもかかわらず、雑木林もあり、台地の下には湧き水も豊富で、流れや水生植物が繁茂する池や湿地、木陰と日なたが入り交じる多様な環境があったことが分かる。

江戸時代には、サクラソウとトラマルハナバチとの関係（227ページ余話5「サクラソウの話」参照）や、雑木林の下草刈りがされても一律ではなく、建築材料（壁の材料）や農業での利用のための篠竹のやぶが保全されていたこと（302ページ余話1「雑木林と野鳥の移動」参照）にも見られるモザイク状の総合的な環境が、生活のために必要なものとして身近に普通にあって、それは戦後も続いていた。それが東京の周辺部からも急速に失われるのは、高度成長期（一九五五～七三年）からである。東京オリンピック（一九六九）がその境界としての象徴であろう。

第七章　江戸湾の魚

日本橋に代表される江戸の魚市場へは、海の魚は江戸湾産だけではなく、相模湾などからも集められた。その様子は、『江戸名所図会』の「日本橋　魚市」に見られる。『海魚類』には、江戸湾でとれる魚に限って記載しているようである。カツオやマグロのような相模湾や外房でとれる魚は含まれてはいない。一方、ボラ、スズキ、ハゼなど海と川とを行き来する魚が含まれている。江戸湾に流れ込む大きな河川の多摩川、荒川（下流は隅田川）、中川、江戸川（利根川とも呼んだ）などは、海の干満の影響を受ける感潮河川で、いずれも当時は河口堰はなかった。感潮河川は、海の干満に合わせてかなり上流まで一日に二度、流れの方向が変わる。それらの河川の下流は、海水と真水が混じる汽水域である。なお、［海魚類］と次の［河魚類］から、当時の流行の釣りの様子や、今はまぼろしとなった（？）釣りに関する本の存在もうかがうことができる。

海魚類

790
【烏頬魚(くろだい)　小なるをかいずといふ　ささみよ　佃島にて釣　えさハ　蝦或ハ　じゃこ又　蛤むきミ　小キ蟹などよし】

クロダイ。タイ科。呼び名は、大きさにより東京ではチンチン、カイズ、クロダイ、関西では、ババタレ、チヌ、オオスケと変わる。釣りの対象として人気がある。味は美味。［ささみよ］とは、佃島より羽田沖に向かう航路(『武江略図』参照)。［みよ］とは澪、水脈、水緒の意味、船の通行に適する水路をいう。［佃島］は、中央区佃、583［佃島住吉社前］、816［シラウオ］参照。［えさ］については、［蝦〈えび〉］をぬか団子で包む紀州(和歌山県)釣り、［じゃこ］は小魚のこと、［蛤〈はまぐり〉むきミ］すなわち、貝のむき身を使うのは、備中(岡山県西部)釣りといわれる。また［蟹〈かに〉］も使う。

791
【ぎす　志まだいともいふ】

タカノハダイ。タカノハダイ科。『広辞苑』(初版)によれば、シマダイとは、東京ではタカノハダイ(タカノハダイ科)を指し、地方ではイシダイ(イシダイ科)のことという。タカノハダイ(鷹羽鯛)とは、「形、略〈ほぼ〉タイニ似テ、大ナルハ一尺五寸(約四五センチ)ニ至ル。淡黒クシテ紫ヲ帯ビ、細斜文(ほそいななめの模様の意味)アリテ、鷹ノ羽ノ文(模様)ニ似タリ……味美ナラズ」と『言海』(明治二二年)にある。

792
【比目魚(かれい)　丸よし　大師河原　新根　中川　永代近辺にて釣】

カレイの仲間(カレイ科)の総称。(マガレイ、ヌマガレイなど種類が多い)。東京湾で秋から冬にかけてとれたイシガレイは、とくに珍重される。カレイは普通、「鰈」と書く。［丸よし］は、旧中川の河口で現荒川河口。［大師河原］は、川崎市の多摩川河口付近。日本橋から五里(約二〇キロメートル)。［新根］は、不明。［中川］は、旧中川。［永代近辺］は、隅田川の永代橋付近。

793
【牛尾魚(こち)　丸よし　新根　神奈川根】

コチ。コチ科。コチ科の魚の総称でもある。コチは晩春から夏に美味。［丸よし］は、中川の河口。［神奈川根］の［神奈川］は、東海道の神奈川宿(横浜市神奈川区)で、［根］とは海底の岩場のこと。『釣客伝』(黒田五柳著・天保年間)に「神奈川の根釣りは釣りの王なり」とある(『江戸釣魚大全』長辻象平著・平凡社)。［新根］不明。

794
【鯔魚(ぼら)　東西河洲　いなの大なる也　なよしともいふ】

マボラ。ボラ科。ボラの二～三センチのものを「ハク」、三～一八センチを「オボコ」、一八～三〇センチを「イナ」といい、それより大なるものを「ボラ」と呼ぶ。極めて大きくなると「トド」

日本橋魚市。外房（そとぼう）や相模（さがみ）湾からか、大きな魚を積んだ船がこぎ寄せる。水揚げされた魚やそれを運ぶ人々などで雑踏する魚市の様子を描く。市場には当時からすでに、競りや仲買など複雑な流通経路の仕組みが出来上がっていて、現在までも続いている。（『江戸名所図会』）

と呼ぶ。「とどのつまり」の語源。［なよし（ナヨシ）］は、イナまたはボラの異称。卵巣を塩づけにして「からすみ」をつくる。「イナ」は、粋（いき）でいさみはだの若者やその気風をいう「鯔背（いなせ）」の語源とされる。日本橋の魚河岸の若者が、鯔背銀杏（いちょう）という髷（まげ）（髪形）を結っていたから。［東西河洲］は、［東西］はあちらこちらの意味か。東は隅田川、西は多摩川とも考えられる。［河洲〈かわす〉］は、川のなかにできた洲（土砂の積もったところ）。

795【撥尾魚（すバしり）　小なるをおぼこといふ　五月中より　ごかい又みみづをえさにしてつる】［すバしり］、［おぼこ］もボラの小さなものの称。

796【めなだ　御浜前　小なるをこづりといふ】メナダ。ボラ科。赤目魚、眼奈太（めなだ）。硬骨目（こうこつもく）ボラ科の海魚。ボラに酷似、夏美味。卵巣から「からすみ」をつくる。

［御浜前〈おはままえ〉］とは、浜御殿の前の意味。浜御殿は、現在の浜離宮恩賜庭園（中央区）である。一七世紀中頃、四代将軍家綱が弟の綱重に庭地を与えたことに始まる。甲府殿浜屋敷、また海手屋敷とも呼ばれ、後に浜御殿と称された。＊都重要種。

797【鱸（すずき）　小なるをせいごといふ　中なるをふっこといふ】スズキ。スズキ科。海産だが淡水にもさかのぼる。美味。セイゴとは、スズキの三〇センチまでのもの、フッコは六〇センチまで、スズキは六〇センチ以上の大きさのものをいう。

798【鱜魚（せいご）　七月より八月まで　中川　永代川にてごかいにて釣】スズキ。スズキ科。［せいご］は、スズキの当才魚と二才魚のこと。［七月より八月まで］は、旧暦のことで、新暦（太陽暦）では夏から秋ごろになる。旧暦と新暦（太陽暦）とのずれの程度は毎年異なり、一律には換算できない。［中川］は、現在の旧中川。［永代川］は、隅田川の永代橋付近のこと。［ごかい］は、754［ゴカイ］参照。

799

【海鯔（いなだ）　羽田沖】

ブリ。アジ科。ブリの小さなものをイナダという。「一尺余り（三〇センチあまり）二尺（六〇センチ）にも至るを江戸にていなだと云」（越谷吾山著『物類称呼〈ぶつるいしょうこ〉』安永四年ころ）。モジャコ（流れ藻につく幼魚、五センチくらい）、ワカシ、イナダ、ワラサ、ブリと成長によって名を変える出世魚である。［羽田沖］は、大田区羽田の沖。

800

【うみたなご】

ウミタナゴ。ウミタナゴ科。内湾のアマモのはえるところを好む。地方によっては、妊婦が食べることを忌むという。

801

【あいなめ　羽田沖　神奈川根】

アイナメ。アイナメ科。鮎魚女、鮎並と書く。海藻や岩礁の間にすむ。食用。アブラメともいう。［羽田沖］は、多摩川河口の羽田の沖。［神奈川根］は、793参照。

802

【もいを　大師河原　新根　神奈川根】

①藻魚。海藻のある所にすむ、メバル、ベラ、ハタ、カサゴなどの魚をいう。もいお。②ハタの類の方言。［大師河原］は、川崎市。［新根］、［神奈川根］は、793参照。

803

【石首魚（いしもち）　神奈川下】

イシモチ。イシモチ科。俗称クチ、グチ、かまぼこの材料とする。［神奈川下］は、神奈川根に同じ。下は、子（ね）＝根の書き誤り。根は、海底の岩礁。ただし、本牧沖に下根と呼ぶ大きな根があり、このことを指す可能性もある。

804

【雞魚（いさき）　同所】

イサキ。イサキ科。スズキ型で全長約三五センチ。食用。［同所］803参照。

805

【竹筴魚（あじ）　釣魚大全に文化十一年六七月ごろ一汐に二三束も釣たるよし云り　あじを切てえさとす】

マアジ、ムロアジなどのアジ類の総称。アジ科。『釣魚大全』は、釣りの書物の名。807、808『魚猟大全』とともに、著者不明。『国書総目録』、『江戸釣魚大全』（長辻象平著・平凡社）にもない。［二三束〈にさんぞく〉］は、二〇〇〜三〇〇匹。一束（いっそく）は一〇〇匹。［文化十一年六七月ごろ］とは、この年の六月一日は、太陽暦一八一四年七月一七日。七月一日は八月一五日になる。

806

【鬼頭魚（おこぜ）】

オニオコゼ。オニオコゼ科。オコゼは俗称。すこぶる美味。

807
【がら　大全に又黒がらあり　神奈川にて釣る】

ヤガラ。和名アカヤガラ。ヤガラ科。体は非常に細長く、体長約一メートル、鱗はなく、やや灰色を帯びた紅色。単に［大全］とは、『釣魚大全』（808参照）か、『魚猟大全』か、または同じ本の書名を書き間違えたものか不明である。［黒がら］は、アオヤガラのことか？

808
【青花魚（さバ）　魚猟大全に文化三年の夏江戸にてはじめてともえさにて釣ると云う】

マサバ。サバ科。ゴマサバなどもあり。食用。［ともえさ］とは、サバを釣るのに、サバの切り身を使うことであろう。『魚猟大全』は、釣りの書物の名（805、807参照）。『武江産物志』の付録の『武江略図』に、［右海上の棒杭は略〈ほぼ〉魚猟大全に従いてこれを縮す」とある。

809
【江鰶魚（こはだ）　芝】

コノシロ。ニシン科。コノシロの中等大のものを［こはだ］という。寿司だねとする。

810
【鰶魚（このしろ）　芝】

コノシロ。ニシン科。体長三十センチ。焼くと死臭を発するといわれ、古来賤（せん）品（ぴん）（下品なしな）とされ、また、武士の切腹の時に用いたので忌まれたという。しかし、安政の大地震（一八五五年）後に出た『世中當座帳』という番付には、「このしろ魚でん」（魚を四角に切り串に刺し味噌をつけて焼いた料理）が見られ、ぜいたくな食べ物とされている。

811
【鰮魚（いわし）　出洲の外回り】

イワシ。イワシ科。マイワシ、カタクチイワシ、ウルメイワシなどの総称。焼いたり煮たり、「つみれ」とするほか、目刺、干物などに加工、肥料などにもする。女房ことばで、「むらさき」という。［出洲］は、現在の荒川（放水路）の河口の沖、三枚洲（さんまいず）の西。

812
【蝦虎魚（ハぜ）　八九月ごろささみよ　てっぽうす　輪の内など　にて釣る　ごかい又えびを切てえさとす】

マハゼ。ハゼ科。食用（天ぷら、甘露煮（かんろに）など）。ハゼ釣りでは、マハゼ以外の小形のハゼは、すべて「ダボハゼ」と呼ばれ、捨てられる。しかし、ヌマチチブ、ヨシノボリ、ウリゴキ、ビリンゴ、ジュズカケハゼなどは、一括して佃煮の材料とされる。アベハゼのような汚れた泥水にも耐えるハゼもいる。［八九月ごろ］は、新暦では秋から晩秋のころ。［てっぽうす（鉄砲洲）］は現在の中央区湊で、佃島の対岸になる。［輪の内］とは、隅田川に注ぐ神田川と、日本橋川との間の区間で、すなわち両方の川は外堀で、江戸城を囲んでいる。くるわ（郭、城の囲いの意味）の内の前の海という意味ではないか（831［ウナギ］参照）。［ささみよ］は、790［クロダイ］参照。

813 【白鱚魚（きす）　三まい洲　鎌】

シロギス。アオギス。キス科。シロギスは二五センチ程度。アオギスは、四八センチになり、一回り大きい。アオギスは、河川の汽水域、水のきれいな干潟を好み、東京湾、伊勢湾、瀬戸内海など広範囲に分布していたが、一九六〇年代を最後に東京湾では確認されず、現在では北九州市曽根干潟、大分県別府湾で確認できる程度に減少、絶滅の危機にひんしている。アオギスの脚立(きゃたつ)釣りは、八十八夜（立春から八八日目、五月一～二日ごろ）から六月ごろ遠浅の海に脚立を立て、その上に乗って釣るもの。かつて東京湾で盛んに行われた（脚立釣りとアオギスは浦安市郷土博物館で展示）。［三まい洲〈さんまいず〉］は、現在の荒川河口の東南沖の浅瀬。［鎌〈かま〉］は、原本の判読は苦しんだが、東京都公文書館の写本では「鎌」とある。鎌（釜とも書く）に関する名は、『武江略図』に「かましり」の文字が三枚洲の沖にある。江戸前の釣りを紹介した津軽采女正(うねめのかみ)著『何羨録(かせんろく)』（享保八・一七二三年）や、幸田露伴の小説『雨の釣り』にもアオギスの釣り場として「かま」の名が見られる。

814 【鱵魚（さより）　又おきさよりあり　品川沖】

サヨリ。サヨリ科。味は淡泊で上品。針魚(しんぎょ)、細魚とも書く。鱵(しん)は鍼(しん)に同じで針、刺すという意。［鱵魚〈しんぎょ〉］。「サヨリのような人」とは、サヨリは腹を開くと中が黒いことから、腹黒い人を意味することわざ。［品川沖］は、品川宿（品川区南品川、北品川）の沖で、現在の東品川は埋め立て地。『江戸名所図会』に「品川汐干」の挿絵がある。

815 【火箭魚（だつ）　品川沖】

ダツ。ダツ科。体長一メートル、体は細長く偏平、食用。近海に産する。［火箭魚〈かようぎょ〉］。［品川沖］は、814参照。

816 【鱠残魚（しらうを）　佃島　隅田川　尾久】

シラウオ。シラウオ科。シラウオは、北海道から熊本県、岡山県まで分布し、各地の河川には産卵のため遡上(そじょう)。体長五～一〇センチ。生食、吸い物、卵とじ、佃煮などとする。シラウオ漁は網元が限定され、水揚げされたシラウオは、京橋の白魚屋敷に集められ、数を数えて箱に詰めて出荷された。［佃島］（583参照）、［隅田川］のシラウオは、名古屋から移し放流したとする説があり、『江戸名所図会』にも『事跡合考』に云う、両国の川筋に産する所の白魚は、尾州(びしゅう)名護屋の浦よりとりよせ給うと」とある。淡水魚の専門家によれば、江戸時代に名古屋から江戸まで生きたシラウオの輸送も、卵を運ぶことも不可能だという。伝説の背景は、摂津佃村(せっつつくだ)（現在の大阪市西淀川区）の漁師が佃島に住み着いたことや、その漁師たちに

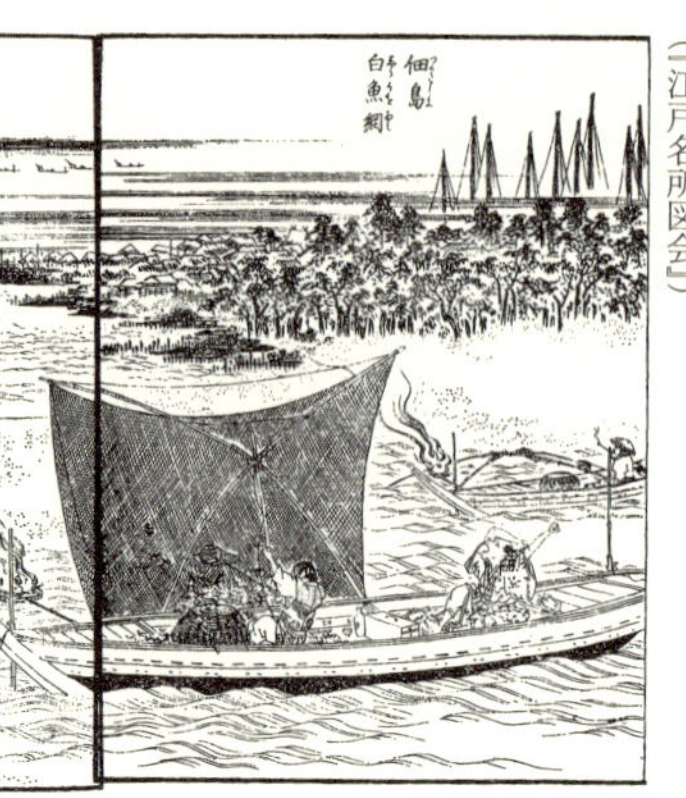

佃島　白魚網。
「しら魚やあさまに明くる舟のなか」（桜井吏登）
のように、シラウオ漁は、
夜毎に篝火（かがりび）をたいて
冬の海で始まる。
やがて晩春には漁場は荒川をさかのぼり、
「春ふけてもゆるや尾久の白魚の火」（一渓）
のころを過ぎると、
産卵期も終わり味は落ちる。
（『江戸名所図会』）

幕府は慶長六（一六〇一）年以来、冬にはシラウオの献上を命じ、慶応三（一八六七）年まで御用を勤めたことと関係しているのか。あるいは、シラウオ漁は各地で漁法が異なり、隅田川では主に四つ手網が使われたが、佃島の漁師が関西から新式の漁法をもたらしたことも考えられる。ちなみに、シラウオの頭の骨が透けて見えるのを葵の紋に見立てて「御紋附の白魚」とも呼んだ。[尾久]のシラウオは、『江戸名所花暦』に「桜草の赤きに白魚を添えて、紅白の土産（いえづと）なりと、遊客いと興じて携えかへるなり」とある。太平洋戦争後も、シラウオは隅田川・荒川放水路で捕れた。その後、急速にシラウオは捕れなくなり、昭和三二（一九五七）年を最後に、漁獲の統計はない。隅田川とその河口のシラウオの漁獲高は以下の通り（東京都労働経済局水産課調べ）。

一九五〇年（二三・五トン）　一九五一年（二一・九トン）　一九五二年（一・五五トン）　一九五三年（〇・八一トン）　一九五四年（〇・四五トン）　一九五五年（一・八〇トン）　一九五六年（〇・二二トン）　一九五七年（〇・二〇トン）　その後は統計なし。

817 【ざこ　品川沖】

雑魚（ざこ）。種々入り混じった小魚のこと。「雑魚の魚〈とと〉まじり」とは、大もののなかに小ものがまじるたとえ。[品川沖]は、814参照。

818 【河豚魚（ふぐ）　品川ふぐ　志ほさいふぐあり】

フグはフグ科の魚の総称。トラフグ、クサフグなどあり。美味だが、猛毒テトロドトキシンを含み、調理方法を誤ると危険。[品川ふぐ]は、特別な種名ではなく、品川へ水揚げされたフグは美味とされたのではないか。[志ほさいふぐ(ショウサイフグ、潮前河豚)」は、食用とされるが、毒性は強い。

819 【はも　品川沖】
ハモ。ハモ科。南日本に産して美味。北日本でのハモは、アナゴのこと。[品川沖]は、814参照。

820 【あなご　品川八九月ごろ　闇夜に釣る】
マアナゴ。アナゴ科。江戸前のアナゴは、天ぷら、寿司ねたとして珍重される。[品川]は、品川宿。[八九月ごろ]は、新暦の秋から晩秋ごろ。

821 【黄魟(あかえい)　六月の節　夜縄にて捕、又春ひがんごろより五月末まで水の浅き処を歩行て、やすにて突て捕なり】
アカエイ。アカエイ科。南日本の沿岸に産し、夏季に美味。[六月の節]また[五月末まで](旧暦)は、新暦の夏のころ。浅瀬でカレイ、アカエイをやすで突くが、エイの有毒とげは恐れられた。

822 【章魚(たこ)　大師河原　新根】
タコ(総称)。軟体動物。マダコ、イイダコなど。[大師河原]は、川崎市。[新根]は不明。

823 【柔魚(するめいか)　するめの子を井といふ　三四月釣】
スルメイカ。アカイカ科。軟体動物。[井〈せい〉]はスルメイカの小さなもの。[三四月](旧暦)は、晩春から初夏のころ。

824 【水母(くらげ)　羽田沖】
クラゲ。腔腸動物。さまざまな種類のクラゲの総称。[羽田沖]は、大田区羽田の沖、いまはほとんど埋め立てられ、空港となっている。

825 【沙噀(なまこ)　羽田沖】
マナマコ。棘皮動物。海鼠は総称。生食するほか、乾燥して中華料理の材料の海参、内臓はこのわたとなる。キンコは三陸から北に産する。[羽田沖]は、大田区羽田の沖。噀は水を吐きだす意味。

826 【白蝦(志バえび)　天王洲】
シバエビ。クルマエビ科。甲殻類。[天王洲〈てんのうず〉]は、品川区東品川一・二丁目付近。天王州橋、天王州球場がある。当時は海中の浅瀬であった(『武江略図』では海の中)。

827 【蝦姑(志やこ)　羽田沖】
シャコ。シャコ科。甲殻類。内湾の泥底に生息する。寿司ねたなど食用とする。[羽田沖]は、大田区羽田の沖。

828 【糠蝦(あミ)　芝沖】
アミ。アミ科。甲殻類。海水と淡水が混じる潮目で繁殖する。[芝沖]は、港区芝の沖。佃煮の材料となるニホンイサザアミが銀座の築地川で大量発生したニュースがあった(八七年四月二八日・朝日新聞)。

829【海和尚(せうがくぼう)　三枚洲】

アオウミガメ。ウミガメ科。爬虫類。［せうがくぼう〈ショウガクボウ〉(生覚坊)］とは、アオウミガメのこと。草食性で海藻を食べる。肉と卵が食用となるため、乱獲され数が減少。屋久島より南で五~八月に産卵、小笠原諸島も産卵場所として有名。幼体をアサヒガメと呼ぶ。現在でも小笠原では食べる。イギリスの宮廷料理の「ウミガメのスープ」の材料とされ、西インド諸島産が最高級品という。［三枚洲〈さんまいず〉］は、江戸川(江戸時代は利根川といった)沖の浅瀬。なお、アカウミガメの肉は、臭気があるため普通は食べないが、伝統的に食べるところもある。*アオウミガメ、アカウミガメはともに絶滅危惧II類で都重要種。

830【蝤蛑(うみかに)　品川】

ガザミ。ワタリガニ科。甲殻類。ワタリガニとも呼ぶ。周年捕れるが、とくに漁獲が多くなるのは夏の終わりから秋。「カニは血を荒らす」と古老より聞いたことがある。鮮度の悪いカニは蕁麻疹などもおこすことを言ったものか。［品川］は、品川宿(品川区南品川、北品川)。

◉余話1　江戸っ子と魚河岸

江戸っ子の気風を表す言葉に、気持ちや身なりがさっぱりしていて色気がある意味の「粋」や、勇み肌を表す「鯔背」がある。義侠心に富み、粋でいなせで、江戸っ子の代表のような芝居の一心太助は、魚屋という設定だが、事実、日本橋の魚河岸に働く若者は、「いなせ」と呼ばれた。それは、髷を「鯔背銀杏」に結っていたからという。鯔とは、ボラの小さなもので、そのイナの背にちなむ名の髷を結った彼らは、いせいがよくてテンポが早い。

魚介類は、産地から各地の市場へ集められ、問屋、仲買などかなり複雑な流れを経て、小売商、料理人、棒手振り(天秤棒で売り歩く小売商人)などに渡った。ゆっくりしている様では魚の鮮度は落ちてしまう。そこに働く人々もいせいがよくなる。

現在、日本橋の北側に魚市場発祥の地の碑がある。日本橋の魚河岸は、慶長年間(一五九六〜一六一五)に始まり、大正一二(一九二三)年の関東大震災により全焼し、築地へ移転するまでつづいた。ついでながら、その対岸には、江戸城へ納める魚を陸揚げした活鯛屋敷があった。その跡地は日本橋郵便局(郵便事業発祥の地)となった。また、白魚は、京橋の白魚屋敷が専門に扱った。その他の魚市場では、千住(足立区)、芝金杉(港区)、羽田(大田区)、深川(江東区)などがあった。

『江戸名所図会』の挿絵に「日本橋　魚市」がある。魚河岸で働く人々や、大小の魚やタコ、大きなヒラメや、二人でかつぐマグロらしい大きな魚、サメも描かれている。これらの魚には、江戸湾だけではなく、外房、相模湾などからも来たものもあったろう。

同じく『江戸名所図会』の挿絵の「高輪大木戸」には、篭や馬、旅人が行き交う街道に面した料理屋の店先に、生きた魚を入れた大きなたらいが置かれ、軒にはタコやヒラメかカレイがぶら下がり、その二階では、大きな魚の生け作りを並べた酒盛りの様子が描かれている。都営地下鉄泉岳寺駅前の第一京浜国道沿いに、「高輪大木戸跡」の碑があるが、旅人と見送人、出迎人はここで宴を催した。

貧しい庶民や、住み込みの奉公人(雇い人)などは、もっぱらイワシやサンマなどの安い魚を食べていたかも知れないが、江戸は京都のような内陸地ではなく、海と川とにすぐ接した都市であることから、魚介類は比較的種類も豊富で、生活に余裕のある人にとっては、新鮮なものが食べられる恵まれたところであったといえよう。

それればかりか江戸っ子は、初鰹と称して、初夏に一番早くとれた走りのカツオを珍重し法外な大金を払った。また、堆肥やゴミの発酵熱と海岸の冬でも暖かい

高輪(たかなわ)大木戸。東海道の江戸の出入り口。旅人の送り迎えのために茶店、料亭も多数あった。高輪はまた、潮干狩りで有名で、新暦四月下旬〜五月上旬ころの大潮の日に海辺で貝を採り、一日を過ごした(283ページ図参照)。『江戸名所図会』高輪大木戸は国史跡。

気候を利用した野菜の早出しが過熱すると、幕府はこうした初物の魚や野菜に大金を払うなどのぜいたくを禁止する初物禁止令すらしばしば出している。

第八章　川の魚

［河魚類］は、いわゆる淡水魚を書き上げている。淡水魚のうち、純淡水魚は関西に比べて関東ではもともと少なく、海の水と真水が混ざる汽水域に生息するもの、あるいは、産卵の時に海に下り、またその逆に川に上って産卵するものなど、海と川とを行き来する魚も見られる。また、ここには、モクズガニ、テナガエビ（甲殻類）やカメの仲間（爬虫類）も含まれている。

河魚類

831

【鰻鱺魚（うなぎ）　輪の内築地両国川にて釣ものを江戸前と云其外本所川千住高輪前にても捕夏の中よし　ミミづをえさとす】

ウナギ。ウナギ科。［輪の内］はくるわ（郭、城の囲い）のうちという意味か。外堀に囲まれた江戸城の前面（東側）の地域を［江戸前］といい、そこに接する［築地］から［両国］までの隅田川、海をも［江戸前］といった。［本所川］とは、隅田川の本所辺（墨田区、台東区）。［千住］は、隅田川の千住大橋辺（足立区、荒川区）。［高輪〈たかなわ〉前］は、芝と品川宿の間の高輪町（泉岳寺で有名）の前面の海（港区）。［ミミづをえさとす］とは、ウナギ釣りの餌はミミズを使う（753参照）。その他のウナギの漁の道具には、「ど」、「うけ」、「うえ」と呼ぶ、一度入ったら出られない仕掛けと、単なる竹の筒の「ウナギ筒」（竹ズッポー）もある。「ウナギ掻き」は、ウナギ鎌で泥土のなかを掻いてウナギを引っ掛けるが、ウナギに傷がつき値は安くなる。「櫂釣り」は、古い櫂の先に麻糸を通した大きなミミズを多数縛り、ウナギの穴に近づけ、ウナギがそれに噛みつき、歯が麻にからむのを捕る。幸田露伴著『鉤〈はり〉の談』や『荒川の伝統漁業』（埼玉県編）に見られる。＊都重要種。

832

【鰌魚(どじゃう)　千住】

ドジョウ。ドジョウ科。ドジョウ汁、ドジョウ鍋(柳川鍋)にして美味。ほかに、道灌山下などの湧水には、ホトケドジョウ(絶滅危惧IB類)、また、主に河川の中流~下流の砂や、砂利底の地域に生息するシマドジョウもいた。なお、ドジョウ鍋にするのは、普通は骨付きのままだが、最近、近縁種で朝鮮半島に分布するカラドジョウが混じることがあり、丸ごとの鍋にすると、骨がかたくて、まずい。輸入ドジョウに混じり渡来して帰化、年々増加している。

川魚。川の魚とテナガエビなどを描く。「かいづ」はクロダイ(790参照)。(『北斎漫画』)

833

【鮧魚(なまず)　五月より九月ごろまで　千住　本所　木場の辺夜分蝦蟇を糸にてしばり竹へゆひ付川のへりをたたけバなまず下より出てかへるにくひつくを釣り上ぐなり】

ナマズ。ナマズ科。鮎。鮧は大ナマズ。鯰は国字。［千住］は、千住宿(足立区、荒川区にまたがる)の付近(26、129参照)。魚市場が古くからあった。［本所］は、墨田区辺。［木場の辺］は、江東区。ナマズ釣りは、ナマズの習性を利用、カエルを餌とし、夜間に川のへりをたたいて釣った。ナマズは、ドジョウと同じく、江戸の北東部から東部の低地の水田地帯に多産した。『日本産物志』には、「西川(隅田川の支流の意味か)、三河島、三ノ輪裏、牛田、中川、小梅上水通等多く産す」とある。それは、産卵の習性と関係する。ドジョウもナマズも水田で産卵、ナマズはある程度成長してから川へ出る。現在、在来のナマズは激減。その原因は、川の途中に堰がつくられるなどして、産卵地である上流の水田や用水路に上れず、水草のある浅瀬が少なくなり、またブラックバスとの生存競争や農薬、生活排水などの水質汚濁等が考えられる。茨城県の霞ヶ浦に多いアメリカナマズは、網いけすで養殖されている北アメリカ原産のチャネル・キャットフィッシュが逃げたもの。＊ナマズは都重要種。

834

【鯉(こい)　利根川　江戸川　浅草川の紫鯉あり　しんこのだんごにて釣る】

コイ。コイ科。［利根川］とは、現在の江戸川のこと。［江戸川］とは神田川のことである。［浅草川(隅田川の浅草辺の名)の紫鯉〈むらさきごい〉］とは、『続江戸砂子』が書いたことから、伝説的に美味で有名なもの。『日本産物志』には、各河川のコイの味くらべが書かれている。[しんこのだんご]とは、しん粉(白米の粉)でつくった団子(だんご)のこと。コイの種類については、279ページ余話2「放流の問題点」(コイの放流)参照。

835 **【鯽魚(ふな)　千住　綾瀬】**

キンブナ。およびギンブナ。コイ科。大切な食料魚の一つ。フナは甘露煮(かんろに)、スズメ焼きなどにする。昭和三〇年代までは、かなり重要な蛋白質の供給源であった。[千住]は、千住宿(足立区、荒川区にまたがる千住宿)の付近(26[エンドウ]、129[ヒガンバナ]参照)。[綾瀬]は、足立区綾瀬、綾瀬川が流れる。434[ドクゼリ]、886[モズ]、912[エナガ]、933[カワウソ]参照。なお、最近多い琵琶湖原産のゲンゴロウブナ(ヘラブナ)は、昭和以降関西から多く移殖されたものである。＊キンブナは都重要種。

836 **【鯈魚(はや)　荒川】**

ウグイ。コイ科。東京ではハヤという。淡水に残るものと海へ下るものがある。石斑魚(840[マルタ]参照)。また、オイカワ(コイ科)もハヤというが、関東では、ヤマベという。[荒川]は、隅田川の上流の名。

837 **【鱮魚(たなご)　荒川　うどんにて釣】**

タナゴ。コイ科。またその仲間の混称。タナゴ(準絶滅危惧)、ヤリタナゴ、アカヒレタビラの三種を「マタナゴ」と混称し、晩秋から冬のタナゴ釣りの対象とした。焼いて食べる。絶滅危惧ⅠB類のゼニタナゴは苦みが強く食用には不可、観賞用。絶滅危惧ⅠA類のミヤコタナゴは、茨城を除く関東に分布、丘陵地やそれに続く平野部の湧水を水源とする細流や溜め池にすむ。小石川植物園や善福寺川からも採集記録がある。[荒川]は隅田川の上流の名。タナゴ釣りの餌(えさ)は、[うどん]としている。『釣竿通考』(文化年間・著者不明)はミミズとするが、釣果は疑問。普通、イラガのまゆの中の蛹(さなぎ)を細かに切って使う。イラガのまゆは、スズメノショウベンタゴ、タマムシとも呼ばれ卵形で非常にかたい。タナゴの仲間は、どの種類も二枚貝のえらに産卵。水質汚染や底質(土砂)のヘドロ化などでの二枚貝の減少が、タナゴ類減少の大きな原因。なお、タイリクバラタナゴは、一九四〇年代初めに中国から移入、日本全土に分散。

838 **【麦魚(めだか)　三河島】**

メダカ。メダカ科。当時はどこででも見られたはずのメダカについて、特に[三河島(荒川区荒川)]の名をあげている。この地域は、細い用水が縦横にめぐり、また、南には金杉村との境に沼があった。三河島村では、そばを流れる荒川の水が、地形的にも塩水が混じることからも農業には使えず、石神井(しゃくじい)川(がわ)用水のみにたよっていたので、干害を受けやすかった。その一方で荒川が増水すると、水害にも悩まされた。なお、『釣客伝』(793参照)は、三河島、三ノ輪辺を野釣りの適地とする。「道灌山ノ産」に「ミズオオバコ　圓葉ハタウカモリ(稲荷森)」(204参照)とあるとおり、岩崎常正は、宮地稲荷(いなり)の近くの水田などもよく観察していた。29「箭幹菜(つけな)」参照。メダカは、＊絶滅危惧種II類。＊都重要種。

839【鱒魚(ます)　玉川　荒川】

サクラマス。サケ科。ヤマメの降海(こうかい)型。サクラマスとヤマメは同一種。一生河川で生活するものをヤマメ、海に降るものをサクラマスという。幼魚時には、両者を区別できない。大きさはヤマメが、三〇センチが限度なのに、サクラマスは、川に戻る時には、四〇〜六〇センチにもなる。サクラマスは、富山の神通川の「ますずし」の材料として有名。ヤマメとサクラマスの関係に対して、アマゴの降海型がサツキマスである。「玉川」は、多摩川。一九九四年五月二七日付け毎日新聞によれば、多摩川では、サクラマスは、一九五九、六〇年ごろを最後に生息確認情報がなかったが、九三年五〜六月に三〇年ぶりに、七匹が漁網にかかり確認された。多摩川上流でふ化したものが戻った可能性が高いという。「荒川」では、現在、サクラマスは確認できていない。＊ヤマメ、サクラマスは都重要種。

840【まるた　同所】

マルタ。コイ科。マルタウグイともいう。ウグイに似るが別種で、四〇センチになる。東京湾、富山湾以北の大きな河川で見られる。すべて海に下るが、若魚は汽水域に多い。成長後産卵のため川へのぼる。「同所」は、多摩川、荒川のこと。一九九三年四月一四日付けの朝日新聞によれば、一九六〇年ごろから、マルタウグイは網にかからなくなったが、世田谷区野毛で川底を掘って作った産卵場に集まるのを捕る「瀬付き漁」で、九三年四月、約五〇匹が捕れた。大田区田園調布の丸子橋付近でも確認されたという。荒川でも確認。なお、別種のウグイは三〇センチ、石斑魚とも書く。＊マルタは都重要種。

841【さい　玉川　利根川】

サイ。コイ科。ニゴイのことで、コイに似る。ミゴイともいう。『日本産物志』によれば、味は鯉に劣り、肉中に細い骨が多くて焼いたり煮たりするのには向かないが、冬より春には脂が多く、肉を叩いてかまぼこなどにすると美味という。桜の花の咲くころに、降雨の後の増水時に群れをなして川をのぼる習性がある。それをかつては花見ザイといい、好んで食べた。オスは三〇〜

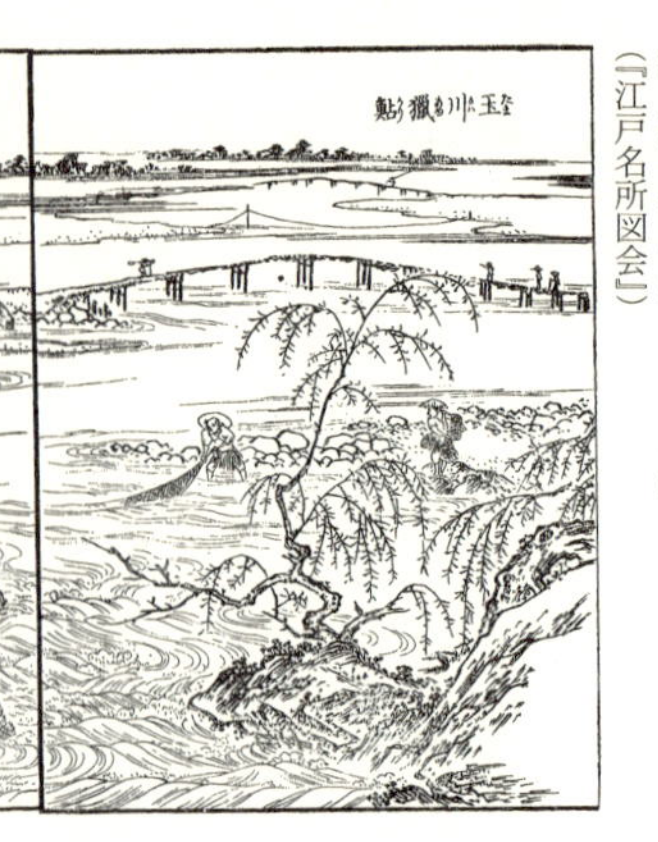

多摩川。水の流れが速い丸石河原でアユをとる。その方法には、釣りや投網のほかに、ウエ（ウケ、ドともいう）も見える。その他、葉の裏が白いシロダモの葉を使って、アユをおどして網に追い込む方法もあった（323）参照。（『江戸名所図会』）

四〇、メスは三五〜六〇センチとなる。[玉川]は、多摩川。[利根川]とは、現在の江戸川のこと。

842 【香魚（あゆ）　玉川】

アユ。キュウリウオ科。[玉川（多摩川）]のアユは、昔から有名。『江戸名所図会』の挿絵の「玉川の猟鮎〈あゆがり〉」には、投網、釣り、ウケなどの漁法が見られる。なお、鮎の字は、日本ではアユに用いる（国字）が、本来はナマズのことで、ナマズの鯰も国字である。

843 【蟚蜞（どろがに）】

モクズガニ。イワガニ科。甲殻類。モクズガニは、ズガニ、ケガニ、モクゾウガニ、カワガニなどと呼ぶ。食用になるが、肺吸虫の中間宿主で、熱を加えてから食べないと感染の危険がある。

844 【草蝦（てながえび）　千住　浅草　牛込　橋場川　五月節に釣】

テナガエビ。テナガエビ科。甲殻類。オスのはさみ脚（第二歩脚）は、体よりも長くなる。食用として美味。[千住]は、千住宿（足立区、荒川区にまたがる千住宿）の付近（26、129参照）。[浅草]は台東区浅草。[牛込]は、新宿区東部。[橋場川]は、橋場（荒川区南千住の地方橋場から台東区橋場町）付近の隅田川の名。[五月節に釣（る）]は、旧暦の五月節とは、新暦の六、七月の梅雨時で、テナガエビ釣りの最盛期。

845 【鼈（すっぽん）　不忍池】

スッポン。スッポン科。爬虫類。泥や砂の多い川や池にすむカメで、他のカメと異なり、甲羅は平たくふちは薄くてやわらかい。肉食性で魚、甲殻類などを食べ、性質はあらい。肉は美味なうえ、栄養に富み、血は強精剤となるので、養殖される。ちなみに水生植物のトチカガミのトチ、ドチとは、スッポンの意味。440［トチカガミ］参照。

＊都重要種。

846【龜(かめ)　虎の御門外御堀　不忍池　千住天王前池】

イシガメ。クサガメ。ともにヌマガメ科。爬虫類。＊ともに都重要種。[虎の御門外御堀]は、江戸城の虎の御門(現在の港区虎ノ門)の外の堀。赤坂溜め池から続いていた。[不忍池]は、上野の寛永寺の池で、現在都立上野公園。[千住天王前池]は、荒川区南千住六の六〇の素盞雄神社の前にあった池。捕らえた生き物を買って放すことを放生という。功徳になるとして行われた。寺社の近くでは、放生のためのカメなどを売っていた。なお、クサガメは、イシガメよりもよく陸に上がる。頭部の側面からくびにかけて、黄緑色の模様がある。ある種の臭いを出すので、くさいかめ・臭亀である。イシガメは、平地の池、沼にすむ。水辺の湿った土に産卵。性質は臆病。雑食性。ゼニガメとして売られるのは、クサガメ、イシガメの子である。なお、最近多いペットのミドリガメ(総称)は外国産。

847【緑毛龜(みのかめ)　不忍池】

イシガメ。ヌマガメ科。爬虫類。ミノガメとは、「蓑亀」と書き、アオミドロなどの緑藻類が甲羅に着生して、雨具の蓑をつけているように見えるイシガメをいう。俗間に長寿のしるしとして、めでたいものとされ、ツルとともに祝事の絵に描かれる。[不忍池]は、上野の寛永寺の池で、現在都立上野公園。

◉余話1　江戸前とウナギとナマズ

ウナギを裂いて中骨をとり、白焼きの後に蒸して味醂と醤油のタレをつけて焼く料理法が工夫され、江戸に定着した。ウナギの裂き方は、武士の多い江戸では切腹を嫌い、背開きとしたとするのが通説だが、『守貞漫稿〈もりさだまんこう〉』(喜田川守貞著、一八五三年ごろ完成)によれば、京阪では背開きにしたが、江戸では腹から裂いたという。

ウナギはとくに「江戸前」のものが賞味された。「江戸前」とは、もともとは江戸城の前の意味である、神田、日本橋、京橋、芝など下町地域に接する隅田川と海、すなわち神田川(両国)より下流で、築地までの間でとれたウナギを「江戸前」といった。「江戸っ子」という意識が昂揚して来る一八世紀後半には、「江戸前」の範囲は、ウナギに限らず、ナマズ、ヒラメ、タイ、アナゴ、アジなどいろいろに広がる。一般に品川から羽田あたりと深川から洲崎あたりとの間の海、すなわち江戸の近くの海でとれた魚介類をいうようになり、さらにはいわゆる江戸風とか江戸の流儀の意味となり、今では、東京湾とまったく無関係のネタを使っても、握り寿司の代名詞として江戸前寿司という場合もある。

ところで、ナマズも、ウナギ、ドジョウとともに江戸で好まれた。しかし、ナマズが、関東に進入したのは、江戸時代中期であるという説がある。『日本産物志』に「『続江戸砂子』ニ云フ、宮戸川(隅田川)鯰　関東ニハ鯰ナキヨシ古来云伝ヘタリシガ、享保七八ノ頃(一七二二〜二三年)ヨリ浅草川ニ多シ、実ニ然〈しか〉ルヤ否ヤヲ知ラズ」とある。また、斎藤月岑(げっしん)の『武江年表』にも、享保一三(一七二八)年の大洪水のあと、二尺もあるナマズが多くとれ、人々が怪しんだとあるという(『江戸釣魚大全』長辻象平著・平凡社)。ナマズが北海道に達したのは、明確な文献があるが、関東には、江戸時代よりももっと古い時代からいたとする魚類学者の説もある。

しかし、その時期は別としてナマズが関東に進入できたのには、人の関与があったと考えられている。

日本の淡水魚は、一七二種、そのうち純淡水魚は七〇種であるが、西日本に多く、もともと東日本には、後世に人が移動させたものを除くと一九種と少ない。これは、約一千万〜二千万年前に、東日本が海面下に没した歴史があるからである。純淡水魚は海には出られないから、水系の異なる川へは移動できない。しかし、氷河期には海面が低下し、異なった水系の川が下流で一緒になると、移動できる可能性が出てくる。約八万年前に富士山が噴火すると、その後も氷河期はあるが、富士箱根火山帯が西から東への生き物の移動を制限することになる。そうした条件下で、空を飛べず、地をはうこともできず、海にも出られない西の生き物が東へ移動できたのには、人の関与が否定できない。ナマズに限らず、多くの種類の淡水魚は、人が西から東へ運んだ可能性があるという(『水田を守るとはどういうことか』守山弘著)。

◉余話2　放流の問題点

コイの放流について

水質汚染で魚影が消えた隅田川へ、一九八〇年代から、多くのコイが各自治体によって放流された。当時、コイは一万匹で一〇〇万円、一三年間に一三万匹放流した区もある。川面に魚の姿が見られることは、好ましいと考えたからであろう。しかし、コイには種類がある。黒い色のコイをマゴイと呼ぶのは、イロゴイ、ニシキゴイに対してである。黒い色のマゴイにも種類がある。食用に飼育改良されたヤマトゴイ、カワゴイ、カガミゴイなどと、野生型のノゴイとは系統が異なる。

盛んに放流されたコイは、野生種のノゴイではなく、ヤマトゴイ、イロゴイなどの飼育ゴイであった。自然の回復という意味からは、アヒルを放流して、野生のカモの生息する自然を回復しようとするのに等しい誤りであった。それどころか、コイの食性は、底生動物を中心とする雑食性であり、貝類、水生昆虫、ゴカイ類、藻類、水草などを食うことから、その過剰な放流は、生態系を破壊する。バブルの時代に大金を使った自治体による隅田川へのコイの放流は、こうした点を見落としていた。

サケの放流

『武江産物志（ぶこうさんぶつし）』の河魚類には、「鱒魚（ます）」はあるが「サケ」はない。これは誤りではなく、荒川、多摩川には、サケは天然分布していなかったからである。

明治一〇（一八七八）年、内務省勧農局（明治一四年に農商務省となる）は、埼玉県白子村（現在の和光市）に官営の養魚場をつくり、孵化（ふか）および放流の水産養殖技術指導を行った。その時、荒川でのサケの放流試験は、失敗に終わった。

「さけはちょうしに限る」という、酒と鮭、銚子（酒を杯につぐ道具または徳利）と地名の千葉県銚子とをかけた洒落があるが、サケは銚子までは天然分布する。現在、銚子を河口とする利根川に、サケが遡上（そじょう）することがある。利根川は、昔は江戸湾に流れ込んでいた。だからサケが本来遡上したのは、利根川ではなく、今は利根川の支流となった鬼怒川であったと思われる。

多摩川、荒川（隅田川）でサケを放流しても、戻ってくる確率は非常に低い。それは海流も関係する。海流が現在の状態となったのは、地球規模での自然の変化である。人間が自然を破壊したから海流が変わり、そのためにサケが多摩川や荒川に来ないのではない。一方、サケが生まれ育った川へ戻る習性は、天然分布とは無関係で、もともとサケの分布していない南半球で放流して成功している。だから、多摩川、荒川（隅田川）で放流すれば、海流の困難な条件にもかかわらず、まれには戻って来ることも考えられる。

しかし、問題なのは、もともとサケが天然分布していたが、川の汚れのために遡上できなくなった川で、サケを放流するのとは話が違うことである。多摩川、荒川（隅田川）から放流したサケが、たとえ戻ってきても、人間が追いやった自然の一部としてのサケが戻ったことではない。多摩川、荒川（隅田川）で子供たちに

「川をきれいにするから、サケさん、戻っておいで」と手を合わせてお願いさせる放流は、子供の純真な心を踏みにじるもので、この放流の最大の罪は、環境教育の名のもとに、子供たちをだますことである。

アユの放流と交雑の可能性

多摩川では、六〇年代に水の汚れで、天然アユは減少したが、七〇年代から天然アユが戻って来ている。アユは、サケと違って生まれた川へ必ず戻るという習性はないといわれる。だから、多摩川を遡上するアユは、必ずしも多摩川で生まれて海に下ったアユとは限らないが、多摩川生まれではないとも言えない。

多摩川では琵琶湖産のコアユが放流されている。多摩川に限らず、琵琶湖産のコアユが各地の河川に放流されているが、在来の両側回遊型アユ(海に下りふたたび産卵のために川をさかのぼるアユ)との遺伝的交雑は起きないかという疑問がある。

だが、その心配は、①琵琶湖産のコアユは縄張り行動が激しく、ほとんど釣人に釣られてしまうこと、②コアユの産卵期が早くて在来種とは交雑できない、③コアユが産卵しても、ふ化したものは水温が高い海水中では生きられない、などの理由から否定されるという。

第九章　貝類

[介(貝)類]には、海産、淡水産の貝、また海の水と川の水が混じる汽水域の貝が

見られる。また、［かきがら塚］をあげている。縄文時代には、上野から赤羽へ続く台地のすぐ下は海で、時代が下ると海は後退したが、有名な北区中里の「中里貝塚」をはじめ、台地の周辺には多くの貝塚が見られる。ここに堆積した膨大な貝殻は、江戸時代には石灰や人形の顔の塗料とする胡粉（ごふん）の材料とされた。

　江戸の町のすぐ近くの干潟では、潮干狩りなどが楽しめた。江戸の「シジミ売り」は、ハマグリ、アサリ、バカガイやサルボウも売った。『守貞漫稿〈もりさだまんこう〉』（喜多川守貞著・嘉永六・一八五三年ごろ完成）には、京都大阪に比べて江戸では貝の値段は安く、シジミは一升（一・八リットル）六文、ハマグリは二〇文（京阪はハマグリ一升五、六〇文～一〇〇文）であったとある。江戸・東京の海は身近にあって、その恵みは毎日の生活と直結していた。それが失われたのは、東京の下町では毎朝普通に聞こえた「アッサリ、シジミヨウ」という「シジミ売り」の売り声が聞こえなくなった、昭和三〇年代半ばごろであろうか。

介類

【潮干（しおひ）ハ三月より四月迄大しほの日よし　品川　深川　佃島の辺よし】

［潮干（しおひ）］とは、現在の潮干狩りのこと。［大しほ（大潮）］とは、一ヶ月中で干満の差が最も大きい潮。陰暦の一日および一五日前後に起こる潮のこと。太陽と月とが地球に対して同方位にある時（新月）か、または地球が太陽と月との間にある時（満月）とその一～二日前後に起こる。その中間の弦月（げんげつ）（上弦または下弦の月・ゆみはりづき）には小潮となる。［品川］は、品川宿の海岸。『江戸名所図会』に、「品川　汐干」の挿絵がある。［深川］は、当時は隅田川河口の地域で、海に接していた。木場や州崎はすぐ近く。江東区深川。168ページ［洲崎］参照。［佃島の辺］は、佃島（中央区佃）の辺。

848

【蜆（しじみ）　御蔵前　業平】

ヤマトシジミガイ。シジミガイ科。［御蔵前］は、幕府の米蔵があった隅田川西岸の地域で、現在の台東区蔵前。［業平］は、隅田川と旧中川とを結ぶ北十間川（きたじゅっけんがわ）に接する地域で、現在の墨田区業平（707［業平竹　中の郷］参照）。ともに隅田川の河口に近く、淡水と海水が

潮干狩り。
潮の引いた海岸では、貝を掘る人々のほか、右中央にはヤスでカレイを突く人、その下にはカニに指を挟まれた子供が見える。左には、船上で調理したり、屋形船に乗って用意の折り詰め料理で一杯やる人々。春の大潮の一日、老若男女こぞって、潮干狩りを楽しんだ。
（『江戸名所図会』）

混じる汽水域で、生息したのはヤマトシジミガイである。『日本産物志』には、御蔵前の「首尾ノ松ノ辺（632参照）ニ産スルモノハ、オクラシジミト称シテ上品トス」とあり、さらに夏には、人々がここに船を並べてシジミをとり、生計とするが、「コレ東京ノ人暑月〈しょげつ〉（夏のこと）訊問（訪問のこと）ノ苞苴〈ほうしょ〉（みやげもの）トスルヲ以テナリ」とある。「土用しじみ」と称し、夏が一番美味とされ、江戸、東京では、夏に人を訪ねる際には、シジミをよく土産物とした。また、荒川の尾久蜆（おぐしじみ）も有名。なお、現在荒川の下流ではシジミが復活し、専門業者の舟によるシジミ漁が行われている。

849
【文蛤（はまぐり）　深川】

ハマグリ。マルスダレガイ科。［深川］は、現在の江東区深川。なお、ハマグリによく似た貝にチョウセンハマグリがある。チョウセンハマグリは、殻が厚く、三角形状。味はハマグリよりも落ちる。碁石（ごいし）の高級な白石はこのチョウセンハマグリからつくられる。チョウセンハマグリの産地として、房総九十九里、宮崎県、メキシコが有名。

850
【蛤蜊（あさり）　行徳】

アサリ。マルスダレガイ科。淡水が流れ込む内湾の砂泥中にすむ。［行徳〈ぎょうとく〉］は、千葉県市川市行徳。171ページ［行徳辺］参照。アサリのむき身を使った「深川飯」は、もとは深川の漁師が出漁前に急いでかっこむ必要から生まれた。アサリのむき身とネギとを味噌で煮込み、どんぶりの飯にかけたもの。またアサリのむき身を炊き込んだ飯をもいう。なお、一九九四年に、江東区古石場川親水公園の水路に砂を敷いて、隅田川の支流の大横川の水を引き込んで流したところ、アサリが発生して話題となった。水によりアサリの幼生（ようせい）が運ばれて、水路の砂で成育したものと考えられる。隅田川で問題なのは水質ではなく、アサリをはじめ多くの生物の生存に必要な浅瀬がないことであることが分かる。

851【ばか】
バカガイ。バカガイ科。貝柱を小柱、あられという。むき身をアオヤギと呼び賞味する。「ばか」とは、この貝が死ぬと口を開き、赤い舌のように見える足を出すからという。

852【いたやがい】
イタヤガイ。イタヤガイ科。貝柱はうまい。殻は扇を広げた形で右殻はふくらみ、左殻は平ら。杓子などの細工に用いる。別名杓子貝。水深一〇～五〇メートルの細砂底にすむ。

853【淡菜（いかい）】
イガイ。イガイ科。満潮時には海中に没し、干潮時には空気にさらされる海岸の領域である潮間帯から水深二〇メートルの岩礁に付着。殻はほぼ三角形。食用。方言で、カラスガイ、ニタリガイ、東海婦人、セトガイ、ヒメガイ、シュウリガイなどという。

854【朗光（さるぼう）　行徳】
サルボウガイ。フネガイ科。潮間帯から水深一〇メートルの泥底にすむ。食用として、養殖する。別名モガイ。［行徳］は、千葉県市川市行徳。171ページ［行徳辺］参照。

855【蚌（たがい）　あやせ】
タガイ。カワシンジュガイ科。ドブガイに似ているが、殻は前後に細長い。［蜯］は、蚌の別字でドブガイの意味。池や沼にすむ。［あやせ］は、434［ドクゼリ］、835［フナ］参照。

856【紅螺（あかにし）】
アカニシ。アクキガイ科。内海の潮間帯より水深二〇メートルの砂泥底にすむ。肉食で養殖貝の害敵。肉は食用、殻はおもちゃの材料となる。卵のうは、ナギナタホウズキとして、縁日や駄菓子屋で売っていた。

857【小甲香（ばい）】
バイ。エゾバイ科。肉食性で、日本各地の浅海にすむ。肉は食用。殻を独楽としたので、ベイゴマの名がある。また、笛などの玩具とした。

858【牡蠣　古き牡蠣殻ハ道灌山　かきがら塚に多し】
［道灌山　かきがら塚］とは、カキガラ山（137参照）とともに、中里貝塚の一部と思われる。江戸時代には、道灌山の下の北区田端から三河島（荒川区荒川）方面にかけて、膨大な量の貝殻の堆積があった。そのカキ殻を掘り出して、浅草の人形の顔に塗る胡粉の材料とし、蒸し焼きにした灰を漆喰・肥料・こんにゃく製造などに用いた。一九九六年、

上中里二の一付近で、わが国の貝塚の中で最も厚い深さ四・五メートルの貝の堆積層が発見された。縄文中期前葉～後期初頭(四八〇〇～四〇〇〇年前)のこの貝塚の貝の総量は、千葉県千葉市加曽利(かそり)貝塚を上回るという。この貝塚は、「ハマ貝塚」であることが確認されている。従来から知られていた台地の上の「ムラ貝塚」に対して、「ハマ貝塚」は、ハマグリとカキを主とする交易用の水産物の加工工場と考えられている。137、407参照。

859

【田螺(たにし)　千住】

タニシの仲間。タニシ科。日本産のタニシは四種。オオタニシ(食用)、マルタニシ(全国に普通、食用)、ヒメタニシ(多少汚れた水にも成育し、食用、飼料)、ナガタニシ(琵琶湖特産で江戸にはいない)。タニシの古名は、タツビ。別名タツブ、ツブ(『言海』)。［千住］は、千住宿(足立区、荒川区にまたがる宿場)の付近(26、129参照)。

第一〇章　水鳥たち

［水鳥類］として、江戸とその近郊で見られた水辺に生息する野鳥を書き上げている。その地名を見ると、江戸の東～北東の低湿地の地域の名が多い。なお、家禽(かきん)のアヒルが含まれている。幕府は、日本橋から五里(二〇キロメートル)四方の江戸城の周囲を、将軍が鷹狩りをする鷹場とし、一般の狩猟を禁止していた。そのため市街地周辺でもツルやトキ、ヒシクイ、マガン、ハクガンのような大型の鳥類が見られた。現在の日本では見られなくなった野生のコウノトリでさえ、江戸の各地の寺の屋根に営巣したという記録もあり、そう珍しいものではなかった。その中でも、ツルの類は特別に保護されていた。ツルは、将軍自身が行う「鶴御成(つるおな)り」と呼ばれる鷹狩りの最も重要な獲物であり、将軍の権威の象徴としての意味があったからである。鷹狩りの記録によると、その獲物は、鹿、猪、狼、狐、

兎などを含むが、鶴(種不明)、黒鶴、真名鶴、白鳥、鷺、菱喰、雉子、鸛、雲雀が見られ、数では圧倒的に水鳥が多い。

水鳥類

860 【鶴(つる)　本所　千住　品川】

ツルの種類は不明。「鶴御成り」などの幕府の記録には、黒鶴、真名鶴といった種類が見える。将軍は、毎年旧暦の一一～一二月の「小寒」となる寒入り(太陽暦の一月六日ごろ)の後に、「鶴御成り」を行った。これは幕府の年中行事で、「鷹狩りにして第一の厳儀」とされ、将軍自身の拳から飛び立ったタカがとらえたツルは、昼夜兼行の早飛脚で京都の朝廷に献上された。ツルを呼び寄せるために、鳥見や餌まきを配置して、さまざまな努力がなされた。ツルは、将軍の権威を象徴する高貴な鳥であり、ツルが死んでいただけでも大変な事件となった(291ページ余話1「将軍と鷹狩り」参照)。[本所]は、166ページ[本所辺]参照。[千住]は、荒川にかかる千住大橋を境に足立区と荒川区とにまたがる日光街道の千住宿の付近で、荒川の下流に荒川と綾瀬川が合流する地域があり、水にすむ生き物は豊富に見られた。26、129参照。[品川]は、品川宿辺。132ページ[品川辺ノ産]参照。

861 【鸛(かう)　葛西】

コウノトリ。コウノトリ科。『江戸名所花暦』の挿絵の中に、葛飾区東四つ木の木下川薬師(592参照)の本堂脇の松に、コウノトリがとまっている様子が描かれている。そのほか、浅草寺、本願寺、青山の新長谷寺、御蔵前の西福寺、深川の法善寺などの屋根に営巣していたという(『都市の自然史』品田穣著)。[葛西]は、隅田川の東側で、江戸川の西の地域、現在の江戸川区、葛

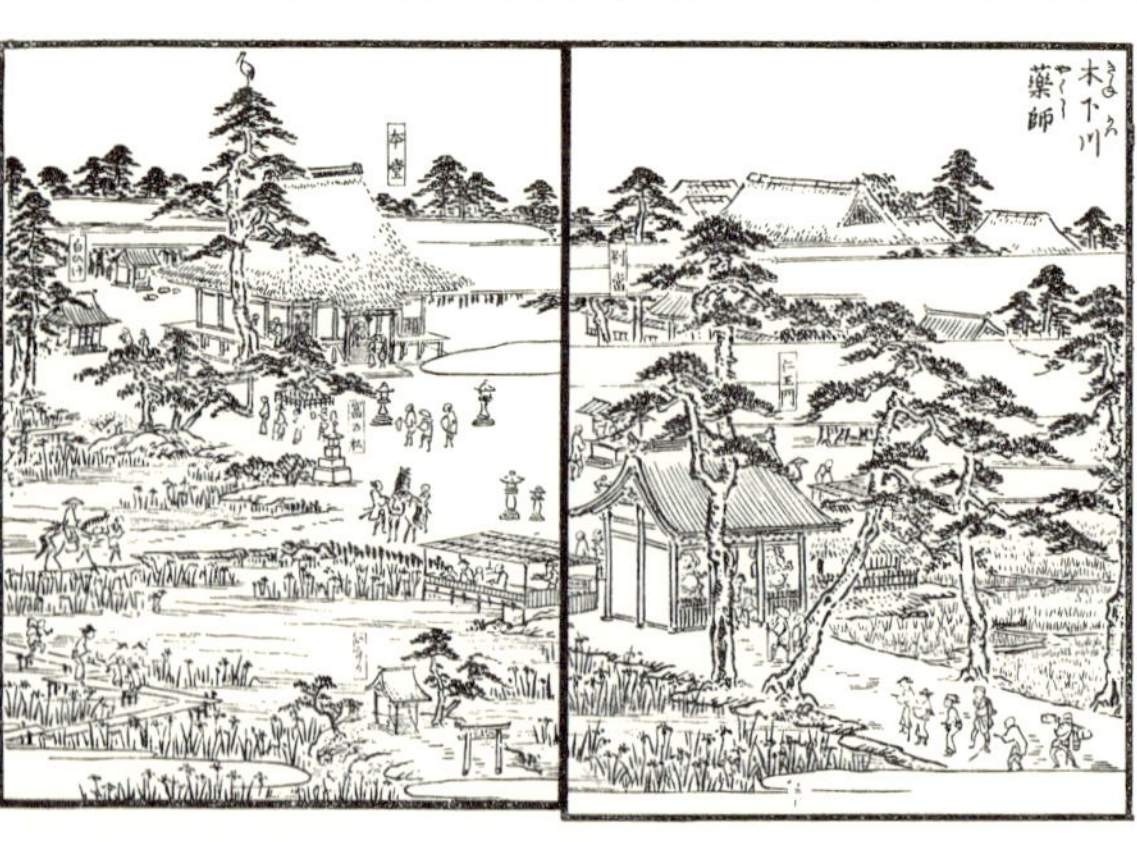

コウノトリ。木下川薬師の左上の松の木のてっぺんにコウノトリがとまる。コウノトリが人の雑踏する寺でも営巣できたのは、殺生禁断の教えや、将軍による一般の狩りの禁止のほかに、大型の野鳥を養う環境が都市の周辺にあったから。(『江戸名所花暦』)

飾区、および江東区、墨田区の各一部。24［フジマメ］参照。なお、コウノトリの日本最後の生息地の兵庫県豊岡市は、昭和三八（一九六三）年、一一羽となったため人工飼育に踏切り増殖を図った結果、一九九八年には五〇羽を超えた。一九九九年に兵庫県立「コウノトリの郷公園」を開園し、野生化を目指し研究が進められている。＊絶滅危惧ＩＡ類（ごく近い将来における野生での絶滅が高いもの）。

862【紅鶴（とき）　千住】

トキ。トキ科。学名「ニッポニア・ニッポン」。吉宗の鷹狩りに際しては、東葛西や王子で捕獲の記録があり、当時は江戸の各地で見られた。千住、寺島の白鬚神社（墨田区向島）は「トキの名所」として有名だったという。明治初期までは日本各地に生息し、トキの肉は冷え性に効き、産前産後の妙薬とされ、キジの三倍の値段で取引されたという。その後乱獲と環境悪化で激減。一九五二年、特別天然記念物に指定、六〇年に国際保護鳥に選定される。一九八一年一月、新潟県佐渡で増殖を目的に捕獲され、日本の野生の個体は絶滅した（現在中国には約一三〇羽が生息）。［千住］は、千住大橋を境に足立区と荒川区とにまたがる日光街道の千住宿付近。860［鶴］参照。＊野生絶滅。

863【鷺（さぎ）　あをさぎ　ごいさぎ　行徳　へらさぎ】

アオサギ。サギ科。留鳥。日本にいるサギの中では最大。ゴイサギ。サギ科。留鳥。夜に活動する。ヘラサギ。サギ科。まれな冬鳥として渡来する。［行徳］は、千葉県市川市。171ページ［行徳辺］参照。＊ヘラサギは都重要種。

864【鸕鷀（う）　王子辺　荒川】

カワウ。ウ科。鸕鷀。現在上野の不忍池で繁殖している。中央区の浜離宮庭園の庚申堂鴨場でも繁殖していた。浜離宮庭園では、フンの害に悩み、一九九六年の暮れに池の周囲の木々に縄を張り巡らせたところ、来なくなった。一部は東京湾の第六台場へ引っ越した。一九八〇年代末ごろからカワウが増え、多摩川で放流したアユなどを食い荒らす被害が問題となっている。

865【信鳥（ちどり）　をきのかもめと　もいふ　佃島　洲崎　中川辺】

チドリとは、チドリ科の鳥の総称で、メダイチドリ、オオメダイチドリ、オオチドリ、コバシチドリ、ハシジロチドリ、イカルチドリ、コチドリ、シロチドリ、タゲリ、ケリ、ムナグロ、ダイゼンなどが日本に分布する。［佃島］は、中央区佃で、隅田川の河口。［洲崎］は、江東区木場、東陽辺で当時は海辺である。［中川辺］は、葛飾区、および江東区と江戸川区の境を流れる旧中川のこと。河口は、現在の荒川放水路河口付近。

866【鷗(かもめ)　隅田川　みやこ鳥■也】ユリカモメ。カモメ科。「名にしおはばいざこととはん都鳥我が思ふ人はありやなしやと」と、在原業平が隅田川で歌に詠んだ「みやこどり」とは、ユリカモメである(『伊勢物語』、一〇世紀中葉の作)。ただし、ミヤコドリという種名の別の鳥がいる(英名オイスターキャッチャー)。[隅田川]は、現在の隅田川とおなじだが、江戸初期の利根川と荒川の流路変更以前は、利根川と入間川とが合流したその下流の俗称で、武蔵国と下総国の境であった。(316ページ「台地と低地と川の流れ」参照)。その他のカモメの仲間は、現在、隅田川などでは、ウミネコ、セグロカモメ、オオセグロカモメ、カモメ(まれ)が見られる。

867【鸂鶒(おしどり)　おしどり　ざ■ハ】オシドリ。ガンカモ科。鸂鶒とは、中国ではおしどり(鴛鴦)に似てやや大なる水鳥で、紫鴛鴦(『字源』)という。日本では、鴛鴦(オシドリ)と同義に使った(『言海』)。[ざハ(ざわ)]は、不明。＊都重要種。

ユリカモメ。
在原業平と都鳥の絵は、『伊勢物語』の平安の昔の隅田川の風景を想像で描いたもの。
しかし、岸辺のヤナギ、中州(なかす)のヨシなどは写実に徹した高橋由一の描く隅田川の風景、とくに『真崎稲荷の景』(荒川区南千住三丁目)にそっくりでかつての浅草の上流の風景を彷彿とさせる。
(『江戸名所図会』)

868【雁(がん)　白雁あり　千住　浅■草】マガン。ガンカモ科。冬鳥。現在では東北、北陸地方で越冬する。ハクガン。ガンカモ科。現在では、まれな冬鳥。[千住]は、千住大橋を境に足立区と荒川区とにまたがる日光街道の千住宿付近。860[鶴]参照。[浅草]は、台東区浅草。観音様で有名な浅草寺がある。その周囲には「浅草たんぼ」、「入谷たんぼ」などと呼ばれた水田地帯が取り巻き、池や湿地が多かった。422[ヒンジモ]、878[ココシキリ]参照。＊都重要種。

869■【鴻(ひしくひ)　須田】ヒシクイ。ガンカモ科。冬鳥。現在では主に東北、北陸地方で越冬。関東地方では、茨城県江戸崎で約五〇羽が越冬。［須田］は須田村で、墨田区堤通二丁目の木母寺の付近で、隅田川東岸の低地。＊都重要種。

870 【鴨(かも)　まがも　あをくび　あいさ　隅田川　千住】
マガモ。ガンカモ科。冬鳥。本種を改良したものがアヒルである。［あをくび］は、マガモのオスのこと。オスの頭部が緑色(冬羽)なことから青首という。アイサ。ガンカモ科。潜水性で魚食性のカモ。ミコアイサ、ウミアイサ、カワアイサなど。

871 【鸊鷉(にを)　かひつむり也　本所丸池】
カイツブリ。カイツブリ科。鸊鷉。留鳥。池や沼に生息。「にほ」、「にを」はカイツブリの古名。「におどり(鳰鳥)」ともいう。「にほの浮き巣」は有名で、水位の変動にも沈まない巣をつくる。巣の浮力を保つために、絶えず巣材を補充する。＊都重要種。なお、「におどりの」は、かづく(潜)、かづしか(葛飾)などにかかる歌枕とされる。「鳰鳥の葛飾早稲を饗〈にえ〉すともその愛〈かな〉しきを外〈と〉にたてめやも」(万葉集)。1［うるち］参照。［本所丸池］は、166ページ［本所辺］参照。［丸池］の位置は不明。

872 【鶩(あひる)】
アヒル。ガンカモ科。マガモを改良したもの。飼育されているものをあげた。

873 【鵠(はくてう)　はくてうの池　溜池】
コハクチョウ。オオハクチョウ。ともにガンカモ科。いずれかは不明だが、オオハクチョウは、主に北海道、東北地方の湖沼、海岸などで越冬するのに対して、コハクチョウはより南部で越冬するので、コハクチョウと思われる。［はくてう(白鳥)の池］とは、隅田大堤内の四池の一つ、丹頂の池のこと。墨田区と足立区の境で、綾瀬川が隅田川に合流する所の左岸側(東側)にあった。白鳥が多くすんでいたという(『江戸名所図会』に挿絵)。明治二一(一八八八)年埋め立て(601参照)。［溜池］とは、現在の千代田区永田町の日枝(山王)神社の南にあった溜め池で、明治維新後に埋め立てられ明治二一(一八八八)年に溜池町となり、現在の港区赤坂一、二丁目の一部などにあたる。

874 【田雞(ばん)　本所　ばんバ】
バン。クイナ科。留鳥。湿地の草陰や水田で餌をとる。［本所］は、墨田区本所の地域。［ばんバ］とは、番場町のことで、もと鷸の猟場であったが、町となって鷸の字を略して番場町と称した(『東京市町名沿革史』東京市編)。現在の墨田区本所一丁目、本所二丁目、東駒形一丁目各々の一部などにあたる。

875 【秧雞(くひな)　本所十間川より　吾妻ノ森辺】
クイナ。クイナ科。冬に湿地で見られ

る。クイナとヒクイナとは別種。ヒクイナは、夏鳥として渡来、繁殖する。「本所十間川」は、北十間川のこと。「吾妻ノ森」は、墨田区立花一丁目一番地吾妻神社のあたりにあった森。この南側を北十間川が流れる。このほかクイナの名所は、『江戸名所図会』に「水鶏〈くいな〉は橋場のあたり及び佃島を佳境とせり」とある。＊クイナは都重要種。

876 【鷸（志ぎ）　不忍の池】

シギ科の鳥の総称。鷸。シギの字は、鴫とも書くが国字。田鳥とも書く。水田に多く見られるからという。シギの仲間は、多くは北半球で繁殖し、熱帯から南半球にかけて越冬する。渡りの途中で日本に立ち寄り、浅い水辺や水田、干潟などで餌をとる。「不忍の池」は、台東区の上野公園の不忍池。文政年間、シギが不忍池で多く見られたことと、カンエンガヤツリが「武州不忍の池に多し」との『本草図譜』の記録とから考えて、不忍池はある程度水深が必要な278「ヒシ」、320「ミクリ」、418「ウキヤガラ」も見られるが、ハス池のほかは水深が水田程度の湿地が多く、定期的に草刈りなど手入れされていたのではないか。カンエンガヤツリは、ガマのような抽水性ではないが常に湿った場所に生え、しかも、長いあいだ放置され他の植物が茂ると消える、先駆的な植物である（417「カンエンガヤツリ」参照）。

877 【鶺鴒（せきれい）　御堀端辺】

セキレイ類。セキレイ科。ハクセキレイ、セグロセキレイ、キセキレイ。「御堀端辺」は、江戸城の堀の周辺。なお、荒川の下流ではハクセキレイが多く、セグロセキレイは極めてまれ。一九九〇年代にはハクセキレイは町中でも見るようになった。キセキレイは河川の上、中流に生息。

878 【剖葦（よしきり）　小よしハ　大野辺　浅草たんぼ】

オオヨシキリ。ヒタキ科ウグイス亜科。夏に渡来。ヨシ原に生息。コヨシキリ。ヒタキ科ウグイス亜科。夏鳥として渡来。草原や湿地、河原のアシ原などに生息する。「大野」とは、埼玉県和光市大字新倉。荒川の早瀬の上流で、内間木の下流。渡船場があった（901参照）。現在でも、この下流の荒川の笹目橋付近の河川敷で、コヨシキリが観察される。「浅草たんぼ」は、浅草観音として有名な浅草寺（台東区浅草公園）の北の水田地帯（422「ヒンジモ」参照）。

879 【魚狗（かハせミ）　やませうびん　王子　道灌山】

カワセミ。カワセミ科。留鳥。漢名は翡翠。雄を翡、雌を翠という。ヤマセミ。カワセミ科。標準和名のヤマショウビンは、ごくまれな迷鳥であり、この場合の「ヤマショウビン」とは、渓流に留鳥としてすむ標準和名のヤマセミの可能性が大きいので、ヤマセミとした。［王子］は、北区王子。渓谷状の石神井川（一名音無川）が流れていた。［道灌山〈どうかんやま〉］は、荒川区西日暮里。その高台の下を、石神井川から分けられた石神井川用水が流れていた（97ページ［道灌山ノ産］参照）。
＊カワセミ、ヤマセミは都重要種。

880 【鶚（みさご）　佃沖　松の棒杭辺】
ミサゴ。ワシタカ科。鶚（雎に同じ）。全国の海岸、河口、湖沼などに生息、魚を捕る。普通は鶚と書いてみさごと読むが、古名は雎鳩という。別名は鵰鶏、魚鷹とも。［佃沖］は、佃島（中央区）の沖の意味。［松の棒杭辺］は、現在の中央区有明あたりの海中にあった航路を示す棒杭。＊都重要種。

◉余話1　将軍と鷹狩り

鷹狩りは、将軍個人の趣味だけではなかった。五代将軍綱吉により生類憐みの令が出された時期（一六八七〜一七〇九）を除き、徳川幕府の制度として位置づけられていた。例えば八代吉宗は、四四二回（年平均約一三回）、九代家重は一八六回（年約九回）、一〇代家治は四〇二回（年約一〇回）、一一代家斉は六四五回（年約一二回）、一二代家慶は二七七回（年約八回）行っている。日本橋から五里（二〇キロメートル）四方の郊外がすべて将軍のための鷹場で、御拳場と呼び、その外側の一〇里四方は、尾張、紀伊、水戸の御三家の鷹狩りの場とされた。またそこは御捉飼場と称して鷹の訓練とその餌となる小鳥を捕る場所であった。

そのため多様な動物や野鳥が見られた反面、農民にとっては大変な苦労を強いられた。家屋新築、改築、屋根の葺き替え、樹木の伐採に至るまで、すべて鳥見へ届けて許可を得る必要があった。人々は、領主や奉行、代官のほかに、御鷹場を管理し密猟の禁制にあたった鳥見からも支配されていた。

秋にツルの飼付場に指定されると、畦を切り開き、水を抜いてツルが飛び去る時期までは自分の田畑でも出入りは禁止される。飼付場とは、餌をまき、将軍の

「鶴御成り」に備えてツルを呼び寄せておく場所である。そのために餌まきがいた。飼付場は各地に相当な数に上った。ほかには、タカを養うための小鳥、その小鳥の餌となる昆虫類などの供給も、周辺の農村に割り当てられた。都市周辺に豊かな自然を維持するためには、強大な権力の存在と多くの人々の苦労があった。

しかし、まれには、ツルの密猟もあった。天保三（一八三二）年一一月に、上十条村（北区）の与一というものが、マナヅル四羽を捕らえて売り渡すという事件が発覚した。主犯の与一は、田畑、家屋敷は没収の上で中追放（武蔵、山城、摂津、和泉、大和、肥前、下野、甲斐、駿河、東海道筋、木曽路筋、日光道中での居住禁止）、また取引の仲立ちをしたものは江戸一〇里四方の追放、ツルを買ったものは、ツルは取り上げのうえ過料（現在の罰金）一〇貫文（一万文）、武士は一〇〇日の押し込めに処せられた。ツル以外の密猟は、三〇〇〇文の過料であったから、ツルの密猟は極度に重い罰が課せられていた。

幕府が瓦解してから、狩猟規制の制度ができる明治二六（一八八九）年までには、コウノトリ、トキ、マナヅルなどの大型の鳥類の多くは、東京の周辺からは姿を消した。それらの消失の原因は、明治一三年（明治五年説もあり）に村田銃が作られて、銃による狩猟の結果も大きいが、幕府が厳しく農民に強制してきた鷹狩りのための諸規制がなくなったことも大きく関係していると思われる。

こうした大型の鳥類は、都市周辺からは消えても、その他の鳥類や昆虫などの種類数は昭和三〇年代までは都市から少し離れた郊外では大きく変わることはなかった。それは、水田、畑、雑木林、草原などの基本的な環境の構成要素が大きく変わることはなかったからである。浦和の野田のサギ山（さいたま市）には、サギの仲間が集まって営巣していた。現在では希少種となったチュウサギも多かった。それが急激に変化するのは、やはり高度経済成長期からである。

第一一章　山鳥たち

江戸の近くで見られた水鳥以外の野鳥を、［山鳥類］として書き上げたもの。地名を見ると、台地の上から低地まで、市街地から郊外までの広い範囲に及ぶ。この点は、水鳥に関する地名が、圧倒的に東〜北東の低地に集まっているのとは異なる。また冬になると、市街地と農村との接点の地域に山の鳥が訪れていたことが読み取れる。なお、家禽のニワトリなども紹介している。

山鳥類

881　【茅鵐(まくそたか)　のすりとい　ふ　砂村】

ノスリ。ワシタカ科。山地の森林で繁殖、秋冬には平地、低地に移動。ノスリは普通「くそとび」ともいい、全国の山地の森林で繁殖し、秋、冬に平地、低地の農耕地、草原などで見られる。［まくそたか(馬糞鷹)］とは、チョウゲンボウのことをいうが、江戸時代にはノスリをマクソダカとも呼んだ。なお、チョウゲンボウ(長元坊・ハヤブサ科)は、海岸の断崖や丘陵の川岸の崖などで集団で繁殖、秋冬には平地の農耕地、草原で見られる。現在では、都会の高層建物や橋梁などに営巣するものも増えて、平地でも年間を通して見られる。［砂村］は、江東区北砂、南砂など、小名木川以南の地域。61［スイカ］参照。

＊ノスリ、チョウゲンボウは都重要種。

882　【鵄(とんび)】

トビ。ワシタカ科。鵄(鴲に同じ)。全

ワシ・タカの仲間。いわゆる猛禽(もうきん)類を描いたものだが、モズも加えている。(『北斎漫画』)

国の平地、河川、港湾、海岸沿いで見られる。主に死肉を食べるが、魚を捕ることもある。集団で高い木や林をねぐらとする。＊都重要種。

883 【鴞（ふくろ）　上野】

フクロウ。フクロウ科。鴞。留鳥。平地、山地の巨木のある森林に生息する。樹洞に営巣する。［上野］は、現在の上野公園を含む寛永寺の境内で、森が深かった。134ページ［上野辺ノ産］参照。
＊都重要種。

884 【猫頭鳥（みみづく）　上野】

フクロウ科の数種を含めた名称である。フクロウとミミズクの仲間は、学問的には同じ仲間である。ここでは、夏鳥か冬鳥かが明らかではないので、特定はできない。アオバズクは、夏鳥として全国に渡来、森林に生息する。トラフズクは、本州中部以北の平地、低山の林に生息し繁殖。冬は暖地に移動する。コノハズクは、森林に生息。冬には東南アジアに移動する渡り鳥。オオコノハズクは、留鳥として全国に分布。平地や山地の林に生息。しかし、コミミズクは、冬鳥として渡来。平地の農耕地、河川敷などにすみ、上野の森の環境には適さないと思われる。［上野］は、134ページ［上野辺ノ産］参照。

885 【蚊母鳥（かくひどり）】

ヨタカ。ヨタカ科。夏鳥。低山、林縁、草原に渡来し繁殖。昼間は樹上か地上で眠り、夕刻から活動して虫を捕る。夜鷹。怪鴟。＊都重要種。

886 【伯労（もず）　千住　綾瀬辺】

モズ。モズ科。留鳥。百舌、伯労とも書く。「はやにえ」をつくる。「はやにえ」とは、速贄、速新饗（初物のにえ）で、「にえ」は神へのささげものの意味である。［千住］は、日光街道の千住宿の周辺（足立区と荒川区にまたがる地域）、129［ヒガンバナ］参照。［綾瀬辺］は、足立区綾瀬。ともに荒川、綾瀬川が近く、低地で用水がめぐり、水田が主で、畑、雑木林などが混じる環境であった。434［ドクゼリ］、835［フナ］、912［エナガ］、933［カワウソ］参照。

887 【鳩（はと）　浅草】

いわゆる「土鳩」。飼育されているハトが野生化したもの。［浅草］は、浅草寺のこと。今でも、境内でハトに与える餌を売っている。

888 【鳲鳩（かっこうどり）　竹塚】

カッコウ。カッコウ科。鳲鳩。郭公（ただし古来和歌などではホトトギスとよむことあり）。夏鳥として全国に渡来、平地や山林、農耕地など明るく開けた環境の入り混じった場所を好む。オオヨシキリ、モズ、アオジ、オナガなどに托卵する。［竹塚〈たけのづか〉］は、日光街道沿いの足立区竹塚。現在カッコウの鳴き声が聞かれるのは、東京の近くではさいたま市の秋ヶ瀬公園(荒川河川敷)がある。＊都重要種。

889 【杜鵑(ほととぎす) 高田の里 谷中 芝幸いなり 小石川初音の里 駿河台 八ッ山】

ホトトギス。カッコウ科。夏鳥。主にウグイスに托卵するので、ウグイスが巣をつくる篠竹(アズマネザサ)のやぶがあるところに生息。「特許許可局」、「テッペンカケタカ」と聞きなす鋭い声で鳴く。夜も鳴く。子規、時鳥、杜宇、郭公(古来和歌などではホトトギスとよむ)とも書く。勧農鳥、しでのたおさ(賤の田長。身分の低い田の長、かしらの意味)、あやなしどり、くつてどり、うづきどり、たまむかえどり、夕影鳥、夜直鳥などの名がある。［高田の里］は、新宿区西早稲田。624、642、906［アオジ］参照。［谷中］は、台東区谷中。309［サワギク］参照。［芝幸いなり］は、港区芝公園三の五の二七。［小石川初音の里］とは、文京区白山三丁目の小石川植物園から白山一～二丁目の周辺。［駿河台］は、千代田区神田駿河台。［八ッ山］は、品川区、港区との境で、第一京浜国道が鉄道をこえるところ。谷つ山とも書いた。＊都重要種。

890 【鶉(うづら) 西ヶ原 駒場】

ウズラ。キジ科。本州中部以北の草原や高原で繁殖。冬は暖地の平地の農耕地、草原に移動。［西ヶ原］は、北区西ヶ原。［駒場］は、目黒区駒場。283参照。『江戸名所図会』に、駒場野は広い野原で、ヒバリ、ウズラ、キジ、ウサギの類の多いことが書かれている。＊都重要種。

891 【告天子(ひばり) 広尾】

ヒバリ。ヒバリ科。畑地、草原などで繁殖する。雲雀とも書く。現在では、畑地、草原のない都内の市街地ではヒバリは見られず、荒川などの河川敷にわずかに見られるが、そこもグラウンドなどの造成で生息地が狭められている。［広尾］は、港区南麻布から渋谷区広尾、恵比須にかけての地域。広尾には草原が多かったことで有名。131ページ［広尾ノ産］参照。

892 【鵯(ひよどり) 本所】

ヒヨドリ。ヒヨドリ科。全国の温暖な地域の常緑広葉樹林に多い。近年では、市街地でも繁殖している。［本所］は、墨田区の一部。166ページ［本所辺］参照。鵯(ひよどり)は国字。

893 【あかはら 千住 砂村辺】

アカハラ。ヒタキ科ツグミ亜科。本州中部以北の山地、北海道の平地の林で繁殖。冬には本州以南の暖かい平地へ移動し、薄暗い林の中の地上で見られる。［千住］は、日光街道の千住宿の周辺(足立区と荒川区にまたがる地域)。129［ヒガンバナ］参照。［砂村辺］は、江東区北砂、南砂など小名木川以南の地域。61［スイカ］参照。

894【鶫（つぐみ）　千住】

ツグミ。ヒタキ科ツグミ亜科。鶫（つぐみ）は国字。冬鳥として渡来。草原、河原、農耕地など開けた場所の地上に多い。一名鳥馬。［千住］は、日光街道の千住宿の周辺（足立区と荒川区にまたがる地域）。129［ヒガンバナ］参照。

895【山胡（むくどり）　小石川辺】

ムクドリ。ムクドリ科。人家の近くの林（樹洞など）で繁殖。近年では人家の戸袋などの隙間で繁殖もする。秋冬に大群をつくる。［小石川辺］は、文京区小石川周辺の地域。

896【むしくい　千住　竹の塚】

ムシクイ類。ヒタキ科。夏鳥として渡来するムシクイ類のうち、エゾムシクイ、メボソムシクイ、センダイムシクイは、春秋の渡りの時期には平地の市街地にも現れる。センダイムシクイは、夏鳥として低山の落葉広葉樹林に渡来。［千住］は、日光街道の千住宿の周辺（足立区と荒川区にまたがる地域）。129［ヒガンバナ］参照。［竹の塚］は、足立区竹塚のことで、当時は日光街道の道沿いの村。888［カッコウ］参照。

897【かけす　上野　芝】

カケス。カラス科。九州以北の低山に周年生息。冬は平地にも移動する。カケスは懸巣と書く。またカシの木の実を好むからカシドリともいう。他の鳥や人の声をまねるので、昔はよく飼育した。［上野］は、寛永寺の境内、現在の上野公園。134ページ［上野辺ノ産］参照。［芝］は、増上寺の境内で、現在の芝公園。

898【桑鳸（まめまハし）　目黒　中野】

イカル。アトリ科。低山～平地の落葉樹林で繁殖。冬は暖地に移動。［まめまハし］は、イカルの異称（『広辞苑』初版）。［目黒］は、130ページ［目黒辺ノ産］参照。［中野］は、中野区辺。555［桃園　中野］参照。＊都重要種。

899【夏鳸（しめ）　同上】

シメ。アトリ科。北海道の落葉広葉樹林で繁殖し、冬は本州以南の落葉広葉樹の混じった林に生息。平地の林、市街地の公園などでも見られる。［同上］は、前項参照。

900【啄木鳥（きつつき）　けら也　千住　川口辺】

キツツキ類。キツツキ科。コゲラ（留鳥）。アカゲラ、アオゲラ（ともに山地に生息。冬には平地に下りて来る。アオゲラは、現在は平地の林でも繁殖）。［千住］は、日光街道の千住宿の周辺（足立区と荒川区にまたがる地域）。129［ヒガンバナ］参照。［川口辺］は、埼玉県川口市。荒川の砂を鋳型に使った鋳物の産地で、荒川を使って重い鋳物を船で江戸へ運んだ。

901【かしらたか　せっか　又　せんにう等有　砂村　大野】

［かしらたか］は、カシラダカ。ホオジロ科。冬鳥として渡来。農耕地、河原などに生息。［せっか］は、セッカ。ヒタキ科ウグイス亜科。水辺や草原に生息する。［せんにう等］は、センニュウの仲間(ヒタキ科ウグイス亜科)。エゾセンニュウ、シマセンニュウ、マキノセンニュウなどがあり、北海道に夏鳥として渡来、本州では春秋の渡りの時に見られる(ウグイスの仲間)。［砂村］は、江東区北砂、南砂など小名木川以南の地域。61［スイカ］参照。［大野］は、878［ココシキリ］参照。

902【をながどり　本所　雨の前に鳴】

オナガ。カラス科。留鳥。平地の林周辺に見られる。世界中で日本(中部以北の本州)、朝鮮半島、中国、スペインにのみ分布する。［本所］は、墨田区の一部。166ページ［本所辺］参照。［雨の前に鳴〈なく〉］との意味は不明だが、オナガは群れで生活し、ギューイ、ギューイと鳴き、姿は美しいが声は耳ざわりである。

903【山鵲(さんくわうてう)　上野　千住】

サンコウチョウ。ヒタキ科。本州以南に夏鳥として渡来、低地から山地のよく茂った森林に生息し繁殖。［上野］は、寛永寺のことで、現在の上野公園。134ページ［上野辺ノ産］参照。［千住］は、日光街道の千住宿の周辺(足立区と荒川区にまたがる地域)。129参照。＊都重要種。

904【燕(つばめ)　小石川御門外　をにつばめもあり】

ツバメ。ツバメ科。［小石川御門外］は、現在の文京区後楽一丁目(小石川後楽園)へ神田川を渡るところにあった小石川御門の外(文京区側)という意味。459［ヒメウズ］参照。［をにつばめもあり］のオニツバメとは、コシアカツバメのこと。『両羽博物図譜』の著者である松森胤保が著した『大泉珍禽聞見〈ちんきんぶんけん〉雑誌』に、コシアカツバメが「東京霞ヶ関、牛込の辺に多し」とある。またとっくり型の巣にも言及している。なお、イワツバメは、最近都市へ進出している。昭和三〜九年の長野県から多摩市への移住実験が行われたこともあるが、最近の高層建築の普及から都市へ進出してきたらしい。二三区内では、一九七七年に板橋区の高島平で確認されたのを初めとして、荒川の周辺での集団営巣地がいくつか見られるようになった。

905【柴鶺鴒(うぐひす)　根岸　三崎】

ウグイス。ヒタキ科ウグイス亜科。留鳥。アズマネザサなどの笹やぶで繁殖。日本では鶯と書くが、鶯とは本来は別科のコウライウグイスのこと。［根岸］

は、台東区根岸。327［ミズハコベ］、676［御行松］参照。［三崎〈さんさき〉］は、台東区谷中二、三丁目から文京区千駄木の団子坂下へ下りる坂を三崎坂という。この坂と藍染川が交差するあたりを「鶯谷」といった。しかし、現在のJR鶯谷駅とは、約一・五キロ位置が離れている。寛永寺の上野の宮様（円満院二品覚尊親王）（185ページ余話3「道灌山と上野の話」参照）が、関東のウグイスは声が悪いといわれたので、尾形乾山（一六六三〜一七四三）が、京都からウグイスを持ってきて献上した。宮様はそれを寛永寺の御本坊（現在の国立博物館）の裏庭へ放されたので、根岸、谷中のウグイスはとくに鳴き声がよい、との伝説がある。＊都重要種。

谷中（やなか）風景。鶯谷、三崎に近い現在の谷中墓地全域が感応寺。五重塔は幸田露伴の小説で有名。（『江戸名所図会』）

906

【蒿雀（あをじ）　高田穴八幡】

アオジ。ホオジロ科。中部以北の山地、北海道の平地で繁殖。冬は平地のアシ原、ヤブなどで見られる。アオジとは、アオシトドの略という（『言海』）。シトドとは、ホオジロの異称。またアオジ、ノジコ、クロジなどの種類の総称、みこどり。巫鳥と書く。ちなみに「しとどめ」は、刀の鞘の栗形または和琴などの紐通しの孔にはめる金具で、鳥のシトドの目の形に似るから。［高田穴八幡］は、新宿区西早稲田。624、642、889［ホトトギス］参照。

907

【ほうじろ　千住　榎戸辺】

ホオジロ。ホオジロ科。留鳥。山地の草原、農耕地、林縁などで見られる。荒川の河川敷に普通。［千住］は、日光街道の千住宿の周辺（足立区と荒川区にまたがる地域）。129［ヒガンバナ］参照。［榎戸〈えのきど〉辺］は、足立区梅田四丁目辺。ただし南花畑付近で、綾瀬川を境として埼玉県に接する地域にも同名の地名（小名）があった。

908

【のじこ　山の手辺】

ノジコ。ホオジロ科。夏鳥として渡来。本州、中部〜北部の山地で繁殖。渡りの時期には河川敷、やぶ、農耕地などで見られる。［山の手辺］とは、日本橋、京橋、神田などの下町に対し、現在の文京区、千代田区、港区などの高台の地域を指す名称。現在の中央線沿線の、いわゆる大正時代以降の新しい「山の手」のイメージとは異なる。316ページ

「台地と低地と川の流れ」参照。

909【白頬鳥（志じうから）　こがら　ひがら有　上野】

シジュウカラ。シジュウカラ科。留鳥。木の多い住宅地にも普通。ツッピー、ツッピーとさえずる。コガラ。シジュウカラ科。本州では標高の高い落葉広葉樹林に生息。冬にも平地に来るものは少ない。ヒガラ。シジュウカラ科。山の針葉樹林、広葉樹林の混じるところに生息。冬には平地に下りるが、マツ、スギなどの針葉樹林を好む。［上野］は、寛永寺のことで、現在の上野公園。134ページ［上野辺ノ産］参照。

910【五十から　稀なり】

ゴジュウカラ。ゴジュウカラ科。留鳥。山地に生息する。

911【あんじんから　同】

不明。［あんじんから］は、『日本産物志』（武蔵下）にあるアイゼンカラか？　同書に、「アイゼンカラ　形ヒガラトヤマガラノ中間ニシテ、其羽毛ヒガラト彷彿タリ」とある。アイゼンカラも不明。

912【えなが　綾瀬辺】

エナガ。エナガ科。留鳥。平地から丘陵、山地の森林に生息。［綾瀬辺］は、足立区綾瀬辺。434、933参照。＊都重要種。

913【まじこ　目黒辺】

アトリ科。特定できないが、可能性があるのは次の通り。ベニマシコ（北海道、青森県下北半島で、やぶや低木林のある草原で繁殖、冬は山地の落葉樹林のやぶ、水辺のアシ原で見られる）。オオマシコ（冬鳥として渡来するが、まれ）。ハギマシコ（主に冬鳥として渡来するが多くない）。［目黒辺］は、130ページ［目黒辺ノ産］参照。

914【うそ　四ッ谷辺】

ウソ。アトリ科。本州中部以北の針葉樹林で繁殖、冬には低山に下りる。口笛のような声で鳴く。鳥のウソの名は「声、うそ（口笛）を吹くがごとくなれば名づくという」（『言海』）。うそぶくとは、現代では主に「そらとぼける」意味に使うが、もとは口笛、また詩歌を吟ずることを言った。ウソは、嘘に通じることから福岡県太宰府（正月七日の夜）と、江東区亀戸天満宮（一月二五日）の「うそかえの神事」に用いる木彫りの玩具の「うそ」とされ、神主が参詣人の持参した「うそ」を受け取り、別のものを替えて渡す。［四ッ谷辺］は、新宿区四谷辺だが、甲州街道沿いの広い範囲をも指す。104、681参照。

915【交喙（いすか）　べにいすか　あをいすか　四ッ谷】

イスカ。アトリ科。冬鳥で、低山の針葉樹林に生息。マツ、モミなどの種子を好んで食べる。［べにいすか　あをいすか］とは、雄は暗い赤色（えんじ色）で、雌、幼鳥は黄緑色と色が異なるため。喙(かい)は、くちばしの意味。[四ッ谷]は、新宿区四谷辺だが、甲州街道沿いの広い範囲を指すことがある。104、681参照。＊都重要種。

916【鶸(ひハ)　ぬかひハ　べにひハ　かわらひハ　等有　四ッ谷辺】

[ぬかひハ]は、マヒワ。アトリ科。マヒワの黄色を米ぬかの色と見立てて、ヌカヒワと呼んだのではないか。マヒワは、山地性の鳥。冬には低地に下り、コナラ、ハンノキの種子や花芽を食べる。ヨシ原でも見られる。[べにひハ]は、ベニヒワ。アトリ科。冬鳥として北海道に渡来するが、本州でも見られる。草原で草の種子、ハンノキの種子を食べる。[かわらひハ]は、カワラヒワ。アトリ科。周年生息し、市街地の街路樹でも繁殖する。河原、畑などで見られる。[四ッ谷辺]は、新宿区四谷辺だが、甲州街道沿いの広い範囲を指すことがある。104、681参照。

917【繍眼児(めじろ)　白山辺】

メジロ。メジロ科。平地から山地の森林で繁殖。冬は市街地でも見られる。現在は市街地でも繁殖。[白山〈はくさん〉辺]は、文京区白山のあたりで、小石川植物園がある。高台で一部に低地がある地形。『梅園虫譜』の著者で多くの昆虫などの絵を残した毛利梅園(もうりばいえん)が住んだのも、白山の鶏声(けいせい)ヶ窪(くぼ)である(259ページ余話1「江戸の昆虫」参照)。

918【びんずい　たひばりともいふ　王子へん】

ビンズイとタヒバリとは別種。ビンズイ。セキレイ科。山地で繁殖。冬は平地や海岸の松林の近くによく見る。タヒバリ。セキレイ科。冬鳥として渡来。水田、河原などで見られる。[王子へん]は、3[大麦]参照。

919【ひたき　白山辺　きひたき　るりひたき　上ひたき等有】

ひたきのつく名のものを総称して[ひたき]という。火焼と書く。ジョウビタキの鳴き声が、ヒッヒッと火打ち石を打つ音に似ていることからとする説がある。[きひたき]は、キビタキ。ヒタキ科ヒタキ亜科。夏鳥として渡来。山地に生息。渡りの時期には市街地でも見られる。[るりひたき]は、ルリビタキ。ヒタキ科ツグミ亜科。亜高山帯の針葉樹林で繁殖。冬は関東以南の山地、低山の林で見られる。[上ひたき]は、ジョウビタキ。ヒタキ科ツグミ亜科。冬鳥として渡来。雑木林や市街地でも見られる。[白山〈はくさん〉辺]は、917[メジロ]参照。

920【きくいただき　高田辺】

キクイタダキ(ヒタキ科ウグイス亜科)。日本で最小の鳥。北海道、本州の亜高山帯で繁殖。冬には低いところに移り、平地や海岸でも見られる。針葉樹林を好む。[高田辺]は、新宿区西早稲田。624[高田穴八幡]、642[光り松]、

889［ホトトギス］、906［アオジ］参照。

921【巧婦鳥（みそさざい）　本所　竪川辺】

ミソサザイ。ミソサザイ科。全国の山地の渓流沿いのやぶや、岩のある林に生息。冬は、低山や、沢や岩のある林で見られる。［本所　竪川〈たてかわ〉辺］は、本所は墨田区の南の地域（旧本所区）。166ページ［本所辺］参照。竪川は、墨田区の南部を東西に流れる堀割（ほりわり）で、隅田川の両国橋下流から中川（旧）を結ぶ。＊都重要種。

922【雀（すずめ）　市ヶ谷御門外　浅草御蔵】

スズメ。ハタオリドリ科。人間の生活する近くにすみ、人家などに営巣する。なお、ニュウナイスズメは、本州中部の高地、高原で繁殖し、秋冬には温暖な地方の農耕地や河原に群れてすむ。［市ヶ谷御門外］は、JR市ヶ谷駅の横から外堀を渡る橋のところに市ヶ谷御門があり、その門よりも外とは、新宿区側のこと。463参照。［浅草御蔵］は、台東区蔵前。幕府の米蔵があった。632、848、925参照。

923【雉（きじ）　王子　駒場　地震の前ニ鳴】

キジ。キジ科。留鳥。全国の草原、農耕地などの開けた場所に生息。最近、時に見られるオスの首に白い帯があるコウライキジは放鳥したもので、在来種ではない。［王子］は、3［大麦］参照。［駒場］は、目黒区駒場。283参照。『江戸名所図会』に、駒場野は広い野原で、ヒバリ、ウズラ、キジ、ウサギの類の多いことが書かれている。＊都重要種。

924【雞（にハとり）　ちゃぼ　とうまる等有　しゃもは下谷坂本に闘雞の会あり】

『江戸名所図会』に、花亦（はなまた）（現在の足立区花畑七丁目）村の鷲（わし）大明神社、すなわち大鷲（おおとり）神社では、毎年十一月酉（とり）の日に祭があり、西のまち（祭の略）というが、この日近郷の農家は家鶏（にわとり）を奉納する。そして、翌日にその奉納されたニワトリを浅草の観音様の堂前に放つを恒例としたとある。［ちゃぼ］は、占城（ちゃんぱ）国（209［タケニグサ］参照）から渡来したといわれる小型のニワトリの一種。いくつかの品種がある。［とうまる］は、唐丸のこと。ニワトリの品種で長鳴鳥（ながなきどり）の一種、新潟県原産で天然記念物。［しゃも］は、軍鶏。シャムロ鶏の略。闘鶏に使う。［闘雞］は、ニワトリを闘わせる競技。宮中では平安時代から旧暦三月三日に行われた。［下谷坂本］は、台東区下谷で、上野の台地の下の東北の地域。

925【慈鳥（からす）　御蔵に多し　さとがらす　山からすあり】

［さとがらす］は、ハシボソガラス。カラス科。人家近くの農耕地、河原、海岸で見られるが、山地や都会の中心のビル街では見られない。［山からす］は、ハシブトガラス。カラス科。高山

からビル街まで各所に見られる。最近、雑食性のカラスは都市の豊富な生ゴミで増加し問題となる。［御蔵］は、「浅草御蔵」のこと。台東区蔵前。幕府の米蔵があった。632［首尾の松］、848［ヤマトシジミガイ］。922［スズメ］参照。

◉余話1　雑木林と野鳥の移動

守山弘著の『むらの自然をいかす』には、『武江産物志』の記録から、森や林にすむ鳥は、関東平野に点在する雑木林（二次林）を伝わって、山から平地へまた都市へと移動していたことが指摘されている。要約すると、薪を採ったり落ち葉かきをする雑木林は、関東平野ではそれぞれ台地のうえに散在していた。農村では落ち葉や刈り敷き（90ページ余話8「肥料のこと」参照）を肥料にしていた時代、林の必要面積は土地面積の二五〜三〇％（樹林地率という）であった。森や林にすむ鳥は、冬になると、山から平地へ降りて来たり、北の国から渡って来たりするが、これらの林を飛び石のように使い移動していた。

　守山氏は、樹林地の面積が一六％だと、森や林にすむ鳥にとって、飛び石としては間が開きすぎたり、一つ一つの面積が小さすぎたりするということを、筑波山と学園都市周辺の資料から明らかにしている。

　一九三〇年代の武蔵野（東京都の板橋・杉並・三鷹・深大寺を結ぶ地域）では、中西悟堂の報告から、森林性の鳥たちが、冬になると多くその地域を訪れていたことが分かる。

　『武江産物志』には、同じくらい豊かな鳥たちが江戸近郊の上野・四ッ谷・目黒を結ぶ地域まで移動してきていたことが記されている。これらの地域は、いずれもその時代には、都市と農村の接点に位置していた。台地上に散在する二次林（里山）は、それらの鳥が移動する際の飛び石の役目をしていたのである。二次林は肥料(落葉や刈り敷き)の必要量から面積や間隔が決まってくるのだが、それが飛び石としての機能を保障していた。

『武江産物志』に記録された「冬に山から降りてくる森林型の鳥」には、ベニヒワ、イスカ、マヒワ、シメ、ゴジュウカラ、コガラ、イカル、ルリビタキ、ウソ、ミソサザイ、ヒガラ、キクイタダキ、ビンズイ、メジロ、アカハラ、アオジ、カケス、ヤマガラ、アカゲラ、アオゲラ、コゲラ、ヒヨドリ、ウグイス、エナガ、シジュウカラ、その他などがある。また、江戸時代の二次林のすべてが、下草刈りや落ち葉かきがされていたとしたら、林床(りんしょう)は丈の低い草しか生えないはずである。守山氏は、それを実験的に行ったら、エナガ、シジュウカラ、コガラなどは増加するが、ウグイスとアオジは減少した、そして、下草刈りをやめて林の中のアズマネザサが回復すると、ウグイスやアオジの数は回復したという。

『武江産物志』のホトトギスは、江戸の市街地の近くで記録されている。ホトトギスはウグイスに托卵(たくらん)するので、江戸近郊にはウグイスの好むやぶが少なからずあったと想像できる。当時は、アズマネザサやメダケは、農業用や生活用品の材料としてさまざまに利用され、各地で生産された。そのなかでも、とくに土壁の下地に組む木舞(こまい)としても利用された。守山氏は、高さ四〜五メートルになるそれらの篠竹(しのだけ)のやぶは、利用目的にあわせて背丈を調整して保全したので、二次林の林床は、すべて一律に下草刈りや落ち葉かきが行われて管理されていたわけではないことも明らかにしている。

ホトトギスについて、狂歌四天王の一人頭光(つむりひかる)(一七五四〜一七九六)の「ほととぎす自由自在にきく里は酒屋へ三里とうふ屋へ二里」との「ざれ歌」がある。いささかおおげさな表現であろう。『武江産物志』のホトトギスの記録にある新宿

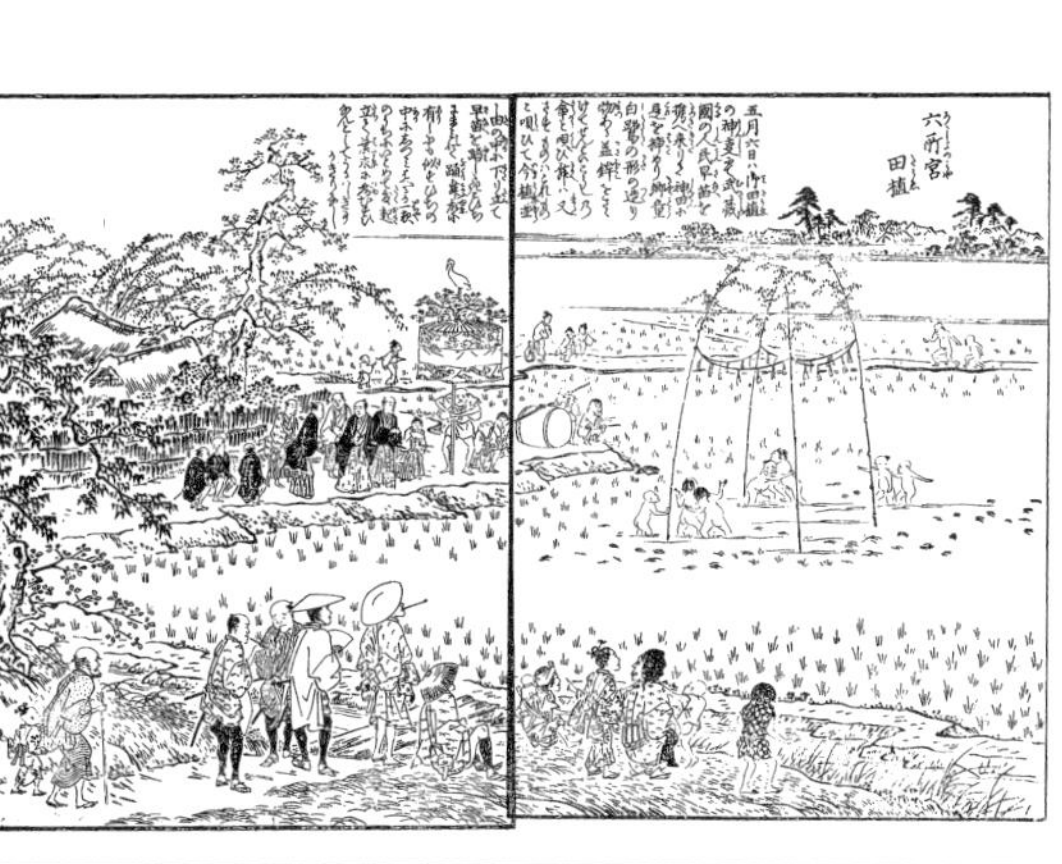

郊外の田植え。
田植えの神事を行っている様子。
周囲の風景には、
住居を囲う屋敷林や、
遠くには雑木林や松とおぼしき大木が
そびえ立つのが見える。
灌漑(かんがい)用水や林、屋敷林、水田などと
落ち葉や刈り敷きをとる雑木林が
モザイク状態に配置されていた。
(『江戸名所図会』)

区高田、台東区谷中、千代田区神田駿河台あたりは、屋敷町や都市と農村の接点で、閑静なところではあったろうが、「酒屋へ三里(一二キロメートル)」というほどの田舎ではない。明治三四年発行の『根岸及近傍図』には「時鳥〈ほととぎす〉喧〈かまびす〉シキマデナリシガ、鉄道デキテヨリ(明治一七・一八八四年、上野・高崎間開通)声ヲタテリ」と、谷中に近くて、谷中とともにウグイスの名所でもあった台東区根岸での記述がある。木舞とする建築材料の篠竹(アズマネザサ)は、市街地での需要が多く、市街地からそう遠くないところで生産されていたのではなかろうか。常正のホトトギスの記録が、市街地に近い地域なのには、こうした関係がなかろうか。

第一二章　動物たち

品田穣氏によると、一六一一〜一七八六年までの『徳川実記』の将軍の狩猟記録には、獣類はイノシシが落合(豊島区)、渋谷、千駄ヶ谷(渋谷区)などで二六件、シカが板橋などで八件、キツネが一ッ橋、神田(千代田区)で三件、ウサギは落合、駒場野(目黒区)などで一八件の記録があるという(『江戸東京学事典』「動植物」三省堂)。鳥類が一四五八件と多いのに、大型の獣類の捕獲記録が少ないのは、多くの勢子(せこ)が狩り場を四方から囲み、獣を追い詰めて捕らえる「巻狩り(まきがり)」が少なく、鷹狩りが主であったからか。

巻狩りは大規模で、たびたびは行えない。家齊の寛政七(一七九五)年三月の小金原(千葉県)の例では、獲物はイノシシ二、シカ八六、ノウサギ九、キツネ三その他であったが、前年七月より準備、村々に多くの人夫の差出しが命じられた。

『武江産物志』の［獣類］は、家畜から野生の動物までの哺乳類を書き上げている。コウモリも含まれている。シカやイノシシは、このころには江戸の近辺には現れなかったのか、夜間に行動する習性から常正が目撃できなかったのか、記録がない。しかし、キツネやタヌキは市街地周辺でも見られ、今では絶滅と思われるカワウソが、当時市街地に近い隅田川東岸の源森橋（墨田区吾妻橋二丁目付近）で記録されているのである。

獣類

926 【馬　小金　鎌ヶ谷】

家畜のウマ。ウマ科。江戸の近くの下総国の馬の産地をあげた。［小金］は、小金原（千葉県の北西部）で、江戸時代には、ここを中心に、上中下の牧（牧場）があり、官馬を放飼した。明治以降、牧を廃止し、二和、三咲（船橋市）、初富（鎌ヶ谷）、五香、六実（松戸市）、豊四季、十余二（柏市）と地名が変わった。［鎌ヶ谷］は、現在の千葉県鎌ヶ谷市。もともと、武蔵国には牧が多く、延喜式（九六七年施行）には、武蔵国の特産は、茜草、紫草（ムラサキのこと）、馬とされている。推古天皇三六（六二八）年に桧熊の浜成、武成が一寸八分の観音像を川から拾い上げたころの浅草も牧であったという。江戸の馬市は、『江戸名所図会』によれば、浅草藪の内（花川戸二丁目）では南部駒、麻布十番では仙台駒の市が立った。現在、日本の在来のウマは、木曽馬、トカラ馬、岬馬（宮崎県都井岬・家畜馬が野生化）などが残る。木曽馬は、蒙古ウマの系統で長野県開田村などで約六〇頭飼育。

927 【牛　車うし】

家畜のウシ。ウシ科。車牛で有名なのは、高輪牛町。「高輪牛町十八町、牛の小便なぁがいな」とわらべうたにうたわれ、江戸への入り口であった高輪牛町は、現在の港区高輪二丁目の一部。寛永一一（一六三四）年に芝増上寺の安国殿の普請のために、京から牛持ちを呼び集め、諸材の運搬に当たらせ、また江戸城の工事に従事させた。その者たちが四ッ谷木挽町、金杉牛の尻を経て後に上高輪に移り、芝車町と称した。俗に牛町という。牛の数は一千頭を越えたという。泉岳寺はこの地にある。なお、現在「和牛」と呼ばれる牛は、明治初年に日本の在来牛と輸入牛とを交配、品種改良

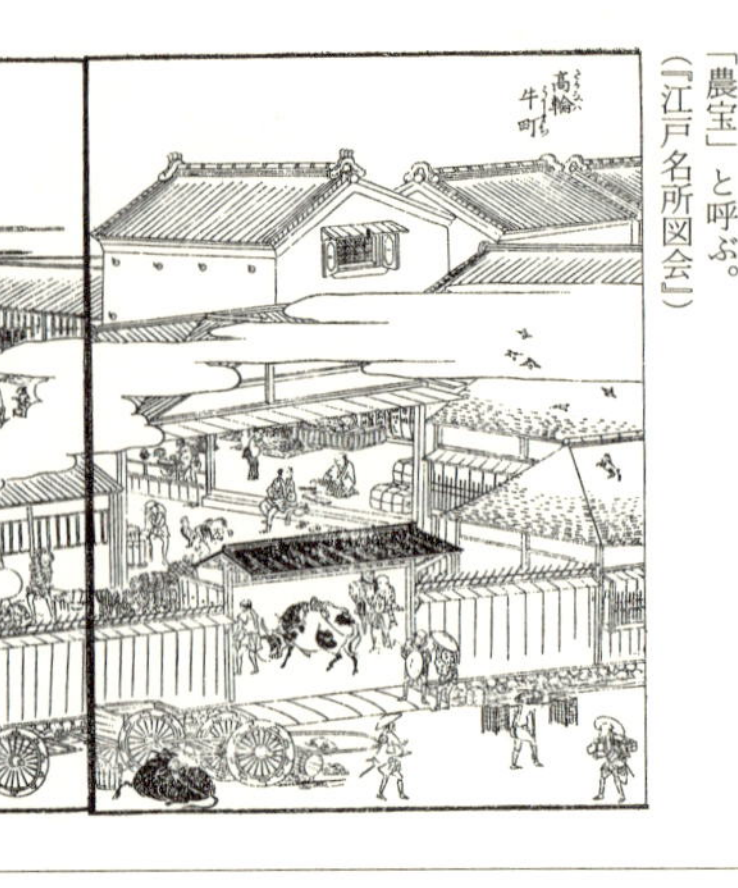

高輪牛町。
高輪のウシは、荷物の運搬の車を引くために使われた。
しかし、道路事情の悪い郊外などでは、車は使えず、ウシは多くは農耕に使われた。
大変に大切にされ、例えば、広島県壬生(みぶ)では「農宝」と呼ぶ。
(『江戸名所図会』)

したものである。在来牛は、使役牛で尻も小さく、肉用の和牛は尻が大きくなっている。在来牛は、山口県の見島に、一九九七年現在で八〇頭残っており、天然記念物に指定。

928

【狗(いぬ)　かり犬　とうけん等あり】

家畜のイヌ。イヌ科。当時のイヌの例として、次のようなものがある。甲斐犬は、山梨県の山岳地帯に古くから伝わり、猟犬、番犬に適し、天然記念物。柴犬は、小型犬で、長野県、新潟県、山陰地方に分布。天然記念物。狩猟犬に適する。チンは、清少納言の時代に記録がある犬で、他の土着の犬とはまったく異なる外見で、もっぱら愛玩犬とされる。原産地は日本。なお、現在の土佐犬は、土着の四国犬にブルドッグその他を交配し、闘犬用に作出したもの。秋田犬は、約一〇〇年前に、在来の猟犬のアキタマタギイヌから闘犬用に改良したもので、天然記念物。

929

【狐(きつね)　道灌山】

ホンドキツネ。イヌ科。山林、森、村落付近の林などにすむ。肉食性でノウサギ、ノネズミ、昆虫などを食べて有益だが、家畜のニワトリやウサギなどを襲うこともある。タヌキと同様に人間との関係は深い動物だが、雑食性のタヌキに比べて、都市化の影響を受けやすい。毛皮は優良である。なお、キツネは、ネズミの天敵であることから農業の神の稲荷の眷属(従者)とされ、信仰と結びつく。〔道灌山〈どうかんやま〉〕は、97ページ〔道灌山ノ座〕および185ページ余話3「道灌山と上野の話」、693〔装束榎〕、80ページ余話2「江戸わずらい」、309ページ余話1「キツネと稲荷」参照。＊都重要種。

930

【狸(たぬき)　中野】

ホンドタヌキ。イヌ科。雑食性で、もともと人里近くに生息。とくに最近では人にも慣れ、かなり都市化された環境でも生息している例がある。かつては毛皮用に捕獲されたが、最近では書道の毛筆用として捕獲される。[中野]は、中野区。555[桃園]参照。

931[1]【貉(むじな)】

アナグマ。イタチ科。ムジナとは、アナグマの別称である。しばしばタヌキと混同される。森にすみ、穴掘りが上手で、夜間活動する。＊都重要種。

932[2]【猫(ねこ)　三毛あり】

ニホンネコ。ネコ科。別名ミケネコ。日本在来種。色はとらぶち、白、黒、三毛とある。顔は丸く、体格はがっしりして、首もたくましい。尾は短いかねじれるものが多い。最近は、他の品種との交雑が多くなりつつある。[三毛あり]は、白、黒、茶の毛のものを三毛といい、雄はとくに珍しがられる。

933【水獺(かハうそ)　本所げんもり辺　綾瀬】

カワウソ。イタチ科。河川や湖沼にすみ、群れで魚を捕る。遊び好きとして知られる。昭和初期までは全国で見られた。現在日本では絶滅危惧種とされるが、一九七八年に高知県で撮影されたのを最後に、生息の確認はない。カワウソを略して「オソ」という。434[綾瀬〈あやせ〉]は、足立区綾瀬。[ドクゼリ]、835、886、912[2]参照。[本所源森〈げんもり〉辺]は、墨田区の南部。源森とは、北十間川にかかる源森橋のことで、別名源兵衛橋、枕橋。当時このあたりは、隅田川に接して大名屋敷などがあり、人里離れた環境ではないにもかかわらず、カワウソが生息できた。本所よりも上流の荒川区三河島の古老の話では、明治の終わりごろまで、隅田川へ夜釣りに行って魚が釣れたらすぐに帰らないと、びくをひっくり返された経験があるという。魚を狙ってびくをひっくり返したのは、カワウソの可能性もあるかも知れない。

カワウソ。葛飾北斎も、水にすむ動物はあまり見慣れてはいなかったらしい。(『北斎漫画』)

934【鼬鼠(いたち)　深川　わぐら】

イタチ。イタチ科。水辺によく現れて魚、カエル、ノネズミなどを捕るが、ニワトリなどを襲うこともある。毛皮は優良なので、雄を捕獲する。[深川わぐら]とは、深川の富岡八幡東北あたりの北本所代地町に幕府の御椀蔵があったことから、俗に「わんぐら」、「わぐら(和倉)」と呼ばれたところである。明治維新後に、付近の町を併せて「和倉町」となる。現在、江東区深川二丁目の一部。＊都重要種。

935 【兎(うさぎ)　道灌山】

ノウサギ。ウサギ科。草原、森林にすみ、特定の巣はつくらない。夜間に活動する。［道灌山〈どうかんやま〉］は、97ページ［道灌山ノ産］、185ページ余話3「道灌山と上野の話」。＊都重要種。

936 【鼠(ねづみ)　なんきん　白等あり】

イエネズミ。ネズミ科。イエネズミは、人家に出没するネズミの総称で、クマネズミ(ブラウン　ラット)、ドブネズミ(ブラック　ラット)、ハツカネズミ(ハウス　マウス)をいう。一八世紀に入ってからドブネズミが世界的に勢力を広げ、クマネズミを圧迫している。しかし、天井のネズミとして知られるクマネズミは、高いところに上るのを得意として、高層ビルなどに進出している。［なんきん］とは、中国産ハツカネズミの畜養変種で、愛玩され、また実験動物として、マウスと呼ばれる。［白］は、イエネズミ、ドブネズミなどの白化したもの。イエネズミは繁殖力が旺盛なところから、実験動物用の白ネズミがつくられた。ダイコクネズミ(ラット)はドブネズミの白化畜養種。

937 【鼷鼠(のねづみ)】

ノネズミ。ネズミ科。イエネズミ(ドブネズミ、クマネズミ、ハツカネズミ)に対して、ほかのネズミ類をノネズミという。ハタネズミは、畑、草原、河原、雑木林などに、穴を掘りすむ。カヤネズミは、ススキやヨシの生えた河原、沼などにすむ。夏は草の上に巣をつくってすむが、冬は地下、または茂みに巣をつくる。体長六センチでネズミ類のなかで最小。ヒメネズミは、平地から高山までの森林に普通に見られるノネズミ。アカネズミは、平地から亜高山までの林や畑、河原などにすむ。スナネズミもある。

938 【栗鼠(りす)　上野】

ホンドリス。リス科。針葉樹のあるところを好み、樹上に木の枝で巣をつくる。ほかに、木の葉、昆虫も食べる。本州、四国、九州に分布。(北海道にはエゾリス、シマリス、台湾にはタイワンリスがいる。最近、各地にタイワンリスが野生化している)。［上野］は、上野の東叡山寛永寺(とうえいざんかんえいじ)のこと。寺域は現在の上野公園全域よりも広かった。134ページ［上野辺ノ産］、185ページ余話3「道灌山と上野の話」参照。＊都重要種。

939 【鼹鼠(むぐら)】

モグラ(アズマモグラ)。モグラ科。地中にトンネルを掘り、トンネル内に出て来る昆虫の幼虫やムカデ、ミミズなどを食べる。モグラには、アズマモグラ、山地にすむコモグラ、ヤクシマモグラ(九州の離島)の三亜種がある。これに対して、コウベモグラは、南西日本に分布するが、関東以北には分布していない。この分布の違いは、モグラとコウベモグラの日本列島に侵入した時期の違いを示すという。すなわち、約八万年前に富士山が噴火し、富士・箱根火山帯ができた。それ以前、おそらく最終氷期の一つ前の氷期の中で、二四万年前〜一五万年前のころに日本に侵入したモグラは、関東以北にも分布できたが、噴火の後、最終氷河期(七万二〇〇〇年前〜一万年前)に侵入したコウベモグラは、火山帯を越えられなかったからだという。西南日本の平野部のモグラは、後に侵入したコウベモグラとの競争に負けて姿を消し、山地と離島に残った(守山弘著『水田を守るとはどういうことか』農文協)。カエルにも同様な分布の違いが見られるという。777[カワズ]参照。

940

【伏翼(かうもり)　あづま橋　両国橋下】

アブラコウモリ。ヒナコウモリ科。人家にすむので別名イエコウモリ。主に川や池の上空を飛びながら昆虫を捕らえる。[あづま橋]は、吾妻橋のこと。隅田川にかかる橋で、台東区と墨田区の間。[両国橋]は同じく中央区と墨田区を結ぶ橋。隅田川のそばで見られたのは、アブラコウモリであろう。なお、南葛飾郡役所発行の『南葛飾郡誌』(大正一二年)には、現在の葛飾区、江戸川区、および江東区と墨田区の一部にあたる同郡の哺乳類の中に、アブラコウモリとキクガシラコウモリがあげられている。江戸時代にも、両方いた可能性はある。キクガシラコウモリは、主に洞穴をねぐらとし、森林の近くで、甲虫などを捕らえる。顔にウマのひづめに似た独特の鼻葉(びよう)があり、耳は大きい(コウモリの仲間は、鼻孔を通して超音波を発し、鼻葉は超音波の発信方向を定める)。＊アブラコウモリ、キクガシラコウモリともに都重要種。

◉余話1　キツネと稲荷

稲荷(いなり)は、もともと農業の神であるが、それから商売繁盛へと発展し、さらには屋敷の神などに発展した。江戸ではとくに稲荷信仰が盛んであった。稲荷といえばキツネがつきものである。稲荷とキツネの関係はなんであろうか。

キツネは、稲荷の眷属(けんぞく)(従者)とされているが、なぜキツネが農業と関係があるのか。農業にとってネズミは大敵である。ネズミは、倉に保存する米（モミ）を食べたり、カイコを食べる。一方、キツネはネズミを捕らえて食べる。

そのキツネを使って、昔の人は米やカイコをネズミの害から守ろうと考えたのである。

稲荷のほこらに油揚などを供えておくと、キツネが来て食べる。キツネのオスは、イヌのオスと同様に、あちこち目立ったものに尿をかける習性がある。当然に、ほこらの周辺にも尿をかけて、縄張りを示す。稲荷の周辺の小石にもキツネの尿の臭いがつく。その小石を持ち帰って家や倉庫に置くと、その臭いで、カイコや米を食うネズミは寄りつかなくなる。その石のネズミ除けの効果は一年とされ、毎年とりかえる必要があった。尿の臭いは、月日とともに無くなるからである。やがて、その小石の効果は、そうした理屈はいつしか忘れられて、稲荷やキツネへの信仰へと変化し、御札や焼き物の像になったということである。

こうした天敵を利用した害獣防除には、ニホンオオカミの例がある。山村では、シカ、イノシシ、サルの害を防ぐために、犬神様を信仰する。神社から受けた神札を、門口に貼る。紙の札の以前は、木の札で、また陶器の犬の像や、神社の境内のスギやヒノキの皮であったという。これは、ニホンオオカミのオスの尿の臭いが、害獣を寄せつけない効果があることから、信仰へと変化したものと思われる。秩父の三峰神社では、昔はオオカミに餌を与えていたという。こうしたオオカミに餌を与えて大切にする例は、各地に多くあった。

パート・3

解題

第一章　岩崎常正と本草学

岩崎常正（灌園）のこと

『武江産物志』の著者の岩崎常正は、通称を源蔵（源三）といい、後に灌園と号した。天明六（一七八六）年、現在の台東区上野のＪＲ御徒町駅付近の下谷三枚橋で生まれた。その家は、代々御徒（歩兵）で、三河以来の将軍直属の家臣の「直参」ではあるが、後家人であった。それは、旗本と違い、将軍に直接お目通り（拝謁）できない「御目見以下」の身分である。常正は、家督を継ぐと徒組に属した。平素は江戸城の玄関などに詰め、将軍出行に際しては徒歩で先導する役目である。

常正は、幼い時から植物に興味をもち、若くして本草学に精通していたらしい。文化六（一八〇九）年に、二四才で小野蘭山に入門するが、蘭山は翌年病没している。文化一一（一八一四）年、二九才の時に、幕府要職の若年寄の堀田摂津守正敦の推挙で、幕府の事業である『古今要覧』の編集にかかわった。

堀田正敦は、近江国堅田（滋賀県大津市）の藩主で、後に下野国佐野（栃木県佐野市）藩主となったのだが、老中松平定信に登用され、四三年間も幕府の要職を勤めた。その正敦が常正の支援者であった。常正は、身分は低かったが、本草学を通じて引き立ててくれる人があったことが幸いし、幕府の土地を借りて草木を栽培し、研究することもできた。

後に常正は、薬草を研究する本草会をつくり、講義すると同時に、また野外でも指導を行った。常正は、文政七（一八二四）年には、その住まいを道灌山に近い谷中に移した(現在の谷中二の五)。二〇〇〇余種類の植物を記載した当時世界最大の植物図鑑の『本草図譜』九二巻の原本の挿絵も自ら描いて編集。ほかにも『草木育種〈そうもくそだてぐさ〉』、『救荒本草通解〈きゅうこうほんぞうつうかい〉』、『本草穿要〈ほんぞうせんよう〉』、『日光山草木之図』、『綱救外編』などの書を著し、天保一三(一八四二)年、五七才で没した。

江戸時代の本草学

本草学とは、薬草に限らず、薬物となる動物、鉱物をも研究する中国から伝わった学問である。その範囲は、医療に用いる動植物、鉱物の研究だけでなく、飢饉に備えて食べられる山野の植物(救荒植物と呼ぶ)や有毒植物を学ぶことにも及ぶ。それを「救荒本草」という。常正も『救荒本草通解』を著している。本草学は、西洋の博物学との共通点も多かった。

江戸時代には、園芸が盛んで、植物の珍品、奇品の収集や品種改良の技術も進歩するが、自然の動植物などへの興味も高まり、学者以外の人々、例えば大名などの間にも本草学は大いに関心がもたれた。「赭鞭会」という本草学の同好会もつくられ、江戸ばかりでなく、全国にも多くの著名な本草学者がいた。ちなみに、赭鞭とは、中国の伝説の帝王の神農が、薬草を探す時に携えていた赤い鞭のことである。

例えば、平賀源内は、讃岐(香川県)の高松藩から江戸に出ると、石綿で火に燃えない火浣布をつくったり、摩擦電気の発電機「エレキテル」で人々を驚かせる一方、一七六〇年代に物産会をしばしば催した。物産会とは、各地の物産を集めた展示会で、本草学者の情報交換の場とされたが、一般の人々にも大変人気があった。

常正が入門した小野蘭山(一七二九～一八一〇)は、伝統的本草学の「本山」とも

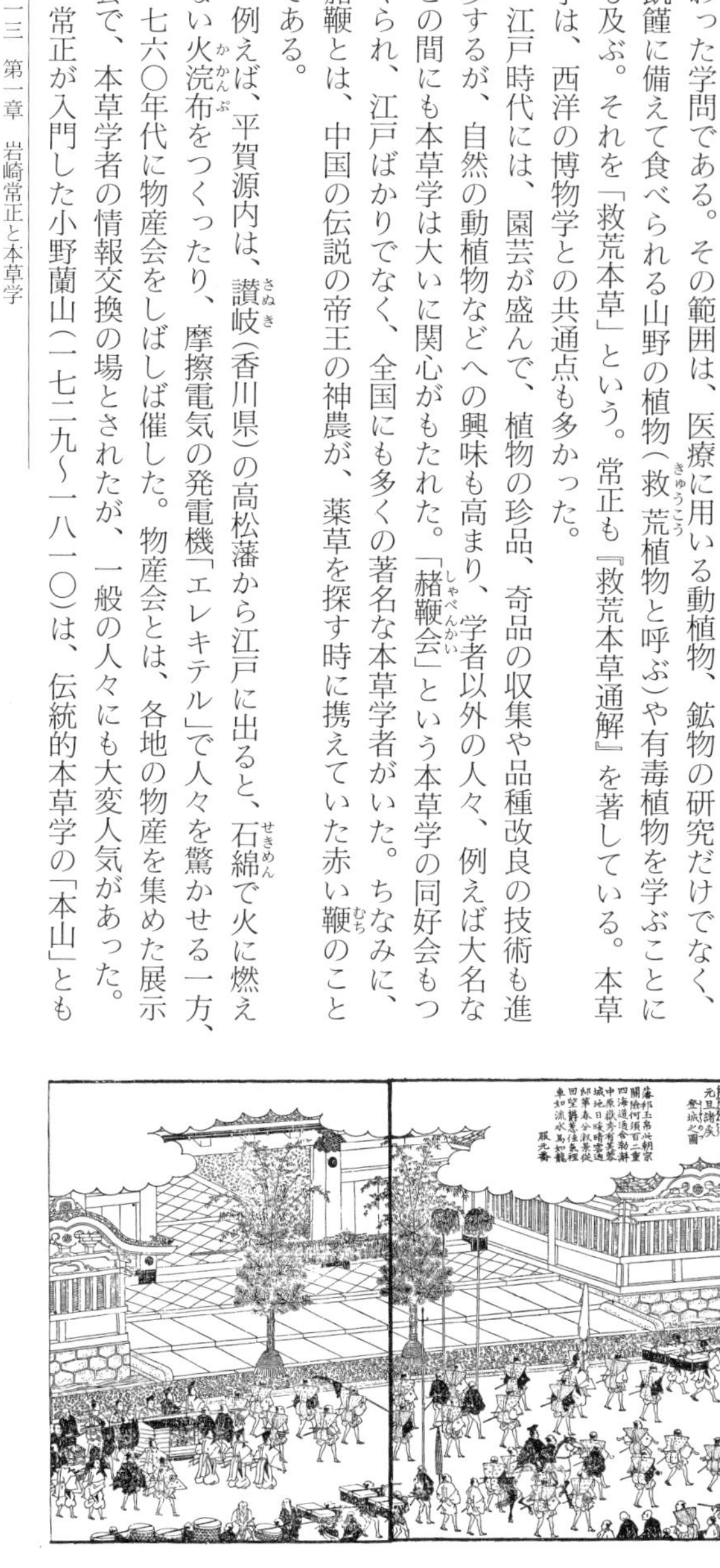

江戸の武士。幕臣の小普請(こぶしん)組は、普段は仕事がない。幕府の小工事がある時、自己の費用でそれを行う。ひまだが生活の苦しい武士は家計の足しに植木を育てた。大久保のツツジや下谷のアサガオ、桜草などの栽培や本草学の流行も、こうした事情もあった。(『江戸名所図会』)

いうべき京都にあって本草学を教えていたが、寛政一一(一七九九)年に、幕府の医学館の教師として江戸へ招かれた。蘭山は、江戸に来てからは高齢にもかかわらず、各地へ採薬に出かけ、門人を指導した。京都、江戸を通じての門人は一〇〇〇人を超えるといわれる。

尾張(愛知県)の伊藤圭介(一八〇三〜一九〇一)は、文政九(一八二六)年、オランダの出島商館長の江戸参府に随行したシーボルトを熱田に出迎え、またその帰り道にも面会した。長崎でシーボルトから植物学を学び、文政一二(一八二九)年『泰西本草名疏〈たいさいほんぞうめいそ〉』を著し、リンネの分類学や学名をわが国に紹介した。また、後に東京大学の教授となる。伊藤圭介が、明治六(一八七三)年に文部省から出版した『日本産物志』のうち「武蔵　上・下」には、『武江産物志』が大きな影響を与えている。

ドイツ人のシーボルトは、オランダ出島商館の医師として、文政六(一八二三)年に来日し、長崎滞在中の六年間に長崎の鳴滝塾（なるたきじゅく）で西洋医学、博物学などを教えた。当時の日本人に与えたその影響ははかり知れない。常正は、シーボルトの肖像を描いているが、文政九(一八二六)年の江戸参府の折りのものであろう。

『武江産物志』のもつ意味

享保一九(一七三四)年、将軍吉宗は、加賀藩主前田綱紀（つなのり）から稲若水（とうじゃくすい）が編集した本草学の諸説を集めた本である『庶物類纂〈しょぶつるいさん〉』の献上を受けて、その続編の編集を丹羽正伯（にわしょうはく）(180ページ余話1「江戸時代の薬」参照)に命じた。そして、その資料とするために、全国の天領（てんりょう）(幕府の直轄地)、寺社領などへ、各領内に産する動植物、鉱物などの報告書の提出を命じた。これを『諸国産物帳』などと呼ぶ。しかし、肝心の江戸周辺の産物については、なぜかこの時には調べられなかった。その後も、江戸に関する地誌の類は多いのに、産物についてはほとんど出版されていない(221ページ余話2「江戸のガイドブック」参照)。『武江産物志』の出版は、文政七(一八二四)年で、この『諸国産物帳』の調査からは、実に九〇年後になる。

『武江産物志』は、江戸の近郊での産物、すなわち農産物をはじめ身近な自然の動植物に目を向けて記録したもので、当時の江戸周辺の自然環境を知る上では、貴重な記録である。ちなみに、この本のほかには虫塚(むしづか)で有名な大名の増山雪斎(ますやませっさい)の『虫豸帳〈ちゅうちちょう〉』、一八三〇年代に毛利梅園(もうりばいえん)が描いた『梅園虫譜』などや将軍の狩猟の記録、明治六年の『日本産物志』(伊藤圭介著、文部省)以外には、外国人の断片的な報告があるのみで、まとまった江戸の自然そのものの記録で採集や観察の地域を特定できるものはほとんどないといっても過言ではない。

常正の記録したものは、人里離れた地域の特別なものでもないのに、なぜ注目に値するのか。これまで一般には、人が手を触れていない自然こそ貴重なもので、「人と関わりのある身近な自然は、二次的なもので価値の低いもの、とるに足らないもの」と考えられてきた。そのために日本各地で、身近な自然は惜しげもなく失われた。その中には、すでに野生では絶滅したトキ(862)を初めとして、いまでは日本から絶滅する恐れのある種(しゅ)が多く含まれている。

人と関わりのある身近な自然は、一見強くて容易に滅びそうには見えない。ところが、身近な自然は、実は、人里離れたところの自然と同様に、微妙なバランスの上に成り立っているものも少なくない。『武江産物志』の重要な意味は、身近な自然と人の活動との関係を深く知るための手掛かりとなるものと考えられる点にある。

第二章　江戸の自然と人の暮らし

『武江産物志』の記録範囲は、今の東京都と埼玉県、神奈川県の一部である武蔵国のうち、江戸すなわち「御府内」とその周辺、それに下総（千葉県の一部）の一部を含む。その肝心の江戸の範囲は、従来幕府内部でも明確ではなかった。

江戸の範囲

幕府は、文政元（一八一八）年に「御府内」の統一見解を示した。江戸城を中心とする範囲と街道沿いに伸びた市街地が、俗にいう「市中」で、地図の上で黒い線で囲った。後の旧東京市内にほぼ相当する。そして、その周辺地域、すなわち、東は中川、西は神田上水まで、南は目黒川周辺まで、北は荒川・石神井川下流あたりまでを地図に朱線を引いて囲い、その内側を「朱引内」と称し、「御府内」とした。この図を「江戸朱引図」という。

「御府内」には多くの農村部が含まれていた。その農村部を地方と呼んだ。市街地を町方と呼ぶが、江戸の人口の約半分の町人（工、商階級）の住居地域などは、ほんの一握りの限られた範囲でしかなかった（220ページ余話1「長屋の花見」参照）。また江戸は、参勤交替制度による特殊な政治都市、軍事都市であり、武士階級人口の異常な集中もあって、緑の多い広大な大名屋敷、武家屋敷が多数あり、寺社も多かった。江戸は緑の多い町であった。

台地と低地と川の流れ

江戸とその周辺は、大きくは西の武蔵野台地と東の東京低地に分けられる。

山の手・下町は、ほぼこの台地と低地のそれぞれ一部にあたる。武蔵野台地の東の端が、上野から赤羽に続く崖である。その崖下から東の下総台地にいたるまで続く低地を東京低地という。そこには荒川、中川、江戸川(当時は利根川ともいった)が流れ、それらをつなぐ水路、掘割が縦横に掘られていた。

現在の利根川は、もとは江戸湾に流れていたが、主な流路を銚子(千葉県)へ流れるように変える工事が、承応三(一六五四)年に完成した(利根川の東遷)。渡良瀬川の下流部の太日川も整備して江戸川とした。

これにより、東北地方から太平洋岸を南下して来た船は、銚子に着くと、荷を高瀬舟に積み替えて利根川をさかのぼり、関宿(千葉県関宿町)に至る。そこから、もとの太日川である江戸川を下り江戸湾に至れば、安全に大量の物資を江戸へ輸送できた。ちなみに、馬一頭、馬子一人で米が二俵しか運べないが、船なら船頭一人あたり米一〇〇俵、最大級の高瀬舟なら、船頭、水夫七、八人で九〇〇～一二〇〇俵運べた。

また、利根川の支流の荒川は、寛永六(一六二九)年に久下(埼玉県熊谷市久下)で流路を変更し、入間川につなげ、利根川から切り離した(荒川の西遷)。その結果、入間川筋の水量が増し、入間川や荒川の上流から、舟やいかだでの輸送が円滑になった。

荒川の下流は、江戸に至って隅田川、浅草川などと呼ぶが、そこには一切堤防は築かなかった。一方、江戸の入り口の千住の下流に、両岸に逆ハの字状に堤防を築いた。その二つの堤防はジョウゴの働きをして、大雨の時にはそれより上流の地域に水をあふれさせることで遊水地の役目をさせた。その上流の地域は、土を高く盛った「水塚」の上に物置を建て、軒下に舟をつるすなど水害に備えた(164

箕輪(みのわ)　金杉　三河島。
現在の荒川区の地域を描く。
冬の将軍の鶴御成り(鷹狩り)のために、
秋から
鶴を呼ぶ飼付場に指定されると、
自分の田畑でも
立ち入り禁止。
ツルは、
真名鶴、黒鶴の記録はあるが、
タンチョウの記録は不明。
樹木はハンノキであろう。
(『名所江戸百景』歌川広重画)

ページ［隅田川辺］参照）。

そうした地域では、水と関係する動植物は豊かに育まれた。そこは、幕府にとって特に大切な「鶴御成り」の狩り場とされ、獲物のツルやカモ等の野鳥を呼び寄せておくことが要求された（291ページ余話1「将軍と鷹狩り」参照）。

また、江戸の飲料水の確保のため、幕府は、井の頭から神田上水を整備する。後に多摩川の羽村から四ッ谷大木戸まで、約五〇キロの玉川上水を掘る（537「小金井　玉川上水辺」参照）。その玉川上水から、野火止用水その他が分けられ、水の乏しい武蔵野の台地を潤した（155ページ［野火留平林寺］参照）。

武蔵野台地の一部を「山の手台地」と呼ぶが、その南部では、多摩川低地に向かう谷が台地を浸食している。また、東北部では神田川（江戸川とも呼んだ）を初めいくつもの川が谷を刻んでいて、そのため上野の台地、本郷の台地、小石川の台地に分かれている。これらの台地と麹町の台地、赤坂・麻布の台地が江戸時代の「山の手市街地」である。

江戸には緑が多かった

『武江産物志』には、市街地の近くでも少なからず山地性の動植物が記録されている。それは生き物が各地を自由に行き来できたことを意味する。孤立した集団では、遺伝的にも衰えて絶滅する。そうした自然を主として成り立たせていたのは、肥料や燃料などの多くを山野から得ていた農業であった。自然への適度な人の関与が、生き物の移動や物質の循環を円滑にしていたとも言えよう。

江戸周辺、とくに武蔵野台地では、村（住居）、野良（畑）に加えて山（雑木林）が配置された（125ページ迅速測図参照）。雑木林は、風を防ぎ落ち葉を堆肥とし、伐採して薪や炭とした。薪は、舟で遠く離れた地域からも江戸に運ばれた。舟運が困

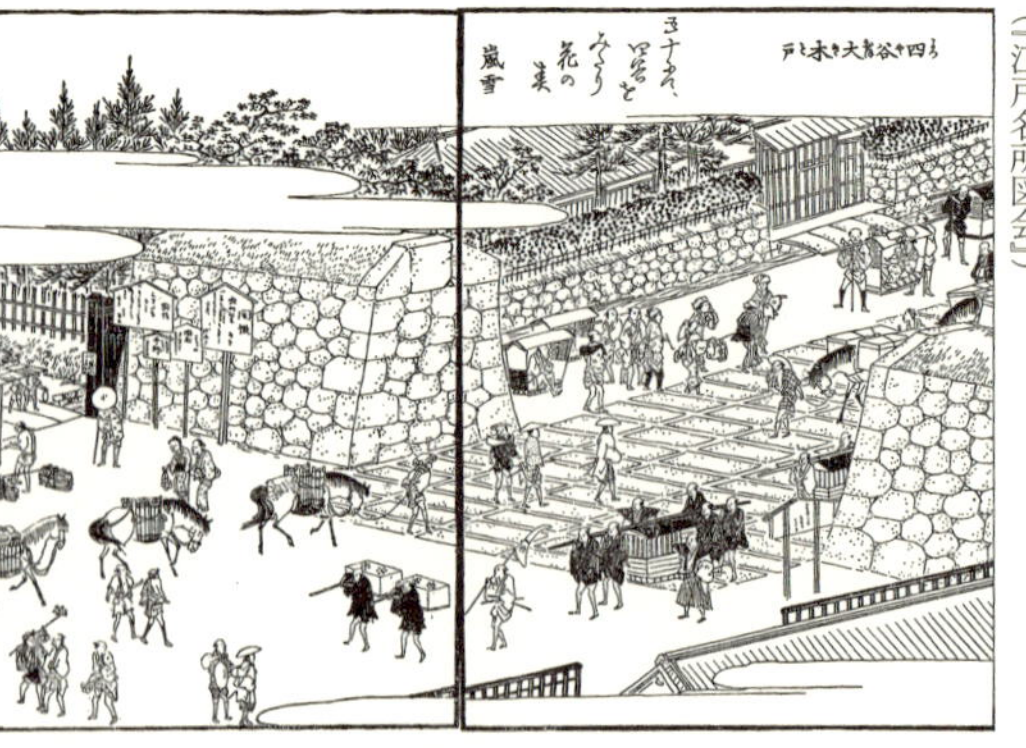

四ッ谷大木戸。玉川上水は、羽村から素掘（すぼ）りで甲州街道の出入り口の四ッ谷大木戸（新宿区）に至り、そこから暗渠（あんきょ）で江戸城虎ノ門に達した。大名屋敷に配水したのち、下町地域を神田上水と配水地域を分けて給水された。（『江戸名所図会』）

難な地域では、重い薪よりも、炭に焼き、軽くして江戸へ運んだ。

雑木林は、落ち葉を堆肥とするので、畑や水田の面積に対して一定の割合が必要とされ、ほぼ一定の面積と一定の間隔で配置された。そのため、雑木林は、野鳥などの生き物の移動にとって好都合な飛び石となった。雑木林の林床は、落ち葉かきや下草刈りが行われ、アズマネザサなどは刈り取られた。それによって雑木林の下では、カタクリ(246参照)などの春植物やギフチョウなどが遠い昔から生き残って来た。その一方で、下草刈りは一様ではなく、用途の多いアズマネザサの一部は保全され、その笹やぶにウグイスが営巣し、その巣に托卵するホトトギスが来た(302ページ余話1「雑木林と野鳥の移動」参照)。

ところで、牛や馬一頭を養うのに、年間で約一ヘクタールの面積の草地が必要であった(『むらの自然をいかす』守山弘著)。土手、草原、茅場などで刈られた草やススキやオギ、ヨシなどは、牛馬の餌(飼料)のほかに、堆肥となり、燃料や屋根材料などともされた。春に太陽の光を必要とするサクラソウは、荒川の河原の湿った草原にあって、草刈りや野焼きされることで生きられた(227ページ余話5「サクラソウの話」参照)。

また、江戸の周辺には、水田を灌漑する用水がめぐらされていた。江戸の東～北東の低地の、荒川の左岸の埼玉県東南部、足立区、葛飾区などの水田には、遠くの利根川から見沼代用水、葛西用水が引かれていた。荒川の下流の水は、地形からも、また塩分が混じることからも農業用水には使えなかったからである。荒川の右岸の北区、荒川区、台東区でも、荒川ではなく石神井川からの用水の水を使った。市街地にも交通路としての「掘割」が縦横にめぐっていた。舟で農村から江戸の市街地へ農産物が運ばれ、その逆に市街地からは屎尿や灰などが肥料とし

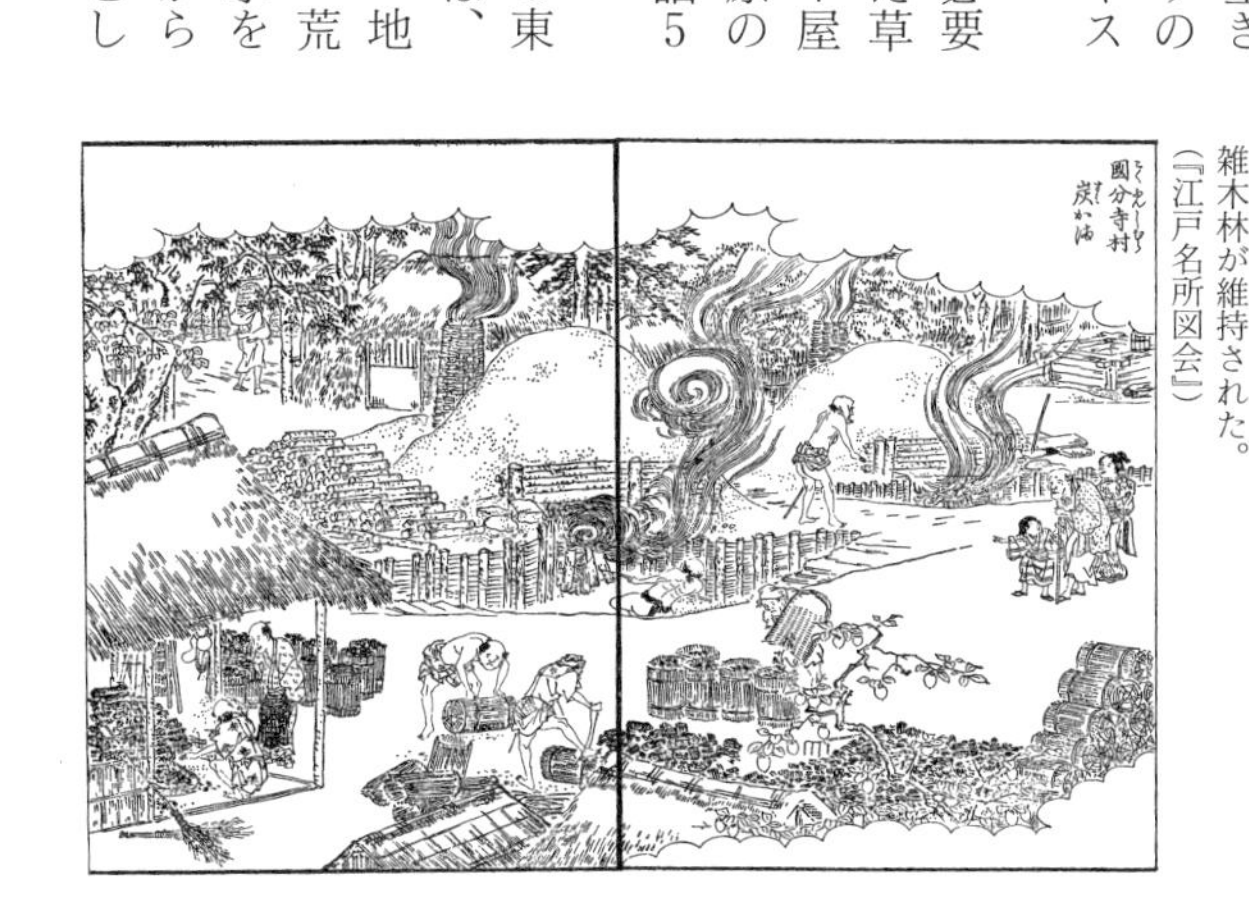

国分寺村　炭かま。重い薪(たきぎ)は、舟が使えればかなり遠くからでも江戸へ運べた。舟運(しゅううん)の便がない関東山地や国分寺などでは、炭に焼き軽くして、江戸へ出した。そこでは、炭にするためのコナラやクヌギ、イヌシデなどの雑木林が維持された。(『江戸名所図会』)

て農村へ運ばれた。また、水にすむ生き物、魚類などは水路を通じてかなり自由に移動できた。とくに水田や小川と川との往来が必要な産卵の習性をもつメダカやドジョウ、ナマズ、フナ、コイなどは豊富で、それを餌とする水鳥も多く、市街地でもコウノトリやトキも珍しくはなかった。市中には、農地もあり、多数の寺社は緑地を含み、江戸城はじめ各大名の屋敷には、それぞれに自然の地形を利用した池や林のある庭園が造られていた。それらは、市街地にあって、生き物の移動の拠点として大切な役割をしていた。

江戸の海辺には、広大な浅瀬や干潟(ひがた)があった。江戸の住民が出す生活排水は、ドブから「悪水落とし」と呼ぶ小川を通じて川へ流され海辺に至った。そこでは生活排水の汚れは、おもに干潟に生活する生き物の栄養となって浄化された。干潟の生き物は、ノリや、アサリやシジミのみそ汁、佃煮などとして江戸の庶民の食卓に直結し、江戸城の前面の海でとれた魚は「江戸前」として賞味された。魚河岸の魚のゴミや干鰯(ほしか)などは、農村へ運ばれ肥料とされ、農産物となり都市へもたらされた。その海辺は、潮干狩りなど人々のレクリエーションの場でもあり(168ページ［洲崎］参照)、また多くの水鳥の生息環境としても重要であった。

第三章　江戸に学ぶ

江戸時代の農業や河川改修などは、自然の地形やその土地の成り立ちを巧みに利用していた。それは自然を大きく損なうことはなかった。また、都市と農村

江戸の自然はいつ失われたか

との物質循環のさまざまな段階を生き物が利用することで、自然と共存していたといえよう。

ところが、明治一〇年代から、隅田川の岸辺に工場が進出する。明治二二(一八八九)年、東京市区改正計画(後の都市計画)がつくられるが、途中で挫折し、明確な都市計画もないまま、市内の隣接地も徐々に都市化していく。

維新後まもなく、コウノトリやツルなどの大型の鳥類が姿を消す。銃による狩猟もさることながら、将軍の鷹狩りのためにツルなどを呼び寄せるべく、鳥見(とりみ)が樹木の伐採まで厳しく取り締まった規制がなくなったことも大きく影響したであろう。しかし、その他の鳥類や昆虫などには、大きな変化はなかった(291ページ余話1「将軍と鷹狩り」)。

大正一二(一九二三)年の関東大震災では、下町地域はほとんど焼失した。昭和七(一九三二)年、新しく区に昇格した旧郡部である周辺区には、市内から移住した人々が急増する。水田や畑が住宅や工場にかわるが、都市設備の不備による生活条件が著しく悪く、長屋などが不良住宅地区として社会問題となった。しかし、自然への大きな影響は、ほぼ旧市内と、すぐ隣接した旧郡部の範囲にとどまっていた。

太平洋戦争により、東京の大部分は焦土(しょうど)と化したが、昭和三〇年代中ごろ(一九五五〜六〇)までは、足立、葛飾、江戸川、板橋、練馬などや多摩川沿いの県境の周辺市区、中央線沿線などには多くの農地や水路、雑木林があり、郊外の様子が残っていた。

戦後もまもないころは、荒川、隅田川でシラウオがとれ(816参照)、東京のすぐ軒先の湾内では潮干狩りや海苔の養殖も行われていた(78、79、80［ノリ］参照)。

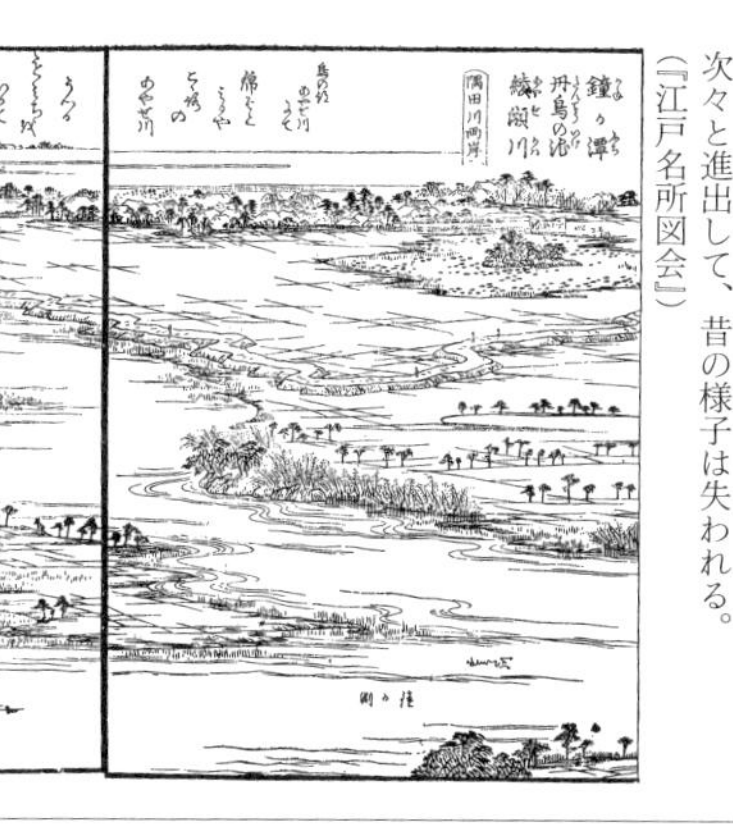

鐘(かね)が淵(ふち)　綾瀬川。
隅田川に旧綾瀬川が合流するところ。
ここに明治一八年、
東京綿会社(鐘が淵紡績＝カネボウ)が開業。
また近くの隅田川の岸辺には、明治一二年、
南千住に官営千住製絨所(ラシャ場)、
明治一九年に東京板紙その他の工場が
次々と進出して、昔の様子は失われる。
(『江戸名所図会』)

東京の中心からはやや後退したものの、江戸時代の自然と本質的に違いがない東京の自然は、まだ周辺にとどまっていた。周辺の農村には大きな変化はなく、生き物は周辺からも供給されていたからである。

決定的な時代の変化

いつごろどんな生き物が東京の各地から消えたかの調査がある。『都市の自然史』(品田穣著・中央公論社)によれば、生き物の種類によってその時期は異なるが、おおむね昭和三五(一九六〇)年あたりから、急激に少なくなり、昭和四〇年ごろには、東京の周辺部からも身近な生き物が一斉に姿を消したという。私自身の経験からも、東京オリンピックは、その時期の象徴であった。そのころ、周辺の区部も急激に都市化し、下水道の不備や工場排水による水質汚染(公害)などが著しくなって水辺の自然は失われた。さらには多摩地域、埼玉県、千葉県のベッドタウン化が進み、市街地がどこまでも続くようになる。

工場の地下水汲み上げで地盤沈下は著しく、とくに荒川・隅田川に囲まれた「江東デルタ地帯」と呼ぶ地域の地盤は、海面下となって、ほぼ古墳時代に逆戻りした。荒川の洪水に備えて明治四四(一九一一)年から開削した荒川放水路(現在の荒川の下流部)は、海からの高潮に対しては東京を守れなくなった。江戸時代から堤防のなかった隅田川には、高潮を防ぐため、「刑務所の塀」と呼ばれた防潮堤が大急ぎでつくられて、隅田川の岸辺は完全にコンクリートで囲まれた。隅田川の水質は、異臭を放つまでに悪化した。

生き物が消えた原因は、単に都市の膨張や公害だけではない。日本人の生活様式そのものが激変したのである。炭を使った火鉢は、石油ストーブにかわる。台所のかまどや風呂釜の燃料は、薪からガスや電気にかわり、薪や炭は必要がなくなり、雑木林は伐採されず、下草刈りもなくなった。下肥(しもごえ)や堆肥(たいひ)は化学肥料にかわる。都市から排出される生ゴミや屎尿(しにょう)、灰が農村で肥料に使われ、野菜となって都市へ戻っていた循環がなくなった。

農薬や除草剤が使用され、河川や灌漑(かんがい)用水路はコンクリート三面張りとなって魚がすめず、それを餌(えさ)とする水鳥も激減した。水田はあっても、圃場(ほじょう)整備が進み、冬の水田はからからに乾燥する。灌漑の方式がかわったために、激減した生き物もいる。水田で産卵し、成長すると川で生活するナマズなどの魚類は、用水路がコンクリートやパイプにかわり、水田との高低差ができ、ポンプで揚水(ようすい)するなどのため、水田への出入りができなくなった。生物も循環できなくなったのである。

米があまって、減反(げんたん)により水田そのものが減少し、山野はゴルフ場にかわる。生き物の豊富な山の間の田の「谷津田(やつだ)」は都市からのゴミで埋められる。農村から生き物がまったく消えたのではないが、なにより雑木林や草原などを生活の場とし、人との関わりで微妙なバランスの上に生きていた植物や昆虫などがまず先に姿を消した。

一歩進んで二歩下がる

利根川から荒川への武蔵水路の完成で、隅田川の汚れに対して、昭和四〇(一九六五)年より、荒川から浄化用水が導入されるようになった。さらに排水規制や下水道の普及により、水質も次第に改善され、昭和五三(一九七八)年、水質汚染のために中止されていた隅田川の花火が一七年ぶりに復活した。このころになると、特定の工場が汚染源とされる水質汚染や大気汚染は少なくなる。その一方、大量生産、大量消費、大量廃棄という人々の日常生活そのものが、それまでと違った環境問題を引き起こすようになった。

八〇～九〇年代のバブル経済により、各地で「地上げ」され、いたるところに高層、超高層ビルが林立するようになり、今では、わずか四〇～五〇年前の東京の様子は想像すらできなくなった。緑の失われた地域では、熱がこもり、ヒートアイランド現象が起こる。幹線道路の上には自動車の排気ガスによる熱で上昇気流が起こり、「環八雲（かんぱちぐも）」として有名になった連続した環境汚染雲が見られるようになった。このため土地の高度利用に対して緑地の確保が義務付けられ、屋上緑化さえもが奨励されている。

河川に関しては、一九九〇年に建設省から、「多自然型川づくり」の通達が出された。一九九七年には、河川法が改正され、建設省の仕事として、治水、利水に加えて環境保全が盛り込まれた。これにより荒川やコンクリートに囲まれた隅田川にも、「自然」に注意が払われるようにはなった。しかし、その地域の「もともとの自然」に対しては、いまだ注意が十分に払われているとはいえない場合が多い。

身近な自然の大切さ

雑木林や水田に見られるような二次的な自然、身近な自然は価値が低く見られることが多い。しかし、例えば谷津田が埋められ、雑木林が失われることは、自然環境の多様性が失われ、環境が極端に単純化することであり、大きな問題である。かつては、狭い範囲の中でも地形や多様な環境を利用し、適した品種を選択して多種類の農産物が生産された。そこには多様な環境に暮らす多くの種類の生き物が生きていた。なかには、東京近辺のカタクリ（246参照）のように、約一万年前に最終氷期が終わった後でも、人手が入った雑木林の下で生きてきたものや、人工の水田を自然の湿地とみなして利用してきたもの（777「カワズ」、833「ナマズ」

参照）、さらには、草原など人との関わりで成り立つ自然があった（227ページ余話5「サクラソウの話」参照）。この人と生き物との関係の長い歴史が、わずか四〇〜五〇年の極めて短時間で失われる恐れが出てきた。一つの生き物が失われただけでも、食べたり食べられたりする生物相互の関係が成り立たなくなり、関連した生き物が次々と失われ、渡り鳥などでは世界的に影響がでる。

人に対する影響はどうか。最近はジャンボ機でネギやエダマメまでもが外国から来る。便利で豊かすぎて、農業や林業が変化し在来の自然環境が変化していても深刻には感じられない。その一方で、人は相変わらず自然を求めるが、交通手段の発達で「自然は、遠くにあればよい。また、外国にあれば日本になくてもいい」というかも知れない。しかし、今や食料自給や防災（水田や山林の保水力の低下や土砂流失等）、水などの循環の点から見ても、異変が起これば大パニックになってもおかしくはない。外国に頼れないものもあることを忘れている。

かつては町はずれには小川があり林があって、トンボを追い小魚を釣り、セミの鳴き声を聞いては俳句をつくった。温暖な地域で大多数の人々が農業を続けてきた。生き物相互の関係や物質の循環を目のあたりにして生活してきた民族の文化、精神構造などへの急激な環境の変化による影響の心配もある。

今や日本に限らず、人と自然との関係がますます希薄になれば、地球規模での自然環境がさらに失われ、人類の生存そのものがあやうくなることすら懸念されている。

だからといって、「今の生活を、江戸の昔に戻せ」というのはとても無理なことである。現在、農業や林業について、自然環境からも、国土保全、その他の方面からもいろいろな提案がなされている。農業や林業だけではなく、リサイクルなどの問題についても政府は環境基本法にもとづく環境基本計画を定めている。しかし、市民の一人一人がこれまでのような経済最優先、大量生産、大量消費、大量廃棄の生活スタイルや価値観を改めなければ、そうした提案や政策も真価は発揮できない。自然環境などは輸入できないことを思い出さねばならない。

　そのためには、まず、ほんの昨日まであった身近な自然、江戸の自然に目を向け、それを見つめなおすことが必要なのではなかろうか。

外来種の問題点

　日本の自然にとっての難問は他にもある。それは外来種である。最近では、いわゆる従来の帰化動植物だけでなく、国内の移動でも本来の自然分布の範囲外に人為的に移動したものも含めて「外来種」と呼ぶようになった。もともとその地域に分布していたものは「在来種」という。

　帰化動植物とは、①人がよそから持ち込んだもので、②野生状態で見られる、③外国から来たものであること、この三つの条件を満たすものをいう。古くは日本列島への人の移動やイネの渡来とともに来た植物（史前帰化植物ともいう）もあるが、とくに幕末〜明治以降に外国からきたものを帰化動植物と呼ぶ。

　今、外来種、特に帰化動植物によって、日本列島の成り立ちや人の働きかけとも関連した長い時間の歴史を経た日本の在来の自然が失われる危険が出てきた。最近の帰化動植物の増加は、種類数の増加も特定の種の個体数の増加も異常である。貨物や作物に紛れて来るものばかりか、輸入したペットを捨てたり、魚釣り目的の放流や、ダムや道路建設で種子がまかれる場合などもある。

　帰化動植物は、日本の在来の自然への脅威であるばかりか、農林水産業へ莫大な経済的損害をもたらし、花粉症など人の健康にも大きな影響を与えている。だが、それも非常に長い目で見れば日本の風土に適さず、やがて淘汰(とうた)されるかも知れない。しかし、それまでには長い時間がかかり、多くの在来の動植物が絶滅したり、交雑してしまうだろう。今、真剣に対策を講ずる必要がある。

また、国内間でも本来の生息地以外の地へ、人により移動させられる動植物が急増している。しかもその問題点を意識しないで行う人が多い。人手による移動が国内間の場合も、その本質的な問題点は、帰化動植物の場合と同じである。

さらにやっかいなことには、帰化種は、外見で見分けられることが多いが、国内間の場合には、専門家でないと形態だけでは識別が困難な場合も少なくない。種の保存ばかりか、各地の個体群の保護にも目を向ける必要がある。

例えば、メダカが絶滅危惧種に指定されるや、にわかに注目され飼育や放流が盛んになった。今では、野外のメダカでも、外見だけでは識別は困難なため、DNAを調べないと、その地域にもともといたものかどうかが分からなくなった。

水源林にはブナがよいと聞くや、荒川の下流の町から秩父の山へ青森産のブナを植えに行った例もある。さらにはある市で、約二〇〇キロメートルも離れた沼から水草を移植したら、その地域にはそれまで見られなかったトンボが発生した例がある。水草に産みつけられていた卵が水草とともに運ばれたと思われる。

自然回復と称して、愛知県産の木節粘土(きぶしねんど)の団子(だんご)に外来種の種子を入れて荒川へ散布した例もあり、「外来種を問題とすることは、外国人排除の思想に結びつくのでは」と心配(?)する人もいる。こうした例をあげたら切りがない。現在、国は重い腰をあげて、やっと外来種問題に取り組みだしたが、前途は多難である。

「都市の自然」を回復するには

いま、都市について、その自然の回復への考え方を整理してみよう。最近、各地で「自然の回復」や多自然型河川づくりなどが盛んである。しかし、そこに回復すべき自然は何かとなると、意見はなかなかまとまらない。各地からの寄せ集まりである都市の住民は、それぞれの出身地や外国の自然をイメージするからではないだろうか。

「自然の回復」とは、その土地につい最近まであったが今は失われた、その自然を回復することである。それは、例えば気候が今とは大きく違う氷河期や、海が内陸にまで入り込んでいた約五〇〇〇年も前の縄文時代の自然ではない。また、外国の自然をモデルにした「緑化」や「ガーデニング」などは、それぞれに目的はあるだろうが、自然回復とは同じではない。遠くの地域からや産地不明の動植物を持ち込むような誤った「ビオトープ」づくりや、美しいからとコスモスやポピーを河川敷一面広大に植えることなどは、それらが逃げ出したり(逸出する)、本来そこにあるべき動植物に好ましくない影響を与えることを考えるならば、むしろその地域の自然破壊行為である。

これまでパート・2で、『武江産物志』の各地に見られた動植物名から、その地域の自然を「復元」して来たが、台地には台地の、低地には低地の自然があり、それらは、まったく放置されたものではなく、適度に人手が入ったものであったことが分かった。それぞれの土地の歴史と自然とを、過去の記録によってしっかりと確認する必要がある。

まだ残る「江戸の自然」

『武江産物志』の自然、すなわち江戸の自然は、少し注意すれば、東京の各地にまだその名残りが見つかる。例えば、『武江産物志』の「道灌山〈どうかんやま〉ノ産」に記録された植物は、かつての面影は失われたとはいえ、JR東北本線に

道灌山(どうかんやま)の図。享和～文化年間(一八〇一～一八)の道灌山。崖下の道は、今はJRの線路。風景は激変したが、武蔵野台地と低地との関係は変わらず、ここから王子、赤羽、板橋区赤塚方面へと続き、西日暮里公園や赤塚公園の斜面林には昔の道灌山の植物がまだ残る。(昇亭北寿画)

そった上野(台東区)から赤羽(北区)、さらに赤塚(板橋区)へと続く崖地や斜面林にわずかに残る。「尾久ノ原」の植物は、荒川の上流の浦和の田島ヶ原(さいたま市)にそのほとんどが見られ、荒川の下流の湿地にも少なくない。

そのほかにも、多摩川、外堀の緑地、皇居、目黒の自然教育園、上野公園などにも見ることができる。カントウタンポポの群落も、例えば都心の浜離宮庭園などにも残る。しかし、同じ東京の緑でも、江戸以来の地元に伝わる自然なのかどうかを見極める目を養う必要があろう。例えば、明治神宮の杜は、広大で一見自然の森のように見えるが、三六五種類、一〇数万本に及ぶ全国からの献木によりつくられた森である。だから東京の郷土の樹木もなくはないが、そのかつての自然の様子を再現したものではない。自然の回復とは別の目的の森なのである。

昔からの自然の残る土地を、単に囲い込んだだけでは回復にはつながらない。現状は生き物が自由に相互に行き来できる状態ではないからである。東京という巨大なコンクリートの海の中で、それらは互いに遠く離れた孤島に過ぎない。孤立したままでは、やがては遺伝的にも衰えて絶滅する。

東京に「江戸の自然」を復活させたい

自然を回復するには、生き物の移動の回廊(コリドー)や生息環境(緑の拠点)を多く配置して、点から線、さらには面へと広げる必要がある。そのためには、東京の低地では、河川が大きな役割を果たすであろう。とくに郊外から都市の中心部を貫通する河川の河川敷や、臨海部の埋め立て地の植生や干潟などは重要である。野鳥や昆虫が河川敷を移動するばかりか、洪水の時にはさまざまな動物や昆虫、植物の種子が流されて来る。河川敷のゴルフ場は廃止し、グラウンドばかりでなく、それらが定着できる場所を用意してやる必要がある。川底を浚渫（しゅんせつ）した土砂や河川敷の土のなかには、種子（埋土（まいど）種子）が眠っている。河川敷の土が掘り返されると、絶滅危惧種の植物が、突然爆発的に繁殖した例もある。浅瀬や水生植物のある魚類の産卵の場所も必要である。それらの動植物を受け入れる場所を河川敷とその周辺に多くつくるべきで、川と直接つながらなくても、雨が降れば湿地となるところも大切である。河川敷に雨水だけが水源の、日照りには干上がる浅いくぼ地を掘るだけでも、トンボやカエルなど多くの水辺の生き物には十分に池や湿地として機能する。

　現在では、荒川、隅田川では幅の広いスーパー堤防が建設され、樹木も堤防に植えることができるようになった。しかし、植えられたのはサクラばかりである。水辺にはハンノキ、ヤナギなどを植え、水防林（すいぼうりん）とも考えられるかつての三河島村の荒木田の「はんのき山」（426参照）の再現も必要であろう。サクラ並木ではなく、雑木林を一定の間隔で連続して配置し「飛び石」としての役割をもたせれば、そこを利用する生き物は一段と多くなる。そして昔からの自然が今も残る農村的な環境の地域から、多くの生き物が自力で都市へ移動できるであろう。

　今では農村であっても農業の仕組みや環境が激変したところが多いが、荒れた里山を回復、保全し、生物と共存した農業を見直す動きもある。都市の住民側もこうした運動に応じて協同し、自然を豊かにする必要がある。

　河川敷だけではなく、河川のそばに位置する公園や緑地と河川との一体化を考えるべきである。とくに過密都市にある公園は、従来はスポーツ、レクリエーションの場や災害時の避難場所としての機能が重視されてきたが、これからはそれに加えて、生き物の生息空間、回廊として、また、地域の自然の歴史を伝える場所としての役割を大いに見直し、そのための改善策が計られねばならない。

最近、各省庁で「自然再生」の取り組みが始まり、事業化されるまでになった。しかし最後に、繰り返しになるが、自然の再生、自然回復とは、緑の質や内容を度外視して量だけ増やす単なる「緑化」や「造園」ではないことを強調したい。ある生き物が生存するためには、一見とるに足らないバクテリアやプランクトンなども含めた世界(自然界)が必要で、それはいわば、歴史をもつ一つの「宇宙」なのである。ある地域の自然を回復するには、その土地の歴史を考えない「緑化」や「造園」だけでは不十分で、それぞれの土地に長くつちかわれて来た自然と人との関わりを学び、その「宇宙」の様子を学ぶことから始める必要がある。

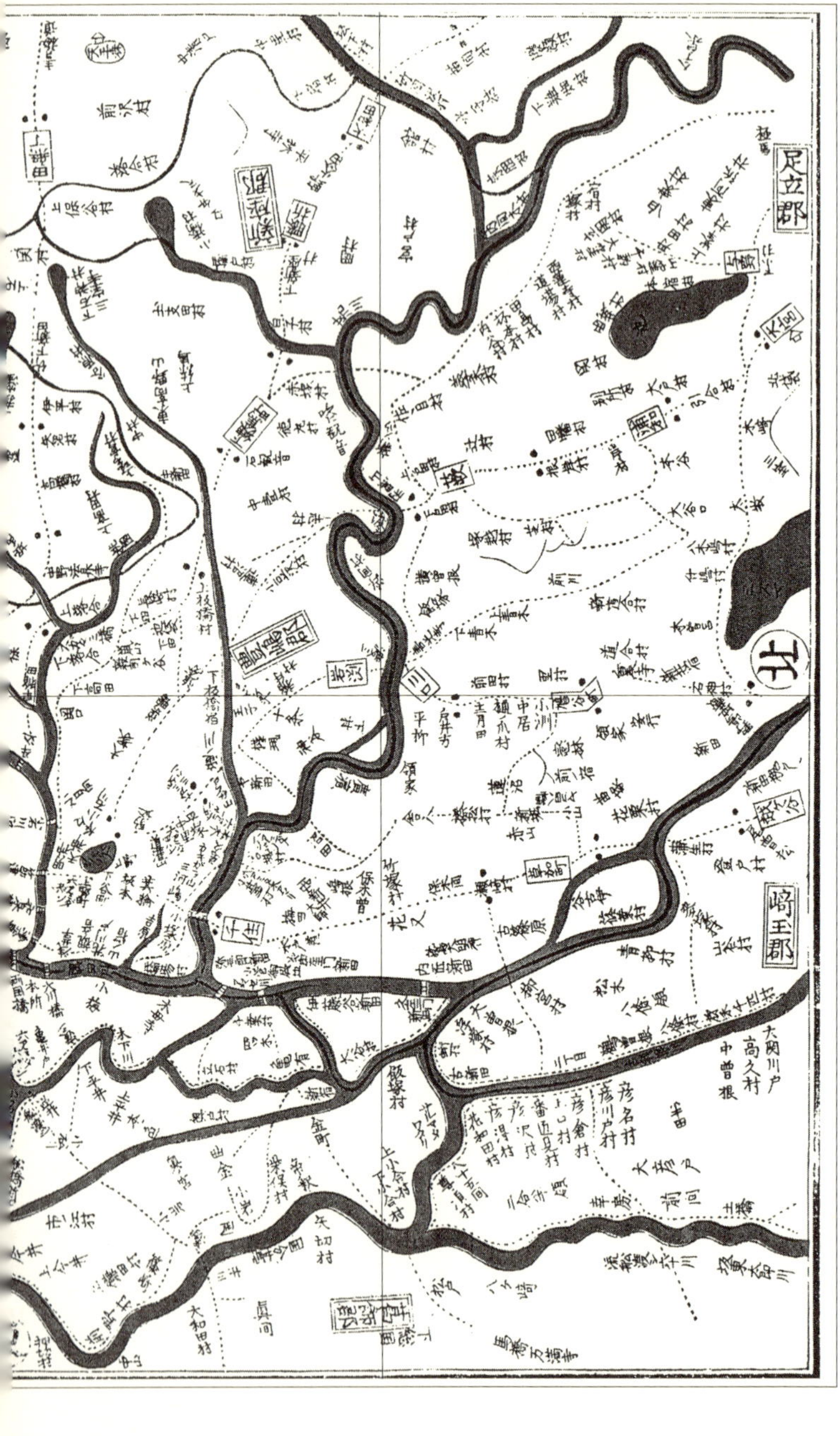

5	6
7	8

足立郡

埼玉郡

北

葛飾郡

千住

草加

越ヶ谷

●武江略図

1 2
3 4

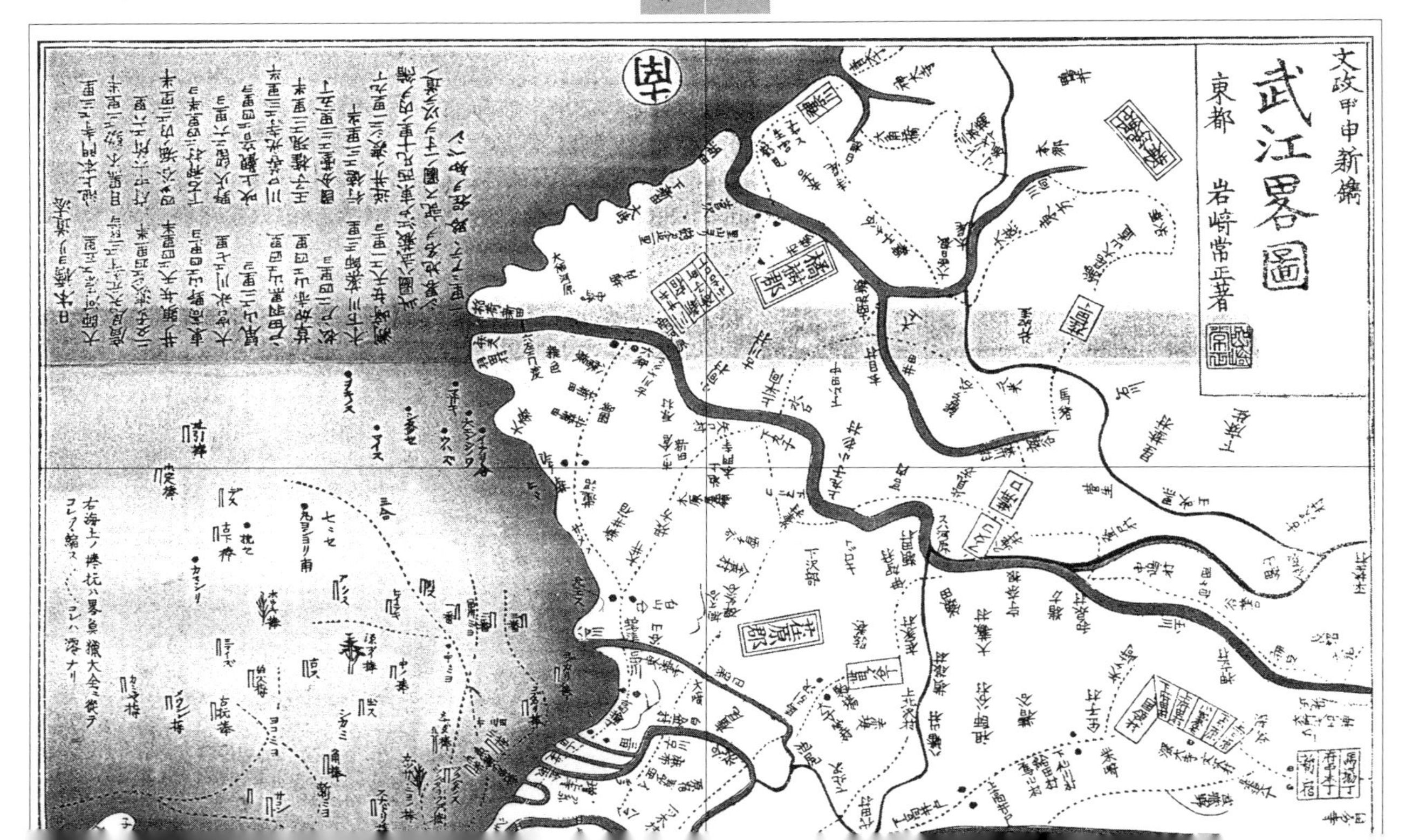

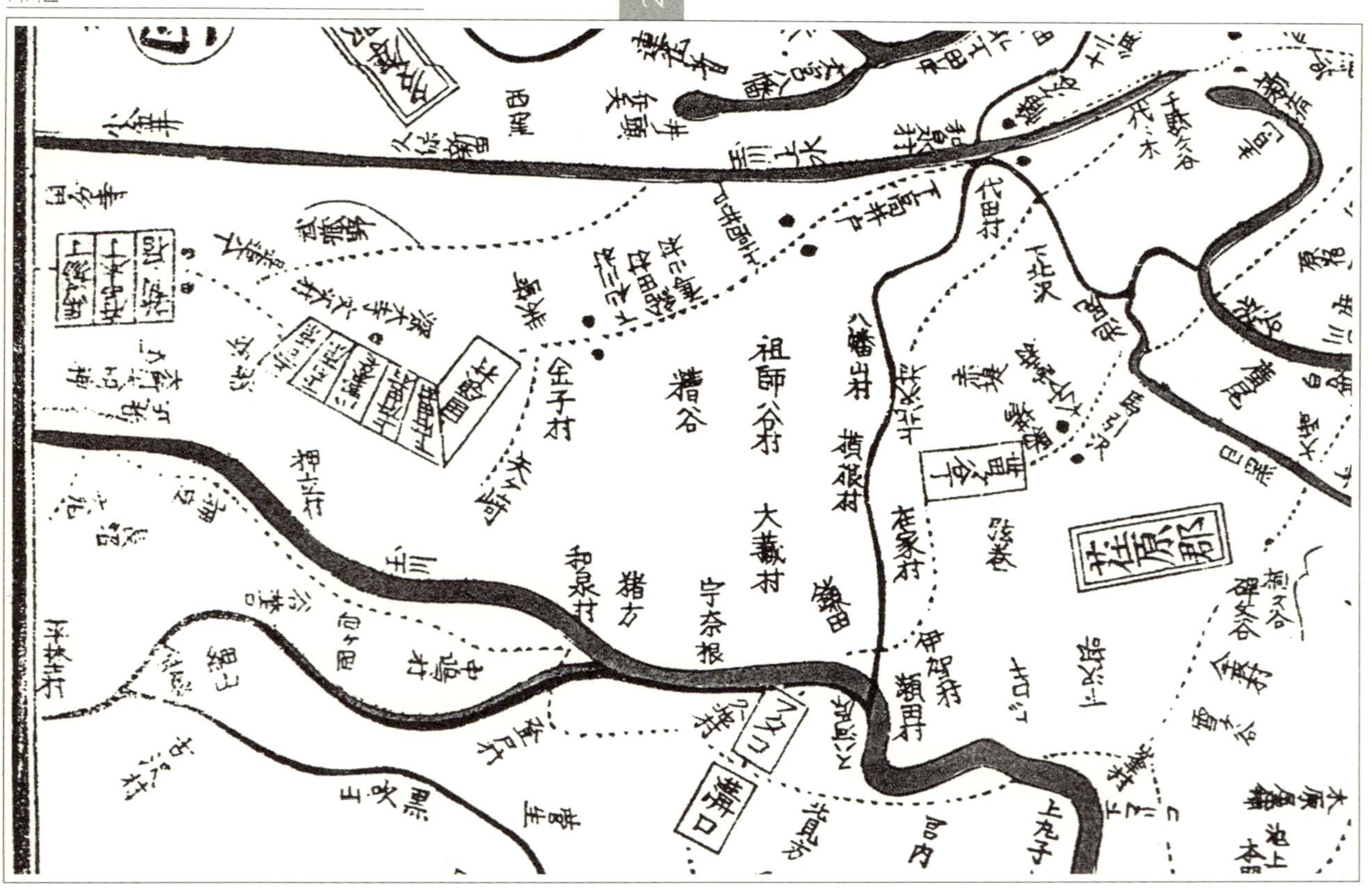
荘原郡
祖師谷村
大蔵村
金子村
和泉村
宇奈根
糟谷
猪方
中嶋村

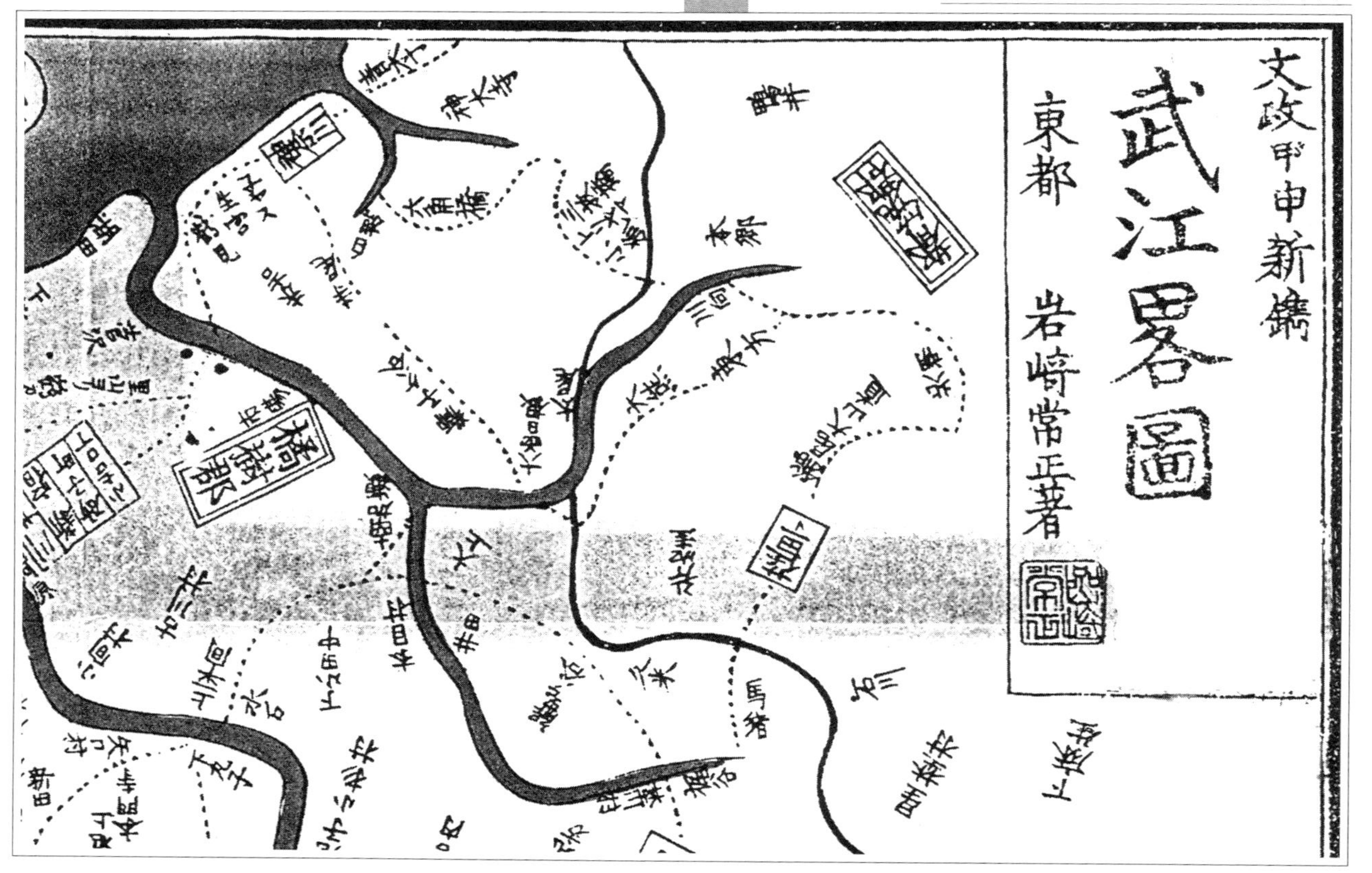
文政甲申新鐫
武江畧圖
東都
岩崎常正著
橘樹郡
本郷
神大寺
大豆戸
下菅田

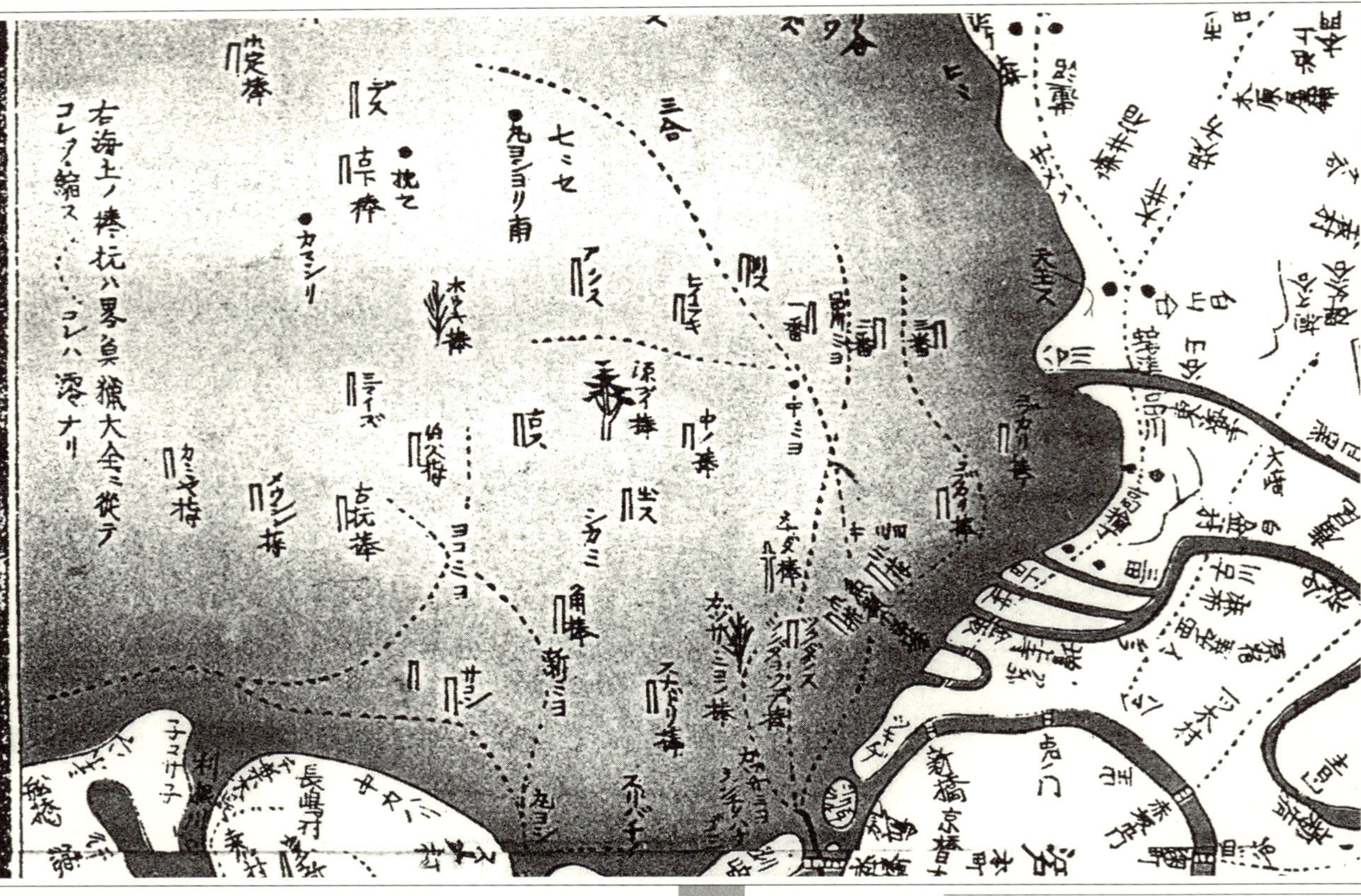

右海上ノ棒杭ハ畧真猿大全ニ従テ
コレヲ縮ス
コレハ澪ナリ
三合
七ミセ
丸ヨシヨリ南
カマシリ
白山
長嶋村

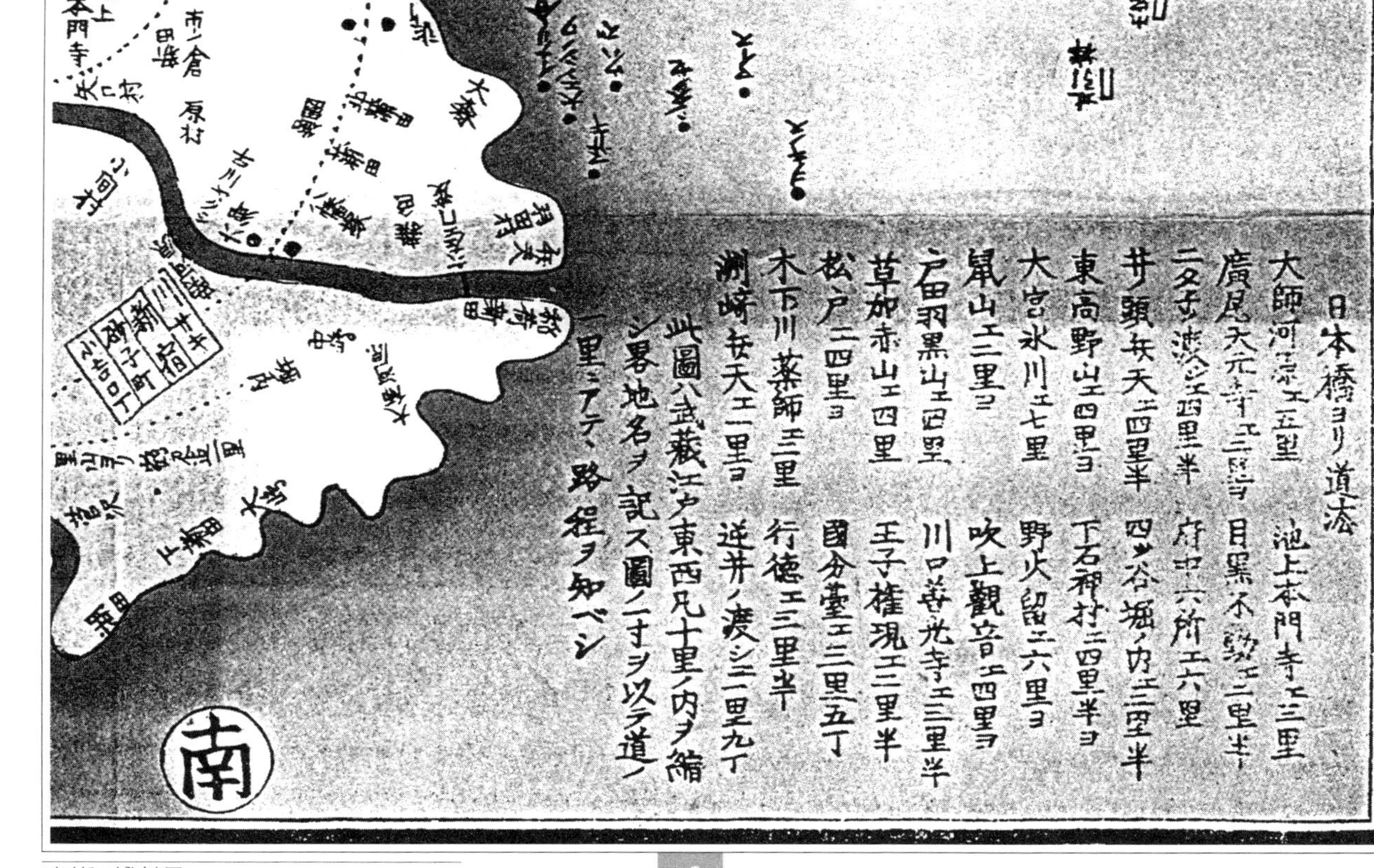
日本橋ヨリ道法
大師河原エ五里
池上本門寺エ三里
廣尾天元寺エ三里ヨ
目黒不動エ二里半
二タ子ヨ渋谷エ四里半
府中六所エ六里
井ノ頭弁天エ四里半
四ツ谷堀ノ内エ三里半
東高野山エ四里ヨ
下石神村エ四里半ヨ
大宮氷川エ七里
野火留エ六里ヨ
鼠山エ二里ヨ
吹上觀音エ四里ヨ
戸田羽黒山エ四里
川口善光寺エ三里半
草加赤山エ四里
王子權現エ三里半
松戸エ四里ヨ
國分臺エ三里五丁
木下川薬師三里
行徳エ三里半
洲崎弁天エ二里ヨ
逆井ノ渡シ二里九丁
此圖ハ武蔵江戸東西凡十里ノ内ヲ縮シ略地名ヲ記ス圖ノ一寸ヲ以テ道ノ一里ニアテ、路程ヲ知ベシ
南

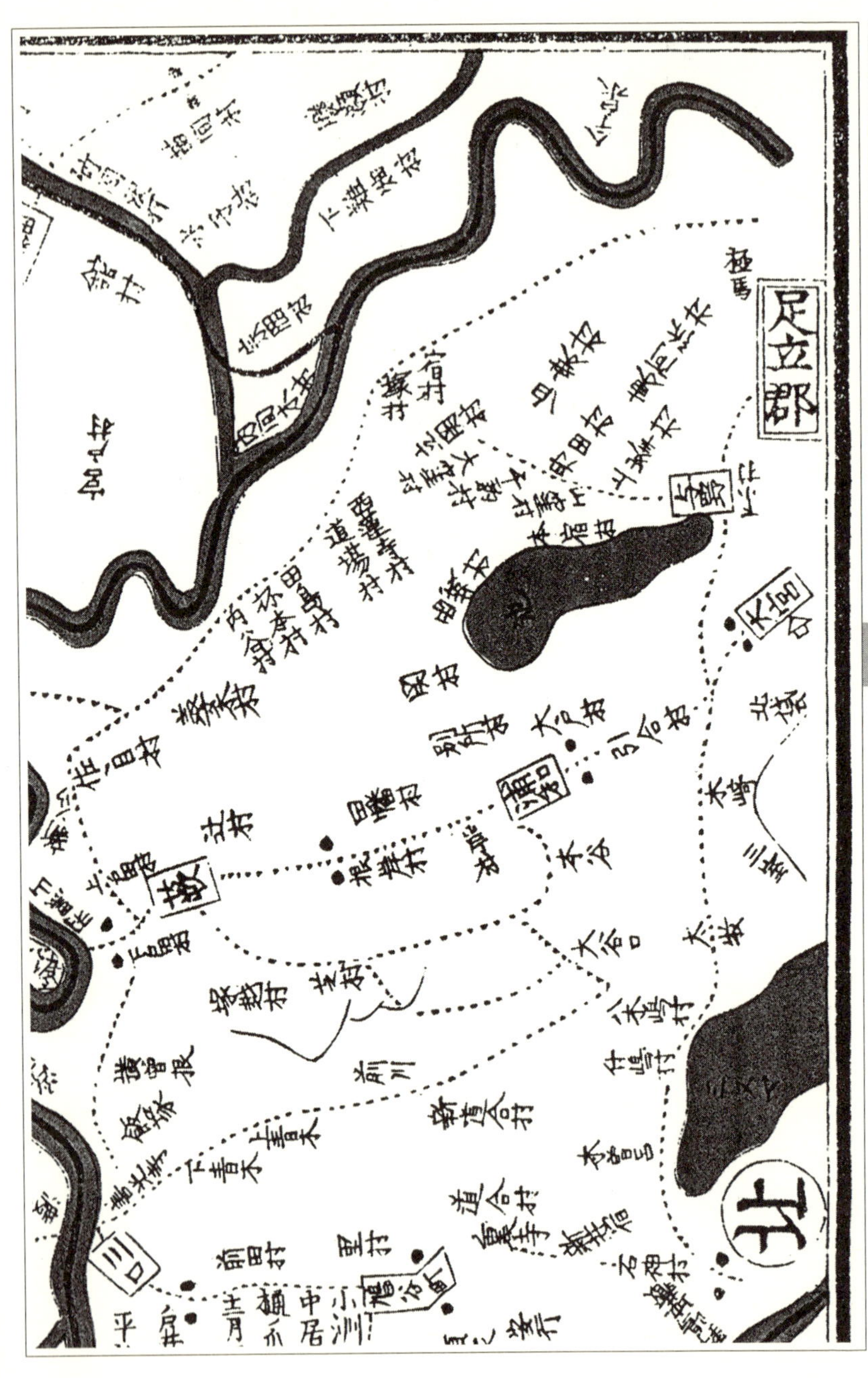
足立郡
北

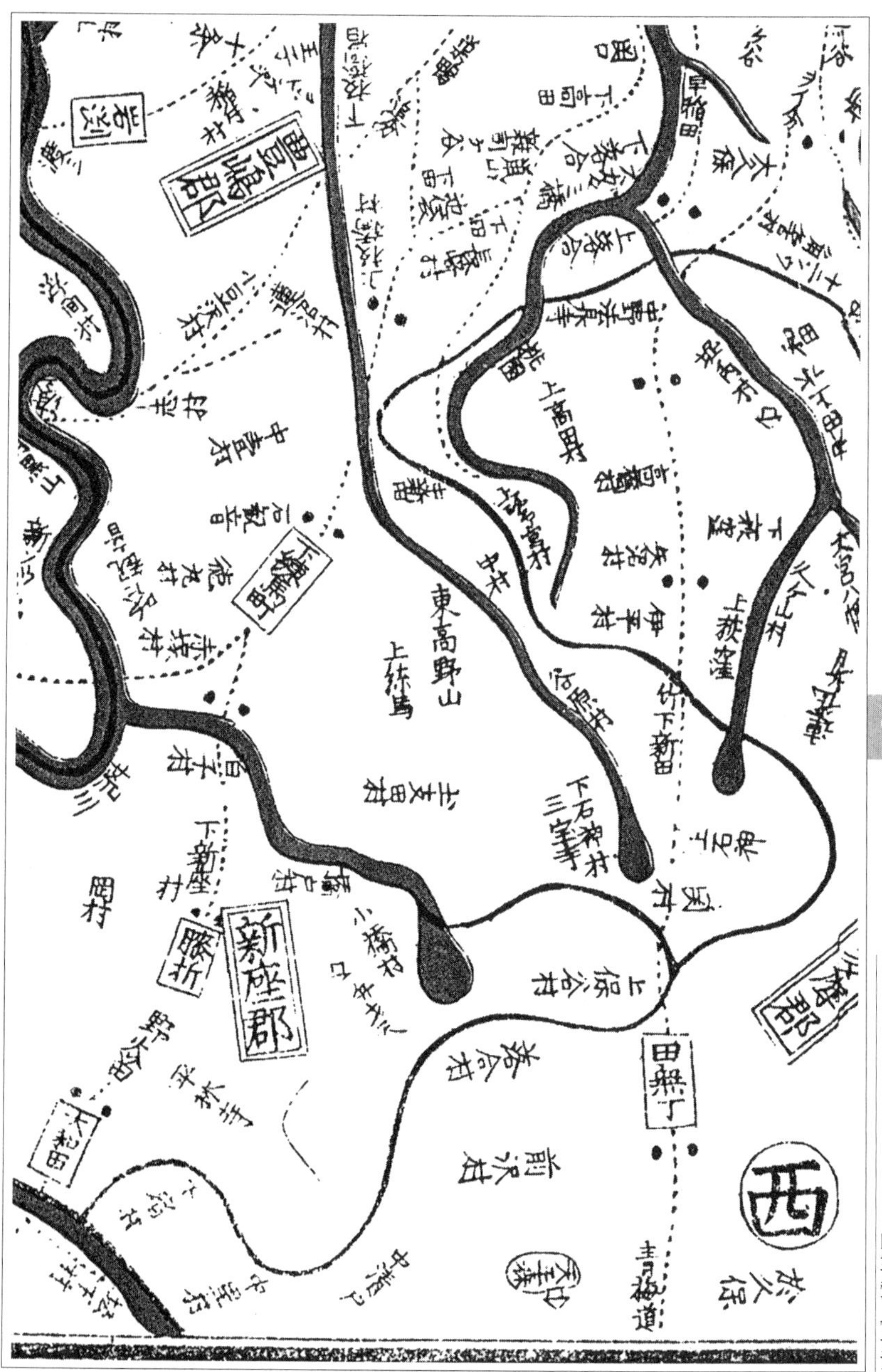
西
前沢村
落合村
上保谷村
新座郡
豊島郡
東高野山
中宮村
下高田
上落合
太久保
伊平村

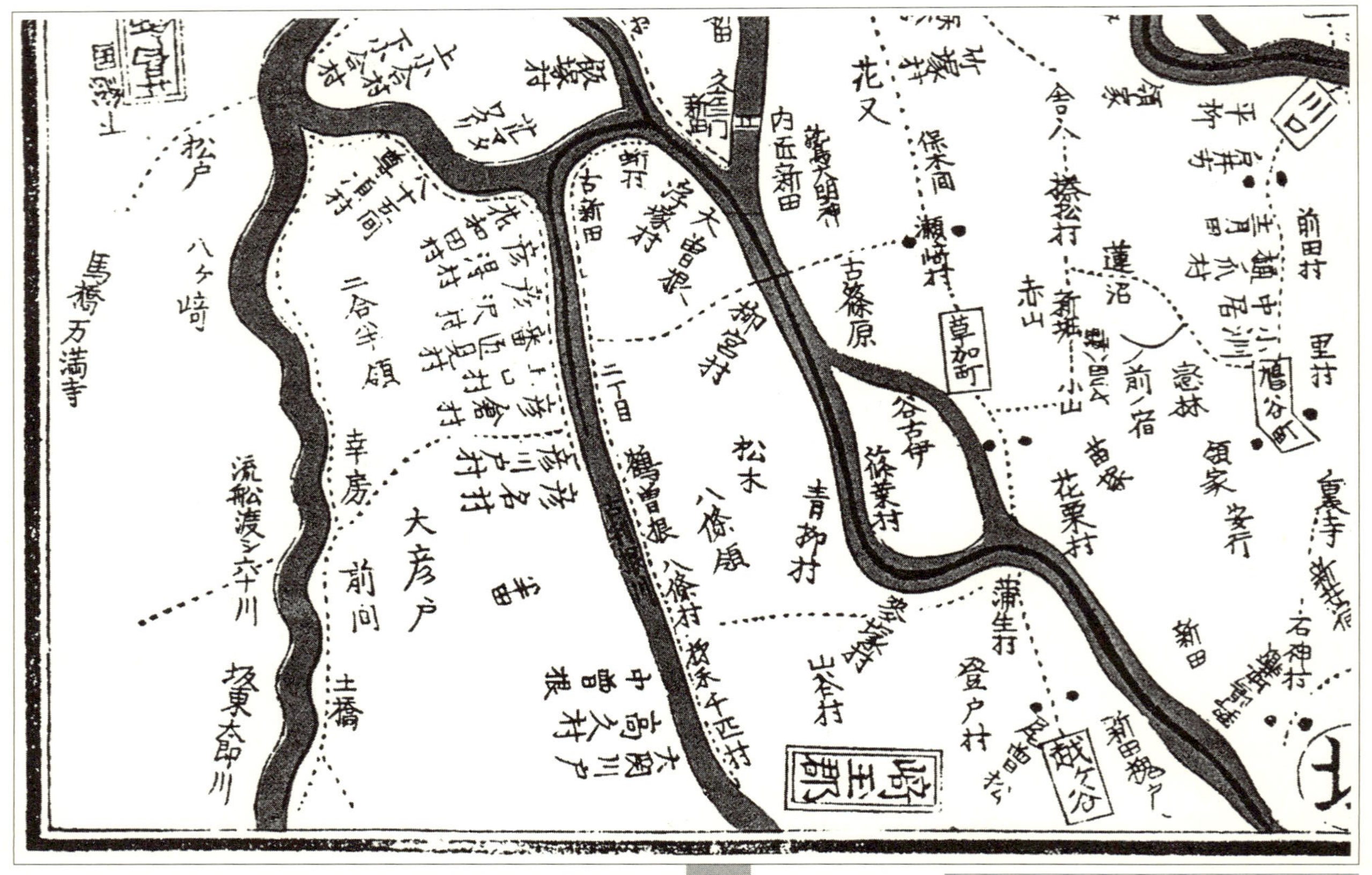
埼玉郡
草加町
越ヶ谷
花又
蓮沼
赤山
里村
平柳
古篠原
松木
青柳村
花栗村
蒲生村
登戸村
大房戸
前間
土橋
幸房
八ヶ崎
松戸
馬橋万満寺
高久村
古新田
篠葉村

大川橋
本所
両国橋
亀井戸
千住
矢切村
大和田村

かれこれ二〇年も前のこと、隅田川岸のある工場が移転した。すると、その跡地にたちまちトンボや水草などの水辺の自然が戻った。それらは、どこから、どうやって戻ってきたのか、この工場ができる以前にはどんな自然があったのかなどを知りたいと思った。その資料の一つとして『武江産物志（ぶこうさんぶつし）』を調べることとなった。

東京の歴史や自然に関する本には、この本の名はしばしば出てくる。だが、引用される個所はごく一部で、その内容全体を詳しく知ることはできない。それならばと、自分で『武江産物志』を読みはじめたのだが、その内容はほとんど「暗号解読」に近かった。動植物名を標準和名に、地名を現在のものに書き替えるだけで十数年が過ぎた。それは、東京の約一八〇年前の姿、すなわち原風景を掘り起こすことでもあった。

薬草木類では、ずいぶん考察したが、いまだに自分でも疑問で納得できないところもある。ちょっと探せば分かるようなことを、怠けていて見落としてはいないかが心配である。本筋を外れた余談も多すぎたかとも思う。いわゆる脱線話としてお許しいただきたい。

なお、自然回復の目的のほかにも、将来『武江産物志』を必要とする人々の便利を考えて、その全文を掲げた。読者諸氏が直接に原本に当たることで、私の見方とは違った方向から、それぞれ新しい発見をしていただければ幸いである。

末筆ながら、資料をご提供いただき、ご指導いただいた各方面の方々、ならびに本書を出版して下さった久木亮一氏に謝意を表する次第である。

科名	和名	1	2	3	4	5
カヤツリグサ	ヤマイ			○		
	ヒンジガヤツリ				○	
	ホタルイ				○	
	イヌホタルイ				○	
	マツカサススキ				○	
	フトイ				○	
	カンガレイ			○	○	
	サンカクイ			○	○	
	ウキヤガラ	418	○			
ショウガ	ミョウガ					○
ラン	エビネ	395	○			
	ギンラン			○		
	キンラン	135	○			
	シュンラン	261	○			
	クマガイソウ	329	○			
	カキラン		○			
	オニノヤガラ	386	○			
	ネジバナ	414				
合計	794	360	290	277	301	186

注）●種名及び種の配列は「植物目録　1987（昭和63年、環境庁自然保護局）」に準じた。
●表２（作表：野村圭佑）は、あらかわ学会自然環境委員会編の『江戸・明治・大正時代における東京及びその周辺の植物リスト』を改編。

科名	和名	1	2	3	4	5
カヤツリグサ	ジュズスゲ					○
	ヒゴクサ				○	
	ヒカゲスゲ					○
	ナキリスゲ				○	
	ヤガミスゲ			○	○	
	ゴウソ			○		
	シバスゲ				○	
	ミコシガヤ				○	
	コジュズスゲ			○	○	○
	ヒメゴウソ				○	
	ヤブスゲ				○	○
	シオクグ			○		
	アゼスゲ				○	
	ヤワラスゲ				○	
	オニナルコスゲ				○	
	チャガヤツリ				○	
	ヒメクグ				○	
	タマガヤツリ			○	○	
	カンエンガヤツリ	417	○			
	ヒナガヤツリ			○	○	
	アゼガヤツリ				○	
	ヌマガヤツリ			○	○	
	コアゼガヤツリ				○	
	コゴメガヤツリ			○	○	
	カヤツリグサ				○	
	アオガヤツリ			○		
	ウシクグ				○	
	シロガヤツリ			○		
	イガガヤツリ			○		
	ハマスゲ	436	○	○		
	カワラスガナ			○		
	ミズガヤツリ				○	
	ミズハナビ				○	
	ヒラホガヤツリ				○	
	フサガヤツリ				○	
	マツバイ			○	○	
	ハリイ			○	○	
	シカクイ				○	
	コアゼテンツキ				○	
	ヒメヒラテンツキ			○	○	
	クロテンツキ				○	
	ヒデリコ			○	○	
	アゼテンツキ			○	○	

科名	和名	1	2	3	4	5
イネ	アズマネザサ					○
	メダケ			○		
	ミゾイチゴツナギ				○	○
	スズメノカタビラ			○		
	ヤマミゾイチゴツナギ				○	
	タチイチゴツナギ				○	
	オオイチゴツナギ				○	
	イチゴツナギ				○	
	ハイヌメリ				○	
	ヌメリグサ				○	
	アキノエノコログサ				○	
	キンエノコロ			○		
	オオエノコロ			○		
	エノコログサ			○	○	
	ムラサキエノコロ			○		
	ネズミノオ			○		
	カニツリグサ				○	
	ナギナタガヤ			○		
	マコモ			○		
	シバ			○		
(イネ？)	ネバリガヤ(標準和名不明)			○		
ヤシ	シュロ					○
	トウジュロ					○
サトイモ	セキショウ			○	○	○
	ウラシマソウ	205	○			○
	カラスビシャク	477				
ウキクサ	アオウキクサ			○		
	ヒンジモ	422				
	ウキクサ	476		○		
ミクリ	ミクリ	320	○			
カヤツリグサ	トダスゲ				○	
	エナシヒゴクサ				○	
	クロカワズスゲ			○	○	
	アオスゲ				○	○
	メアオスゲ					○
	アワボスゲ				○	
	オニスゲ				○	
	アゼナルコ			○	○	○
	カサスゲ				○	
	シラスゲ					○
	マスクサ			○	○	○
	ウマスゲ				○	
	カワラスゲ				○	

科名	和名	1	2	3	4	5
イネ	トダシバ			○	○	
	ミノゴメ			○	○	
	ヤマカモジグサ					○
	ヒメコバンソウ				○	
	イヌムギ			○		
	スズメノチャヒキ				○	
	キツネガヤ				○	
	ヤマアワ				○	
	ジュズダマ			○		
	オガルカヤ			○	○	
	ギョウギシバ			○		
	アキメヒシバ			○		
	ケメヒシバ			○		
	イヌビエ			○		
	ミズビエ			○		
	チカラグサ(オヒシバ?)			○		
	カゼクサ			○	○	
	ニワホコリ			○	○	
	オオニワホコリ				○	
	ナルコビエ				○	
	トボシガラ				○	
	ムツオレグサ			○	○	
	ドジョウツナギ				○	
	ウシノシッペイ			○	○	
	チガヤ	159		○	○	
	チゴザサ			○	○	
	アシカキ			○		
	サヤヌカグサ				○	
	アゼガヤ			○		
	ヒメアシボソ			○		
	アシボソ			○	○	○
	オギ			○		
	ススキ			○	○	
	イトススキ			○		
	チヂミザサ			○	○	○
	ヌカキビ			○	○	○
	スズメノヒエ			○	○	
	チカラシバ			○	○	
	クサヨシ				○	
	ヨシ			○	○	
	ツルヨシ	284	○			
	クロチク				○	
	ハチク				○	

科名	和名	1	2	3	4	5
ユリ	ワニグチソウ	250	○			
	アマドコロ	249	○		○	
	キチジョウソウ					○
	オモト					○
	ツルボ	305			○	
	サルトリイバラ	375	○		○	○
	シオデ	223	○		○	○
	ホトトギス	181	○			
	ヤマホトトギス					○
	アマナ	128	○		○	
ヒガンバナ	ヒガンバナ	129		○	○	○
	キツネノカミソリ	130	○			○
	ナツズイセン	385	○		○	
ヤマノイモ	タチドコロ					○
	ヤマノイモ	213			○	○
	オニドコロ	215	○			○
ミズアオイ	ホテイアオイ			○		
	ミズアオイ			○		
	コナギ			○	○	
アヤメ	ヒオウギ	292	○			
	シャガ			○		○
	アヤメ	371	○			
	ニワゼキショウ					○
イグサ	ハナビゼキショウ				○	
	ヒロハノコウガイゼキショウ				○	
	イ	202	○		○	
	コモチゼキショウ				○	
	ホソイ			○		
	クサイ				○	
	スズメノヤリ	160				
ツユクサ	ツユクサ			○		○
	イボクサ			○	○	
	ヤブミョウガ	317	○			○
ホシクサ	ホシクサ	352	○		○	
	イトイヌノヒゲ				○	
	ニッポンイヌノヒゲ				○	
	ヒロハイヌノヒゲ			○	○	
イネ	アオカモジグサ				○	
	カモジグサ			○	○	
	ヌカボ				○	
	スズメノテッポウ				○	
	コブナグサ			○	○	
	シロコブナグサ			○		

科名	和名	1	2	3	4	5
キク	ハチジョウナ			○		
	ノゲシ			○	○	
	ヒメジョオン			○		
	ヤブレガサ	248	○			
	セイヨウタンポポ				○	
	カントウタンポポ	474			○	
	オナモミ	463		○	○	
	ヤクシソウ				○	○
	オニタビラコ					○
種子植物門 被子植物亜門 単子葉植物綱						
オモダカ	サジオモダカ	381•419	○		○	
	アギナシ				○	
	ウリカワ	420	○	○		
	オモダカ				○	
	クワイ			○		
	ホソバオモダカ			○		
トチカガミ	ヤナギスブタ			○		
	クロモ			○		
	トチカガミ	440	○	○		
	ミズオオバコ	204	○			
	セキショウモ	203	○	○		
ヒルムシロ	エビモ			○		
	ヒルムシロ	475		○		
	ミズヒキモ			○		
イバラモ	イバラモ			○		
	トリゲモ			○		
ユリ	ノビル					○
	ヤマラッキョウ	372	○			
	ホウチャクソウ	252	○			○
	チゴユリ	251	○			
	カタクリ	246	○			
	シロバナショウジョウバ	291				
	ヤブカンゾウ	190	○			
	ノカンゾウ			○	○	
	ヤマユリ	155	○			○
	コバギボウシ	211	○		○	
	ウバユリ	156	○			○
	オニユリ				○	
	ヒメヤブラン				○	
	ヤブラン	194	○		○	○
	ジャノヒゲ	194	○	○	○	○
	ナガバジャノヒゲ					○
	ナルコユリ	134	○		○	○

科名	和名	1	2	3	4	5
キク	ガンクビソウ		○			
	トキンソウ	466		○		
	ノアザミ				○	
	ノハラアザミ				○	
	タカアザミ				○	
	サワアザミ	335	○			
	アレチノギク			○		
	ベニバナボロギク					○
	アワコガネギク	149	○			
	リュウノウギク	283	○			
	タカサブロウ	469		○		
	ヒメムカシヨモギ			○		
	アズマギク	275	○			
	フジバカマ				○	
	キクイモ					○
	キツネアザミ	178	○		○	
	スイラン		○			
	オグルマ	334	○	○	○	
	タカサゴソウ	274・384	○			
	オオジシバリ			○	○	
	ニガナ		○		○	
	ノニガナ				○	
	イワニガナ	468			○	
	ユウガギク			○	○	
	カントウヨメナ	430		○	○	
	アキノノゲシ			○	○	
	コオニタビラコ	312	○			
	ヤブタビラコ				○	
	ハンカイソウ	330				
	カシワバハグマ	132	○			
	コウヤボウキ					○
	フキ			○	○	
	コウゾリナ				○	
	フクオウソウ	242	○			
	ヒメヒゴタイ	349				
	セイタカトウヒレン	243				
	サワギク	309				
	サワオグルマ	272	○			
	ノボロギク			○		
	コメナモミ					○
	メナモミ	197	○	○	○	
	アキノキリンソウ	172	○			
	オニノゲシ				○	

科名	和名	1	2	3	4	5
ハマウツボ	ナンバンギセル	294	○			
タヌキモ	タヌキモ			○		
ハエドクソウ	ハエドクソウ					○
オオバコ	オオバコ	470		○		
スイカズラ	ウグイスカグラ		○			
	スイカズラ	435		○	○	○
	ソクズ	408	○		○	
	ニワトコ			○		○
	ガマズミ	230	○		○	○
	サンゴジュ					○
	カンボク	429	○		○	
	ヤブデマリ		○			
	ゴマギ	427	○		○	
オミナエシ	オミナエシ	350	○			
	オトコエシ	141	○			
	カノコソウ	462	○			
マツムシソウ	マツムシソウ	370				
キキョウ	ソバナ		○			
	ツリガネニンジン	465				
	ホタルブクロ	124	○			
	ツルニンジン	214	○			
	バアソブ		○		○	
	ミゾカクシ（アゼムシロ	311	○	○	○	
キク	ホロマンノコギリソウ	456	○			
	ノブキ	184	○			○
	オクモミジハグマ	247	○			
	キッコウハグマ	245	○			
	クワモドキ					○
	カワラハハコ	288	○			
	カワラニンジン	407	○	○	○	
	カワラヨモギ	287	○			
	ヒメヨモギ				○	
	オトコヨモギ	170	○			
	ヨモギ	286		○		
	コンギク			○		
	ヒメシオン				○	
	カワラノギク	282	○			
	シラヤマギク		○			
	オケラ	126	○			
	センダングサ	198				
	タウコギ			○		
	モミジガサ	394	○			
	ヤブタバコ	195		○		○

科名	和名	1	2	3	4	5
シソ	ミズトラノオ			○		
	カキドオシ	308	○			
	ホトケノザ	315	○			
	オドリコソウ	471				○
	ヒメオドリコソウ					○
	メハジキ	457		○		
	キセワタ	378	○			
	シロネ	338	○		○	
	コシロネ			○		
	ラショウモンカズラ	328				
	ハッカ	150	○			
	ヒメハッカ	379	○		○	
	ヒメジソ			○		
	イヌコウジュ			○		
	アオジソ			○		
	ウツボグサ	140	○			
	ヤマハッカ	296	○			
	ヒキオコシ	152				
	アキノタムラソウ	169	○			
	ミゾコウジュ	402				
	イヌゴマ				○	
ナス	クコ			○		
	イガホオズキ		○			
	ヒヨドリジョウゴ	225	○	○	○	○
	オオマルバノホロシ	443			○	
	イヌホオズキ	188	○	○	○	○
	タマサンゴ					○
	ハダカホオズキ	189	○		○	
ゴマノハグサ	サワトウガラシ			○		
	キクモ			○		
	アゼトウガラシ			○		
	アゼナ			○	○	
	サギゴケ				○	
	トキワハゼ			○		
	シオガマギク	273	○			
	コシオガマ	259	○			
	ゴマノハグサ	125	○			
	ヒキヨモギ	358	○			
	オオヒキヨモギ		○			
	フラサバソウ					○
ノウゼンカズラ	キササゲ	491				
キツネノマゴ	キツネノマゴ			○		
	ハグロソウ					○

科名	和名	1	2	3	4	5
リンドウ	アケボノソウ	176	○			
	センブリ		○			
	ツルリンドウ	244	○			
ミツガシワ	ミツガシワ	392	○			
	アサザ	442	○	○		
キョウチクトウ	チョウジソウ	416	○		○	
	ニチニチソウ	458	○			
	テイカカズラ	263	○			○
ガガイモ	フナバラソウ	299	○			
	フナバラソウの一種		○			
	イケマ	354				
	スズサイコ	359	○		○	
	ガガイモ	425	○	○	○	
	オオカモメヅル	396	○			
	コバノカモメヅル	396				
アカネ	ハナムグラ			○		
	フタバムグラ			○		
	ヘクソカズラ			○		○
	イナモリソウ		○			
	アカネ	212	○	○	○	
ヒルガオ	コヒルガオ	489		○	○	
	ヒルガオ	444	○	○	○	
	ハマヒルガオ	304	○			
	ネナシカズラ	346				
	カロリナアオイゴケ					○
ムラサキ	ハナイバナ				○	
	ムラサキ	254	○			
	スナビキソウ	455	○			
	ルリソウ	280	○			
	ホタルカズラ	137				
	キュウリグサ				○	
クマツヅラ	ムラサキシキブ	240	○	○	○	○
	カリガネソウ	153	○			
	クサギ	233				○
	クマツヅラ	432				
アワゴケ	ミズハコベ	277・327	○	○		
シソ	カワミドリ	151	○			
	キランソウ	307	○			
	ジュウニヒトエ	255	○			
	クルマバナ	257		○	○	
	トウバナ			○		
	ムシャリンドウ	336	○			
	ナギナタコウジュ	154	○	○		

科名	和名	1	2	3	4	5
セリ	ホタルサイコ	142	○			
	ミシマサイコ	362	○			
	ツボクサ	431				
	セントウソウ	148	○			○
	ドクゼリ	434	○			
	ハマゼリ	446	○			
	ハマボウフウ	447	○			
	ハナウド	145	○		○	○
	ノチドメ			○	○	
	チドメグサ			○		
	セリ			○	○	
	ヤブニンジン	147	○		○	○
	シムラニンジン	342	○			
	ウマノミツバ	174	○			
	イブキボウフウ	271	○			
	ムカゴニンジン	343•363				
	カノツメソウ	146	○			
	オヤブジラミ				○	
リョウブ	リョウブ					○
種子植物門 被子植物亜門 双子葉植物綱 合弁花類						
イチヤクソウ	ギンリョウソウ		○			
	イチヤクソウ	182	○			
ツツジ	アセビ					○
ヤブコウジ	マンリョウ					○
	ヤブコウジ	258	○			○
サクラソウ	ノジトラノオ				○	
	オカトラノオ		○			
	ヌマトラノオ	187	○	○	○	
	コナスビ				○	○
	サワトラノオ				○	
	イヌヌマトラノオ				○	
	クサレダマ		○			
	サクラソウ	568•569•570•571	○		○	
エゴノキ	エゴノキ	235	○		○	
	ハクウンボク	268				○
モクセイ	トネリコ	449	○	○		
	トウネズミモチ					○
	イボタノキ		○	○		
	オオバイボタ			○		
リンドウ	リンドウ	131	○			
	ホソバリンドウ	380				
	コケリンドウ	290	○			

科名	和名	1	2	3	4	5
ブドウ	ツタ	484		○	○	○
	エビヅル	340	○	○	○	
シナノキ	カラスノゴマ	368	○			
	シナノキ	393	○			
	ボダイジュ		○			
ジンチョウゲ	オニシバリ	241	○			
	コガンピ	293	○			
グミ	ナツグミ			○		
	ナワシログミ			○		
	アキグミ	238				
スミレ	アリアケスミレ				○	
	タチツボスミレ	313	○		○	○
	ケマルバスミレ					○
	スミレ	410			○	
	ツボスミレ				○	○
	ヤハズスミレ			○		
ウリ	ゴキヅル	424	○	○		
	モミジバゴキヅル			○		
	アマチャヅル	226	○		○	
	スズメウリ			○		
	カラスウリ	373	○	○	○	○
	キカラスウリ	353	○		○	
ヒシ	ヒメビシ		○			
	オニビシ			○		
	ヒシ	278	○		○	
アカバナ	ミズタマソウ		○		○	
	チョウジタデ			○		
アリノトウグサ	アリノトウグサ	367	○			
ミズキ	アオキ					○
	ミズキ		○			○
	クマノミズキ	269	○			
ウコギ	オカウコギ					○
	ウコギ			○		
	ヤマウコギ			○		
	タラノキ	236	○		○	
	メダラ			○		
	ヤツデ					○
	キヅタ	483		○		○
	ハリギリ	267	○			
セリ	トウキ	389				
	オオシシウド	295	○			
	ノダケ	143•144	○			
	エキサイゼリ				○	

科名	和名	1	2	3	4	5
マメ	コメツブツメクサ				○	
	シロツメクサ			○		
	ツルフジバカマ			○	○	
	クサフジ			○	○	
	カラスノエンドウ	423	○		○	
	ナンテンハギ	201	○			
	ヤブツルアズキ	219		○		
	フジ			○		○
カタバミ	カタバミ			○		
	アカカタバミ			○		
フウロソウ	タチフウロ	369	○			
	ゲンノショウコ	314	○	○	○	
アマ	マツバニンジン	337・383	○			
トウダイグサ	エノキグサ			○		
	ノウルシ	348			○	
	トウダイグサ	478				
	タカトウダイ	207	○		○	
	ナツトウダイ	206	○		○	○
	コニシキソウ			○		
	アカメガシワ	325		○	○	○
	シラキ	399	○			
ミカン	マツカゼソウ	397	○			
	コクサギ	232	○			○
ヒメハギ	ヒメハギ	356	○			
ドクウツギ	ドクウツギ	279	○			
ウルシ	ヌルデ	234	○		○	○
	ハゼノキ					○
	ヤマハゼ			○		
トチノキ	トチノキ					○
ツリフネソウ	ツリフネソウ	210	○			
モチノキ	イヌツゲ	266	○			○
	モチノキ					○
ニシキギ	ツルウメモドキ	222	○	○	○	
	コマユミ				○	○
	ツルマサキ	482				
	マサキ			○		
	マユミ	487				
ミツバウツギ	ゴンズイ	239	○			
クロウメモドキ	クマヤナギ	339	○			
	クロウメモドキ	341	○			
ブドウ	ノブドウ	227	○	○	○	
	キレバノブドウ					○
	ヤブガラシ	481		○	○	○

科名	和名	1	2	3	4	5
バラ	ウワミズザクラ	270	○			○
	ヤマザクラ					○
	ソメイヨシノ					○
	シャリンバイ					○
	ノイバラ	488		○	○	○
	テリハノイバラ				○	
	フユイチゴ	365	○			
	クサイチゴ	345				○
	モミジイチゴ	165				
	ナワシロイチゴ	166		○		
	カジイチゴ					○
	ワレモコウ	360	○	○	○	
	ナガボノシロワレモコウ	333	○	○	○	
	シモツケ		○			
マメ	クサネム	387	○	○	○	
	ネムノキ	428	○	○		
	ヤブマメ			○		
	ホドイモ		○			
	ゲンゲ	409	○		○	
	ジャケツイバラ	400	○			
	カワラケツメイ	167	○		○	
	タヌキマメ	168				
	フジカンゾウ	175	○			
	ヌスビトハギ	218	○			
	ヤブハギ			○		
	ノササゲ				○	○
	ノアズキ	374				
	ツルマメ			○	○	
	コマツナギ	355	○	○	○	
	ヤハズソウ	467		○		
	ハマエンドウ	303	○			
	レンリソウ	200	○		○	
	メドハギ			○	○	
	ハイメドハギ			○		
	ネコハギ	157	○	○		
	マキエハギ	158	○			
	ミヤコグサ	364	○			
	ウマゴヤシ	461	○			
	シナガワハギ	452	○			
	クズ	221			○	○
	タンキリマメ			○		
	クララ	401	○		○	
	エンジュ					○

科名	和名	1	2	3	4	5
ツバキ	ツバキ					○
	ヒサカキ					○
	モッコク					○
	チャノキ					○
オトギリソウ	オトギリソウ	196			○	
	コケオトギリ				○	
モウセンゴケ	ムジナモ			○		
ケシ	ジロボウエンゴサク					○
	ムラサキケマン	316	○			
	ヤマエンゴサク	127	○			
	ヤマブキソウ	193	○			○
	タケニグサ	209	○			
	キケマン	321				
アブラナ	ハタザオ	366	○			
	ハマハタザオ	285	○			
	ナズナ	405				
	タネツケバナ	406		○	○	
	イヌナズナ	460			○	
	マメグンバイナズナ				○	
	イヌガラシ			○	○	○
	スカシタゴボウ			○	○	
	グンバイナズナ	298				
ベンケイソウ	コモチマンネングサ				○	
ユキノシタ	チダケサシ				○	
	ネコノメソウ	185				
	ウツギ					○
	アジサイ					○
	ウメバチソウ	390	○			
	タコノアシ	411	○		○	
トベラ	トベラ			○		
バラ	キンミズヒキ	139	○		○	
	クサボケ	490		○	○	
	ヘビイチゴ			○		○
	ヤブヘビイチゴ					○
	ビワ					○
	ダイコンソウ	306	○			
	ヤマブキ					○
	カワラサイコ	361	○			
	キジムシロ	138	○		○	
	ヒロハノカワラサイコ	281	○			
	オヘビイチゴ				○	
	カマツカ	231	○	○		○
	イヌザクラ					○

科名	和名	1	2	3	4	5
クスノキ	ヤマコウバシ	228	○			
	クロモジ	264				
	タブノキ	324	○	○		
	シロダモ		○			○
キンポウゲ	ヤマトリカブト	208	○			
	ツクバトリカブト					○
	ニリンソウ	192・332	○			○
	シュウメイギク		○			
	イチリンソウ	191	○			
	ヒメウズ	459				
	イヌショウマ					○
	サラシナショウマ	133	○			
	ボタンヅル	224	○		○	
	ハンショウヅル	262				
	センニンソウ	377	○	○	○	
	オキナグサ	357	○			
	ケキツネノボタン					○
	コキツネノボタン				○	
	ヒキノカサ	403	○		○	
	ウマノアシガタ	479		○		
	タガラシ	480		○	○	
	キツネノボタン			○		
	カラマツソウ		○			
	ノカラマツ	186	○		○	
メギ	イカリソウ	256	○			
アケビ	ゴヨウアケビ					○
	アケビ	220	○	○	○	○
	ミツバアケビ					○
ツヅラフジ	アオツヅラフジ	217	○	○	○	
	コウモリカズラ	398	○			
スイレン	ジュンサイ	302	○			
	オニバス	441	○			
	ハス			○		
	コウホネ	388				
	ヒツジグサ	276	○	○		
マツモ	マツモ			○		
ドクダミ	ドクダミ				○	○
	ハンゲショウ	415	○		○	
センリョウ	フタリシズカ	136	○			
ウマノスズクサ	ウマノスズクサ	344			○	
	オオバノウマノスズクサ	344				
	タマノカンアオイ	301	○			
ボタン	ヤマシャクヤク	253				

科名	和名	1	2	3	4	5
タデ	アキノウナギツカミ	183	○		○	
	ヌカボタデ				○	
	ミゾソバ	199	○	○	○	
	オオミゾソバ					○
	ツルドクダミ	322		○	○	
	ミチヤナギ	473		○		
	イタドリ	439		○	○	
	スイバ	412			○	
	ヒメスイバ			○	○	
	ギシギシ	472		○	○	
	ノダイオウ				○	
(タデ？)	ミズタデ(標準和名不明)			○		
ヤマゴボウ	ヨウシュヤマゴボウ					○
ザクロソウ	ザクロソウ			○	○	
スベリヒユ	スベリヒユ			○	○	
ナデシコ	ノミノツヅリ				○	
	ミミナグサ	310	○		○	
	ナンバンハコベ	347				
	カワラナデシコ	162	○			
	フシグロセンノウ	161	○			
	ツメクサ			○		
	ケフシグロ				○	
	ノミノフスマ			○	○	
	ウシハコベ	173	○	○		○
	イトハコベ			○		
	コハコベ			○		
	オオヤマハコベ	260	○			
	ミドリハコベ					○
	ミヤマハコベ					○
	ドウカンソウ	163	○			
アカザ	ハマアカザ	448	○			
	アカザ			○		
	ハママツナ	300	○			
ヒユ	イノコズチ	177	○	○		
	ヒナタイノコズチ				○	○
	ヤナギイノコズチ					○
	イヌビユ			○		
	アカイヌビユ			○		
	アオゲイトウ			○		
モクレン	ホオノキ		○			
	コブシ	229	○			○
マツブサ	サネカズラ					○
クスノキ	ヤブニッケイ	323	○			○

科名	和名	1	2	3	4	5
ヤナギ	シダレヤナギ	485		○		
	アカメヤナギ			○	○	
	カワヤナギ			○	○	
	ネコヤナギ	486		○		
	イヌコリヤナギ			○	○	
	キヌヤナギ			○	○	
	コリヤナギ			○	○	
	タチヤナギ			○	○	
カバノキ	ヤシャブシ	265•454	○			
	ハンノキ	426	○	○	○	
	イヌシデ		○			○
ブナ	スダジイ			○		○
	マテバシイ					○
	クヌギ				○	○
	シラカシ					○
	コナラ			○	○	○
ニレ	ムクノキ					○
	エノキ			○	○	○
	アキニレ	450				
	ケヤキ		○			
クワ	コウゾ					○
	クワクサ				○	○
	カナムグラ	216	○	○	○	○
	ヤマグワ			○		○
	クワ				○	
イラクサ	ヤブマオ					○
	カラムシ	464				
	メヤブマオ					○
	ムカゴイラクサ	331	○			○
	アオミズ					○
ビャクダン	カナビキソウ	171	○			
ヤドリギ	ヤドリギ	326			○	
タデ	ミズヒキ			○		○
	サクラタデ	438	○	○	○	
	シロバナサクラタデ			○	○	
	オオイヌタデ			○		
	イヌタデ			○		
	サデクサ			○		
	ヤノネグサ			○		
	イシミカワ	445	○	○	○	
	ハナタデ			○		○
	ボントクタデ				○	
	ママコノシリヌグイ			○		

科名	和名	1	2	3	4	5
ゼンマイ	ヤマドリゼンマイ	451	○			
フサシダ	カニクサ	179	○	○	○	
コバノイシカグマ	ワラビ				○	
ミズワラビ	ミズワラビ	437•453		○		
イノモトソウ	イノモトソウ					○
チャセンシダ	トラノオシダ				○	○
オシダ	ヤブソテツ			○		○
	ヤマヤブソテツ					○
	ベニシダ					○
	クマワラビ			○		○
	オクマワラビ					○
	ヤマイタチシダ					○
	アイアスカイノデ					○
	イノデ		○			○
ヒメシダ	ホシダ			○		
	ゲジゲジシダ				○	○
	ミゾシダ					○
	ヒメシダ				○	
	ヒメワラビ					○
	ミドリヒメワラビ					○
メシダ	イヌワラビ	180			○	○
	ヘビノネゴザ				○	
	シケシダ			○	○	○
	コウヤワラビ				○	
ウラボシ	ミツデウラボシ	318	○			
	ノキシノブ	319				
デンジソウ	デンジソウ	421	○	○	○	
サンショウモ	サンショウモ			○	○	
アカウキクサ	アカウキクサ			○		
	オオアカウキクサ				○	
種子植物門 裸子植物亜門						
イチョウ	イチョウ					○
マツ	アカマツ			○		
	クロマツ			○		
スギ	スギ					○
ヒノキ	ヒノキ					○
マキ	イヌマキ					○
	ナギ	289				
イヌガヤ	イヌガヤ	237				
種子植物門 被子植物亜門 双子葉植物綱 離弁花類						
クルミ	オニグルミ				○	○
ヤナギ	セイヨウハコヤナギ			○		
	ヤマナラシ	376	○			

◉江戸・明治・大正時代における東京およびその周辺の植物リスト

本リストの作成に使用した文献は、表１に示すとおりである。文献１～３には、それぞれ江戸・明治・大正時代に確認された植物が記載されており、これらの植物を分類・整理し、リストを作成した。このリストに掲載されている植物の多くは、江戸・東京に昔から生育している植物といえる。

なお、文献４には昭和30年頃の荒川下流域の植物相が記載されており、また、文献５には板橋区都立赤塚公園等において、人為的な影響が比較的少ない環境下にある崖線の植物相が記載されていることから、特に荒川下流域の本来の植物を調べるに当たり、これらの植物も参考として、本リストに加えた。

表２の１～５は、それぞれ、表１の文献番号に相当する。また、１（武江産物志）の欄の数字は、本文の項目番号である。

それぞれの地域における昔の自然の記録と本リストとを対照することにより、その地域の原風景を探るひとつの手がかりとなるであろう。

表１　文献リスト

番号	文献名	発行年	著者・発行者	文献の概要
1	武江産物志	文政７年(1824)	岩崎常正	江戸時代の江戸とその周辺約20 kmの範囲の薬草木類を記載
2	日本産物志	明治６年(1873)	伊藤圭介	明治時代の薬品および雑草木類を記載（このうち日本産物志の武蔵編に記載された植物をリストの対象とした）
3	南葛飾郡誌	大正12年(1923)	南葛飾郡役所	大正時代に南葛飾郡内で確認された植物を記載
4	田島ヶ原の植物目録	昭和33年(1958)	国立科学博物館（日本植物ハンドブック、昭和49年､奥山春季より）	昭和30年頃の田島ヶ原（さいたま市）において確認された植物を記載）
5	赤塚公園等崖線植物調査委託	平成８年(1996)	東京都北部公園事務所･（社）日本造園学会	赤塚公園等において比較的人為的な影響が少ない場所で確認された植物を記載

表２　江戸・明治・大正時代における東京およびその周辺の植物リスト

科名	和名	1	2	3	4	5
車軸藻綱接合藻目						
ホシミドロ	アオミドロ属の一種			○		
地衣植物門						
ハナゴケ	ハナゴケ	391	○			
シダ植物門						
トクサ	スギナ	433		○	○	
	イヌスギナ				○	
	イヌドクサ	413	○			
ハナヤスリ	フユノハナワラビ	164	○			
	ハナヤスリ属の一種	404	○		○	

◉参考文献

『武江産物志』（写本）東京都公文書館所蔵（東京府文献叢書 甲集 第150冊 明治15年11月揖）
『武江産物志・武江略図解説』上野益三著　井上書店　1967
『本草図譜総合解説』（1～4巻）北村四郎ほか著　同朋舎出版　1988
『日本産物志』 伊藤圭介著　文部省　1873 （復刻版 青史社）
『農業全書』 宮崎安貞著　1697（復刻版 岩波文庫）
『江戸近郊道しるべ』 村尾嘉陵著　朝倉治彦注　平凡社東洋文庫　1985
『遊歴雑記』 十方庵敬順著　朝倉治彦注　平凡社東洋文庫　1989
『江戸名所花暦』 岡山鳥著　長谷川雪旦画　今井金吾校注　八坂書房　1994
『続江戸砂子温故名跡志』 菊岡沾涼著（今井金吾校注『江戸名所花暦』を使用　1994）
『江戸名所図会』 斎藤月岑ほか著　鈴木棠三・朝倉治彦校注　角川書店版　1975
『日本の博物図譜』 国立科学博物館編　東海大学出版会　2001
『博物学者列伝』 上野益三著　八坂書房　1991
『江戸東京学事典』 三省堂　1987
『都市の自然史』 品田穣著　中公新書　中央公論社　1988
『東京の自然史』 貝塚爽平著　紀伊國屋書店　1979
『自然を守るとはどういうことか』 守山弘著　農文協　1988
『水田を守るとはどういうことか』 守山弘著　農文協　1997
『むらの自然をいかす』 守山弘著　岩波書店　1997
『生態系を蘇らせる』 鷲谷いづみ著　ＮＨＫブックス　2001
『サクラソウの目』 鷲谷いづみ著　地人書館　1989
『タンポポとカワラノギク』 小川潔・倉本宣著　岩波書店　2001
『隅田川のほとりによみがえった自然』 野村圭佑著　プリオシン・どうぶつ社　1993
『下町によみがえったトンボの楽園』 野村圭佑著　大日本図書　1998
『まわってめぐってみんなの荒川』 野村圭佑編著　あらかわ学会・どうぶつ社　2000
『東京の植物を語る』 伊藤隼著　文啓社書房　1935
『武蔵野の植物』 桧山庫三著　井上書店　1965
『日本植物方言集』（草木編）日本植物友の会編　八坂書房　1972
『江戸・東京ゆかりの野菜と花』 ＪＡ東京中央会　1992
『実用の薬草』 栗原愛塔著　昭和出版　1964
『原色日本帰化植物図鑑』 長田武正著　保育社　1976
『牧野新日本植物図鑑』 牧野富太郎著　北隆館　1989
『日本植物ハンドブック』 奥山春季編　国立博物館　1958
『草木名彙辞典』 木村陽二郎監修　柏書房　1991
『鳥 630 図鑑 』 日本鳥類保護連盟　1988
『学研生物図鑑(動物)』（哺乳類、爬虫類、両生類）学習研究社　1983
『標準原色図鑑全集(貝)』 保育社　1967
『淡水魚』 山と溪谷社　1989
『分子科学への誘い』 入山啓治著　産業図書　1996
『江戸東京生業物価事典』 三好一光編　青蛙房　1960
『商売往来風俗誌』 小野武雄著　展望社　1975
『下谷・浅草町名由来考』 台東区　1963
『東京市町名沿革史』 東京市役所　1938
『大日本地名辞書』 吉田東伍著　冨山房　1903
『南葛飾郡誌』 南葛飾郡役所　1923
『都市を往く荒川(七十五年史)』 建設省荒川下流工事事務所　1990
『迅速測図』 帝国陸軍測量（日本地図センター復刻版）
『明治・大正・昭和 東京一万分の一地形図集成』 柏書房　1983
『江戸切絵図』 浜田義一郎編　東京堂出版　1974

【ヤ行】

【ラ行】

【ワ行】

【カ行】

索引◉地名

（数字は項目番号を示す）

【サ行】

【タ行】

【カ行】

索引◉動物名

（数字は項目番号を示す）

【マ行】

【ハ行】

【ナ行】

【サ行】

【カ行】

索引◉植物名

（数字は項目番号を示す）

著者紹介

野村　圭佑（のむら・けいすけ）
1942年東京生まれ。早稲田大学第一法学部卒業。自然が回復した工場跡地を利用したトンボ公園の実現のために活動。荒川・隅田川の自然回復にも取り組む。1989年度毎日新聞郷土提言賞論文コンクールで「回復した自然を生かし、東京の下町にトンボ公園・自然体験園の建設を」が、東京都最優秀賞。1993年度も「自然と治水の調和した隅田川へ」が東京都最優秀賞に選ばれる。おもな著書に『隅田川のほとりによみがえった自然』（プリオシン・どうぶつ社）、『原っぱで会おう』（八坂書房）、『下町によみがえったトンボの楽園』（大日本図書、1998年度産経児童出版文化賞推薦）、『まわってめぐってみんなの荒川』（あらかわ学会・どうぶつ社、2000年度産経児童出版文化賞）などがある。
〈略歴は2002年12月当時のものである〉

江戸(えど)の自然誌(しぜんし)―『武江産物志(ぶこうさんぶつし)』を読(よ)む

平成28年2月10日　発　行

著作者　野　村　圭　佑

発行者　池　田　和　博

発行所　丸善出版株式会社
〒101-0051 東京都千代田区神田神保町二丁目17番
編集：電話(03)3512-3265／FAX(03)3512-3272
営業：電話(03)3512-3256／FAX(03)3512-3270
http://pub.maruzen.co.jp/

印刷・製本／三松堂印刷株式会社

ISBN 978-4-621-08990-3 C0040　Printed in Japan

本書は、2002年12月にどうぶつ社より出版された同名書籍を再出版したものです。